高职高专“十二五”规划教材

金属热处理生产技术

主　编　张文莉　吴承玲
副主编　胡　新　宋群玲

北　京
冶 金 工 业 出 版 社
2011

内容提要

本书主要讲述了金属热处理生产的基础知识、基础理论和操作技术，包括热处理工艺基础知识、热处理设备及操作、退火与正火、淬火与回火、表面热处理、化学热处理、常用零件热处理工艺与技能训练、复杂零件热处理工艺与技能训练、复杂工件的畸变规律与矫正方法、质量检验和缺陷分析等内容。

本书可作为高职高专金属材料与热处理技术及相关专业的教材，也可作为行业职业技能培训教材，还可作为热处理技术人员的参考用书。

图书在版编目(CIP)数据

金属热处理生产技术/张文莉，吴承玲主编．—北京：冶金工业出版社，2011.1

高职高专“十二五”规划教材

ISBN 978-7-5024-5445-6

Ⅰ.①金…　Ⅱ.①张…　②吴…　Ⅲ.①热处理—高等学校：技术学校—教材　Ⅳ.①TG15

中国版本图书馆 CIP 数据核字(2010)第 259618 号

出 版 人　曹胜利
地　　址　北京北河沿大街嵩祝院北巷 39 号，邮编 100009
电　　话　(010)64027926　电子信箱　yjcbs@cnmip.com.cn
责任编辑　陈慰萍　美术编辑　李　新　版式设计　葛新霞
责任校对　石　静　责任印制　张祺鑫
ISBN 978-7-5024-5445-6
北京兴华印刷厂印刷；冶金工业出版社发行；各地新华书店经销
2011 年 1 月第 1 版，2011 年 1 月第 1 次印刷
787mm×1092mm　1/16；17 印张；409 千字；259 页
35.00 元

冶金工业出版社发行部　电话:(010)64044283　传真:(010)64027893
冶金书店　地址:北京东四西大街 46 号(100010)　电话:(010)65289081(兼传真)
(本书如有印装质量问题，本社发行部负责退换)

序

昆明冶金高等专科学校冶金技术专业是国家示范性高职院校建设项目，中央财政重点建设专业。在示范建设工作中，我们围绕专业课程体系的建设目标，根据金属热处理技术领域的任职要求，参照国家职业标准，对原有课程体系和教学内容进行了大力改革，以突出职业能力和工学结合特色为核心，与企业共同开发出了紧密结合生产实际的工学结合特色教材。我们希望这些教材的出版发行，对探索我国冶金高等职业教育改革的成功之路，对冶金高技能人才的培养，起到积极的推动作用。

高等职业教育的改革之路任重道远，我们希望能够得到读者的大力支持和帮助。请把您的宝贵意见及时反馈给我们，我们将不胜感激！

昆明冶金高等专科学校

前言

本书是为了适应高等职业教育的需要，按照教育部高职高专人才培养目标和规格，根据高职高专院校金属材料类专业的教学要求，在总结近年来的教学经验并征求相关企业工程技术人员意见的基础上编写而成的。本书在编写上，吸收了国内外有关先进的技术成果和生产经验，充实了必要的基础知识和基本操作技能；在叙述上由浅入深，理论联系实践，内容充实，标准规范，实用性强。

热处理是冶金与机械加工过程中不可缺少的重要环节，完善、合理的热处理工艺不但能优质高效地生产合格的产品，而且能降低生产成本，提高企业的经济效益，具有重要的工业价值和社会意义。“热处理生产技术”课程是国家示范建设院校重点建设专业（冶金技术专业群）的重点建设课程之一，是金属材料与热处理技术专业必修的核心主干课程，是培养金属材料与热处理技术专业实用型人才整体知识结构和综合能力的重要组成部分。该课程要使学生掌握热处理生产的基本知识和基本技能，初步形成分析问题和解决问题的能力，熟练掌握热处理生产的工艺设备和机械设备的相关知识，使学生毕业后能在热处理生产企业进行生产和解决实际操作技术问题，成为高等技术应用型的专门人才。

为了适应热处理生产技术发展的需要，通过与热处理生产企业的合作，以国家职业标准为依据与企业共同制订出基于工作过程的课程标准。根据企业的生产实际和岗位群的技能要求以及课程标准，本书共设计了“热处理工艺基础知识”、“热处理设备及操作”、“退火与正火”、“淬火与回火”、“表面热处理”、“化学热处理”、“常用零件热处理工艺与技能训练”、“复杂零件热处理工艺与技能训练”、“复杂工件的畸变规律与矫正方法”、“质量检验和缺陷分析”十个单元。理论知识以够用为度，主要讲求工作过程、实践过程的系统性和完整性，力求体现出学习过程和工作过程的一致性。

为体现职业教育的特点，使学员既具备一定的理论知识又具有实践操作能力，本书依据《国家职业标准》对热处理工的知识要求和技能要求，按照技能考核的需要进行编写。着重体现了“以职业活动为导向，以职业技能为核心”的指导思想，以“实用、够用”为宗旨，突出职业培训特色，以技能为主线，理论为技能服务，将理论知识和操作技能有机地结合起来，在编写中力求做到“知识新、工艺新、技术新、设备新和标准新”，强调先进性；内容精炼实用，图文并茂，通俗易懂，覆盖面广，通用性强。

本书由昆明冶金高等专科学校张文莉、吴承玲担任主编，昆明冶金高等专科学校胡新、宋群玲担任副主编。单元1、单元2由张文莉、胡日博编写；单元3、单元4由吴承玲、胡新编写；单元5、单元6由宋群玲、胡新编写；单元7、单元8由张文莉、陈然编写；单元9、单元10由吴承玲、杨朝聪编写。云南CY集团有限公司的陈然同志还结合企业生产实际对全书的编写提出了大量宝贵的意见和建议。全书由张文莉、吴承玲整理定稿。本书在编写过程中引用了大量的文献资料，谨向各位作者、出版社致以诚挚的谢意！

由于编者水平所限，书中不妥之处恳请读者批评指正。

编　者

2010年9月

目　录

单元1 热处理工艺准备

模块1.1 热处理工艺文件

1.1.1 识读热处理工艺文件

1.1.1.1 热处理工艺特点

（1）热处理是将零件放在一定的介质中加热、保温和冷却，通过改变金属材料表面或内部组织来控制其性能的工艺方法。

（2）热处理是零件制造过程中的中间工序，它受前后工序的制约，要求操作者必须了解零件热处理前后的加工工序即加工工艺流程。

（3）热处理是在高温下进行的，设备比较复杂，过程控制常常需要各种仪器仪表，因此，要求操作者必须遵守工艺纪律，正确执行热处理规程。

（4）影响热处理产品质量的因素多而且比较复杂，热处理产品质量不仅取决于设备、控制手段，还取决于操作者的责任心和技术水平。因此，操作者不仅要能根据零件图的技术要求，合理选用设备、工装夹具和确定有关的热处理工艺参数，并且还要能正确使用和维护热处理设备及测温控温装置；能合理、准确地选择冷却介质及零件的冷却方式；能通过目测火色判断炉温和正确掌握冷却时间等。

（5）热处理使用电、盐、油、气等，易发生触电、中毒、爆炸等事故，所以安全生产极为重要。

（6）热处理操作之前，必须识读工艺文件，进行核对，即核对零件的形状、尺寸、数量、材料、技术要求是否与工艺卡相符。

1.1.1.2 常见的热处理工艺文件

热处理工艺是指热处理作业的全过程，包括热处理规程的编制、工艺过程的控制与质量保证、工艺管理、工艺工装（设备）以及工艺试验等，通常所说的热处理工艺仅是指工艺规程的编制。

热处理生产中常用的工艺文件主要有热处理零件明细表、热处理过程卡、热处理工艺卡片、热处理工艺守则和热处理临时工艺卡几种。热处理零件明细表（见表1-1）和热处理过程卡主要用于规定产品的热处理工艺流程。热处理工艺卡片（见表1-2和表1-3）的基本内容是工件的热处理工艺规程。热处理工艺守则是热处理工艺所必须遵循的原则。热处理临时工艺卡是暂时采用的工艺流程或工艺规程，它只对某一批产品有效或对某一产品在短期内有效。对特殊要求的产品零件、产品材料代用或新工艺试制等情况，一般都采用临时工艺卡。

表 1-1　毛坯热处理明细表

序号	件　号	名称	材料	规格/mm × mm	弯曲	备　注
1	A-02053	轴	45	$\phi34 \times 282$	1	
2	A-02054	轴	45	$\phi38 \times 272$	0.8	
3	A-02055	轴	45	$\phi55 \times 333$	1.5	
4	A-02056	轴	45	$\phi34 \times 300$	0.8	
5	A-02057	轴	45	$\phi38 \times 230$	0.8	
6	A-02058	轴	45	$\phi34 \times 282$	1	2 件
7	A-02152	键	45	$\phi54 \times 21$		
8	A-02153	键	45	$\phi50 \times 262$		
9	A-02176	压板	45	$40 \times 24 \times 215$		锻后调质
10	A-06051	轴	45	$\phi28 \times 495$		
11	A-06052	轴	45	$\phi38 \times 285$		4 件
12	A-02051	主轴	45	$\phi180 \times 900$		
13	A-02052	轴	45	$\phi60 \times 340$		
14	A-07037	轴	45	$\phi28 \times 250$		

表 1-2　热处理工艺卡片

<table>
<tr><td rowspan="2" colspan="3">厂　名</td><td colspan="4">热处理工艺卡片</td><td colspan="3">产品型号</td><td colspan="2">零件名称</td><td colspan="2">零件号</td><td>共　页</td></tr>
<tr><td colspan="4">车间</td><td colspan="3"></td><td colspan="2"></td><td colspan="2"></td><td>第　页</td></tr>
<tr><td colspan="3">工件加工路线</td><td colspan="5">工件简图</td><td>钢号</td><td colspan="2">每台件数</td><td colspan="4">重量/kg</td></tr>
<tr><td rowspan="2">程序号</td><td rowspan="2">工艺流程</td><td rowspan="2">车间</td><td colspan="5" rowspan="7"></td><td rowspan="2"></td><td colspan="2" rowspan="2"></td><td>毛坯</td><td colspan="2">粗加工后</td><td>净重</td></tr>
<tr><td></td><td colspan="2"></td><td></td></tr>
<tr><td></td><td></td><td></td><td colspan="4">技术要求</td><td colspan="3">检验方法</td></tr>
<tr><td></td><td></td><td></td><td colspan="4">硬　　度:</td><td colspan="3" rowspan="3"></td></tr>
<tr><td></td><td></td><td></td><td colspan="4">渗碳深度:</td></tr>
<tr><td></td><td></td><td></td><td colspan="4">变　　形:</td></tr>
<tr><td></td><td></td><td></td><td colspan="7">注意事项:</td></tr>
<tr><td rowspan="3">操作程序号</td><td rowspan="3">热处理工序号</td><td rowspan="3">工序名称</td><td colspan="2">设备</td><td colspan="2">工装</td><td colspan="7">工　艺　规　范</td><td rowspan="3">工人等级</td><td rowspan="3">准备终结工时</td><td rowspan="2">工时定额</td></tr>
<tr><td colspan="2" rowspan="2">型号及编号</td><td colspan="2" rowspan="2">名称及编号</td><td colspan="2">装炉</td><td colspan="2">加热</td><td colspan="3">冷却</td></tr>
<tr><td>件数</td><td>温度/℃</td><td>温度/℃</td><td>时间/min</td><td>介质</td><td>温度/℃</td><td>方法</td><td>min</td></tr>
<tr><td></td><td></td><td></td><td colspan="2"></td><td colspan="2"></td><td></td><td></td><td></td><td></td><td></td><td></td><td></td><td></td><td></td><td></td></tr>
<tr><td></td><td></td><td></td><td colspan="2"></td><td colspan="2"></td><td></td><td></td><td></td><td></td><td></td><td></td><td></td><td></td><td></td><td></td></tr>
<tr><td></td><td></td><td></td><td colspan="2"></td><td colspan="2"></td><td></td><td></td><td></td><td></td><td></td><td></td><td></td><td></td><td></td><td></td></tr>
<tr><td></td><td></td><td></td><td colspan="2"></td><td colspan="2"></td><td></td><td></td><td></td><td></td><td></td><td></td><td></td><td></td><td></td><td></td></tr>
<tr><td></td><td></td><td></td><td colspan="2"></td><td colspan="2"></td><td></td><td></td><td></td><td></td><td></td><td></td><td></td><td></td><td></td><td></td></tr>
<tr><td></td><td></td><td></td><td colspan="2"></td><td colspan="2"></td><td></td><td></td><td></td><td></td><td></td><td></td><td></td><td></td><td></td><td></td></tr>
<tr><td colspan="2">编　制</td><td>日期</td><td>校对</td><td>日期</td><td>审核</td><td>日期</td><td colspan="2">会签</td><td colspan="2">日期</td><td colspan="2">批准</td><td>日期</td><td>描图</td><td>日期</td></tr>
<tr><td colspan="2"></td><td></td><td></td><td></td><td></td><td></td><td colspan="2"></td><td colspan="2"></td><td colspan="2"></td><td></td><td></td><td></td></tr>
</table>

表 1-3 热处理工艺卡片

厂 名	感应热处理工艺卡片	产品型号	零件名称	零件号	共 页
	车间				第 页

工件简图	钢号		每台件数		净重	kg
	技术要求			检验方法		
	硬度： 变形：					

设备工作规范

灯式高频机	工序编号	单位功率/$kW \cdot cm^{-2}$	加热面积/cm^2	需要能量/kW	阳极电压/kV	阳极电流/A	偶合数	栅极电流/A	回路数	回路电压/kV

机式中频机	工序编号	单位功率/$kW \cdot cm^{-2}$	加热面积/cm^2	需要能量/kW	电压/V	电流/A	电容/$\times 10^{-12}F$	变压器匝数比	功率因数
								次级/初数	$\cos\phi$

总工序编号	热处理工序号	工序名称	设备	感应器	工装	加热		冷却				移动速度/$min \cdot s^{-1}$	工人等级	工时定额/min
			型号或名称	编号	名称或编号	温度/℃	时间/s	方式	介质	温度/℃	时间/s			

编 制	日期	校对	日期	审核	日期	会签	日期	批准	日期	描图	日期

1.1.1.3 热处理工艺守则

工艺规程是针对某一个产品编制的，而热处理工艺守则（又称操作守则）是针对某个热处理工序或某类热处理设备编制的一种通用性的工艺技术文件，它是编制产品工艺规程的重要依据。

热处理工艺守则包括工艺、设备、操作、质量检验、安全卫生等类型。工艺守则的内容很广泛，一般包括工艺的目的和作用、基本工艺参数、可选用的设备和工艺装备、操作要顾及安全卫生注意事项、工艺达到的质量标准和质量检验方法等。为确保产品工序质量达到要求，生产操作必须按守则的规定进行。

热处理工艺守则是相同工艺方法或同类零件而编制的热处理工艺总则，如正火、退火工艺守则，气体渗碳工艺守则，离子渗氮工艺守则，高频感应加热淬火、回火工艺守则，弹簧工艺守则，滚动轴承热处理工艺守则等。它原则性介绍热处理工艺过程、工艺参数、关键操作要点等，是热处理工艺过程的通则，是编制热处理工艺卡片的依据和指导性文件。表 1-4 为井式炉气体碳氮共渗工艺守则，仅供参考。

表 1-4 R-J-60 碳氮共渗炉前工艺守则

(1)工艺曲线说明。

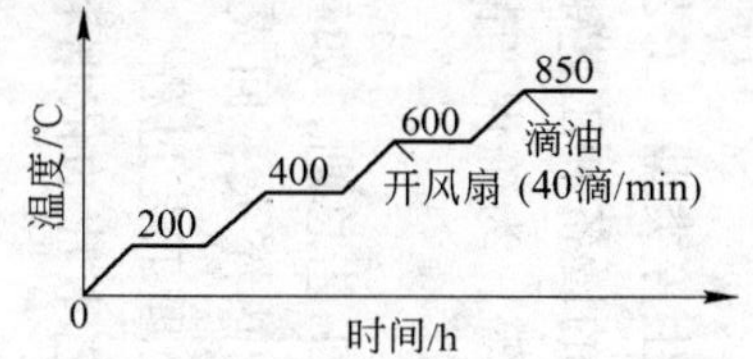

1)滴油器规格,流速为80滴/min时,取100滴煤油其容积为3.8~4.2mL,滴油器每月校对一次。

2)煤油流量允许4滴/min范围变化,氨气允许在±0.01m^3/h内变化,由操作者按实际情况进行调整。

3)排气阶段,煤油100滴氨气0.42m^3/h。

4)直接淬火:将零件直接淬入40~80℃的L-AN10全损耗系统用油中,除规定的冷却时间外一般为3~5min。

5)分级淬火:冷却剂为52号气缸油,使用温度(140±10)℃,除规定的冷却时间外,一般为3~5min。

6)工艺曲线的到温指上下区温度均到指示温度。

7)干燥器每周烘干一次,每月清理一次。

8)52号气缸油要求每月取样分析一次,要求100℃黏度应为49~56cSt(1cSt=$10^{-6}m^2/s$)。

(2)各种零件的工艺参数和技术要求见下表。

(3)测温:到温后保温3h,停油,打开小孔0.5h测温,允许带挂具进行测温。

(4)40Cr齿轮碳氮共渗:温度为850℃,跨炉台淬火操作的40Cr齿轮允许用860℃,操作者不应随便提高40Cr齿轮的共渗温度。

(5)炉子的升温曲线见右表。

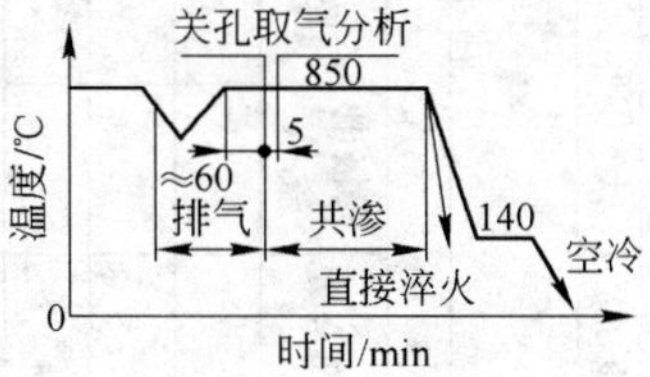

温度/℃ 时间/h 类别	200	400	600	850
大 修	12	12	8	8
中 修	8	8	4	3
小 修	2	2	1	3

序号	零件名称	材料	主要参数						技术要求				备注
			模数/mm	重量/kg	装炉量/件	供氨给油量		冷却	金相组织		硬度 HRC		
						煤油/滴	氨气/$m^3 \cdot h^{-1}$		层深/mm	表层组织	齿顶	其他	
1	130一轴	40Cr	3.625	1.63	72	120	0.15	先开油泵直接淬火	0.25~0.40	针M+残A	51~61		
2	130中间轴	40Cr	3.625	6.35	18	120	0.15	两区入油,开油泵直接淬火	0.25~0.40	针M+残A	51~61		
3	130一二轴	40Cr	3.625	3.80	48	120	0.15	直接淬火,油冷135s	0.25~0.35	针M+残A	51~61	花键23~43	
4	130三四轴	40Cr	3.625	0.75	120	120	0.15	分级淬火,105s摆动15s	0.25~0.45	针M+残A	51~61	花键23~43	

1.1.2 热处理工艺规程

热处理工艺规程是多道热处理工序必须遵守的准则。其基本形式是热处理工艺卡。

1.1.2.1 热处理工艺卡的基本内容

(1) 零件基本概况：包括产品型号、零件名称、零件编号、材料牌号、质量大小、外形尺寸、每机件数。

(2) 零件简图：包括零件主要尺寸、零件装夹示意图、标注质量检验部位。

(3) 热处理技术要求：即热处理前后的验收质量指标，热处理工艺规程中提出的热处理技术要求，如热处理变形量、表面质量等。

(4) 应用的工艺装备编号及名称、选用设备、装炉方法及装炉量。

(5) 工艺参数，操作要领。

(6) 质量检验内容，检验部位，检验方法，抽验率。

工艺卡片的形式应根据零件的热处理特点而设计，应不拘一格。热处理工艺卡片见表1-2和表1-3。

1.1.2.2 热处理工艺规程编制的依据、原则和程序

热处理工艺规程的编制是工艺工作中最主要、最基本的工作内容，确切地说工艺规程的编制属于工程设计的范畴。制订正确、合理的热处理工艺规程必须从企业的实际出发，考虑企业从事热处理工作的人员素质、管理水平、生产条件等，依据相关的技术标准和资料以及质量保证和检验能力，设计编制出完善、合理的热处理工艺规程。

完善、合理的热处理工艺规程不但能优质高效地生产合格的产品，而且能降低生产成本，提高企业的经济效益。

A 热处理工艺规程编制的依据

制定热处理工艺的依据包括零件图样及技术要求、零件毛坯图或毛坯的技术条件、工艺标准及企业条件。

(1) 零件图样及技术要求。零件图样是经工艺审查的有效版本，图中应标明以下内容：

1) 材料牌号及材料标准。

2) 热处理要求。零件最终热处理后所要求的力学性能及硬度。化学热处理零件在图样上应标明化学热处理的部位、尺寸、渗层深度、硬度及渗层组织和级别要求的标准。对零件有热处理检验类别要求时，还应标明热处理检验类别。

(2) 毛坯图及技术条件铸锻件热处理，以毛坯图为依据，图上同样应标明材料和热处理要求。毛坯技术条件同样应给出毛坯热处理后的性能指标。

(3) 工艺标准和规定。技术标准包括工艺技术标准和质量控制标准。

1) 工艺技术标准（工艺说明书）分为上级标准（国家标准、国家军用标准、行业标准）和企业标准。它是编制工艺的主要依据。

2) 质量控制标准也分为上级标准和企业标准。它是热处理工艺过程中质量控制的主要依据。

(4) 生产条件与零件的批量。企业条件包括热处理生产条件、热处理设备状况、热处理工种具备程度、人员结构与专业素质、管理水平等。

B　热处理工艺规程编制的原则

编制热处理工艺规程应遵循以下原则：

(1) 工艺的先进性。先进的热处理工艺是企业的竞争力和经济效益的保证，它能以最小的投入获得最佳的热处理质量。工艺的先进性包括采用新工艺、新技术，更新改造热处理设备，采用新型工艺材料。

(2) 工艺的合理性。热处理工艺的编制应避免热处理缺陷的产生，合理地安排热处理工序，力求工艺流程短、操作简单，保证产品质量稳定。所确定的工艺路线，应能可靠地保证零件达到多项技术指标。

(3) 工艺的可行性。根据企业的热处理设备条件、操作者和专业人员的技术水平、对热处理工艺操作的熟练程度、管理水平来编制热处理工艺才能保证生产的正常运行。

(4) 工艺的经济性。工艺应合理利用能源，采用节能的加热设备，尽可能采用水溶液淬火介质；充分利用设备加热能力，合理组织生产；采用装炉工装，合理利用加热空间，对批量生产的企业，尽可能采用机械化和自动化生产；工夹具尽量采用通用型。

(5) 工艺的可检性。现代质量管理要求，热处理属特种工艺范畴，工艺过程的主要工艺参数必须具备追索性，为产品热处理质量追索查找提供依据，因此工艺应具备可检查性。

(6) 工艺的安全性。控制有毒作业，尽量不采用有毒作业，如采用气体氮碳共渗代替液体氮碳共渗。对已采用的有毒作业，应有可靠的防护措施。对工艺过程中废气、废液的排放要有检测，达到排放标准方可排放，以保护环境。

(7) 工艺的标准化。标准化是企业的基础，标准化是工艺质量的保证。工艺的标准化内容包括：工艺文件的标准化，要求工艺文件的书写格式、热处理术语的应用、基础标准的引用及法定计量单位等必须符合有关标准；编制工艺参数标准化，给出的工艺参数温度、时间等应按相关标准计算；检测工作也应依据相关标准。

C　热处理工艺规程编制的程序与步骤

热处理工艺编制程序如图1-1所示。热处理工艺编制的步骤见表1-5。

表1-5　编制工艺规程步骤

步　骤	内　容
1. 研究与资料准备	研究图样规定的热处理技术要求的可行性与合理性，零件在实施热处理过程中将会产生的变形和技术要求，选择的零件材料能否达到热处理要求等； 研究毛坯或材料的供应状态，决定是否增加预备热处理来满足最终热处理要求和毛坯尺寸的精密程度； 研究零件制造加工路线安排，确定热处理工序最佳合理位置，尤其是化学热处理及零件需经多次热处理，合理的工序位置将有利于最终热处理质量及后继的机械加工进行技术标准及技术条件的占有程度，通过标准了解采用的工艺方法及工艺参数； 确定工艺路线、工艺方法，对未进行过的工艺方法，确定工艺试验方案

续表 1-5

步　骤	内　容
2. 条件准备	对不具备的工艺方法或设备条件，确定改造方案或外委措施； 依据标准或相关技术文件确定工艺参数或经工艺试验验证调整后的工艺参数； 按工艺方案要求设计工艺工装； 按零件要求和工艺实施路线，安排辅助工序（清洗、清理、校正、保护等）； 确定检验方法及设备，按需要设计检验专用工装；
3. 制定工艺规程	按规定的工艺表格编写工艺规程，填全表格规定的栏目，不要空栏； 工艺术语应按国家或行业标准； 工艺编写应统一标准化； 工艺规程是指令性文件，用词严谨，不应出现模棱两可的字句，字迹端正、版面清晰
4. 会签、批准	编制、校对、审定、批准会签，根据要求有质量保证部门及其他有关部门

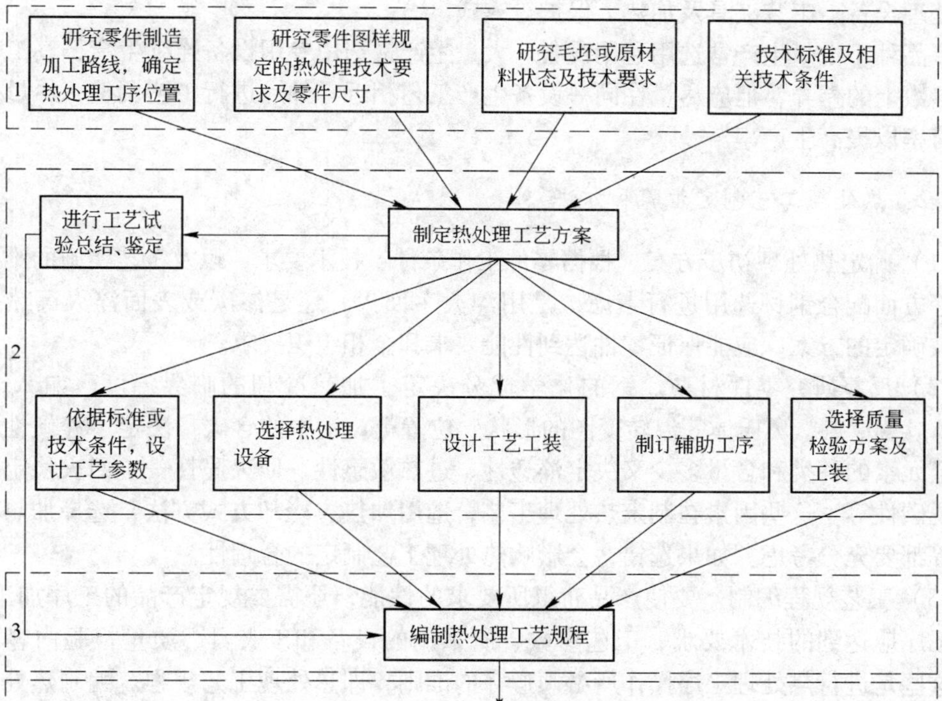

图 1-1　热处理工艺编制程序

1.1.3　热处理工艺文件的编制

1.1.3.1　热处理工艺编制的基础资料

（1）零件工作图。零件工作图是零件技术条件的主要依据，是编制热处理工艺的主要依据，是零件热处理质量检验的主要依据。由工作图可以知道零件的形状、大小、选用材料、硬度、强度、硬化层深等技术条件。有时，为满足零件性能要求，零件工作图中还指定热处理方式等。化学热处理和表面淬火层深度确定要加进磨削余量，进行热处理工艺转化。

（2）热处理前半成品来料状况。毛坯是铸造、锻造还是轧制的成形材料，材料的化学成分和冶金质量如何，经过哪些加工方法，这些都应做到心中有数。

（3）收集有关材料及热处理参数的各种资料。这些资料包括金属材料手册、热处理手册及其他参考资料、国家材料及热处理的各种标准、热处理加热和冷却设备的各种资料。应收集本厂及兄弟单位类似零件的热处理卡片或热处理手册，这些资料是编制热处理工艺十分有用的依据。

（4）实际生产条件。根据本单位现有热处理设备的类型、性能及数量，工人的技术水平、操作习惯，辅助设施，水、电、气供应状况，车间的起重运输、通风、取暖等各种状态来编制零件热处理工艺过程。

（5）生产规模的考虑。大批量生产、成批生产、单件生产等不同生产规模应选用不同的热处理设备、工装夹具及加热、保护等方式。

多品种小批量生产常选用通用设备。大量生产常选用专用设备连续生产，其工艺制订有些参数上的差异，但应尽量在同一设备生产工艺相近零件、进行工艺调整，尽量提高设备负荷率以提高生产率。

1.1.3.2 热处理工艺制定步骤和方法

（1）确定热处理初步方案。根据零件工作条件、技术要求，以及工艺实施的难易和经济性等方面配合钢材选用进行考虑，是用淬火＋回火，还是渗碳或表面淬火等热处理方案。被确定的方案，应能保证零件达到性能要求和金相组织要求。

（2）反复研究零件材质。钢的化学成分决定了加热冷却的临界温度，如 A_{c1}、A_{c3}、A_{r1}、A_{r3}、M_s 点，奥氏体等温转变图的形状、位置等；钢中的含碳量决定于淬硬性，而钢中合金元素的种类和含量多少又决定淬透性、过热敏感性、回火脆性、抗回火稳定性、抗氧化脱碳性等。这些因素在制定热处理工艺，选用加热、冷却方式方法，选择加热、冷却介质等都要充分考虑。如果选错，会影响热处理工艺制定的合理性。

（3）工艺规程编制。要使产品获得所要求的性能，还需要规定产品的工序加工方法，包括工序应达到的技术要求、工艺参数、所采用的设备和工夹具、质量检验内容和方法等，这些是进行热处理工序操作所必须遵守的准则，即热处理工艺规程。编制热处理工艺规程的步骤如下：

1）收集资料。对零件的工作条件和技术要求、热处理前的冷热加工情况、车间的实际生产条件以及与材料性能和热处理工艺参数有关的资料都应充分了解、消化和掌握。

2）选用设备。结合设备性能、产品批量和热处理质量要求以及车间设备实际情况选用设备。例如，批量生产的零件应采用周期式作业炉，中小零件的无氧化脱碳加热应采用盐浴炉或保护气氛加热炉。

3）确定加热方法。加热方法与零件材料、尺寸、形状及工序类型有关。炉内加热方法有随炉加热、预热加热、直接装炉加热和快速加热4种。

①随炉加热：零件在250℃以下装炉后随炉缓慢升温或分段升温。这种加热方法适合用于合金工具钢、高速钢、大型铸件的退火。

②预热加热：零件在预热温度下装炉并保温一定时间后随炉升温至加热温度。这种加热方法适用于一般零件的退火和较大零件的淬火加热。

③直接装炉加热：零件直接装入温度为加热温度或比加热温度高10～20℃的炉子中加热。碳素钢和低合金钢的中、小型零件的正火或淬火多用此方法加热。

④快速加热：零件在炉温高于加热温度100～200℃的情况下装炉加热。形状简单、批量生产的碳素钢及低合金钢件可采用此方法加热。

4）确定工艺参数。热处理工艺参数包括温度、时间、流量、压力、电流、电压、气氛等。确定热处理工艺参数的依据有以下四点：

①有关手册和参考资料；

②工艺试验的结果；

③用经验公式、图表、曲线进行计算；

④编制人员本身的经验。

5）确定冷却方法。冷却方法有随炉缓冷和在介质中冷却两类，应根据零件的热处理质量要求来确定。炉冷速度或冷却介质的选用可由有关资料查得。

6）辅助工序的安排。辅助工序包括清理、保护、矫正、装夹、工艺性质量检查等。辅助工序在工艺规程中应有明确规定。

7）绘制零件简图，填写热处理工艺卡，将零件热处理工艺规程的内容反映在工艺卡片上。

1.1.4　热处理工艺编制实例

热处理工艺编制包括确定热处理工艺流程和制定热处理工艺规程，其原则是使工艺具有可靠性、先进性、经济性和安全性。下面根据提供的相关资料编制磨齿机主轴的热处理工艺。

（1）零件简图及技术要求。磨齿机主轴如图1-2所示，材料GCr15，除M95×2一段外，要求淬火回火后硬度为62HRC，径向跳动不大于0.20mm。为提高主轴抗疲劳性能、耐磨性和韧性，减小淬火时的过热和开裂倾向，淬火前经过球化退火处理。

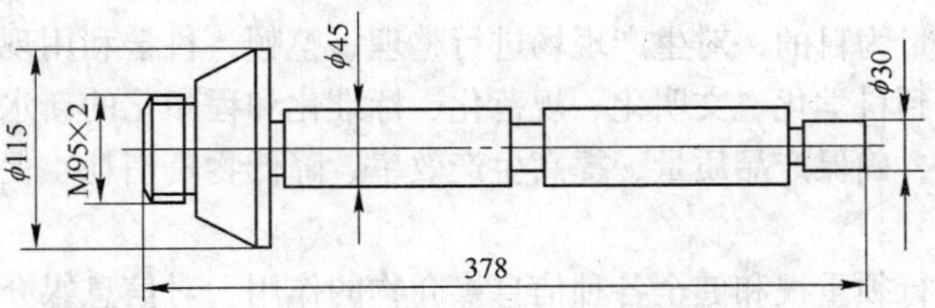

图1-2　磨齿机主轴

（2）编制主轴热处理工艺规程。

1）根据技术要求和相关资料，选用设备，确定工艺流程。轴承钢是高碳钢，淬火加热时表面易脱碳，故采用盐浴炉加热。为减小变形，淬火加热前进行一次预热并采用分级淬火。淬火后存在一定数量的残余奥氏体，为促进残余奥氏体转变，稳定组织和尺寸，淬火后应立即进行冷处理。为消除淬火和冷处理应力，冷处理后应进行一次低温回火。因此，热处理工艺流程为：预热→加热→分级淬火→冷处理→低温回火。

淬火前螺纹部分用石棉绳包扎，以避免淬硬，主轴竖直吊挂入炉，每炉两件。

2）预热温度和时间。根据有关资料，预热规范为550℃保温1.5h。

3）淬火加热温度和时间。GCr15钢的淬火加热温度查得为830～860℃。由于淬火前已经过球化退火，而球状珠光体的奥氏体转变过程较缓慢，为使奥氏体充分均匀化，以增加钢的淬透性，淬火加热温度可取上限，即定为850℃。加热时间可由公式计算或直接由有关资料查得，定为70min。

4）分级淬火温度。该钢的分级淬火温度为130～170℃，现定为160℃；采用硝盐炉作为分级淬火炉，分级时间定为12min。

5）冷处理温度和时间。该钢常用冷处理温度为－70～－75℃，处理时间为1～1.5h，现主轴冷处理规范定为－70℃，保持1.5h。

6）回火温度和时间。该钢常用的回火温度为150～170℃，时间6～12h，硬度达61.5～62.5HRC。现将主轴回火规范定为160℃，保温8h，空冷。

7）检验。用洛氏硬度计检验硬度60～64HRC，用百分表测量径向跳动小于0.20mm。

模块1.2　热处理生产管理

1.2.1　热处理生产的现场管理

在热处理生产过程中除了涉及相关设备、电气的操作安全外，还涉及大量有害、有毒的化学用品，在生产中产生有害废气、废水、废油、废渣等，直接危害着人体健康和环境。实施安全文明生产、严格治理生产中产生的有害物质、加强环境保护，对促进热处理生产过程的工艺技术管理、保障生产人员健康、保护社会环境具有重要的意义。

1.2.1.1　定置管理

定置管理是指以生产现场为对象，研究生产要素中人、物、场所三者在生产活动中的相互关系的科学管理方法。它以加强生产管理运行机制、提高生产效率、消除无效劳动和浪费、保证产品质量为目的，对生产现场进行整理、整顿，科学利用现场空间，将企业的生产现场管理提高到科学化、文明化、规范化、标准化和程序化的新水平。实行定置管理具有稳定生产秩序、确保产品质量、提高生产效率、降低物资消耗、促进安全生产、有益职工健康等意义。

定置管理的实行须重视和健全各种信息媒介物的作用。对信息媒介物的要求有：场所设有定置图，场所标志清楚，各种台账齐全，存入物的序号、编号齐备，信息标准化（物品流动时间标准）等。

定置管理的实施是现场管理的重点，其首要任务是按照定置设计要求，对生产现场的材料、机械和操作工具等进行科学的整理和整顿，将所有的物品定位，按区存放，账物相符；清除生产现场中与生产活动无关的物品；按定置图在现场定置区域画出不同颜色的标志线；使人、物、场所三者的结合状态达到最佳程度。

热处理生产现场的定置管理一般设置以下四个区域：待热处理零件存放区、正在进行热处理的零件区、零件热处理后的存放区、热处理不良品存放区。各个区域的设置要充分考虑到设备的配置、物流的方向、现场操作和管理的方便，尽可能减少零件的逆向流动或往返流动。

1.2.1.2　5S 管理

以品质为中心的经营理念是现代化企业必须具备的理念，也是适应市场经济、企业竞争的必然趋势。在品质活动中，5S 是一种基础的、有效的、科学的管理方法。

A　5S 的来源

5S 是指整理（Seiri）、整顿（Seiton）、清扫（Seiso）、清洁（Seiketst）、素养（Seitsuke）5 个方面，因均以 S 开头，所以简称为 5S。

物品混乱、环境杂乱无章造成的时间浪费、失误和事故等，给生产和管理带来了不同程度的损失，这些教训促使人们认真对待工作场所和物品的有效管理。实行 5S 活动后，其效果不仅有提高工作效率、防止浪费和失误，还包括心理和形象方面效应，这些效应对企业和员工都产生了重要作用。一个整洁的工作环境不仅提高了员工的工作情绪，有利于营造团队精神，而且对外树立了一种良好的形象，增加了对企业的信心，更易得到客户的认同和欣赏。

B　5S 的定义与目的

（1）整理的含义：区分要用和不用的东西，把不用的清除掉。其目的是腾出利用空间。

（2）整顿的含义：将要用的东西定位、定量摆放整齐，明确标志。其目的是不必浪费时间找东西。

（3）清扫的含义：清除现场内的污物，防止污染的发生。其目的是消除脏污，保持现场干净、明亮。

（4）清洁的含义：将上面 3S 实施的做法制度化、规范化，并维持成果。其目的是通过制度化来维持成果，并显现异常之处。

（5）素养的含义：依章行事，从心态上养成好习惯。其目的是改变“人的素质”，养成认真工作的习惯。

C　推进 5S 活动的根本目的

（1）提高效率。良好的环境和气氛，良好的人际关系，有助于员工提高工作热情，集中精力，使工作效率提高。良好的工作环境将要求有序而严谨的工作方式，物品摆放有序。

（2）保证质量。工作环境的整洁可以减少工作过程（如制造及检验）中的误差，从而减少不合格品的发生；整洁有序的物料管理、信息数据的管理，可以防止混乱、错用和误判；员工养成做事认真、有序的习惯，是保证质量的基础。

（3）保证安全。有序、整洁的环境可有效防止意外事故的发生。良好的习惯是防止事故、提高安全性的首要因素。

（4）降低质量成本，提高利润率。

D　5S 的效用

5S 的效用表现在以下几个方面：

（1）一个有序的、整洁的工作环境有助于减少浪费和失误，改善工作情绪。

（2）一个美好环境的建立和保持来自于全体员工的参与和努力。

（3）有效落实 ISO 9000 族标准有关对工作环境方面的要求。

（4）养成良好的工作习惯，保持井然的工作秩序，提高工作效率。

（5）保障安全，减少意外事故。

（6）降低不合格品的发生率，提高产品质量。

（7）减少库存量，充分、合理地利用空间。

（8）减少人员、时间、场所的浪费，降低成本，增加利润。

（9）树立公司的良好形象，对社会、公众及顾客产生吸引力。

（10）增加员工的自豪感、归属感和团队精神。

1.2.2 安全操作与劳动保护

1.2.2.1 灭火器的使用

热处理车间存在大量的加热设备，并且存放有易燃液体，如醇类、酮类等，因此热处理操作人员应掌握相关灭火知识，这有助于防止意外事故的发生，减少事故损失。一般来说，对于醇类、酮类、醚类等易燃液体的失火，可用干粉、二氧化碳、泡沫灭火剂等扑救；对于电器及带电系统的失火可用 CCl_4、N_2、CO_2 等惰性气体扑救；1211 灭火剂（CF_2ClBr）适用于扑救油类、电器、精密仪器等火灾。常用灭火器类型及其应用见表 1-6。

表 1-6 常用灭火器类型及其应用

类 型	药液主要成分	应 用
酸碱式	硫酸、碳酸氢钠	适用于非油类（如木、纸张等）及切断了电路的电器失火等一般火灾；不适用于忌酸的化学药品（氰化钠等）和忌水的化工产品（钾、钠、镁、电石等）以及油类的灭火
泡沫式	十八水合硫酸铝、碳酸氢钠	适用于扑灭汽油、煤油、柴油、苯、香蕉水、松香水、凡立水等易燃易爆液体失火，用于扑灭电器火灾时必须先切断电路；不适用于丙酮、甲醇、乙醇等易溶于水的液体失火
二氧化碳	液体二氧化碳	适用于扑灭电器、精密仪器、电子设备、内燃机、珍贵文件、小范围的油类及某些忌水物质的失火；不适用于扑灭钾、钠、镁粉、铝粉和铝锰合金物质的火灾
干粉灭火	主要由碳酸氢钠、硬脂酸钠、云母粉、滑石粉混合而成	适用于扑灭油类、可燃气体、电气设备、精密仪器、文件记录和遇水燃烧等物品的最初起火
四氯化碳	液体四氯化碳	适用于扑灭电气设备、内燃机等发生的火灾及小范围的汽油、丙酮失火；切忌用于钾、钠、镁、铝等的失火，否则易发生分解爆炸，也不可用于电石、乙炔等起火，因为可生成有剧毒的光气
1211 灭火器	二氟化氯溴甲烷	适用于扑灭油类、有机溶剂、文物档案、精密仪器的火灾，它的绝缘电阻为 2.5MΩ，气态击穿电压为 36.6kV/cm，液态击穿电压为 22.9kV/cm，故可用于高压电气设备火灾

灭火器的正确使用方法应通过必要的训练加以掌握。

1.2.2.2 劳动保护用品的正确使用

热处理生产过程中存在许多不安全因素，例如，操作人员直接接触高温和有害的废气、废液和废渣，均能不同程度地造成健康危害。操作人员必须按规定穿戴相关的防护用品，以对人体进行保护。热处理操作人员在生产中常用的防护用品有以下几种：

（1）工作服、工作帽、手套。工作服以白色为宜，可以反射周围热量。对于从事酸洗、电镀及其他有腐蚀性工作的操作人员，应配备耐腐蚀的工作服、工作帽、橡胶手套。感应加热操作人员应配有绝缘手套。

（2）劳保鞋。劳保鞋一般为皮鞋或帆布鞋，其主要目的是保护操作人员的脚部，以免被烫伤、砸伤。高、中频操作人员为防触电，应穿绝缘胶鞋；对酸洗、电镀及腐蚀性强的工序，操作人员还应配备胶靴。

（3）口罩、防护面罩和防护眼镜。在不良气氛、粉尘环境中（如喷砂等）的操作人员应戴口罩。在有毒气氛中（如氨气等）或液体氰化生产中的操作人员，应戴防毒面具。防护眼镜分有色和无色两种，无色眼镜是防止飞溅物伤害眼睛，有色眼镜主要是在长时间观看高温物体和进行高温操作时佩戴。

（4）根据实际需要，还可配备套袖、胶围裙等。

正确使用劳动保护用品，发挥劳动保护用品的功用，是每一位热处理工作人员的自觉行为，不应将劳动防护用品挪作他用。

1.2.2.3 化学品的保管及使用知识

（1）可燃物品的管理。甲醇、煤油、丙酮等易燃物品，应储存在专门的危险品存放点，热处理生产现场根据实际需要定量领取和使用。在装卸、搬运可燃物品的过程中应轻装轻卸，严禁摔打、拖拉，以防止泄漏。夏天领用时，应尽量在早上或傍晚装运、分装，分装过程中绝对禁止明火，远离明火、热源及氧化剂。注意避免甲醇溢出与周围灼热炉体、炉盖接触而起火，甲醇一旦泄漏，应立即堵漏，漏出的液体可用沙土、干粉等吸收，不得用水盲目乱冲，以免流淌面积增大。甲醇对眼神经有刺激作用，易使视力受损，甚至失明，应防止甲醇侵入眼中，一旦侵入，应立即用水冲洗 15min 并请医生诊治。井式气体渗碳炉要注意防爆，开炉前必须检查炉罐，不能剩有煤油、甲醇、丙酮等可燃气体；升温至炉温达到 750℃之前，不得通入煤油、丙酮等，滴甲醇排气时应开大排气孔；遇到炉罐内漏进大量煤油、甲醇而炉温又较高，造成大量可燃气体急剧排出时，应开大排气，但绝对禁止打开炉盖，以防止空气进炉引起爆炸，同时应立即切断电源，待炉罐自然冷却，清理干净后方可重新开炉；每次停炉时应先关闭煤油、甲醇等。

（2）防纯氮窒息。氮基保护气，因其大部分氧气已被分离，纯氮可致人窒息死亡。制氮机房应加强通风，避免人员长时间停留。这类设备在系统卸压并通风排气后，在有专人监护的情况下方可进行检修，检修时必须关闭氮气。

（3）防氨气中毒。生产中，应保证氨气阀门、接头、管道无泄漏和炉窑密封，操作人员不能在氨气间长时间逗留，遇到漏气必须及时修复。使用氨气的生产班组应配备防毒面具，发生意外时应紧急关闭氨气阀门，一时关不严密，可在微量泄漏处淋以冷水，使氨溶解入水中，随后进行检修。氨气对呼吸系统和眼睛有强烈的刺激作用，易引起灼伤、肺炎、眼睛失明等伤害，接触后应立即用清水冲净，再送医疗部门治疗。

（4）氯化钡。氯化钡必须按剧毒品采用双人保管、双人领取、双人使用、双把锁、双本账的“五双”管理办法进行严格管理。当氯化钡侵入人体任何器官或体表（如氯化钡熔盐烫伤）时，应立即设法使其呕吐或洗净，并以最快的速度送医院救治，向医生说明是氯化钡所致，以便采取针对性急救措施。

含氯化钡废渣，可用水溶解后将含氯化钡的水溶液加入硫酸钠（Na_2SO_4）或碳酸钠加硫酸（$Na_2CO_3 + H_2SO_4$），使有毒钡离子（Ba^{2+}）变成无毒的硫酸钡沉淀后方可排放。

（5）其他。使用的氧气瓶、乙炔和氨气钢瓶等高压气瓶必须是在有效期内，并要经常检查钢瓶软管及钢管是否有裂缝、鼓包、变形、泄漏等缺陷。

钢瓶应存放在坚固、轻顶、空气流通、无阳光直射的储存室内，要隔离热源、火种，距离明火作业区 10m 以上，如确需在附近明火作业，应有隔热措施，但不得小于 5m。环境温度不得超过 35℃，否则一定要采取通风淋水的降温措施。在氨气室附近需设置 CO_2 灭火机或泡沫灭火器，应备有过滤式面具。

钢瓶阀门冻结时，严禁用明火烘烤，应用自来水解冻。瓶内气体不能用尽，应留有剩余压力 0.1～0.2MPa，并关紧阀门，保持正压，防止可燃性气体倒流或空气进入。

氨气储存室不得混放氢气、液化石油气、乙炔气和氧气等的气瓶，也不得存放汽油、煤油、甲醇、酒精（乙醇）、松香、硫黄等易燃物品，以防引起燃烧和爆炸。

1.2.3　环境保护

1.2.3.1　环保意识

为促进经济、社会、环保、节能效益的同步提高与发展，继 ISO 9000 质量管理系列标准后，国际标准化组织于 1996 年 9 月 1 日颁布了 ISO 14000 环境管理系列标准。其目的在于指导组织建立和保持一个符合要求的环境管理体系，通过全方位、全过程的控制，使自然环境得到最大限度的保护，资源得到最充分的利用。搞好环境保护工作，不仅有利于当前的健康成长，而且也会为子孙后代的幸福打下良好的基础。通过不断的环境评价、管理评审和体系审核活动，推动 ISO 14000 环境管理系列标准的有效运行，达到节约能源、减少环境污染，使经济和社会得以可持续发展的目的。

随着国民经济的发展，制造业迎来一个发展的阶段，机械零件热处理的数量与日俱增。热处理生产的准备阶段、热处理的生产过程中，需要使用并产生多种有毒物质，如果保管、使用、处理不当，不但直接影响生产环境和工人健康，而且会使生态环境受到不同程度的污染。

近年来倡导推广绿色热处理，即少无污染、少无氧化，鼓励应用先进设备、先进工艺，必将减少热处理生产对环境的影响。

1.2.3.2　热处理对环境的污染

（1）烟尘污染。各种热处理加热炉在其运作中，可能排放出各种烟气和有害气体；零件淬火时会产生油烟及淬火介质的蒸发等，这些都会对工作环境及大气造成污染。据报道，热处理行业每年约有 5000t 淬火油因蒸发或局部燃烧等而产生对人体有害的碳氢化合物、一氧化碳等。在喷砂处理过程中，每年要产生二氧化硅等有害粉尘 10000t。在燃煤加热炉中，不仅要产生大量废煤渣、煤灰，而且要排放有害的二氧化硫、灰分等，严重地污染了大气环境。

（2）废液污染。热处理生产使用的多种淬火介质以及多种清洗剂、防锈液等有机及无机溶液，均需定期更换或添加，造成大量废液排放。这样就有可能污染生态环境，侵害土地和水源。

（3）固体污染，包括氧化皮污染和废渣污染。钢铁零件在空气中直接加热，与空气中的氧作用而产生大量氧化皮，有的滞留在炉室内，有的则在淬火介质中脱落。我国目前仍有 70% 的空气加热炉在运行，为此每年将有大量钢材损耗，同时造成相当的固体污染。工业发达国家早在 20 世纪 60 年代就基本普及了少无氧化热处理。

此外，盐浴炉使用的盐类在高温加热中，由于氧化、结渣等需进行脱氧、捞渣处理，其中氯化钡、氰化盐废渣危害性大。不经专门处理不得排放。多种亚硝酸盐对人体健康也是不利的。

（4）其他污染。高频加热中的电磁波辐射，排风扇、烧嘴、喷嘴等噪声以及化学热处理中所用的气体、化学盐类所产生的异味等都对环境造成影响。

1.2.3.3 三废治理

热处理生产过程中产生的三废（废水、废气、废渣）必须经过处理，达到有关排放标准后方能排放。

废液主要采用物理、化学方法处理，如采用分离技术将油水分开，然后将废水排放，废油集中处理；含有害成分的废水需经过化学方法处理达标后方可排放，如利用化学沉淀工艺，热处理废水经酸碱中和、混凝沉淀后，将废水中的重金属离子去除。

有毒的废盐渣进行收集后，集中委托有资质的专门部门处理。

喷砂、抛丸产生的粉尘要经过除尘设备处理后才能排放，如上海工具厂喷砂除尘装置较先进，值得借鉴、学习；或利用新型喷砂设备，改干喷砂为水喷，如湖南长沙矿冶研究院生产的 GSPS 系列高压水射流喷砂机、北京产的液体喷砂机等，在热处理生产中已应用多年。

由此可见，热处理生产的废气、废水、废渣及粉尘等危害都能治理，且早治理早受益，不仅符合国家环保法规的要求，减少对环境的污染和破坏，还可从某些排放物中回收有用物质，使资源再生。

1.2.4 质量管理和相关法律

1.2.4.1 质量管理基础

众所周知，机械零件经过热处理后可以显著地提高使用寿命。中国热处理行业早就提出了“搞好热处理、零件一顶儿”的口号，以期引起对热处理的重视。零件的热处理质量受到设计、原材料、工艺方法、工装设备、操作人员技能等多方面的影响，为此很有必要将影响热处理质量的各种因素都控制起来，实行严格的全过程管理。

A 质量方针

质量方针是由组织的最高管理者正式颁布的总的质量宗旨和该机构关于质量的方向。质量方针是质量管理工作的行动指南，是企业总方针的一个组成部分。质量方针的内容包括：组织希望在行业市场内树立的质量形象和信誉；组织所提供服务的档次或等级；在追求质量目标中应采取的主要措施、方法、途径；服务质量的各项具体目标要保证其实现的现实性。

质量方针的基本要求是：质量方针应简洁易懂，以利执行；质量方针应体现出企业的质量方向，表明企业对客户的质量承诺，同时应反映出客户的期望；质量方针应由最高管理者签名确认，质量目标应尽可能量化，以便于执行和评定。如某企业的质量方针是：用户至上，质量第一，优质高效，求实求精。

如果是一家独立热处理专业厂，即是一个独立组织，必须有自己的质量方针。如果是一家企业的热处理分支（如热处理分公司、分厂、车间、工段等），则应在组织的质量方针指导下，提出本部门的质量方针，作为本部门质量工作的指南。

B 岗位的质量要求

岗位的质量要求是指从事该岗位的人员应该具备的能力、掌握的操作规范和对该岗位规定的质量标准的理解。

热处理工种是一个专业理论基础和经验积累性较强的工种。工种的技术等级分为五级（初级、中级、高级、技师、高级技师），每个级别的工人所要求的理论基础和经验、从事的热处理操作难度和承担的工作责任不同。对于热处理岗位来讲，操作人员应经过专门培训，并持证上岗。操作人员需掌握金属热处理的基本原理，具有相应的识图能力，能看懂热处理技术档和技术要求，熟悉设备的结构特点和使用方法，懂得热处理安全生产知识，能够按照设备的操作规程进行操作，准确控制工艺参数，按照作业指导书完成工艺操作，达到零件热处理质量要求。

热处理操作还是一个集体作业性强的工种，要求员工有团结协作的工作精神。

C 质量保证措施

质量保证是指为使人们确信某一个产品或服务能满足规定的质量要求所必需的全部有计划、有系统的活动。质量保证包括内部质量保证和外部质量保证。

质量保证措施指达到质量保证的要求所采取的具体方法，主要有为了防止潜在的不合格缺陷或其他不希望情况的发生而采取的预防措施。预防措施可以包括诸如程序和体系等的更改，以实现任一阶段的质量改进。

纠正和预防措施的意义是：体现“预防为主”、“持续提高质量”的管理思想；结合不合格品的严重性、风险程度及经济情况进行处理；使投入取得最好效果；采取措施有助于效果体现在过程中，能有效制止产品的不良趋势的进一步发展，将不合格的隐患消灭于萌芽状态。

D 热处理质量控制体系

热处理质量控制体系是以保证和提高热处理质量为目标，遵照有关“标准”、“条例”、“法规”及“合同”的要求，规定出热处理质量控制的职责、工艺试验、工艺档的编制、设备与仪表的控制、操作与记录以及不符合项处理等程序和要求。

按照对质量保证体系的理解，热处理属于特殊工艺过程，零件热处理质量的好坏是内在的，除明显的变形和开裂可以有眼睛观察外，内在的组织和性能不能依靠有限的工序间质量检验来发现。因此，建立严格的热处理质量控制体系，并在生产过程中得以认真贯彻，是非常重要的。

建立热处理质量控制体系，应包括以下内容：

（1）要明确与热处理质量相关的各部门的职责分工，规定其权限及相互关系，并形成档。包括零件的材料选用，组织和性能要求，冷、热加工工艺路线和加工余量的安排等，要通过工艺会签档予以确定。

（2）热处理部门要制定保证实现热处理质量目标的各类标准、程序文件及作业。

1.2.4.2　相关法律、法规

每一位热处理工人要自觉遵守国家的各项法律、法规，成为一个有理想、有道德、讲文明、守纪律的公民；要学习和掌握有关法律、法规，努力做到懂法、守法，依法从事专业生产劳动，为企业和社会多做贡献，维护劳动者的合法权益。

A　国家的法律

（1）《中华人民共和国宪法》。《中华人民共和国宪法》（以下简称《宪法》）于 1982 年 12 月 4 日第五届全国人民代表大会第五次会议通过，1982 年 12 月 4 日全国人民代表大会公告公布实施，后经 1988 年 4 月 12 日、1993 年 3 月 29 日、1999 年 3 月 15 日、2004 年 3 月 14 日四次修正案修正。《宪法》规定了国家的根本制度和根本任务，是国家的根本法，具有最高的法律效力。《宪法》共 4 章 138 条。其中，第 2 章第 33 条 ~ 第 56 条规定了公民的基本权利和义务，有的条款对劳动者的具体权利做出了明确的规定，如第 42 条、第 43 条。

每一位中华人民共和国的公民都必须以宪法为根本的活动准则，并且负有维护宪法尊严、保证宪法实施的职责。

（2）《中华人民共和国劳动法》。《中华人民共和国劳动法》（以下简称《劳动法》）于 1994 年 7 月 5 日第八届全国人民代表大会常务委员会第八次会议通过，1994 年 7 月 5 日中华人民共和国主席令第 28 号公布，1995 年 1 月 1 日起施行，共 6 章 107 条。《劳动法》依据宪法而制定，其立法宗旨是为了保护劳动者的合法权益，调整劳动关系，建立和维护适应社会主义市场经济的劳动制度，促进经济发展和社会进步。

《劳动法》是一部与每一位劳动者有密切联系的法律，涉及每一位员工的切身利益，内容涉及就业、劳动合同、工作时间和休息休假、工资、劳动安全卫生、女职工和未成年工特殊保护、职业培训、社会保险和福利、劳动争议、监督检查、法律责任等方面。随着现代企业制度的逐步建立，多元化所有制经济的发展，劳动合同制的实行，劳动者就业“铁饭碗”的打破，劳动者必须要学习《劳动法》，依法从事劳动就业，在劳动中维护自己的合法权益。

《劳动法》第 3 条规定了劳动者的权利和义务。第 16 条 ~ 第 21 条、第 25 条 ~ 第 27 条明确规定了劳动合同的性质、订立和变更、条款及期限等。第 29 条 ~ 第 32 条规定了适用条件及解除合同遵循的事项等。第 36 条、第 44 条、第 47 条、第 50 条规定了劳动时间和报酬。第 52 条、第 54 条、第 55 条、第 68 条是规定劳动安全、培训的条款。第 58 条 ~ 第 65 条为女职工和未成年工特殊保护规定。第 77 条 ~ 第 84 条规定了劳动争议与违反劳

动法规的法律责任，为劳动争议的解决途径。第 89 条 ~ 第 105 条分别明确了用人单位、劳动者、劳动行政部门违反本法应当承担的法律责任。

（3）《中华人民共和国企业劳动争议处理条例》。《中华人民共和国企业劳动争议处理条例》（以下简称《条例》）于 1993 年 6 月 11 日国务院第五次常务会议通过，共 5 章 43 条。《条例》制定的宗旨是为了妥善处理企业劳动争议，保障企业与职工的合法权益，维护正常的生产经营秩序，发展良好的劳动关系，促进改革开放的顺利发展。

《条例》详细界定了企业与职工发生的劳动争议，内容为：因企业开除、除名、辞退职工和职工辞职、自动离职发生的争议；因执行国家有关工资、保险、福利、培训、劳动保护的规定发生的争议；因履行劳动合同发生的争议；法律、法规规定应当依照本条例处理的其他劳动争议。处理劳动争议应当遵循下列原则：着重调解，及时处理；在查清事实的基础上，依法处理；当事人在适用法律上一律平等。发生劳动争议后，当事人应当协商解决；不愿协商或协商不成的，可以向本企业劳动争议调解委员会申请调解；调解不成的，可以向劳动争议仲裁委员会申请仲裁。当事人也可以直接向劳动仲裁委员会申请仲裁。对仲裁裁决不服的，可以向人民法院起诉。

（4）《中华人民共和国产品质量法》。《中华人民共和国产品质量法》（以下简称《产品质量法》）于 1993 年 2 月 22 日第七届全国人民代表大会第三十次会议通过，共 6 章 157 条。其立法宗旨是加强对产品质量的监督管理，明确产品质量责任，保护用户、消费者的合法权益，维护社会经济秩序。

《产品质量法》所称"产品"，是指经过加工、制作，用于销售的产品。广大热处理工人通过热处理改善了零件的可靠性和使用寿命，为各行各业的机械产品的制造做出了重要贡献。但是，材料和热处理产生的质量问题仍然存在，给用户带来损失的例子时有发生，因零件的组织性能不好造成零件过早地失效断裂，给用户带来直接的人身、设备损伤和间接的经济损失。通过学习《产品质量法》，每一位员工都要从思想上重视质量，严格按照质量体系的要求，在生产中自觉遵守工艺纪律，对自己的工艺操作认真负责，不断提高劳动技能，自己不接受缺陷、不制造缺陷、不传递缺陷，结合自己的工作实践，开展切合实际的质量管理活动，做好本职工作，努力塑造企业的产品质量和信誉，提高企业产品的竞争能力。

（5）《中华人民共和国合同法》。《中华人民共和国合同法》于 1999 年 3 月 15 日第九届全国人民代表大会第二次会议通过，1999 年 3 月 15 日中华人民共和国主席令第 15 号公布，自 1999 年 10 月 1 日起施行（《涉外经济合同法》、《技术经济合同法》同时废止）。

《中华人民共和国经济合同法》共 22 章 428 条。其立法宗旨是为了保护合同当事人的合法权益，维护社会经济秩序，促进社会主义现代化建设。

随着社会主义市场经济的发展，企业依据市场需求，与用户签订了各种类型的合同，开展企业的生产、经营活动，合同的当事人遵循诚实信用的原则行使权力，履行义务。企业的生产由市场拉动，作为机械产品制造中间工艺环节的热处理，一定要按时、按质、按量完成零部件的热处理工作，不拖企业生产的后腿，保证本企业按合同约定向用户提供优质的产品或服务。

（6）《中华人民共和国安全生产法》。《中华人民共和国安全生产法》（以下简称《安全生产法》）于 2002 年 6 月 29 日第九届全国人民代表大会常务委员会第二十八次会议通过，2002 年 6 月 29 日中华人民共和国主席令第 70 号公布，2002 年 11 月 1 日起施行，共 7 章 97 条。其立法宗旨是为了加强安全生产监督管理，防止和减少生产安全事故，保障人民群众生命和财产安全，促进经济发展。《安全生产法》规定，生产经营单位的从业人员有依法获得安全生产保障的权利，并应当依法履行安全生产方面的义务。

热处理生产过程中存在诸多不安全的因素，例如高温，高电压，电磁辐射，使用多种化学品，产生废气、废水、废渣，作业场所有多种梯台、坑井、槽罐，且属于小集体、昼夜连班作业。每一位员工都要高度重视生产安全，正确使用劳动防护用品，保持旺盛的精神状态，遵章守纪，协同操作，做到“自己不伤害自己、自己不伤害别人、自己不被别人伤害”。

《安全生产法》第 2 章生产经营单位的安全保障共 28 条，与从业人员直接有关的内容为第 21 条 ~ 第 23 条。《安全生产法》第 3 章从业人员的权利和义务共 9 条，有关内容为第 44 条 ~ 第 52 条。

(7)《中华人民共和国职业病防治法》。《中华人民共和国职业病防治法》（以下简称《职业病防治法》）于 2001 年 10 月 27 日全国人民代表大会常务委员会第二十四次会议通过，2001 年 10 月 27 日中华人民共和国主席令第 60 号公布，2002 年 5 月 1 日起施行，共 7 章 79 条。《职业病防治法》根据《宪法》制定，立法宗旨是为了预防、控制和消除职业病危害，防治职业病，保护劳动者健康及其相关权益，促进经济发展。《职业病防治法》第 4 条规定劳动者依法享有职业卫生保护的权利。第 36 条具体规定了劳动者享有的职业卫生保护权利。

(8)《使用有毒物品作业场所劳动保护条例》。《使用有毒物品作业场所劳动保护条例》于 2002 年 4 月 30 日国务院第五十七次常务会议通过，中华人民共和国国务院令第 352 号公布，自公布之日起施行，共 8 章 71 条。其中第 38 条规定劳动者享有的职业卫生保护权力，与《职业病防治法》第 36 条相同，只是后者内容针对职业病，而前者内容是针对职业中毒。一般的热处理车间不属于使用有毒物品的作业场所，但有的热处理车间生产中确有有毒物品存在。一定要按毒品管理办法，正确使用和保管有毒物质，不在使用或管理中出现失误，酿成不良后果。

(9)《中华人民共和国刑法》。《中华人民共和国刑法》（以下简称《刑法》）于 1979 年 7 月 1 日第五届全国人民代表大会第二次会议通过，1997 年 3 月 14 日第八届全国人民代表大会第五次会议修订，1999 年 12 月 25 日第九届全国人民代表大会常务委员会第十三次会议通过，1999 年 12 月 25 日中华人民共和国主席令第 27 号公布，共 10 章 452 条。刑法的任务是用刑罚同一切犯罪行为做斗争，以保卫国家安全，保卫人民民主专政的政权和社会主义制度，保护国有财产和劳动群众集体所有的财产，保护公民私有的财产，保护公民的人身权利、民主权利和其他权利，维护社会秩序、经济秩序，保障社会主义建设事业的顺利进行。

《刑法》第 2 章危害公共安全罪共 26 条；第 3 章是破坏社会主义市场经济秩序罪。《刑法》可在安全生产，生产、销售伪劣商品，走私，妨害对公司、企业的管理秩序等方面产生法律作用。而其中很多内容是与生产经营单位和劳动者有关系的，一旦触犯了法律，生产经营单位的负责人、负有直接责任的个人，就将承担相应的法律责任。《刑法》第 134 条、第 135 条就对安全生产方面的重大责任作了明确的规定。

B　部分专业法规并口标准

（1）卫生部关于颁布“工业系统有害作业工种分类和代码”的通知。卫生部于1995年5月5日，以卫监发［1995］第27号档，关于颁布“工业系统有害作业工种分类和代码”的通知，其目的是指导、统一工业系统有害作业工种的分类，提高职业卫生规范化管理的水平，为重点地实施职业卫生监督和管理提供依据，提高有关职业卫生数据和信息处理的效率。

金属表面处理及热处理专业定位为有害工种，代码为5180。它包含电镀类工艺21个，热处理工艺13个，喷涂工艺6个。文件对退火、正火、淬火、回火、渗碳、渗氮、碳氮共渗、工件喷砂、工件酸洗、抛丸除锈、发蓝、磷化、铅浴分别冠以5180-201～5180-213代码。所产生的有害因素归纳为：高温，一氧化碳、苯、甲苯、甲醇、丙酮、酸、氯化氢、氨等后续物质，噪声，烟尘等。热处理实际生产中的有害因素还有多种，如氯化钡必须按照剧毒品进行“五双”管理。

（2）《生产设备安全卫生设计总则》（GB 5083—1999）。标准要求生产设备的安全，应采用下列途径予以保证：选择最佳设计方案，并严格按标准制造、验收；合理地采用机械化、自动化和计算机技术；采用有效的防护措施；安装、运输、储存、使用和维修的技术档，应注明安全要求。

标准对事故和职业危害预防提出了明确要求，内容包括：可动零部件，飞出物，过冷和过热，防火与防爆，液压和气压，控制系统，噪声和振动，防尘、防毒和防放（辐）射。

（3）《生产过程安全卫生要求总则》（GB 12801—2008）。标准详细地对生产过程安全卫生的各个环节提出了具体的要求。

对影响生产过程安全卫生各因素的一般要求包括：阐明危险和有害因素；厂址、矿区、施工作业区的选择及其平面布置工艺、作业和施工过程的设计、组织和实施；生产厂房和作业场地上的建筑物；生产物料；生产装置；设备、设施、管线、电缆配置和作业区的组织；生产物料、产品、剩余物质的储存和运输；人员选择。

对安全防护技术措施的要求包括：基本要求，防护用品，防火防爆，防尘、防毒和防辐射，防作业环境气象异常，安全标志和报警信号。

对安全卫生管理措施的要求包括：基本要求，安全卫生管理机构，安全卫生管理制度，其他安全卫生管理措施。

（4）《体力劳动强度分级》（GB 3869—1997）。标准适用于以体力活动为主的劳动，劳动强度的分级以劳动保护科学管理为依据。以平均劳动时间、能量代谢率和劳动强度指数为依据，体力劳动强度分为Ⅰ、Ⅱ、Ⅲ、Ⅳ级。

（5）《高温作业分级》（GB/T 4200—2008）。标准适用于高温作业实施职业安全卫生分级管理。按接触高温作业时间和工作地点WBGT指数，将高温作业分为Ⅰ、Ⅱ、Ⅲ、Ⅳ级，级别越高，表示热强度越大。

（6）《粉尘作业场所危害程度分级》（GB 5817—2009）。标准适用于区分工人接触生产性粉尘作业危害程度的大小，是劳动者保护科学管理的依据（标准不适用于放射性粉尘及引起化学中毒的危害性粉尘）。以粉尘超标倍数（作业场所粉尘时间加权平均浓度超过粉尘职业卫生标准的倍数）为依据，将生产性粉尘危害程度分为0、Ⅰ、Ⅱ三个级别。

(7)《起重机械用钢丝绳检验和报废实用规范》(GB/T 5972—2006)。热处理生产中频繁地使用起重设备，尤其是高温状态的零件的出炉、淬火等，钢丝绳要受到高温的烘烤和热处理车间内气体的腐蚀。某厂就因钢丝绳断裂，不能及时吊出在硝盐浴炉中的300kg铝材，由于炉温失控，致使铝材逐步熔化，与熔融态的硝酸钠构成爆炸体系，酿成特大爆炸事故。

钢丝绳的断丝数和磨损必须符合GB/T 5972—2006的规定，超过标准规定的应及时更换。

(8)《电磁辐射防护规定》(GB 8702—1988)。电磁辐射防护限值的适用频率范围为100kHz~300GHz，涵盖了热处理用超音频、高频的频率。一切产生电磁辐射污染的单位和接触的个人，应本着“可合理达到尽量低”的原则，努力减少其电磁辐射污染水平。

标准规定了电磁辐射防护限值（又分为职业照射和公众照射），并规定了职业照射导出限值和公众照射导出限值（导出限值规定了不同频率下的电场强度、磁场强度和功率密度的最高值），同时，对电磁辐射源的管理也作出了明确规定。其中，职业照射是指每天8h工作时间内，任意连续6min按全身平均的比吸收率（SAR）应小于0.1W/kg。公众照射是指每天24h内，任意连续6min按全身平均的比吸收率（SAR）应小于0.02W/kg。

(9)《金属热处理生产过程安全卫生要求》(GB 15735—2004)。该标准规定了热处理生产过程中安全、卫生的通用技术要求，适用于热处理生产和为热处理生产提供生产装置以及与热处理生产有关的新技术和新产品开发、技术引进、工厂设计和技术改造等。标准分析了热处理生产存在的危险因素和有害因素，对热处理厂房和作业环境、生产物料和剩余物料、生产装置、工艺作业、安全卫生技术措施、安全卫生管理措施等方面提出了基本要求。

单元2　热处理设备及操作

在热处理生产过程中，根据在生产过程中所完成的任务，热处理生产设备可分为主要设备和辅助设备两大类。主要设备用来完成热处理的加热和冷却工序；辅助设备则完成各种辅助工序、生产操作、动力供应、安全生产等项任务。表2-1是常见的热处理设备分类方法。

表2-1　热处理设备分类

主要设备	热处理炉	电阻炉 燃料炉 可控气氛炉	辅助设备	清理设备	喷砂、喷丸、抛丸设备 发蓝、发黑、蒸汽处理设备
		真空热处理炉 等离子热处理炉 浴炉 流态床炉		检验设备	硬度检查设备 力学性能检验设备 宏观、微观组织分析设备 探伤设备等
	热处理加热装置	感应加热装置 火焰加热装置		矫正设备	工件变形检测设备 矫直压床
		电接触加热装置 电解液加热装置 激光及电子束表面		介质制备及加热、冷却处理设备	可控气氛发生装置 介质储存及制备设备 淬火介质循环冷却系统
		处理装置 表面沉积装置		起重运输	起重机 运输机械、车辆
	冷却设备	一般淬火冷却设备 冷却矫正设备		装卸设备	装卸操作装置 自动化作业装置
		冷却成形设备 深冷处理设备		动力设备	通风机、鼓风机、压缩机、泵
	热工测量及控制仪表				动力管道
					输电线路、变压器等
辅助设备	清理设备	清洗设备		工夹具、吊具、垫具	
		酸洗设备		消防灭火装置	

模块 2.1　热处理加热设备和装置

加热炉是热处理车间的重要设备，为了便于选择和使用，通常按下列几种方法分类：

(1) 按热源分类。按热源分加热炉可分为电阻炉和燃料炉（煤炉、油炉和煤气炉）。目前电阻炉应用最广泛。

(2) 按炉型分类。按炉型分加热炉可分为箱式炉、井式炉、台车式炉、推杆式炉、转底式炉、振底式炉、传送带式炉等。

(3) 按工艺用途分类。按工艺用途分加热炉可分为正火炉、退火炉、淬火炉、回火炉、渗碳炉、渗氮炉、碳氮共渗炉等。

(4) 按工作温度分类。按工作温度分加热炉可分为高温炉（1000 ~ 1300℃）、中温炉（650 ~ 1000℃）和低温炉（<650℃）。

(5) 按炉膛内加热介质分类。按炉膛内加热介质分加热炉可分为空气炉、可控气氛炉、浴炉、流态粒子炉、真空炉、离子渗氮炉等。

(6) 按作业方式分类。按作业方式分加热炉可分为周期式作业炉、半连续式作业炉、连续式作业炉等。

2.1.1　电阻炉

下面按炉型分别简单介绍部分热处理炉的结构、特点及维修和安全操作方法。

2.1.1.1　箱式电阻炉

箱式电阻炉是以电为能源，加热方式的特点是在加热器（电阻丝或带）和工件之间存在气体介质。气体介质有氧化性气氛（如空气）、惰性气氛（如氮气）、渗碳气氛、渗氮气氛等。除了惰性气氛外，在其他气氛中加热，气氛与工件表面会发生各种化学反应。这些化学反应中，有些是为了达到热处理目的所必须的，如各种化学热处理正是利用这些反应而实现的，有些反应是我们所不希望的，如多数的氧化反应。

箱式电阻炉可分为高温、中温、低温三种类型，它主要由炉壳、炉衬、炉门、传动机构、电热元件及电气控制装置组成。炉壳由钢板及型钢焊接而成。炉衬一般由轻质高铝砖、轻质黏土砖、耐火纤维、保温砖以及填料组成。电热元件多为铁铬铝、镍铬合金丝绕成的螺旋体，分别安装在炉膛侧壁搁砖和炉底上。大型箱式电阻炉还在炉膛后壁和炉门上安装电热元件，使炉膛温度保持均匀。高、中温电阻炉底部电热元件用耐热钢炉底板覆盖，工件置于炉底板上进行加热。

箱式炉具有许多优点：结构简单价格低；具有较高的温度均匀性；较高的热效率；易于实现温度和工艺过程的自动控制。其主要缺点是：中温和高温加热时氧化和脱碳严重，人工装工件和出工件时劳动强度大。

箱式电阻炉广泛用于中、小零件的小批量热处理生产，它可供碳钢、合金钢的淬火、正火、退火，也可进行回火和固体渗碳以及其他热处理。

箱式电阻炉的种类和特点见表 2-2。

表 2-2　箱式电阻炉的种类和特点

种　类	型　号	结　构	适用范围
中温箱式电阻炉	RX3-15-9	炉衬采用轻质黏土砖砌筑，砖背面贴一层 20mm 左右的硅酸铝纤维毡，再填珍珠岩或其他保温材料；炉壳、炉门均采用钢板焊接	工件在空气或简易保护气氛中进行加热
	RX3-75-9Q	炉壳采用密封焊接；炉门与炉面板之间有嵌入沟槽的石棉橡胶盘根密封，可通入保护气氛或滴入有机液体进行简易保护加热；炉门口下部设有火帘，在炉门开启时使炉内气氛能保持稳定	
1200℃高温箱式电阻炉	RX3-45-12	炉衬采用高铝砖砌内层，轻质黏土砖砌中间层，外层为保温填料；炉底板用高铝砖或碳化硅；电热元件采用 0Cr27Al17Mo2 高温铁铬铝电阻丝绕成螺旋状，分别置于炉膛两侧及底部	电阻炉主要供合金钢在1200℃以下加热用
箱式碳化硅棒电阻炉	RX2-14-13	炉衬由高铝砖、轻质砖、保温砖和填料层组成；炉底板为碳化硅制品；电热元件为碳化硅棒	高合金钢件热处理加热及难熔金属烧结
箱式回火炉	RX 系列箱式回火炉	由炉壳、炉衬、电热元件、强制炉气循环风扇、炉门及电气控制装置组成	供一般钢件回火及铝合金制品的淬火、退火、时效等热处理时使用
台车式电阻炉	RT2-65-9	台车式电阻炉是中温箱式电阻炉的一种改进型，炉底采用电力驱动，靠机械结构拉出炉外，便于工人使用吊车装卸工件，减轻劳动强度	主要用于大型工件的正火、退火及淬火加热

2.1.1.2　井式电阻炉

井式电阻炉是将炉体安放在地面以下，工件垂直入炉，适用于需垂直悬挂加热的长工件。此类设备密封性较好，热损失小，所以应用极为广泛。将液体或气体渗剂通入炉罐内可用于渗碳、渗氮和碳氮共渗等化学热处理；不通渗剂（也可以不要炉罐）可以进行淬火或回火。

我国生产的井式电阻炉有高温井式电阻炉、中温井式电阻炉、低温井式电阻炉和井式气体渗碳炉（见图2-1）四种。各种井式电阻炉的特点见表2-3。

井式电阻炉炉型的优点是：炉子装料多，生产率高，装卸料方便，炉温均匀，长轴垂直放置或细长杆件垂直吊挂不容易变形。其缺点是工件堆放阻碍气体流动。由于工件与电热元件同在炉膛内，靠近电热元件的工件易过热，但设置装料筐，可得到改善。

井式炉与箱式炉相比有许多优点：

（1）用于回火时温度均匀，装料多，劳动强度低。回火温度低（150～650℃），传热主要靠对流和传导，井式炉都加有电扇，温度均匀性好。工件放在料筐内，用天车吊入炉内很方便。

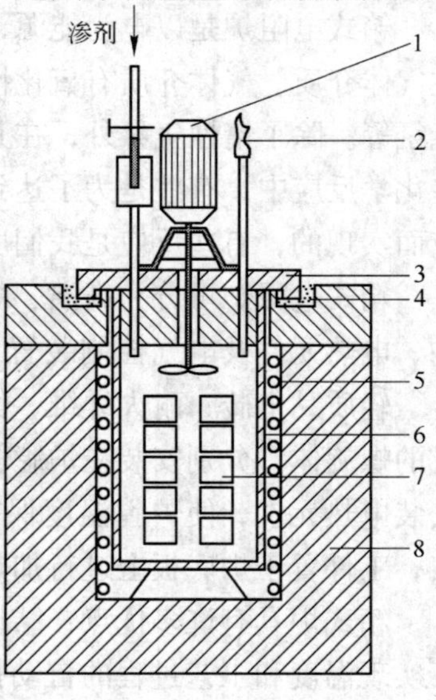

图 2-1　井式气体渗碳炉示意图
1—风扇电动机；2—废气火焰；3—炉盖；4—砂封；5—电阻丝；6—耐热炉罐；7—工件；8—炉体

（2）用于淬火或化学热处理时适合于大件、细长杆件和大型长轴件。大件在箱式类加热炉中只能用台车炉或钟罩炉，长杆件只能水平放置容易变形，而用井式炉加热时细长杆件可以吊挂在炉内，长轴垂直放置减小了变形。大型井式炉的直径可达几米，深度可达十几米。

井式电阻炉的种类和特点见表 2-3。

表 2-3　井式电阻炉的种类和特点

种　类	型号①	结　　构	适用范围
井式回火炉	RJ2-35-6	由炉壳、炉衬、电热元件、导风筒、风扇以及炉盖提升机构组成	主要用于金属杆件加热
井式中温电阻炉	RJ2-65-9	炉衬用轻质黏土砖砌筑；电热元件为螺旋状置于搁砖上；炉盖可用砂封、水封或油封；一般中小型炉子采用杠杆升降机构，大型炉子为对开式机构，炉盖平移及升降可用油压、气动或电动方法	主要用于金属杆件加热
1200℃井式高温电阻炉	RJ2-75-12	主要由炉壳、炉衬、电热元件、炉盖及启闭机构组成；电热元件用 Cr27Al7Mo2 电热合金丝；小型炉盖一般为整体式，大型炉子为对开式	供合金钢长杆件在 1200℃ 范围内加热
1300℃井式电阻炉	RJ-65-3	由炉壳、炉衬、炉门、碳化硅棒电热元件等组成；炉壳由钢板及型钢焊接而成，炉衬由高铝砖、保温砖及填料组成；由变压器供电，其电压可在一定范围内调整，以维持电炉正常工作	主要供高合金钢长工件热处理及铁磁合金的烧结
井式气体渗碳炉	RQ3-75-9	设置有耐热钢炉罐，并用炉盖密封，将电热元件与炉内气氛隔开；工作时，渗碳剂从炉盖上的滴量器滴入炉中，热裂后经风扇搅动循环，均匀接触工件；废气从炉盖上的排气孔排出	用于钢的气体渗碳、氮化和碳氮共渗与重要零件的淬火和退火加热等

①型号尾部带 D 者表示气体成分能自动控制。

2.1.1.3　电阻炉的使用、维护与保养

A　电阻炉的安全操作

（1）开炉前检查设备及炉门（炉盖）提升装置、零件吊具是否完好、有无缺损，风扇是否运转正常，设备接地是否良好。

（2）开炉前仔细检查测量仪表、热电偶、电气设备、炉门行程开关、接地线等是否完好。应保证电源接地良好，电源线绝缘符合要求。

（3）井式电阻炉在零件进出炉时必须切断电源，关闭风扇，严禁带电操作。吊装零件时应注意不要碰撞或接触电阻丝，零件重量不准超过吊具的规定负荷。箱式电阻炉在零件进出炉时也应注意断电，并注意零件或工具不得与炉内耐火砖及电阻丝碰撞。

（4）控制气氛电阻炉配备的气体流量计和压力表，要指示准确且灵敏；防爆安全装置要灵活可靠。

（5）炉体的接地螺栓要牢固可靠；炉壳外面裸露的电热体要有安全可靠的防护罩。

（6）开炉过程中温度不准超过额定值。

B　电阻炉的维护与保养

(1) 电阻炉操作人员应先熟悉设备总图、电气控制原理图及接线图。

(2) 定期检查炉体接地螺栓是否松动，定期检查炉衬有无开裂和塌陷，发现问题要及时维修。

(3) 经常运动部位的注油孔要定期加润滑油；经常检查人工装料是否碰坏侧面或周围搁砖，发现损坏及时更换，防止电阻丝短路。

(4) 定期校对控制仪表及热电偶；定期清除电控、温控柜内的积落灰尘，以保持清洁。

(5) 箱式电阻炉等要定期（每周）清除炉底及电热元件周围的氧化皮和脏物。

(6) 硅碳棒电阻炉发现有断棒，要及时更换，一般情况下应整相更换。各相电阻值应匹配，如发现硅碳棒电阻增大，应及早改变接法或调整电压。

(7) 工作完毕应整理工作场地，保持场地整洁。

(8) 新安装的电阻炉或重新砌过的电阻炉都必须按烘炉工艺烘炉后方可投入使用。

2.1.2　浴炉

用熔盐、熔融金属及合金、熔碱以及油类等液体作为加热或冷却介质的热处理炉通常称为浴炉。液体介质的选用应根据浴炉的工作温度及热处理工艺要求而定。

浴炉的工作温度范围宽（150～1350℃），具有炉体结构简单、加热速度快且均匀、工件不易氧化脱碳和变形小等优点。它可完成很多种热处理工艺，除不能完成随炉冷却的退火工艺外，诸如淬火、正火、局部加热、化学热处理、等温或分级淬火、回火等均可完成。

浴炉的缺点是：装料少，只适用于中小型零件的加热；启动、升温和捞渣等辅助操作时间长，热损失及材料消耗大；劳动强度大、条件较差，盐蒸气有碍操作人员的健康并能腐蚀车间内的设备。

2.1.2.1　浴炉的分类

浴炉主要有两种类型：外热式浴炉和内热式浴炉。

A　外热式浴炉

由炉体和金属坩埚组成，又称坩埚浴炉。其特点是介质放在坩埚中，电热元件或其他热源装置放在坩埚外，热量通过坩埚壁传入介质中。因为电热元件与介质不直接接触，所以不腐蚀电热元件，且介质成分稳定。外热式浴炉的主要缺点是金属坩埚寿命短，热惰性大，影响控温精度。外热式坩埚浴炉一般多在 850℃ 左右工作，多用于碳钢与合金钢工件的淬火、正火、回火、预热等，特别适宜做各种化学热处理（液体氰化、液体软氮化等），也可以做等温冷却用。

B　内热式浴炉

将热源放在介质的内部，直接将介质熔化并加热到工作温度。内热式浴炉有辐射管式与电极式两种。辐射管式浴炉常用管状电热元件直接加热介质，其工作温度在 500～600℃ 以下。以煤气做燃料的辐射管式浴炉目前已很少使用。电极式盐浴炉在热处理车间得到广泛使用，与外热式浴炉相比，它的工作温度范围宽，温度均匀，热效率较高，启动升温快，炉子结构简单，适于多种热处理工艺。

2.1.2.2　盐浴炉

盐浴炉是使用最广泛的一种浴炉。工件在熔盐中加热时，不但有传导和辐射传热，还有较强的对流传热，所以工件的加热速度比在普通气体介质电阻炉中快得多，而且炉温均匀；加热时工件浸入熔盐中与空气隔绝，还可以防止工件氧化与脱碳，提高工件的表面质量，但是要对熔盐进行脱氧处理，消除熔盐中的氧和氧化物；有利于局部加热淬火、退火或回火处理，且简单易行。此外，由于使用耐热合金材料少，炉子的造价较低。盐浴炉的主要缺点是装料量较少，有挥发气体污染环境，熔体飞溅或爆炸，以及处理后工件表面附着盐的清理等问题。

盐浴炉虽然有以上缺点，但是其所具备的优点仍是一般加热炉无可比拟的，因此，目前盐浴炉仍然是我国热处理车间重要的加热设备，尤其适用于加热一些尺寸不大、形状复杂而且精度要求高的工件，如刃具、量具、模具等。

2.1.2.3　内热式电极盐浴炉的结构与使用

A　内热式电极盐浴炉的结构

电极式盐浴炉是在炉膛内插入或在炉墙中埋入电极，并通以低电压（5.5～35V）大电流（1000～8000A）的交流电，因熔盐导电且有一定的电阻产生热量，从而使炉温升高加热工件。电极式盐浴炉主要由炉体、电极和盐浴炉变压器等组成。

（1）炉体。炉体结构由坩埚（或砌体）、炉胆、保温层、炉壳组成。坩埚分砌造坩埚和耐火混凝土坩埚。

砌造坩埚多用高铝砖或优质黏土砖砌造。高铝砖耐火度高，热稳定性好，用于高温炉。黏土砖用于氯化钡和氯化钠盐浴炉，其耐盐浴冲刷和腐蚀性好，不易剥落掉块。

耐火混凝土坩埚有 3 种：磷酸盐耐火混凝土、矾土水泥耐火混凝土、水玻璃耐火混凝土。磷酸盐耐火混凝土由于其耐火度高、热强度大、热稳定性和耐磨性好，宜用于高温盐浴炉；矾土水泥耐火混凝土密度较小，耐火度和高温强度低，易生裂纹，宜用于中低温盐浴炉。水玻璃耐火混凝土有很好的耐急冷急热性能，耐蚀性和整体强度好，可用于 600～1200℃炉温范围的盐浴炉。

炉胆是保护坩埚的壳体，一般用 6mm 以上厚度的钢板焊接而成。由于坩埚热胀冷缩时产生很大的应力，会使砌体胀裂。炉胆可起支承坩埚抗其胀力的加固作用，使坩埚不易开裂或开裂后仍能保持其整体性。炉胆还能起到防止盐浴泄漏的作用。保温层常采用粉状保温材料填充，可使用陶瓷纤维或空心蛭石粉保温材料等，炉体轻且便于维修。

（2）电极。电极常用材料有工业纯铁、低碳钢、不锈钢、耐热钢、耐热合金、石墨和碳化硅等。中温盐浴炉常用低碳钢，硝盐炉常用不锈钢，高温炉用耐热钢和石墨。

电极形状有圆形截面、方形截面、槽形和角形截面。圆形截面通常用于低温炉；方形截面应用最广，因其易于制造，能产生强烈的磁流作用，使电流密度分布均匀。槽形、角形的截面可调节距离，功率大。

电极柄常用低碳钢制作，采用方形或矩形截面，与电极牢固焊接。为防止盐浴渗漏，电极柄制作有冷却水套层。

（3）盐浴炉的变压器。盐浴炉常用的变压器有：空气变压器、双水内冷盐浴炉变压器、油浸式带电抗压器的盐浴炉变压器、磁性调压器。变压器应根据炉子的功率和生产条件进行选定。变压器通过铜排与电极水平连接部相接。变压器一般与炉体的间距为 1mm 左右。

B　电极盐浴炉的启动

电极式盐浴炉开炉启动时，必须借助启动电阻将周围的盐逐渐熔化，变成导体，然后在主电极作用下使盐炉正常工作。因此，炉子在工作前，需将固态盐加以熔化，这即称为盐浴炉的启动。启动方法有三种：

（1）辅助电极启动法。这种方法启动时，辅助电极需在停炉时预先放入熔盐中与熔盐一起凝固。启动时先将辅助电极接在工作电极的导电板上，并将变压器调至低挡数（低于 3 挡），然后接通电源。当辅助电极与工作电极之间的盐熔化后，切断电源，从导电板上卸下辅助电极的一极，使辅助电极的另一极与工作电极的一极通过熔盐构成回路，然后再接通电源，使固态盐继续熔化。这时，可以加大变压器的挡数。当工作电极的两极之间的盐都已熔化，工作电极开始工作之后，可将辅助电极的另一极卸下并从盐浴中取出。启动工作完成，即可进一步加大变压器的挡数、加速未熔盐的熔化。

（2）炭精棒启动法。此法多用于重配新盐或盐液已被舀出或盐已凝固在炉膛内的盐浴炉的启动。具体做法是：先将炭精棒两端与电极两端紧密接触，然后接通电源，待上面及附近的盐熔化后，即可取出炭精棒。启动工作完成。用铁棒代替炭精棒可以达到同样的启动效果。

（3）加热器启动法。加热器由电阻丝或细钢棒绕制而成，两端焊有接头。使用操作方法是：在停炉后盐液凝固前，将加热器放入盐液中，让加热器随同盐液一起凝固。启动时，先将加热器两端的接头接在工作电极的导电板上，然后便可接通电源。电流通过加热器，便发出高热而使凝固的盐熔化，待盐熔化后，加热器即可取出，启动完成。

2.1.2.4　电极盐浴炉的使用、维护与保养

A　安全操作规程

（1）浴炉必须安装排风装置，操作人员应戴手套、防护眼镜，穿工作服和工作鞋。

（2）检查吸风装置是否正常。仔细检查测量仪表、仪器、电气设备接地线是否正确完好。

（3）检查汇流铜板，主、副电极是否被物件短路。

（4）清除盐浴炉炉面的凝固盐层和吸风口附近的污物，并及时击碎凝固盐层，避免熔盐溅出。

（5）入炉的零件、工具、夹具和挂具均应干燥，必须预先进行烘烤或预热。

（6）调节电流时应首先将变压器断电。

（7）盐浴炉启动时，应用低电压，然后逐渐升压。

（8）零件不允许与电极、热电偶相接触。

（9）零件进炉时应绑扎牢靠，掉入炉内应及时断电捞取。

（10）添加盐类及盐浴校正剂，必须经过烘烤并应缓慢加入，加盐量应控制在规定范

围内。

（11）工作中严禁将硝盐带入中、高温盐炉内；严禁将棉织物、木炭、石墨及氰盐等物质带入硝盐炉内。

（12）硝盐炉用外热式电加热；硝盐坩埚损坏时严禁使用；硝盐着火时，不得使用水、泡沫灭火器或湿砂灭火，应用干砂灭火。

（13）遇到熔融硝盐、氯化钡盐烫伤皮肤，应立即用清水冲洗干净，并赴卫生部门进行处理，以防中毒。

（14）进炉零件不得有密封内孔，有盲孔的零件进炉时，其孔口应向上。

B　使用、维护和保养

（1）新炉或重修的电极盐浴炉，应认真进行烘炉，分段升温保温后才能使用。烘炉应按烘炉工艺进行操作。

（2）电极盐浴炉启动比较困难，短时停止生产时不必断电，可加炉盖并用在低挡供电保温；长时间停炉应取出部分盐，并安装启动装置。

（3）盐浴应定期脱氧、捞渣、添加新盐，并清除炉膛内氧化皮等物；硝浴应彻底消除液面的浮渣及炉底的沉渣，保持硝浴清洁。

（4）在工作温度下按工艺规定巡视和测定炉温，以防跑温。

（5）应经常注意变压器的使用情况，不宜过载、不得漏油、发热及油温过高。

（6）炉壳与变压器要妥善接地，铜排与电极柄要接触良好，铜排应加罩壳保护；经常检查坩埚、电极、电极柄、变压器、水冷却装置等部位有无短路；经常清理各部位的粘盐、氧化皮等污物，保持炉周围清洁。

（7）中温盐浴炉应每班脱氧、捞渣一次，高温盐浴炉连续工作 4h 即应脱氧。高温盐浴炉使用温度一般不超过 1300℃，中温盐浴炉使用温度一般不超过 950℃，硝盐炉使用温度不得超过 560℃。

（8）每次停炉前应检查辅助电极是否良好、干燥，放入时应先断电。

（9）在停炉并舀出盐液后，应将炉口盖住，以免因冷却过快而使炉膛砌体损坏或使电极变形。切忌抽风或吹风。

（10）应经常清除电极上的氧化皮，防止氧化皮落入盐液中。

2.1.3　燃料炉

2.1.3.1　燃料炉的种类

以燃料作为热源的加热炉称为燃料炉。燃料炉根据使用燃料不同又分为固体燃料炉、液体燃料炉和气体燃料炉。固体燃料炉由于其热效率低、温差大、工人劳动条件差而逐渐被淘汰。这里只介绍液体燃料炉（油炉）和气体燃料炉（煤气炉）。

A　液体燃料炉——油炉

图 2-2 所示为油炉的结构。其工作原理是：喷嘴将雾化了的重油喷入燃烧室进行燃烧，燃烧所生成的热气经垂直通道进入加热室并将热量传给被加热零件，而废气经出气口进入水平烟道而排出。喷嘴是供油和控制重油燃烧空气以高速喷出，造成负压把重油从管中吸出并雾化成小颗粒，使空气和重油在加热室内很好地混合，并点火燃烧。如果需要加

大升温速度，可调大供油活门和进气闸门。调节空气压力即可获得满意的雾化效果。液体燃料炉可用于零件的正火、淬火和回火。

图2-3所示为低压喷嘴。

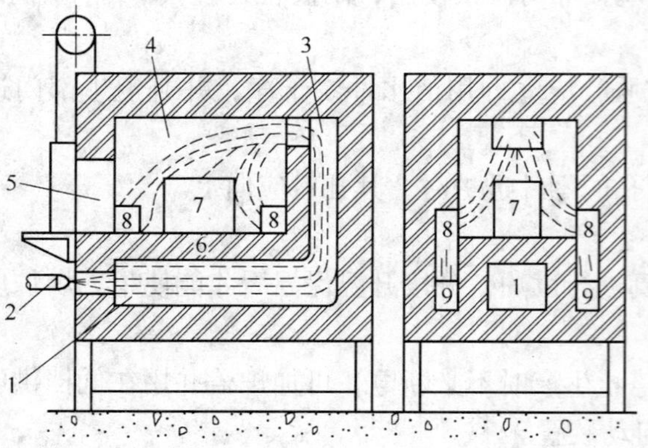

图2-2 油炉的结构

1—燃烧室；2—喷嘴；3—垂直通道；4—加热室；5—袋料口；6—炉底；7—零件；8—出气口；9—水平烟道

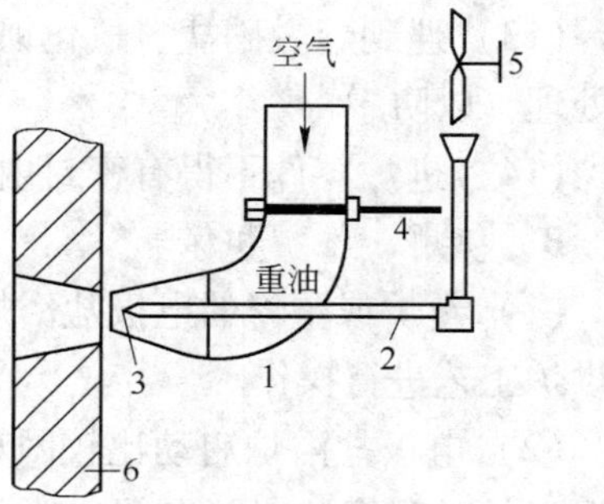

图2-3 低压喷嘴

1—空气管；2—重油管；3—喷嘴；4—进气阀门；5—供油活门；6—炉壁

B 气体燃料炉——煤气炉

气体燃料炉以煤气为燃料，一般结构与油炉非常相似，只不过煤气炉不用喷嘴而用烧嘴。如井式气体燃料炉，炉墙上有几层烧嘴，上下交错呈螺旋状分布，以使炉温均匀。煤气经烧嘴燃烧喷射到炉膛使零件加热，废气通过炉底的烟道排出。

煤气炉容易实现高、中温加热，炉温的误差可以控制在10～25℃范围内，并可通过采用功率小、数量多的烧嘴，使零件均匀加热。所使用的天然气、高炉煤气、焦炉煤气、重油裂化气及发生炉煤气等，输送方便，燃烧时干净，工人劳动条件较好，故在热处理生产中广泛应用。

2.1.3.2 燃料炉的操作规程

A 液体燃料炉——油炉的操作步骤

（1）点火前的准备工作。

1）排净燃油管内的积水，清除过滤器内的杂质，蒸汽通过蛇形管将油箱内的燃油加热到规定温度。

2）用蒸汽吹扫油嘴、各阀门，清除积焦，疏通喷油孔。

3）关闭油嘴前的所有阀门，开动风机和油泵，检查风压、油压、油温是否符合工艺要求。

4）打开炉门和烟道闸门，准备点火。

（2）点火。

1）将点火棒引入点火孔内。

2）稍微打开空气阀，送入少量空气。

3）先适当打开油阀，当喷出的油雾被点燃后，再逐步加大风、油量，使之达到正常燃烧。

4）如果一次点火不成功，应立即关闭油阀和空气阀，及时排除炉内烟雾及其他不正常因素后重新点火，直至点燃为止。

（3）燃烧加热。

1）随时注意调整炉压值；根据炉温情况对喷嘴流量进行调节，控制炉温均匀性。

2）炉温的控制和调节按工艺要求进行。

（4）停炉。

1）先关闭油嘴前的油阀，再关闭空气阀，并停止风机运转（如停炉时间长，应将燃油管道的总阀门关闭）。

2）零件出炉后将炉门关闭，关闭烟道闸门或关闭排烟管阀门，让炉子缓慢冷却。

3）停炉前尽量将油嘴中的积油烧掉，以防结焦。如长期停炉，应用蒸汽吹扫油管，把管道内的积油吹回油箱内。

B　气体燃料炉——煤气炉的操作步骤

（1）点火前的准备工作。

1）短期停炉时（8～24h），开炉前打开放散管数分钟即可送入煤气点火；停炉时间不足8h的，可直接开启烧嘴前的煤气阀进行点火。

2）新炉子或长期停用的炉子，开炉时应先打开煤气管道上的吹扫口，通入蒸汽吹扫管道内的空气或煤气空气混合物并排放，然后关闭吹扫口及放散阀，并送入煤气。取样分析煤气成分，符合工艺要求时方可进行点火。

（2）点火将炉门和烟道闸门打开，将炉内可能积存的煤气排出，检查炉内有无煤气，当确认无煤气时，按以下点火步骤进行操作：

1）将烧嘴前的煤气阀慢慢打开，用火炬将火引入点火孔内（或启动烧嘴上的电点火器）点燃煤气，再逐渐打开空气阀。如燃烧不稳定，应立即关闭煤气阀和空气阀，检查出故障并消除，再按上述方法重新点火。

2）调节空气量和煤气量，使火焰达到正常色，即呈透明的淡青色。如火焰呈红黄色且有烟，说明风量不足，燃烧不完全；如火焰发亮且短，说明风量过多。

3）点燃并调整好一个烧嘴后，逐步点燃其他烧嘴。

4）全部烧嘴点燃后，关闭炉门，调整烟道闸门的开启程度使炉底平面处维持零压状态，然后按工艺规定的升温速度进行升温加热。

（3）加热。炉子在燃烧加热时要不断巡视，检查炉温、炉压空气和煤气量应符合工艺规定要求。

（4）停炉（熄火）。

1）先关闭烧嘴前的煤气阀门，再关闭总管上的两个煤气闸阀停止输送煤气，然后关闭空气阀、风机停止送风。

2）打开总管两个闸阀之间的放散阀。

3）关好炉门，放下烟道闸门。

2.1.3.3　燃料炉的故障分析及排除方法

（1）液体燃料炉常见故障的分析及排除方法见表2-4。

表 2-4　液体燃料炉常见故障的分析及排除方法

常见故障	原因分析	排除方法
燃油喷嘴堵塞	由于喷嘴受炉内高温辐射，使油结焦；燃油预热温度过高，也容易产生结焦现象	及时将喷嘴拆下，清除结焦，将喷嘴清理干净，重新装好；为避免喷嘴经常堵塞，应对喷嘴定期检查拆洗，将喷嘴所有零件拆开，用煤油洗刷干净，对易损件仔细检查，并根据损坏情况，予以修复或更换
燃烧不完全	炉子冒黑烟，是由雾化不良或空气量不足所致	改善喷嘴雾化性能，提高油温，加大空气量，提高喷嘴的空气压力
结焦严重	燃烧时喷嘴调节困难，具体原因有：雾化不好，有较多的油滴在喷嘴内，受高温辐射而结焦；操作不合理；调节阀失灵；油管路堵塞	提高油温，降低油黏度，改善雾化质量，适当加大空气量，改进喷嘴结构；正确操作喷嘴，即在喷嘴熄灭时，禁止燃烧油流入喷嘴内；检查校正空气、燃油调节阀；清扫油路，使其畅通
喷嘴点火困难	燃油加热温度太低；点火火炬火焰太小或点火位置不当；空气蝶阀开启不合适；供油量太大或太小；供油间断、不连续；炉膛压力太大等	按工艺要求将油温加热，以保证供油温度；点火火炬应从点火口伸入到喷嘴前方合适位置点燃；调整空气蝶阀开启度到合适位置；调节供油量；保证连续供油；点火时，必须先打开炉门和全部开启烟道闸门，因为喷嘴点燃时，由于燃烧产物体积增大，将会导致炉内压力升高，致使点火困难
燃烧不稳定	油中有过多的水分，引起火焰跳动；喷嘴雾化不良；燃油温度低；油压、风压急剧波动；喷嘴结焦堵塞	供油系统定期放水；保证供油压力和所需空气量，改善雾化质量；按要求提高油温；调节稳定油管和风管压力；清除结焦，清洗喷嘴
被加工零件氧化烧损严重	空气过剩系数过大；炉膛负压，吸入冷空气；炉内零件加热时间太长；炉膛内局部温度过高；燃油含硫量高	调小空气量；关小烟道闸门，使炉膛处于正压；按工艺规定的加热时间操作，及时出炉；控制喷嘴油量，调节炉温均匀性，消除局部炉温过高现象；使用的燃油含硫量应小于1%（质量分数）

（2）气体燃料炉的常见故障与排除方法见表2-5。

表 2-5　气体燃料炉常见故障的分析及排除方法

常见故障	原因分析	排除方法
烧嘴堵塞	燃料不清洁，混入杂质颗粒堵塞；烧嘴受炉内热辐射结焦，发生堵塞	清除杂物，可用铁丝穿通烧嘴；用气焊炬烘烤或拆开烧嘴清洗
烧嘴点不着火或燃烧不稳定	烧嘴结构不合理，空气量不足；煤气压力低	调节喷嘴伸入吸入管尺寸，混合室尺寸放大以保证空气量；调节煤气到正常压力
烧嘴脱火	混合物的喷出速度大于混合物的燃烧速度；一次空气过剩系数太大	开炉点燃烧嘴时慢慢开启煤气阀门，不要过大过快；关小空气阀
空气管道里回火爆炸	低压烧嘴在使用时，没启动风机；煤气逸进空气管道与空气混合	及时启动鼓风机；避免煤气进入空气管道
炉门喷火	炉膛内加热区压力过高；炉门密封性差；烧嘴分布或角度不当；烟道或换热器堵塞，废气排出不畅	调节炉膛压力，使其正常；停炉检修炉门，使其密封；调整安装烧嘴，使其位置正确；清理烟道或换热器，使废气排放畅通
炉温不均匀	烧嘴布置不合理或烧嘴开启度调整不均衡，排烟口位置不合理；炉体密封不严，局部有漏风	改进并合理布置烧嘴，根据炉温情况，对烧嘴开启度进行调整；改进排烟口的位置和大小，调整炉内温度，使其均匀分布；检查修理炉门，保证炉子密封

2.1.4　表面加热设备

感应加热由于具有加热速度快、节省能源、质量可靠、氧化脱碳少、不污染环境、易于实现机械化和自动化等优点，因此在工业上应用十分广泛，其技术与设备也在不断地发展完善。

目前国内常用的热处理成套表面加热设备中主要包括感应加热装置和与之配套的热处理淬火机床，可适应各种零件感应加热的需要。

2.1.4.1　感应加热装置

感应加热设备根据工作频率的不同，可分为超高频、高频、超音频、中频、工频感应加热装置。

（1）高频感应加热设备。高频感应加热设备是将 50Hz 电能变为高频电能的装置，适用于处理淬硬层要求较薄的小模数齿轮、中小轴类零件等。高频感应加热设备的结构主要由高压整流系统、电子管振荡系统、灯丝稳压器、高频输出部分、控制和测量系统几部分组成。

1）高压整流系统包括由工频 380V 升至 10kV 的阳极升压变压器和三相桥式半控整流器。用闸流管整流其输出的直流电压可在 6.75～13.5kV 之间调节，用高压硅堆电路整流其输出直流电压的调节范围则在 5～10kV 之间。

2）电子管振荡系统：作用是将高压直流电变为 200～300kHz 的高频交流电。

3）灯丝稳压器：其作用是供给闸流管、振荡管所需要的较稳定的灯丝电压。

4）控制和测量系统：包括操作控制部分、信号指示、保护装置以及测量仪表等。

（2）中频感应加热设备。中频感应加热设备是将 50Hz 电能变为 500～10000Hz 的低电压电能装置，主要用于要求淬硬层较深、承受负载及磨损较大的零件的淬火，如曲轴、凸轮轴、齿轮等。其中较为常用的发电机式中频感应加热设备是一台共轴的电动机发电机组，其工作原理是由三相鼠笼式异步电动机带动单相中频发电机发出中频电流。

（3）工频感应加热设备。感应器直接与供电网络连接，频率为 50Hz，工频电源通过变压器流入感应器，从而产生与网络电流频率相同的交变磁场，主要用于大型轧辊、火车轮箍等要求淬硬层深的工件热处理。

（4）超音频感应加热设备。超音频感应加热设备是将 50Hz 电能变为高频（10000～100000Hz）电能的装置。超音频属于高频感应加热的范畴，与高频设备组成相同，通常用于对中小模数（3～5mm）齿轮、链轮、凸轮轴、花键轴等零件的淬火。

2.1.4.2　感应淬火机床

A　淬火机床的分类

（1）按生产方式分，淬火机床有通用、专用及生产线三大类型。通用机床适用于单件或小批量生产；专用淬火机床适用于大批量生产；生产线将多种热处理工艺组合在一起生产效率更高，适用于大批量生产。

（2）按感应加热电源分，淬火机床可分为高频淬火机床、中频淬火机床、工频淬火机床。

（3）按处理零件类型区分，淬火机床一般可分为轴类淬火机床、齿轮淬火机床、导轨淬火机床、平面淬火机床、棒料热处理流水线、板材热处理流水线等。

（4）按处理零件安放的形式分，淬火机床有立式淬火机床、卧式淬火机床。

（5）按热处理工艺分，淬火机床可分为淬火、回火、调质、透热等用途的淬火机床。

B 轴类通用淬火机床

工厂中使用最普遍的是轴类通用淬火机床，在其上添加一些附件，就可以进行其他各种零件的淬火，如齿轮的全齿淬火、单齿淬火、套的内外圆或内外导轨的淬火，端面或平面的淬火等。表2-6为国内专业厂生产的轴类通用淬火机床的技术规格。淬火机床性能结构参见各厂的产品样本。

表2-6 国内专业厂生产的轴类通用淬火机床的技术规格

型号	夹持长度/mm	零件直径/mm	旋转速度/$r \cdot min^{-1}$	移动速度/$mm \cdot s^{-1}$		生产厂
				工作行程	返回行程	
GC1060	600	400	20~150	1~20	1~80	天津市第九机床厂
GCT10120A/1	1200	400	20~150	1~20	1~80	
GCT10120A/2	1200	400	20~150	1~20	1~80	
GCT10120A	1200	400	20~150	1~20	1~80	
GC1205	1200	500	5~250	0.3~20	0.3~20	无锡电炉厂
GC1805	1800	500	20~200	0.3~7	50	
GC2405	2400	500	0.02~0.6	0.3~30	0.3~30	
GC3605	3600	500	4~120	0.3~30	0.3~30	
QW9080A	800	300	30~180	2~80	2~80	广州南方淬火机床厂
QW9120	1200	400	20~180	3~20	3~20	
TXI-001	600	300	30~180	2~80	2~80	辽宁高频设备厂

2.1.5 新型热处理设备

科学技术的发展，对机械零件的使用性能和精度提出了更高的要求。在一些零件的热处理工艺中，普通的热处理设备已经不能达到工艺要求。因此各种新的热处理技术不断出现，这些技术所使用的特殊设备迅速发展，如真空热处理炉、等离子热处理炉、激光表面处理装置、电子束热处理装置及气相沉积装置等。

2.1.5.1 真空热处理炉

真空热处理炉不仅可以满足各种材质的热处理工艺要求，还具有污染少、节省能源、操作安全可靠、自动化程度高等优点。真空热处理炉的先进技术特性使其日益成为热处理行业有代表性的设备。

A 真空热处理炉的分类

（1）按真空度可分为低真空炉（0.133~1333Pa）、高真空炉（1.33×10^{-4}~1.33×10^{-2}Pa）和超高真空炉（1.33×10^{-4}Pa以下）。

（2）按工作温度可分为低温炉（≤700℃）、中温炉（700～1000℃）和高温炉（>1000℃）。

（3）按用途可分为真空退火炉、真空淬火炉、真空回火炉、真空渗碳炉等。

（4）按作业性质可分为间歇作业、连续或半连续作业真空热处理炉。

（5）按炉型可分为立式炉和卧式炉。

通常，按炉子结构与加热方式可以归纳为两大类：一类是外热式真空热处理炉，一类是内热式真空热处理炉。目前内热式真空热处理炉应用最多。

B 内热式真空热处理炉

内热式真空热处理炉的炉体部分为钢板双层焊接成型，其结构主要包括：输电及发热装置、隔热保温装置、强制风冷装置、工件传动机构、真空隔热门、淬火油槽、水冷系统、回充氮气系统、真空机组、供电和电气控制系统。电炉全部工作过程可按热处理工艺程序进行输入编制和实施控制，控制核心部件为含 CPU 的可编程序控制器。电炉工作状态各项参数如真空度、温度配有显示、控制和记录仪表。

内热式真空炉类型很多，按冷却介质可分为气淬真空炉和油淬真空炉。

（1）气淬真空炉。气淬真空炉利用气体作为冷却介质。可充入炉内作为工件冷却介质的气体主要有氢、氦、氮和氩等。氢的冷却速度最快，但从安全的角度来看，氢有爆炸危险，并不理想；氦的冷却速度较快，但价格昂贵，氩的价格也很贵，而且冷却速度低。因此，一般多采用氮作为工件的冷却介质。

（2）油淬真空炉。油淬真空炉是利用真空淬火油作为冷却介质。目前我国使用的 ZZ-1、ZZ-2 型真空淬火油最常见。

油淬真空炉有卧式单室炉、卧式双室炉、油淬气冷炉、三室半连续式炉、连续式炉等多种类型。常见的单室卧式油淬真空炉不带中间真空闸门，工件在同一个真空室内进行加热与油淬，具有结构简单、制造容易、操作维修方便、造价较低等优点。其缺点是，工件进行油淬时，产生的油蒸气污染加热室，使电热元件的使用寿命和绝缘性能降低。卧式双室油淬真空炉由于加热室与冷却油槽用中间真空隔热门隔开，可以防止工件进行油淬时产生的油蒸气侵入加热室，避免了加热室的污染，不致影响绝缘件的绝缘性能，提高加热元件的使用寿命。双室油淬真空炉与单室油淬真空炉相比，还具有生产效率高、节省能源等优点，但是结构比较复杂，造价较高。

C WZ 系列双室真空淬火炉

WZ 系列双室真空淬火炉的特点是兼有油淬和气冷功能，适用于工模具、精密轴承、油泵油嘴偶件、液压件、汽轮机叶片等精密机器零件的油淬、气淬、退火及钎焊等多种热处理工艺。其结构特点是：加热室用石墨管为发热体，炉温均匀、价格便宜、使用寿命长；加热室装有风扇及微量充气装置，为采用新工艺提供了有利条件；加热室和预备室之间装有大型复闸门，可缩短生产辅助时间并节约能源，热闸门框、阀板有水冷，可保证在 1300℃长期工作，密封件使用寿命长；采用新结构的电极引出装置及移动式炉胆，加热室维修与更换加热元件更方便；料车采用分叉式结构，不入油，预备室短，节约回充气体用量；配备了快速充气系统，工件淬火时预备室的压力由工作真空度充气到 6.7×10^4Pa 仅需 2～3s，油淬时可以实现工件先入油后充气；配备了油加热器和强力油搅拌装置，可实现热油淬火，并装有性能较好的风冷装置及热交换器，气冷效果较好。该炉采用顺序控制器自动控制及液压驱动，可按预定程序自动化操作，电控部分可采用微机控制，按设定的加热保温程序进行自动控制。

D　真空热处理炉的使用维修与保养

（1）操作人员必须按照真空炉技术文件中规定的安全操作规程进行操作。

（2）停炉后，炉内需保持在0.067MPa以下的真空状态。

（3）炉内有灰尘或不干净时，应用酒精或汽油浸湿过的绸布擦拭干净，并使其干燥。

（4）炉体上的密封结构、真空系统等零部件拆装时，应用酒精或汽油清洗干净，并经过干燥后，涂上真空油脂再组装上。

（5）工件、工件车、料筐等需经过清洗干燥后方可进入炉内，防止水分、污物进入炉内。

（6）各种传动件发现卡位、限位不准及控制失灵等现象时，应立即排除，不要强行操作，以免损坏机件。

（7）机械传动件按一般设备要求定期加油或换油。

（8）真空泵、阀门、测量仪器、热工仪表、电器元件等配套件，均应按产品说明书中的要求进行维修和保养。

（9）维修操作应在停电情况下进行，在带电情况下进行维修工作时，必须保证操作人员、维修人员及设备的绝对安全。

（10）炉子外表面应经常擦拭，保持清洁干净。

2.1.5.2　辉光离子氮化炉

辉光离子氮化炉是现代先进的离子渗氮工艺技术装备。它在等离子热处理炉中发展最早，在工业生产中应用最广泛。它的工作过程是：将待处理的零件放在真空容器中，并保持含氮气氛，利用高压辉光放电现象，使离子轰击零件表面而加热到一定温度并获得活性离子达到表面渗氮的效果。离子渗氮能提高材料的耐磨性、弯曲疲劳强度和耐蚀性。离子渗氮适合于一般含V、Cr、Al、Ti、Mo等元素的低、中碳合金结构钢和热模具钢，不锈耐酸钢，球墨铸铁，钛和钛合金。离子渗氮还具有以下特点：渗氮速度快，工艺参数稳定，易于精确控制，表面质量好，脆性低，零件处理后变形小，处理后不需校正和清理，并且易于实现局部氮化，无污染，省能源。因而该方法适用于处理精度要求高、形状复杂的各种零件。目前离子氮化已广泛应用于机床、动力机械、塑料机械、石油机械、化工机械等行业的机械零件及工具模具的表面强化处理。

A　辉光离子氮化炉的基本结构

辉光离子氮化炉由炉体、真空系统、电气控制系统、供气系统组成。

炉体分钟罩式和深井式两种形式，钟罩式适于堆放工件，深井式适于吊挂长杆工件。炉体为钢板焊接密闭真空容器，炉壁为双层，以通水冷却。炉内设阴极输电装置和隔热屏。

真空系统由旋片式真空泵及管道组成，用以预抽真空及维持炉内所需真空度，抽气速度可由主管道上的蝶形阀门进行控制。

电气控制系统由电源柜和电控柜组成，该系统输出一直流可调电压，并装有各种工作保护单元及电压、电流、真空度、温度等参数的测量、显示、记录仪表和操作控制控钮。

供气系统由氨气分解炉、氨气稳压罐、控制阀门及转子流量计组成，氮化炉工作时可根据需要调节通入炉内的氨气流量。

辉光离子氮化炉的具体结构和主要构件的详细资料参见各生产厂家的产品说明书。

辉光离子氮化炉的成套设备类型很多，目前在国内有许多生产厂家。北京电炉厂生产的 LD 系列辉光离子氮化炉不但有各种规格的系列产品，还可按用户需要进行设计和制造非标准产品。表 2-7 所列是 LD 系列离子氮化炉的技术规格。

表 2-7　LD 型离子渗氮炉技术规格

型号	额定电流 /A	额定电压 /V	相数	最高工作温度/℃	炉膛或空阀尺寸 /mm × mm	外形尺寸 /mm × mm	电炉质量 /kg	备　注
LD_2-25	25	380	3	650	ϕ810 × 800	ϕ1240 × 2000	1600	堆放普通型
LD_2-25B	25	380	3	650	ϕ810 × 800	ϕ1240 × 2000	1600	堆放半自动型
LD_2-50	50	380	3	650	ϕ1060 × 1100	ϕ1557 × 2350	2730	堆放普通型
LD_2-50B	50	380	3	650	ϕ1060 × 1100	ϕ1557 × 2350	2730	堆放半自动型
LD_2-50J	50	380	3	650	ϕ770 × 1720	ϕ1240 × 2695	2270	井式普通型
LD_2-50JB	50	380	3	650	ϕ770 × 1720	ϕ1240 × 2695	2270	井式半自动型
LD_2-50Z	50	380	3	650	ϕ770 × 1720	ϕ1240 × 2695	2350	堆吊综合普通型
LD_2-50ZB	50	380	3	650	ϕ770 × 1720	ϕ1240 × 2695	2350	堆吊综合半自动型
LD_2-100	100	380	3	650	ϕ1300 × 1340	ϕ1875 × 2800	5000	堆放普通型
LD_2-100B	100	380	3	650	ϕ1300 × 1340	ϕ1875 × 2800	5000	堆放半自动型
LD_2-100J	100	380	3	650	ϕ770 × 2720	ϕ1240 × 3710	3010	井式普通型
LD_2-100JB	100	380	3	650	ϕ770 × 2720	ϕ1240 × 3710	3010	井式半自动型
LD_2-150JB	150	380	3	650	ϕ1000 × 4000	ϕ1670 × 5200	5500	井式半自动型
LD_2-500B	500	380	3	650	ϕ1700 × 1800	ϕ2400 × 3350	11000	堆放半自动型

注：北京电炉厂产品。

B　离子氮化炉的维护与保养

（1）定期检查冷却水的供水与出水是否通畅。

（2）经常检查阴极输电装置的护隙，发现“搭桥”及时清理调整。

（3）及时清理炉壁、隔热屏、阳极上的突出溅射物或毛刺，以防阳极辉光，发生熔烧。

（4）定期擦洗观察窗玻璃上的溅射物。

（5）除一般电气设备的日常维护外，还要保持电气元件的清洁，尤其是继电器触头、插件和可控硅元件上不允许有尘土，以防接触不良或短路。

（6）定期检查输出电压波形，发现不平衡，及时调整。电气维修必须由专门维修人员进行。

（7）在使用中发现辉光闪动严重，应检查波形，及时调整三相平衡。

（8）3 ~ 6 个月更换真空泵油。

（9）经常检查窗口、阴极输电装置、热电偶、炉盖管道接头与蝶阀的密封圈是否松动或老化。

（10）检查炉体、炉盖和炉底水冷夹层内侧焊缝有无泄漏。检查方法为：将水放干，堵塞出水管口，留一进水管口，在口上涂肥皂水，使其成皂泡；炉内抽真空，如发现皂泡很快内吸破裂，则为内壁有泄漏处。发现问题应及时检查维修。

表2-8所列为离子渗氮炉常见故障及排除。

表2-8　离子渗氮炉常见故障及排除

现　象	原因分析	排除方法
流量计浮子贴玻璃管壁	气源水分含量太高	更换气源加干燥罐
	管道太长	尽量缩短管道
流量计浮子自动下降	进气或出气管有一端堵塞	弄通管道
	调节阀变形	先开大、再关小或更换针阀
	供气不足或没有供气	充分供气
真空泵抽气，抽到一定值，抽不上去，关闭阀门压升率很大	炉子或管道漏气	检查、补漏
	密封圈老化漏气	更换
真空泵抽气，抽到一定值，抽不上去，但压升率不大	真空泵油太少或老化	加油或换油
	真空泵内腔或刮板损坏	大修真空泵
阴极输电装置定点打弧	密封处有漏气	紧固、防止漏气
	护隙破坏	调整
排除电源原因外给电压不变而电流剧增	阴阳极间绝缘损坏，有短路处	检查、排除

2.1.5.3　激光和电子束热处理装置

激光和电子束热处理是近年来发展起来的新技术，其特点是加热速度快，温度高，无氧化，变形小，常采用自冷淬火，特别适用于局部加热处理，并可以安设在生产线上。但由于设备结构复杂，投资大，所以目前应用还不多。

激光热处理装置由激光器功率调节系统、聚光系统、导光系统、光束摆动机构、淬火工作台等几部分组成。激光是由激光器输出的高能量电磁波。热处理多用波长10.6μm的中红外线CO_2激光束。当激光束扫射到金属表面时，光波的能量立即转为热能，使工件表面迅速加热。由于工件表面有反射光波作用，会使激光的热效率降低，因此，在激光热处理前，工件表面一般都要进行“黑化处理”，即采用涂磷酸锰水溶液或磷化、氧化处理，使工件表面变成黑色，以提高对激光的吸收率。

电子束是指灼热的阴极灯丝发射的电子经“阳极”加速后，在磁透镜的作用下聚集成一股能量密度高的电子束。这种电子束接触工件表面时，立即将电子的能量转换为热能加热工件，电子束可用来进行热处理或切割、焊接等操作。产生电子束的装置常称电子束枪。

激光对人眼睛有强烈的刺激作用，当电子束轰击金属表面时还会产生X射线，因此操作时需采取专门的防护措施。

模块2.2　冷却及辅助设备

冷却是金属材料热处理的一个重要环节。零件在热处理过程中需采用多种冷却方式空冷、水冷、油冷及深冷处理等。冷却需采用多种冷却设备，常用的有缓冷设备、淬火设备（包括介质循环系统）、冷处理设备及淬火机床等。

2.2.1　缓冷设备

缓冷设备主要用于退火冷却、正火冷却和渗碳后预冷。在缓冷设备中，若通入控制气氛，可以防止零件在冷却过程中的氧化、脱碳。

（1）用于退火的箱式电阻炉、燃料炉。箱式电阻炉和燃料炉是在退火加热、保温时使用的加热设备，随后炉冷时，采用适当方法控制冷却速度，此时加热设备变成为冷却设备，起缓慢冷却作用。

（2）冷却室（罐）或冷却坑。冷却室（罐）用钢板焊成，有的还砌有炉衬，并设有炉门（或炉盖），可通入控制气氛，要求高的常配有风扇、冷却水管等。冷却坑是有盖或无盖的地坑，主要用于大型铸、锻件的退火冷却。零件放入地坑后，上面覆盖铁屑、木炭屑或黄沙等，任其缓慢冷却。

2.2.1.1　淬火冷却设备

A　淬火槽

淬火槽主要有水槽、油槽和用于分级淬火或等温淬火的硝盐槽等。

淬火槽是为零件淬火提供足够冷却的装置，结构主要为箱形或圆筒形槽体，槽体通常用钢板焊成。大型淬火槽要用型钢加固，槽内外涂以防锈漆。一般都另附有溢流装置、循环装置、加热装置、冷却装置、搅拌装置、排烟防火装置及淬火机械装置等。常见的淬火槽类型如图 2-4 所示。

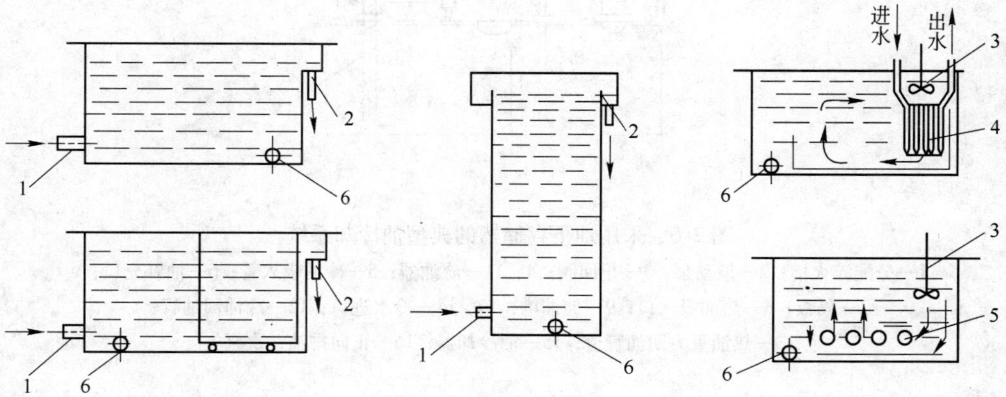

图 2-4　常见的淬火槽类型

1—介质进口；2—溢流口；3—搅拌器；4—冷却器；5—电加热器；6—紧急放油孔

B　淬火机床

（1）普通淬火机。普通淬火机是通过机械化或自动化操作，实现零件淬火的设备，主要适用于批量大、手工操作有难度的零件淬火冷却，如汽车钢板弹簧的专用淬火机床。

（2）加压淬火机。在普通淬火机上淬火冷却时，零件处于自由状态，为了减少零件在淬火冷却过程中的变形，常用加压淬火机进行压淬。加压淬火机适用于齿轮、锯片、离合器片等环式薄片形零件的淬火。图2-5所示为锯片加压淬火机示意图。它主要由油缸、上下压板、喷油支承钉、油槽等组成。

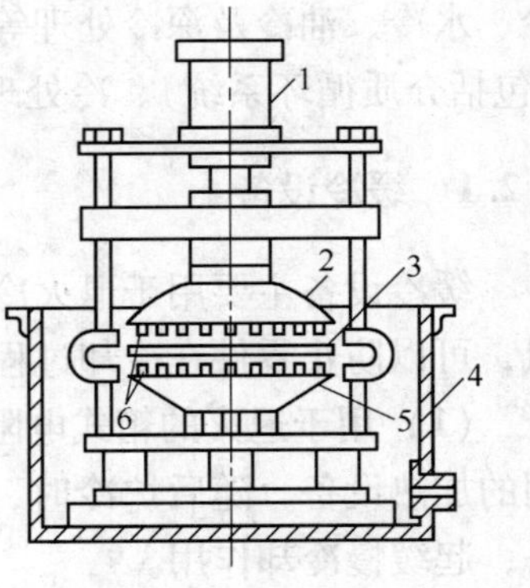

图2-5　锯片加压淬火机示意图

1—油缸；2—上压板；3—零件；4—油槽；5—下压板；6—喷油支承钉

C　淬火介质的循环系统

淬火介质的循环系统一般由高位内存（塔、罐、槽）、工作槽（罐）和低位收集存储OS（槽、罐）三部分组成。各槽、罐之间以管网、泵、过滤器、冷却器等连接。图2-6所示为采用地下存储槽的典型油冷却系统。

有的小型可移动式淬火槽及特殊冷却介质淬火槽使用单独循环系统（包括油泵、过滤器、油冷却器输油管、冷却水管等）。

（1）泵淬火介质冷却系统中所用的泵主要是齿轮泵和离心泵。供油时多采用齿轮泵。供水及水溶液时多采用离心泵，其工作压力一般为0.3～0.6MPa。输送盐水、碱水应选用塑料泵和耐蚀泵。

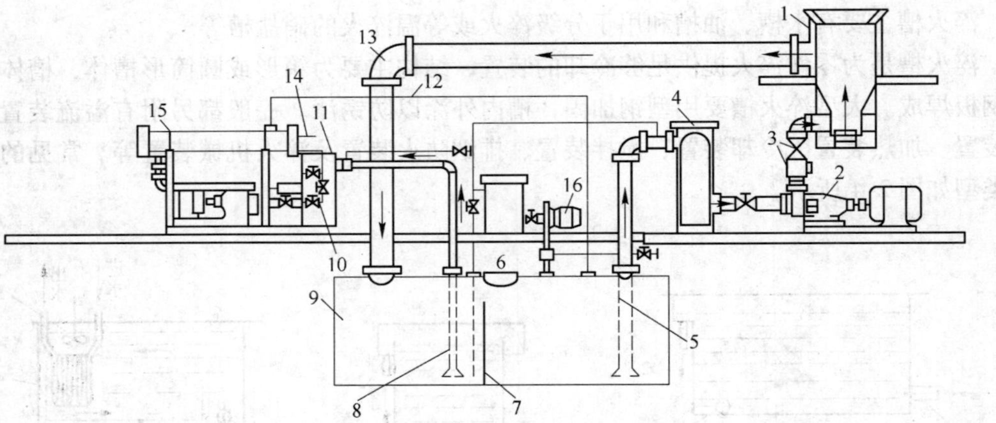

图2-6　采用地下存储槽的典型油冷却系统

1—分配淬火槽；2—搅动泵；3—止回阀；4，11—滤油器；5—冷油吸入管；6—油补充口；7—隔板；8—热油吸入口；9—储油槽；10，14—冷水进口；12—冷油回油管；13—热油重力回油管道；15—油冷却器；16—正向排油一次泵

（2）过滤器。过滤器安装在集液槽与泵之间，其作用是除去介质中的氧化皮、固体物等。淬火介质冷却系统中一般采用网式双筒形过滤器。油过滤可用黄铜丝网，水溶液过滤可用磷铜丝网，网孔尺寸一般为0.5mm×0.5mm。

（3）冷却器。冷却器主要有列管式和板式两种，目前多使用后者，其制造和布置方便，冷却效果好，便于维修，可用于油和水溶性淬火介质的冷却。循环冷却用水通过循环水池和玻璃钢冷却塔进行冷却，循环使用。板式冷却器（换热器）由传热板片、框架和紧固螺栓等主要零部件组成，结构紧凑，便于布置和维修。如图2-7所示的BR01型板式冷却器结构。传热板片为波纹板片，冷却器是由许多片厚度为0.6～1.2mm的波纹板片重叠组成的。板片四角有角孔，一般设计有导流槽，可使流体均匀分布，相邻板片之间用垫片隔成等距离通道。不同组合的板片两端由端板连接固定。热的淬火介质和冷却水交错通入相邻的通道中，通过薄波纹板片进行热交换，达到冷却的目的。

玻璃钢冷却塔也常用于淬火用水和循环冷却用水的冷却。

（4）集液槽。集液槽常用钢板、型钢焊成长方形或圆形的槽体，也可用钢筋混凝土构筑。集液槽中间用钢板隔成两或三部分。集液槽的作用是热介质在其中储存，进行自然冷却，并沉淀除去部分夹带的杂质。一般集液槽带有液位显示、加热等装置。集液槽的体积应大于全部淬火槽及冷却系统中淬火介质容量的总和。使用冷却油时，应比全系统介质容量大30% ~40%。

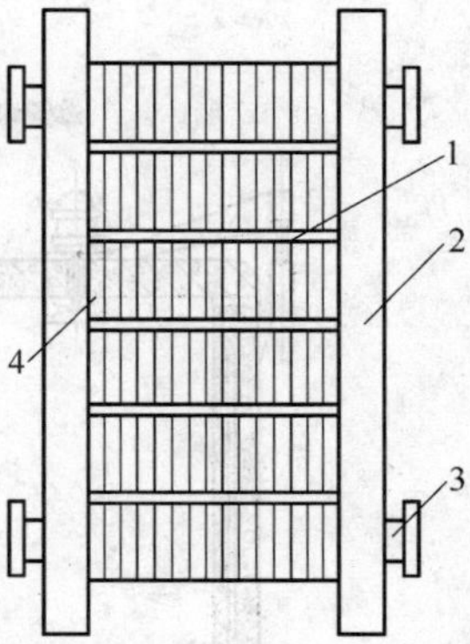

图 2-7　BR01 型板式冷却器结构
1—紧固螺栓；2—框架；3—进液或出液口；4—传热板片

D　设备冷却循环系统

热处理设备在高温下运行时，为了提高加热装备某些部件的使用性能，需要对有关部分进行冷却。

不同热处理设备中常用的冷却方法包括：侧埋式电极盐浴炉在电极的适当位置安装冷却水套，使熔盐凝固，防止漏出；井式渗碳炉的风扇轴与炉盖结合处采用水冷密封，防止风扇轴因炉内高温胀大与轴承咬合不能转动，影响炉内气氛的均匀性、感应加设备的振荡器冷却和感应器的冷却等。

设备冷却循环系统主要包括高位槽、低位槽、热交换器、泵以及管路等。冷却液从高位槽通过管路流入热交换器，经散热后通过管路流入低位槽，再通过泵循环到高位槽，从而达到降温的目的。

2.2.1.2　冷处理设备

冷处理主要用于精密刀具、量具及滚动轴承钢零件的淬火后处理，可以达到提高硬度、稳定组织和零件尺寸的效果。常用的冷处理设备有使用干冰的冷处理设备、使用液化气体的冷处理设备和冷冻机式冷处理设备。目前，生产上较普通使用的是冷冻机式冷处理设备，如图 2-8 所示。冷冻机为一压缩机，冷冻机式冷处理设备利用低沸点气体作冷冻剂，冷冻机的汽化室作为处理零件的冷却室。

冷冻式冷处理设备操作安全，冷却室尺寸范围大，生产成本低，又不受地区条件限制，应用较方便。

2.2.2　辅助设备

热处理生产的辅助设备主要有清洗设备、清理设备、矫正设备、起重运输设备等。

2.2.2.1　清洗设备

A　一般清洗设备

清洗设备用于清洗零件表面黏附的油、盐及其他污物。最常用的清洗设备有清洗槽和

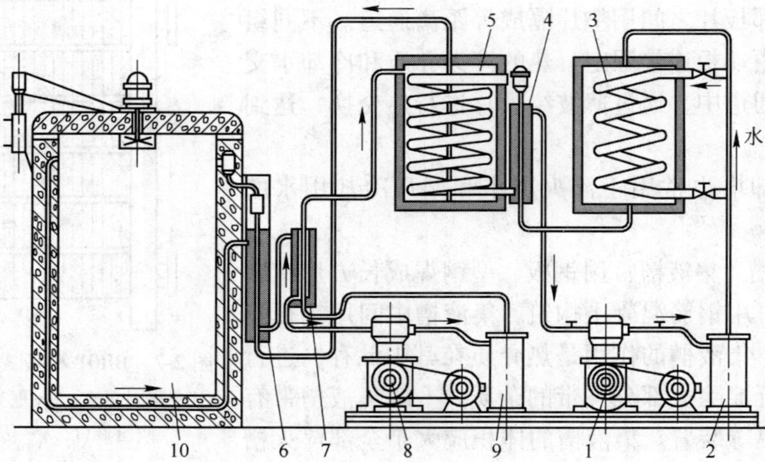

图 2-8　二级冷冻机式冷处理设备

1，8—压缩机；2，9—油分离器；3，4，6—冷凝器；5—汽化器；7—热交换器；10—冷却室

清洗机。清洗液可用 3% ~10% Na_2CO_3（或 NaOH）水溶液，清洗温度为 80 ~100℃。

清洗槽多为用蒸汽直接加热或用蛇形管加热的水槽，淬火后的工件浸入槽中进行煮洗直至清洁。此法简单，操作容易，但只适用于小批量生产。

清洗机适用于规模较大的生产。根据操作方式不同，清洗机可分为周期式和连续式两种。图 2-9 所示为周期式清洗机的结构。清洗时，工件置于筐中放在料车 2 上，储液槽 6 中的清洗液由蒸汽管通入蒸汽加热，离心泵 7 将清洗液经管道系统送到喷头 1 和 4，从上、下两个方向喷射工件，清洗液再经过滤器 8 过滤后重新送到喷头上。这种清洗机适用于批量不大的中小零件。

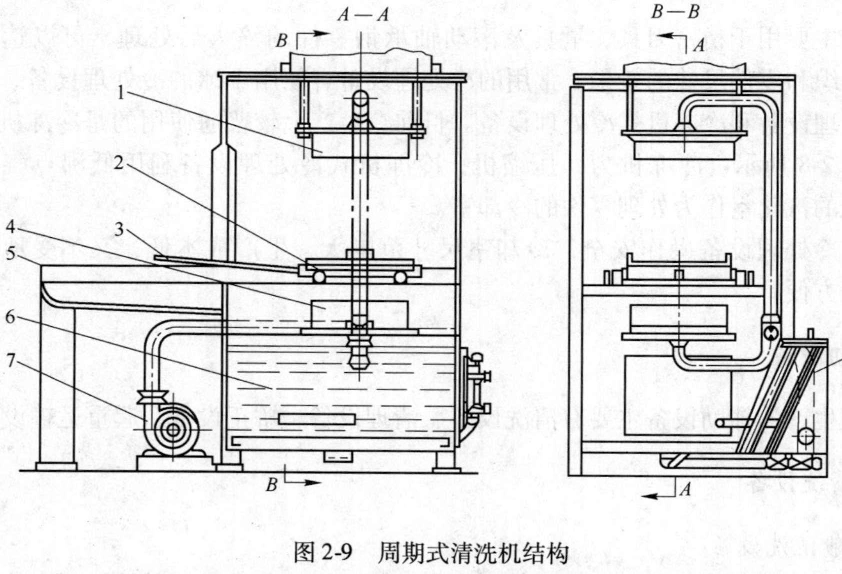

图 2-9　周期式清洗机结构

1，4—喷头；2—料车；3—手柄；5—导轨；6—储液槽；7—离心泵；8—过滤器

随着对清洗要求的提高，应避免清洗后回火时由于残油形成烟雾。目前已生产出一些高性能清洗设备。如 QXLT 型清洗机，它是由机体、传动输送、喷淋、水过滤、加热、吸雾净化、吹干及控制等部分组成，可采用两室和三室。该机机械化程度高，清洗干净，生产效率高，清洗后吹干对零件具有良好的防锈作用。

B　超净清洗设备

一些特殊热处理零件，处理前表面必须特别洁净，这就要用超净清洗设备进行清洗。常见的超净清洗设备有含氯有机溶剂清洗设备和超声波清洗设备。

超声波清洗是在清洗液中附加超声振动，以加速和加强洗涤作用，具有效率高、速度快、清洗质量好等优点，对于几何形状复杂的零件，可得到最好的清洗效果。

超声波清洗效果取决于清洗液的选配、清洗方式、温度、超声波频率和功率密度、清洗时间、数量及外形复杂程度等条件。

超声波清洗装置主要由超声波换能器、清洗槽及发生器三部分构成；此外还有清洗液循环、过滤、加热以及根据生产需要设计的不同零件输送装置。

2.2.2.2　清理设备

清理设备主要用作清除工件表面的氧化皮和锈迹等污物，使工件表面清洁光亮。常用的清理设备有酸洗槽、喷砂机和抛丸机等。其中酸洗槽是用化学法清理零件表面氧化皮，喷砂机和抛丸机是用机械法清理零件表面氧化皮。

A　酸洗槽

酸洗槽是盛装酸洗液的容器。生产中常用 40 ~ 80℃ 的硫酸水溶液进行酸洗。酸的浓度常用 8% ~12%。酸洗槽常用耐酸混凝土、不锈钢、聚氯乙烯塑料、玻璃钢等材料制成。

酸洗时，酸和工件基体金属（铁）反应所生成的初生态氢原子，很容易扩散到金属内部，引起脆性，称为酸洗氢脆。往酸溶液中加入 15% 的缓蚀剂，如硫脲（用于硫酸和盐酸）、乌洛托品（用于盐酸）、盐和若丁（用于硫酸）等，均能大大减缓酸液对基体金属的腐蚀和酸洗氢脆。

工件经酸洗后，在 40 ~ 50℃ 热水中冲洗，然后放入浓度为 8% ~10% Na_2CO_3 水溶液中中和，最后再用热水清洗。酸洗后的废液应经中和处理后才能排放。

B　喷砂机

喷砂机是用压缩空气［4 ~ 6atm（4.05×10^5 ~ 6.08×10^5Pa）］使砂子高速运动，撞击工件表面的氧化皮及脏物，从而使之脱落。喷砂机使用的砂子有石英砂和铁丸两种。由于石英砂价格便宜，来源广泛，又不易损伤工件，喷砂后工件呈银灰色，洁净美观，故广泛用于工具、刀具和形状复杂的工件表面清理。喷砂用石英砂一般为 4 号、5 号，4 号用于喷车刀、滚刀及一般工件，5 号用于剃齿刀、螺纹铣刀等。

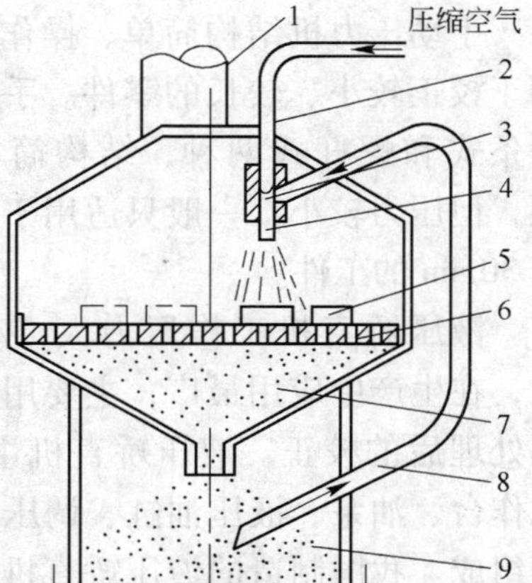

图 2-10　吸力式喷砂机工作原理

1—除尘风管；2—压缩空气管；3—混合室；4—喷嘴；5—工件；6—筛状板；7—储砂漏斗；8—吸砂管；9—储砂槽

喷砂机可分为吸力式、重力式、增压式三种，以吸力式应用最广泛。图 2-10 所示为吸力式喷砂机的工作原理。压缩空气经管道2流到混合室3处时，因管口截面很小而形成高速气流，使混合室产生很大的负压，从而将砂子吸入混合室内，经由喷嘴4喷向工件5，砂子经筛状板6漏入储砂漏斗继续使用。喷砂时产生的粉尘由除尘器吸收除去。

喷砂机工作室有圆筒式、转台式、直通式三种，以转台式较为普遍。我国使用较广的喷砂机型号为Q2511，工作台直径1100mm，每次总装载量100kg。

一般的喷砂机产生大量粉尘，除严重污染环境外，对人体健康危害极大。近年来研制生产的液体喷砂机在生产中广泛应用。

C 抛丸机

抛丸机是借高速运转的抛丸叶轮产生强大离心力，将铁丸或钢丸（ϕ0.8～1.5mm、长2～3mm）抛射到工件表面，使氧化皮及污物脱落，工件表面光洁发亮，同时在工件表面产生压应力，提高工件疲劳强度。

由于钢丸或铁丸的强度较高、冲击力较大，因此，抛丸只适用于渗碳或碳氮共渗后经淬火的零件及其他高硬度零件的表面清理，硬度在40HRC以下的工件不能抛丸，硬度在40～55HRC之间的工件，抛丸时不能处理得太久。工具及形状复杂的工件不宜采用抛丸。

我国应用较多的抛丸机有转台式和输送带式两种。图2-11为常用的Q3525A型转台式抛丸机外形，它主要由工作台、转台驱动装置、抛丸叶轮、提丸机构、储丸槽和除尘系统等部分组成。转台直径2500mm，可清理工件的最大尺寸为1000mm×700mm×400mm，一次最大装载量为2000kg。抛丸机的缺点是在使用时叶片和叶轮壳体磨损快，维修频繁，成本高，噪声大。

2.2.2.3 矫正矫直设备

零件在热处理过程中产生的变形，可用各种校正方法加以校正。常用的校正设备有手动压力机、液压矫直机和回火压床等。

手动压力机结构简单、操作方便，主要用于校正较小、较长的零件。手动压力机分齿条式和螺杆式两种，结构简单，操作方便，但压力较小，一般只适用于校正直径小于30mm的工件。

液压矫直机工作压力大，动作迅速平稳，在生产中应用最广，主要用于大型零件热处理后的校正。液压矫直机主要由机身、工作台、油泵、液压油缸、调压及操纵系统等组成。我国制造的液压矫直机已有系列产品。在生产中常根据工件的直径大小和硬度的高低来选用矫直机的吨位。工件直径小于30mm，一般选用10t；工件直径在30～50mm，选用25t；直径在50～70mm，选用40t或63t；直径更大的工件，应选用压力更

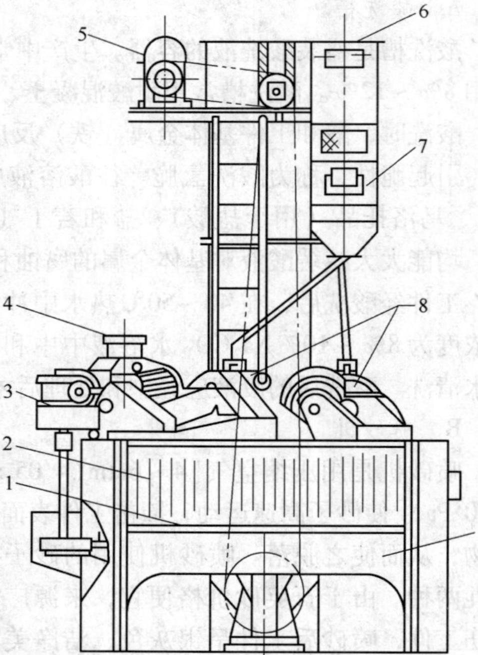

图2-11 Q3525A型转台式抛丸机外形
1—工作转台；2—橡胶幔；3—工作台驱动装置；4，6—抽风口；5—提丸机构；7—上储丸槽；8—抛丸叶轮；9—下储丸槽

大的压力机。

回火压床将回火加热和校正合并在一起进行，主要用于校正很薄的圆盘形零件。

表 2-9 所列为矫直机的主要技术规格。其结构参见厂家产品说明书。

表 2-9　矫直机的主要技术规格

设备名称	型号	公称压力 ($\times 10^4$)/N	工作台高度/mm	最大行程 /mm	功率 /kW	工作台尺寸 /mm	外形尺寸（长×宽×高）/mm×mm×mm	质量 /t
手动齿条压力机	J01-1	1		250			570×400×1000	0.32
手动螺杆压力机		3		200			550×550×865	0.282
单柱矫直液压机	Y41-2.5	2.5	882	160	2.2	840×320	840×320×1580	0.21
单柱矫直液压机	Y41-10	10	710	400	2.2	410×420	1160×550×2100	1.15
单柱矫直液压机	Y41-25	25	710	500	5.5	570×510	1430×680×2360	2.35
单柱矫直液压机	Y41-63	63	800	500	5.5	1000×450	1400×1000×2750	5.0
单柱矫直液压机	Y41-100	100	1000	500	10	2000×600	2000×1695×2895	5.5
单柱矫直液压机	Y41-160	160	1050	500	10	2000×590	2000×1790×3067	
双柱矫直液压机	Y42-250	250		500	22	4600×600	4810×1660×4125	12.0
双柱矫直液压机		500		600	25.4	最长零件 10m	9070×2620×6350	32

2.2.2.4　起重运输设备

常用的起重运输设备有单轨电动葫芦、单梁起重机、桥式起重机、运输带、输送链、辊道和手推车、电瓶车、铲车等。

使用这些起重运输设备时应该注意以下几点：

（1）大型起重设备和运输设备均实行凭证操作制度，禁止无证违章操作。

（2）禁止各种起重设备超负荷运行。

（3）吊车在吊挂零件时，必须正确地钩挂、悬挂重物和放置重物。不准斜吊远离挂钩重心线的物件。吊运时应保持零件平稳不晃动，不得从人或重要设备上空通过。

（4）运输零件时，零件转载不得超重超高，装载应平稳。

（5）夹持零件用的工装夹具，如专用起重链、专用吊具，必须定期检查，并登记在册。

模块 2.3　控制气氛制备设备

2.3.1　常用的控制气氛种类和制取方法

目前常用的控制气氛有吸热式气氛、放热式气氛、氨制备气氛、氮基气氛、有机液体裂解气氛。

（1）吸热式气氛。吸热式控制气氛制取方法是将燃料气（如天然气、丙烷等）按一定比例与空气混合，通入发生器，通过催化剂的作用和外部供热的条件，经吸热反应制成可控气氛。

（2）放热式气氛。放热式控制气氛是将燃料气（如天然气、丙烷等）按一定比例与空气混合，经放热燃烧而制成。

（3）氨制备气氛。氨制备气氛包括氨分解气氛和氨燃烧气氛。氨分解气氛是通过氨气分解制备气氛的。

（4）氮基气氛。氮基气氛有两种制取方法：一种是空气与燃料气混合燃烧生成的气氛，经去除二氧化碳、水蒸气等净化方法制取的，称为制备氮基气氛；另一种是由工业氮气添加其他气体制备产生的气氛，称为工业氮基气氛。

（5）有机液体裂解气氛。有机液体裂解气氛是用液体有机化合物（如甲醇、乙醇、丙酮、煤油、甲苯、醋酸乙酯、甲酰胺、三乙醇胺等）直接滴入热处理炉产生气氛；或者先滴入裂解炉产生气氛再通入热处理炉。

2.3.2　控制气氛制备设备装置原理

2.3.2.1　吸热式控制气氛发生装置

图 2-12 所示是吸热式气氛制备装置，它包括发生炉，气体流量、压力、温度、碳势的测量、控制和安全保持等装置。原料气和空气按氧、碳原子比 1∶1 混合，经鼓风机抽取加压通入发生炉的反应罐内，加热到 960～1040℃，在催化剂作用下进行化学反应，然后急速冷却，即获得吸热式可控气氛。

2.3.2.2　放热式可控气氛发生装置

放热式气氛是用液化石油气、煤气、轻柴油、煤油等原料与空气混合，在燃烧室燃烧，经冷凝除水、吸附干燥而制得。图 2-13 所示为立式燃烧炉结构示意图，主要部件有燃烧炉、

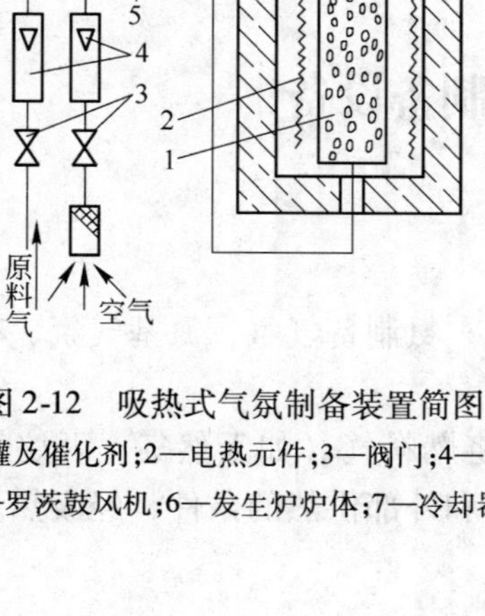

图 2-12　吸热式气氛制备装置简图

1—反应罐及催化剂；2—电热元件；3—阀门；4—流量计；5—罗茨鼓风机；6—发生炉炉体；7—冷却器

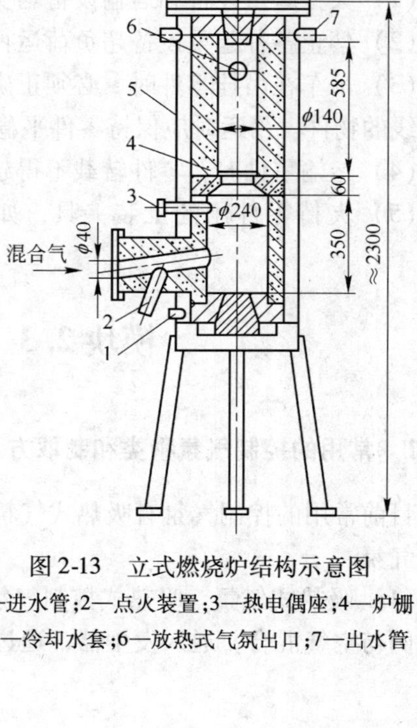

图 2-13　立式燃烧炉结构示意图

1—进水管；2—点火装置；3—热电偶座；4—炉栅；5—冷却水套；6—放热式气氛出口；7—出水管

烧嘴、点火器等。根据混合形式不同，立式燃烧炉可分为预先混合与烧嘴混合两种。空气与原料气的混合比在一定范围内变化，控制不同的混合比可获得浓型或淡型的放热式气氛。

2.3.2.3　氨分解气氛发生装置

氨制备气氛是以液氨为原料，在催化剂作用下加热分解获得的气氛。氨分解气氛发生装置由分解炉、蒸发器、换热器、干燥器四个部分组成。其产气流程如图 2-14 所示。

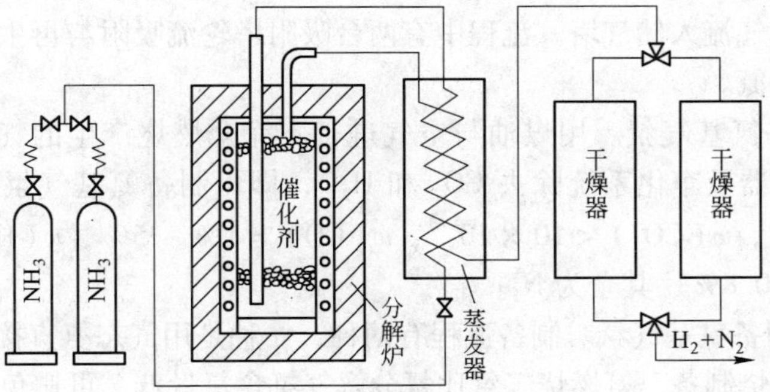

图 2-14　氨分解气氛产气流程

（1）分解炉是整个装置的主体，氨气在此热分解生成氢和氮的混合气体。按热源设置方式不同分解炉分为内热式与外热式两种。

（2）蒸发器的作用是汽化液氨并恒压进入下一级（小型装置常不配备蒸发器）。

（3）换热器是将分解炉出来的分解气的热量交换给进入分解炉的氨气，既可降低分解气的温度，提高净化效果，又可提高氨气温度，利于进入分解炉分解。

（4）干燥器的作用是去除分解气中的水分，提高气质。目前常用具有高效与高选择性的分子筛作为干燥剂，一般每套装置配备两个，一个工作，一个再生交替使用。

2.3.2.4　氮基气氛制备装置

制备氮基气氛的装置有四种：

（1）净化放热式气氛制备氮基气氛。其装备与流程如图 2-15 所示。原料气（天然气、

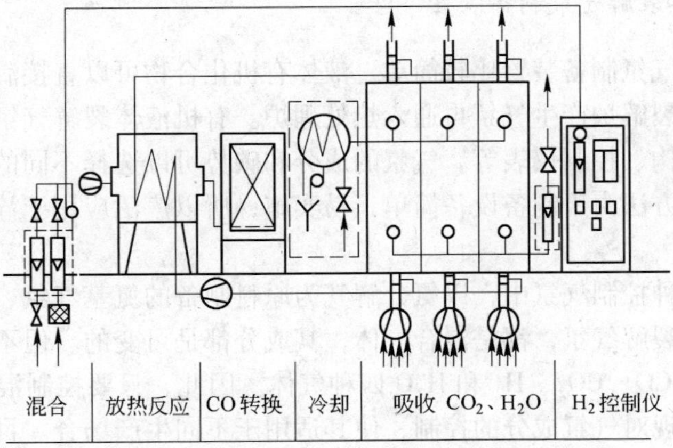

图 2-15　净化放热式气氛流程图

炼焦煤气、丙烷等）与空气按一定比例混合后进入反应炉进行放热反应，所产生的生成物于转换器内在催化剂作用下使 CO 转换成 CO_2。粗制气体经冷却后，大部分水蒸气被冷凝除去，然后通过分子筛吸附除去 CO_2 和残余 H_2O。所得到的制备气氛绝大部分为氮，其他成分为：$w(H_2)=0.5\%\sim15\%$，$w(CO)<0.001\%$，N_2 余量，露点低于 −70℃。

（2）多气源氮基气氛发生器。该发生器是以多种碳氢化合物制备氮基气氛的装置。其工作原理是碳氢化合物与空气按一定比例混合燃烧，燃烧气喷冷至室温，经气体压缩机加压至 600～700kPa，再经脱脂器和干燥塔进吸附塔，塔内分子筛吸附燃烧气中的 CO_2 和少量的 H_2O，产出氮气流入储气塔。流程中有两台吸附塔轮流吸附与再生。这种发生器还可用空气为原料制备氮。

（3）煤油制备氮基气氛。用煤油与空气进行不完全燃烧产生的气体经加压到 400～600kPa，再经除氧器及净化系统除去 CO_2 和 H_2O，即可制备氮基气氛。所得气氛的成分为：$w(O_2)\leqslant10^{-6}$，$w(CO_2)<10\times10^{-6}$，$w(CO)=1\%\sim5\%$，$w(H_2)=0.5\%\sim3\%$，$w(CH_4)=0.2\%\sim0.8\%$，其余为 N_2。

（4）氨燃烧制备氮基气氛。制备流程有两种，一种是用气态氨直接燃烧，另一种是氨预先分解后进行燃烧制备。氨燃烧气氛比氨分解气氛含氢量低，可避免钢加热淬火后产生氢脆，适用于不锈钢、电工钢及低碳钢的光亮热处理。

制备氮基气氛的方法有两种：

（1）用设备制取氮。

1）空气液化分馏法制氮设备是利用深冷方法使空气成为液体状态（−196℃以下），在分馏塔内进行精馏，即可获得氧气和氮气。

2）分子筛变压吸附制氮设备是用分子筛作为吸附剂，利用对氧和氮的优先吸附功能，把空气中的氮和氧分离出来制取一定纯度的氮。

3）薄膜空气制氮装置是利用空气中的氧和氮通过薄膜时不同的渗透速度，把压缩空气分离为高氮和高氧两股气流而分离出氮气。

（2）用工业氮制备。氮基气氛去除工业氮中的氧和水分，使气氛具有一定含量的还原性成分，即可制成氮基气氛。用工业氮制备氮基气氛常用的方法有甲醇法、木炭法、催化除氧法等。

2.3.2.5　有机液体裂解气氛制备装置

有机液体裂解气氛制备装置比较简单，液体有机化合物可以直接滴入热处理炉产生气氛，也可以先滴入裂解炉产生气氛再通入热处理炉。有机液体裂解气氛制备装置主要部件有储液罐、滴注机构、控制仪表等。气氛的成分和碳势可以选择不同的配比，碳势便于实现自动控制。这种方法由于制备设备简单，易实施，所以广泛应用于淬火、渗碳、碳氮共渗等。

上面介绍的几种控制气氛中，以氨分解气为原料制备的氮基气氛、放热式气氛、吸热式气氛、有机液体裂解气氛，都是混合气体，其成分都是可变的。但不论是何种气氛，其混合气体中都含有 CO、CO_2、H_2 和 H_2O 四种气体。因此，只要控制混合气体中这四种气体的含量，便可实现对气氛成分的控制，使其适用于不同生产场合。目前所用的气氛控制设备有：露点控制仪，CO_2 红外线控制仪，氧化锆氧分析器。

2.3.3 控制气氛制备设备的使用、维护与保养

2.3.3.1 控制气氛制备设备的使用

(1) 设备启动前应检查温度仪表、露点仪、红外仪、氧探头等是否正常。

(2) 检查各管路、阀是否严密，有无漏气现象。检查冷却水套及冷却水是否畅通。

(3) 检查原料气是否符合工艺技术要求。

(4) 按照控制气氛制备设备操作规范进行如下程序的操作：烘炉（包括触媒烘干）—升温、保温—送气（根据需要调节空气与原料气的流量，并使空气与原料气比例符合规定）—停炉。

(5) 操作者应每小时记录发生炉温度、空气流量、原料气压力和流量、露点或 CO 量、风机出口压力与发生炉出口压力。

(6) 在生产过程中按工艺规定，发生炉每生产 20 ~ 30 天，进行烧炭黑一次。

(7) 由于混合气是易爆气体，操作时应特别注意安全。

2.3.3.2 控制气氛设备维护与保养

(1) 出口过滤器每两天清理一次，空气过滤器每周清理一次。冷却水套每次停炉都应清理炭灰。

(2) 露点控制仪氯化锂元件每三个月更换、重涂一次氯化锂。氧探头应及时清除探头口较多的炭黑。

(3) 发生炉在升温前须检查、考核零压阀、回流阀、放散阀以及混合器的协调工作能力，检验考核设备的稳定性。

(4) 每隔 20 ~ 30 天定期测定氧探头的内阻，如测得偏差大时，需更换新探头。

(5) 定期检查、排除管路中的积水；定期对同步电动机清洗加油。

模块 2.4 热处理常用工装

在热处理生产和质量检验过程中必须使用各种辅助的工装，完成工件的装载、进出炉、淬火、工件流转等动作，淬火用的钩、杆、筐、钳，渗碳零件的搁架、吊具及感应器，连续炉用料盘等都与热处理质量密切相关。各种辅助工装是确保热处理生产顺利进行，确保工件热处理质量，确保热处理操作安全的重要工具。

由于各类热处理炉型不同、工件结构不同、工艺要求不同，工装设计制作是多种多样的。同时，对于少量、零星工件的热处理，常需要热处理工艺人员或热处理工人凭借生产经验和实际情况，临时制作简易工装。

2.4.1 热处理工装基础知识

2.4.1.1 工装设计

(1) 工装设计原则和要求。

1）工装要有通用性，即尽量选用通用工装、标准工装，借用工装或改进设计工装。

2）工装应结构轻巧，制造方便，装卸迅速容易，使用寿命长，安全可靠。

3）工装设计要使热损耗减到最少。

4）工装设计中要合理选材，不要都选用耐热钢。

5）合理选择热处理工装系数，它是控制热处理工装合理数量的指标，用工装数量同零件总数之比表示，生产批量加大，工装系数也随之增大。

（2）工装设计依据：包括零件图样、热处理工艺装备设计任务书、使用该工装的热处理工艺规程、使用该工装的热处理设备及性能特点（炉型及技术性能指标）、生产批量及经济指标、有关设计标准和规定等。

（3）工装设计程序：根据零件特点和热处理类型，对工装的形式、结构、大小等先有一个初步设想和构思，画出草图。经过会签和审批，做出试样，给生产试用，经过考核，确认可行，再绘制正规总图，确定工装技术条件，编制工装零件序号、零件明细表。绘制工装零件图，最后正式经过检图、审核、批准、描晒，分发有关部门。

2.4.1.2 工装管理

热处理工装管理体制包括工装申请、审批、设计、订货、制造、鉴定、保管（含实物和技术文件）、领用、检查（查工装质量完好率）、维修、报废、改进等。应该有这套完整的制度，才能充分发挥工装应有的作用。

工装管理中可按专用工装、通用工装和标准工装进行编号。

（1）专用工装：如感应器、定型回火夹具、压板、压力淬火模具淬火机床等。

（2）通用工装：如篮筐、钩子、垫铁、通用吊具、料盘等。

（3）标准工装：是被企业、行业、部门标准化了的工装。标准工装可以是专用工装，也可以是通用工装。

工装编号要实用，工装编号都用代号和数字组成，原则是简单明了，能反映工装特征，便于工装管理，又不与其他工艺的工装混淆，易于认、记、写。编号一般打钢印在工装上。如G003为高频淬火感应器编号，003表示该件用第三号感应器，既简单又明了。

2.4.2 热处理常用工装种类和要求

2.4.2.1 热处理常用工装种类

热处理生产中使用的工装包括各种各样的料盘、料板、料架、料筐、料桶、吊篮、吊钩、感应器、校正用的各种垫铁、定型用的专用夹具、简易捆绑用具以及手工操作工具（如钩、棒、叉）等，分为炉内使用（高温下工作）和炉外使用两种。

以密封箱型炉、连续式炉（推杆炉、滚底炉、转底炉等）为例，热处理用工装有炉底板、料盘、料架等，工件以水平方式搁置在其上，工装移动承载工件完成热处理工艺过程。

以井式炉为例，热处理用工装有料筐、料桶、吊篮等，工件装载于其中以相对静止状态完成热处理工艺过程。

以各种感应加热设备为例，热处理用工装有依工件结构形状和工件特定淬火部位设计制作的感应器，通过感应器实现电-磁-电的能量转换。工件进出炉的操作需要热处理工人借助若干不同规格的手工工具，如拉钩、推杆、棒、叉等，手动完成。

对轴类工件弯曲畸变进行矫直，需使用各种垫铁完成热处理；薄盘、片状工件淬火发生了畸变，在回火过程中需使用夹具定型完成热处理；工件淬火也需要使用吊筐、网篮、吊架等完成热处理。

此外，对于结构复杂、数量少的工件，往往需要热处理工人现场制作工装，完成工件的热处理任务。

2.4.2.2　热处理用工装的基本要求

（1）较好的耐热性能。凡在高温下承载工件的工装，都要求具有较好的耐热性能和一定的耐蚀性以防止严重的氧化，有的还要求有抗渗碳性能等。为了满足这些要求，制作工装时一般从材料的选择上予以考虑，因此材料的成本较高。

（2）一定的高温强度。高温强度指装载工件的工装在高温下长时间加热，能承载被加热工件的重量，而且工装不发生严重变形甚至散架。工装的高温强度靠材料和工装结构保证，但如果结构太强，则重量大，吸收的热能多，使工件的单位能源消耗增加，加热时间延长，导致生产成本上升。

（3）较低的材料与制作成本。热处理工装是一种易损件，主要的失效形式是高温氧化减薄，强度严重下降。制作热处理工装常用焊接、铸造的方法。控制工装材料与工装制作成本，是控制热处理生产成本的重要方面。

2.4.3　热处理工装的材料选择

工装设计中要合理选材，不必都选耐热钢。常见的工装材料主要有：

（1）耐热钢：常用铬锰氮钢。如 Cr19Mn12Si2N（使用温度为 900 ~ 950℃）、Cr20Mn8Ni2Si2N（使用温度为 900 ~ 1000℃），均为节镍型耐热钢，具有良好的焊接性能和铸造性能以及一定的抗急冷急热性能，后者还具有抗渗碳性能。耐热钢可用于制作连续式热处理淬火炉常用的料盘，加热时间长，可循环使用。

（2）耐热铸铁：一般用含铬耐热铸铁，基体组织为珠光体或珠光体 + 渗碳体；高硅耐热铸铁或高硅球墨铸铁，基体组织为铁素体或铁素体 + 珠光体。一定厚度的耐热铸铁料盘不接触淬火介质，使用寿命也较长，成本比耐热钢低。连续式热处理淬火炉常用的料盘可以用耐热铸铁铸造而成。

（3）低碳钢：各种热处理手工操作用的钩、叉等，必须用低碳钢制作。

（4）碳钢渗铝：低碳钢制作的炉用工装经表面渗铝，能显著地提高耐蚀性和抗氧化性，并可以代替不锈钢和耐热钢。钢板经渗铝，使用寿命比未经渗铝时提高了五倍以上。

2.4.4　热处理工装的制作

不同的热处理炉型、不同的热处理工艺、不同的热处理操作，需使用不同的热处理工装。因此，热处理工装的结构应该根据热处理炉型、工件结构、工件热处理性能要求、热处理工艺特点、热处理操作方法等决定。各个企业都有各自的热处理工装。

热处理工装的制造涉及若干的制造加工技术与装备，如铸造、锻造、切削加工、焊接、钳装等，一般委托专门部门按工装设计图样进行制造。

对于零星工件或机修备配件、工模具等，因数量少、规格和结构变化大，生产现场有时也需要临时自制简易工装或改制部分工装，要求有一定技术等级的员工掌握捆扎、吊装、钳工、焊接技术。

2.4.5　工装制作技能训练

在热处理生产操作中，由于零件的形状各异、技术要求不同以及所使用的热处理设备不同，往往在批量生产时需要根据零件的特殊要求制作实用、有效的工装夹具，这是热处理操作工必须具备的一项技能。下面结合几种零件的不同热处理要求介绍如何根据零件特殊要求设计、制作工装。

2.4.5.1　训练 1　W6Mo5Cr4V2 钢直柄钻头热处理工装制作

W6Mo5Cr4V2 钢直柄钻头如图 2-16 所示。其热处理要求为：钻头柄部硬度 35 ~ 50HRC，刃部硬度 63 ~ 66HRC，径向圆跳动量不大于 0.25mm。

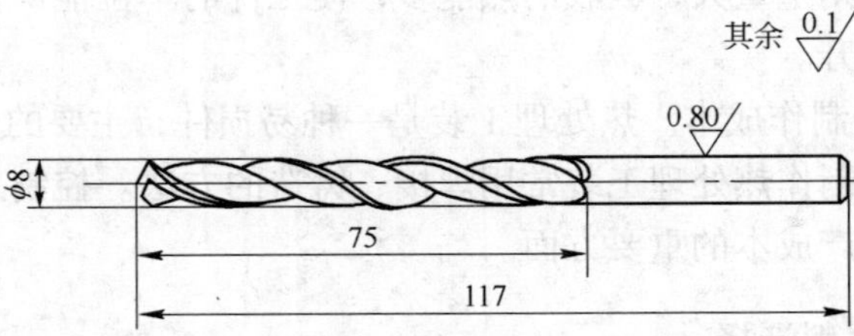

图 2-16　W6Mo5Cr4V2 钢直柄钻头

（1）分析技术要求及选用淬火夹具。钻头是切削刀具之一，其刃部要高硬度、高强度、高耐磨性，才能对各种材料进行钻孔。钻头柄部作为定位和被夹持用，硬度不必太高，否则对矫正钻头变形不利，所以柄部为中硬度。对于高速钢刀具刃部，由于加热表面不允许脱碳，一般选用盐浴炉加热。对于中硬度的柄部淬火，可以在刃部淬火、回火后采用高频淬火。但是大量生产时该方法效率太低，因此可通过控制加热的方法来控制柄部硬度。具体方法是：设计专用夹具（见图 2-17），将装夹好的钻头在第一、二次预热时，将钻头连同夹具一并进入盐浴内加热，进入高温加热炉时，使钻头柄部露出盐浴表面只加热刃部。钻头露出盐浴表面部位正好在钻头沟槽处，即夹具的下层板刚好在盐浴表面上，从而使柄部不完全淬火，达到其硬度要求，又满足大批量生产要求。

（2）热处理工艺。

1）淬火：第一次预热温度为(650 ± 10)℃，保温 160s，选用低温盐浴炉加热。

第二次预热温度为(850 ± 10)℃，保温 160s，选用中温盐浴炉加热。

淬火加热温度为(1220 ± 10)℃，保温 160s，选用高温盐浴炉加热。

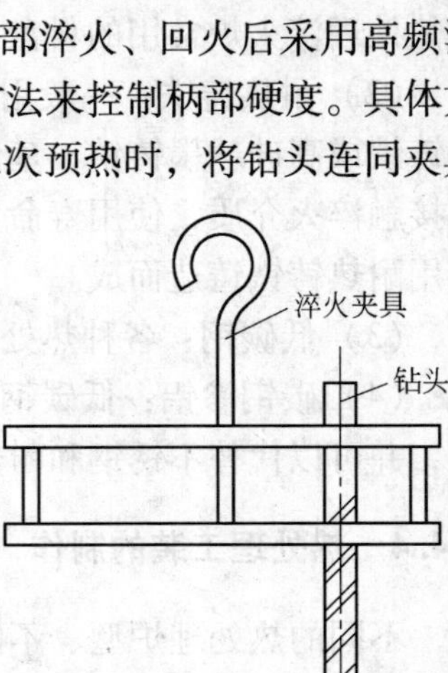

图 2-17　W6Mo5Cr4V2 钢直柄钻头淬火夹具

淬火冷却温度为(600 ± 10)℃，冷却时间为 160s，选用设备为低温盐浴炉，冷却到时后出炉空冷至室温。

2）回火温度为(550 ± 10)℃，保温 2h，选用设备为硝盐回火炉。回火三次，每次回火出炉空冷至室温后再进行下一次回火。

3）清洗并检查工件硬度：采用热水清洗去除工件表面盐渍和表面氧化皮。用锉刀、洛氏硬度计检查工件刃部、柄部硬度。

4）检查径向圆跳动量、矫直：用 V 形架及百分表检查工件径向圆跳动量，超过技术要求必须进行矫直。可采用热点矫直法，主要热点位置只能在硬度要求不高的柄部，热点矫直后必须进行回火（温度为 260 ~ 280℃，保温 2h）。

2.4.5.2　训练 2　W18Cr4V 钢片铣刀热处理工装制作

W18Cr4V 钢片铣刀尺寸为 ϕ250mm × ϕ100mm × 2mm（外径 × 内径 × 厚度），要求热处理后硬度为 62 ~ 66HRC，变形量不大于 0.10mm。

根据高速钢片铣刀材质及技术要求，选用高温盐浴炉加热，其热处理工艺如图 2-18 所示。

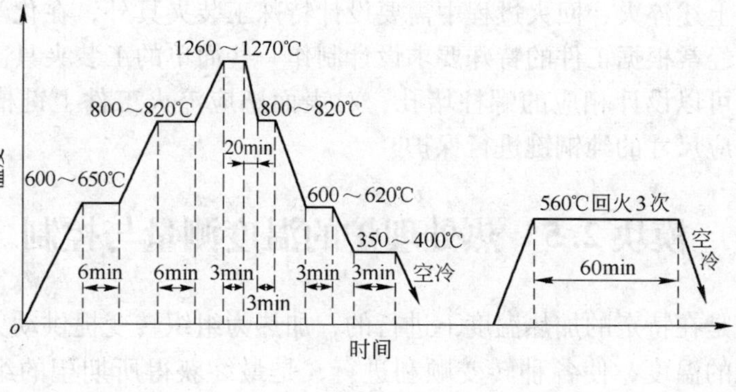

图 2-18　W18Cr4V 钢片铣刀热处理工艺图

采用二次预热及三次分级淬火的方法，可以最大限度地减小工件温差，减小变形。同时淬火加热、冷却操作时，也应注意工件垂直吊挂。

由于工件在淬火过程产生热应力和相变应力，即使淬火时操作中采取必要的方法，片铣刀淬火后仍会出现诸如弯曲、翘曲的变形，因此在回火操作时，必须设计相应的夹具来矫正变形。片铣刀回火夹具如图 2-19 所示。

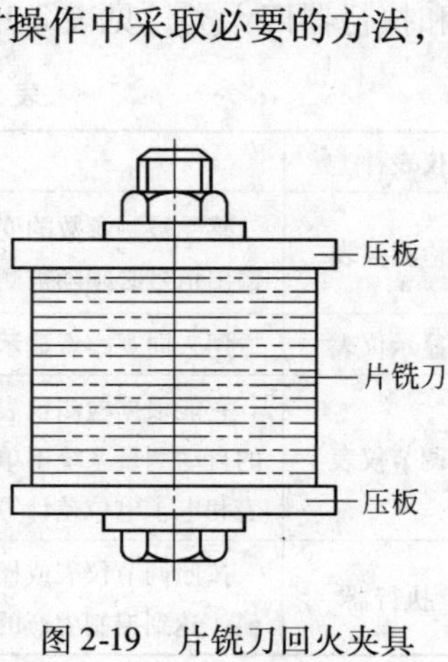

图 2-19　片铣刀回火夹具

回火前，应先通过喷砂、热水洗等方法清除工件表面的氧化皮及盐渍。

回火操作中，第二次回火时压板不能压得过紧，以防工件回火时应力释放产生开裂现象；第二次、第三次回火前可再压紧两端压板，从而通过 3 次回火来矫正工件的变形。

回火夹具可根据零件选用或制作，图 2-20 所示为适用于细长轴类工件压紧的回火工装和适用于T形或长条状工件压紧回火的工装。

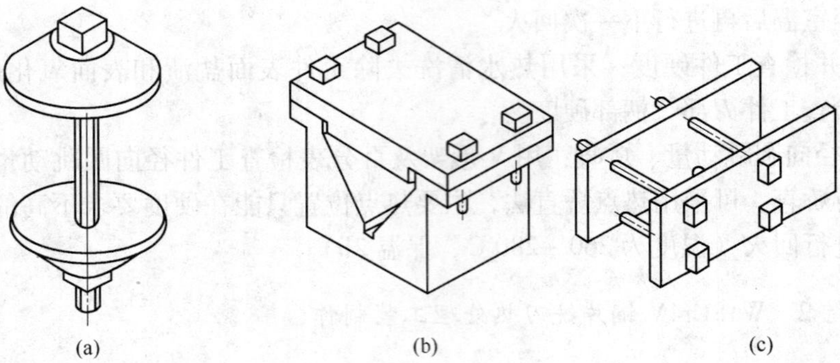

图2-20 回火夹具
（a）适于带孔的圆片状工件；（b）适于细长轴类工件；
（c）适于T形或长条状工件

生产中除了上述淬火、回火过程中需要设计特殊工装夹具外，在化学热处理、表面感应热处理中也会经常根据工件的特殊要求设计制作一些简单的工装夹具。如渗氮工件的螺孔防渗氮处理，可以设计相应的螺柱堵孔；对表面感应淬火工件上键槽的防护和尺寸控制，可以制作相应尺寸的纯铜键进行保护。

模块2.5 热处理炉的温度测量与控制

金属热处理是在特定的加热温度下进行的，加热为组织转变提供动力。准确控制各种热处理工艺过程的温度，使各种转变顺利进行，是最终获得所期望的组织与性能的重要保证。

2.5.1 测温和控温仪表

按照功能的不同，热处理设备的测温、控温装置可分为检测仪表、显示仪表、调节仪表和执行器四大类，见表2-10。

表2-10 热处理设备的测温、控温装置分类

仪表种类	功能
检测仪表	感受被测参数的变化，并将被测参数转换成电或其他形式的信号输出。对检测仪表的基本要求是输出信号必须随被测参数的变化而变化，二者之间应是单值对应关系，且应该是线性关系
显示仪表	用来向观察者显示被测参数的变化，按其显示方式分为直读式和自动平衡式两类
调节仪表	它能根据检测仪表测出的参数与预先设定的给定值之间的偏差情况，对执行器发出调节信号。有的自动测量系统不单独配备调节仪表，而是在显示仪表内附加调节机构，如动圈式温度指示调节仪表和电子电位差计等
执行器	按照调节仪表或操作人员发出的信号调节生产过程所需要的能量，使被测参数保持在设定的数值，达到控制生产的目的。如控制热处理电炉输入功率的交流接触器、晶闸管调压器都是执行器

在自动控制中，组成测量控制对象的自动调节系统包括对象、检测变送器、调节器、执行器四个环节。图 2-21 所示为热处理炉炉温自动调节系统。

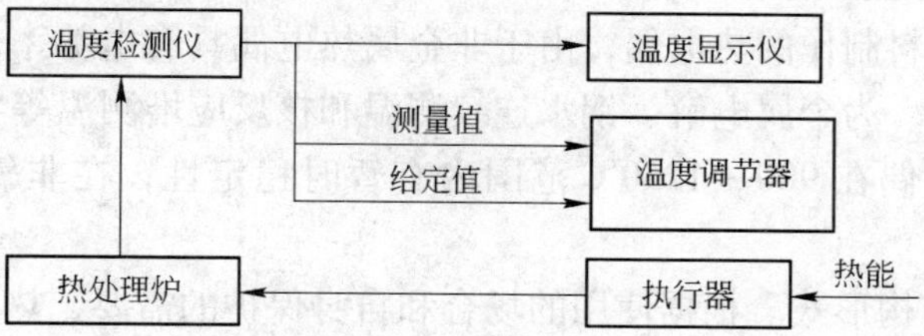

图 2-21　热处理炉炉温自动调节系统示意图

2.5.1.1　常用的温度检测装置

A　热电偶测温

热电偶作为测量温度的传感器，在各种加热设备上有广泛的用途。两种化学成分不同的金属丝的一端相互焊接，作为热电偶的热端（工作端）直接感知温度变化；另一端为冷端（自由端），通过补偿导线分别与温度显示和控制仪表连接。热端因温度变化产生的热电势经补偿导线进入仪表放大后，带动仪表指示并按仪表的设置自动控制温度。热电偶的种类繁多，一般热处理设备的温度测控要能兼顾低、中、高温度范围。热电偶自身的长度是有限的，需采用补偿导线将热电偶与温度显示和控制仪表连接起来，补偿导线的工作温度在 −20 ~ 100℃范围内，耐热的可在 −40 ~ 200℃范围内使用，在这样的温度范围里，补偿导线与所配接的热电偶有相同的热电特性。

（1）热处理设备常用的几种热电偶。热处理设备常用的几种热电偶见表 2-11。

表 2-11　热处理设备常用的几种热电偶

热电偶名称	分度号	热电极材料		使用温度范围		误差（≤）/℃	主要特点
		极性	化学成分（质量分数）/%	长期/℃	短期/℃		
铂铑 10-铂	S	+	Pt：90，Rh：10	0 ~ 1300	0 ~ 1600	0 ~ 1600℃范围内为 15	高温抗氧化性好，不宜在还原气氛中使用
		−	Pt：100				
铂铑-铂铑	B	+	Pt：70，Rh：30	0 ~ 1600	0 ~ 1800	0 ~ 1600℃范围内为 ±4	高温抗氧化性好，不宜在还原气氛中使用。冷端在 −40℃以下不用修正
		−	Pt：100				
镍铬-镍硅	K	+	Cr：9 ~ 10，Si：0.4，Ni：9.0	−40 ~ 900	−40 ~ 1100	−40 ~ 1200℃范围内为 ±2.5	宜在氧化性、中性气氛及真空中使用
		−	Si：2.5 ~ 3.0，Cr：≤0.6，Ni：97				
铜-康铜	T	+	Cu：100	−40 ~ 350	−40 ~ 400	−40 ~ 350℃范围内为 ±1.5	宜在氧化性、中性气氛及真空中使用
		−	Cu：55，Ni：45				

此外，还有用于特殊情况的热电偶。如钨铼系热电偶适用于还原性（干氢）气氛、惰

性气氛和真空中，一般测控温度为2300℃以下，如果绝缘管和保护套能耐更高温度，可用到2800℃，但不宜在氧化性气氛、湿氢及非氢等还原性气氛中使用。又如镍铬-金铁热电偶是一种较理想的低温热电偶，可在2～272K的低温使用，用来测定液氢、液氦的温度。

还有用非金属材料制作的热电偶，由于非金属热电偶具有电势率较大、耐高温、耐磁干扰、耐腐蚀等特点，为金属电解、钢水连续测温和核反应堆测温等特殊场合的测温开辟了新的途径。如热电偶在900～1250℃范围内有暂时稳定性，在非氧化性气氛中可测量2600℃以下的高温。

（2）热电偶的结构形式。根据使用的场合和自身保护的需要，热电偶的结构形式有直形、锥形、直角形，有铠装式，也有仅套绝缘瓷环而无保护管直接使用的。

（3）使用热电偶应注意的问题。

1）新购入的热电偶必须经过实验室鉴定合格方可使用。

2）热电偶的现场安装与校准应由专职的热工仪表人员负责，热处理生产人员不得擅自拆装、移位与连接，以免影响测控温度的准确性，从而导致加热温度失控。

3）不论是单一区域温度控制还是多段温度控制的炉型，热电偶应安装在炉温有代表性的部位，不能靠近炉门也不能离电热体太近；对于气体介质的炉膛，热电偶的插入深度至少为热电偶保护套管外径的8～10倍，并尽可能接近加热工件；盐浴炉测温热电偶应插入熔盐1/3深度。热电偶的接线盒不应靠近炉壁，避免使冷端温度过高。

4）铠装热电偶每次使用前要认真检查保护套管是否完好，一旦保护套管破裂，偶丝可能遭受熔盐或气氛的污染与腐蚀，使热电偶的热端不能准确地感觉温度变化，导致炉温失控。高温盐浴测温的保护套管使用寿命低，仅1次或几次，这时可用无保护套管的热电偶检查偶丝的焊点是否牢固及被腐蚀的状况，并应根据每次高温运行的时间与套管被腐蚀的状况来确定套管的形式。

5）盐浴炉用铠装热电偶，每次放入盐浴时应在盐浴旁预热，停炉时应将热电偶拔出在盐浴旁缓冷，避免急热急冷。

B　热电阻测温

利用某些导体或半导体的电阻值随温度变化的特性，通过测量电阻值的变化来测量温度的变化。这些电阻可以配合温度指示、记录和控制仪表，组成电阻温度计。电阻温度计测量精度高，测量稳定性好，可远距离测控温度，常用于油浴、碱浴、低温烘箱、冷处理设备和部分回火设备的温度测控。

常用的热电阻主要包括：铂电阻、铜电阻、镍电阻、热敏电阻。表2-12所列为各类热电阻的测温范围。

表2-12　热电阻的测温范围

种　类	测温范围/℃	误　差
铂电阻	－200～850	850℃时的误差最大为4.55℃
铜热电阻	－50～150	150℃时的误差最大为1.2℃
镍热电阻	－60～180	180℃时的误差最大为1.56℃
热敏电阻	－80～300 400～1000	

工业用普通热电阻的结构、安装和使用注意事项与普通热电偶基本相同。但规定最大电流（交流或直流）应不大于10mA，热电阻和温控仪表的连接不允许使用补偿导线，应采用绝缘屏蔽铜线。铜线的截面积根据热电阻与仪表间的距离而定，一般应不小于1.15mm^2。

C　全辐射温度计和光学高温计

全辐射温度计和光学高温计均以绝对黑体进行分度，所测得的仅是被测物体的表面温度。两种温度计均为非接触式测量，测量结果均受环境介质的干扰。

全辐射温度计按聚集辐射能量的光学系统结构形式分类，可分为反射式（用于中温辐射温度计）和透镜式（用于高温辐射温度计）。全辐射温度计可以与温度控制和调节仪表连接，常用于炉内有火焰或高温炉气喷出、环境恶劣的场合，测量距离在0.5～2m之间。不同型号的全辐射温度计测量范围可覆盖450～1600℃，响应时间1s，基本误差的绝对值不大于2%。

光学高温计有隐丝式、恒定亮度式和电子式，不能实现温度的自动测量与调节，在热处理生产中仅用于热电偶腐蚀较严重或难以测温的场合，如高温盐浴炉、感应加热工件的表面温度、锻件温度等。不同型号的光学高温计的测量范围可覆盖100～3500℃，测量误差较大，在±8～±50℃范围内。

D　光电高温计

光电高温计是利用可见光谱（波长0.4～0.8μm）和红外光谱（波长0.8～40μm）进行测温的。高温计中的硫化铅或硫化镉光敏电阻、热电堆或硅光电池将光转换为电流，并经自动增益控制后指示和调节温度，感光部位和仪表之间用光导纤维连接，测量距离为2.5～20m，响应时间小于1s。不同型号的光电高温计测量范围可覆盖100～2000℃。光电高温计多带有吸收系数校正功能，测量误差较小。

E　光电比色高温计

光电比色高温计是对同一辐射源的两种波长亮度进行比较从而实现测温的，与其他的非接触式测温仪表相比，其测量温度高，示值与实际温度较为接近。

光电比色高温计的光路系统有单信道（又有单光路、双光路之分）和双通道（又有带光路调制、不带光路调制之分）两种。不同型的光电比色高温计测量温度范围为50～2000℃，测量距离为5～50m，响应时间小于3s，在50～1300℃范围内的基本误差为(1%±5)℃。有的测量温度范围为800～1600℃或1200～2000℃，此类仪表测量下限较高，仅用于测量热处理高温炉温度。

F　热像仪

热像仪即红外热视仪，适于测量面积较大、温度分布不均匀的对象，或在有限区域内查找过热部位。被测对象产生的热辐射被扫描镜扫描后，经一系列光路处理，来到冷的红外检出组件表面，输出的信号经放大由电缆送至显示器，形成与被测对象温度分布相对应的温度图像，即温度场。这种技术已在各个领域广泛应用，在热处理生产中，可用于检查设备、管网的过热，也可用于分析重要零件在冷却过程中不同部位的温度差异。

2.5.1.2　常用的温度指示与控制仪表

随着电子信息处理技术的进步，热处理设备常用的温度指示与控制仪表有了很大的发展。热处理操作人员应了解各种温度指示与控制仪表的用途与正确调节方法。

（1）动圈式温度指示调节仪表。动圈式温度指示调节仪表的型号用两节符号表示。第一节用大写的汉语拼音字母组合表示，第一位 X 表示显示仪表；第二位 C 表示动圈式（磁电式），F 表示动圈式（带信号放大器）；第三位 Z 表示单指示仪表，T 表示指示调节仪表。第二节由三位阿拉伯数字组合，分别表示不同的仪表序列及种类、调节方式以及仪表信号输入的配置，有的在三位数字后面加 A、B、C 字母表示设计序号和安放方式等。

XCZ 和 XFZ 型仪可作温度指示，不能用于温度自动控制和记录。按照质量体系对工艺过程控制的要求，这一类仪表不适合用于热处理工艺的测温，如 XCZ-101、XFZ-102A 等。

XCT（XFT）型可指示温度并带有多种调节控制的功能，包括位式调节、时间比例调节、比例积分微分（PID）调节等，如 XCT-131、XFT-101 等。

（2）电子自动平衡式温度显示与调节仪表。电子自动平衡式温度显示与调节仪表可以自动指示、调节、控制和记录温度，有电子自动电位差计和电子自动平衡电桥两大类。其中，电子电位差计在一般热处理设备上应用普遍。仪表的型号用两节符号表示。第一节用大写的汉语拼音字母组合表示，第一位 X 表示显示仪表；第二位 W 表示直流电位差计，Q 表示直流电桥，L 表示交流电压平衡，D 表示交流电桥，C 表示电子秤；第三位有 B、C、D、E、F、H、X 等，分别表示大型的圆图记录仪、中型的圆图记录仪、小型的圆图记录仪、长图记录仪、转刻度仪表、携带式仪表等。第二节由三位阿拉伯数字组合，第一位表示不同仪表指针数、记录笔数、记录点数等，后两位连用表示仪表的附加功能和装置。有的在三位数字后面加 A、B、AB、ZG 等字母，表示信号输入速度、快慢和阻抗匹配等。如箱式电炉常用仪表 XWB-101，表示表面定值电接点、单指针、单记录笔的圆图直流电子电位差计（大圆图），XWE-101 与前基本相同，为小型圆标尺指示仪。

（3）力矩电机式温度指示调节仪。力矩电机式温度指示调节仪为一小长条式自动平衡仪表，有电子电位差计和平衡电桥两类。以热电偶或辐射感应为检测组件的用 XBW 加三位阿拉伯数字表示；以热电阻为检测组件的用 XBD 加三位阿拉伯数字表示。第一位数字为附加调节装置类型，分别用 0、1、2、3 表示无附加装置、三位电接点、电阻发讯和电动 PID；后两位数字 01、02、03 分别表示单针指示、色带指示、单针并记录。如 XBW-001、XBD-303 等。

（4）新型温度指示调节记录仪。

1）ER 系列指示调节记录仪。该类仪表与热电偶、热电阻以及直流电压、电流等多种传感器配套，可用于测量和记录温度、压力、流量、直流电压和电流等信号。常用型号如 ER100（有效记录幅面宽 100mm、全长约 8m）和 ER180（有效记录幅面宽 180mm、全长约 20m），后者的调节单元有二位电接点、三位电点、时间比例、比例积分（PI）、电流 PID、气动 PID 等。

2）P100S 系列短体小长图记录仪。该记录仪可与温度、压力功率、流量、速度等多种传感器配套，同时采用插入式功能卡（用于电变量的测量）和量程卡（用于温度和低直流电压的测量），以方便地改变输入形式。

（5）温度调节器。温度调节器有多种型号，可与热电偶、热电阻等变送器配合，自动测量和控制温度等物理量。调节方式有二位、三位、时间比例式、PI、PID 等。常见的型号有 TA 系列、TEG 系列、TEJ 系列、TDW 系列、TCW 系列等，其中 TCW 系列温度程控仪表还带有固定程序器和可编程序调节器，可以实现多段温度程控曲线的输入和输出。此外，还可以用 PC 单板机控制可控硅调节器，实现对多台电炉输入的电能量的控制。

2. 5. 2　数字式温度显示仪表

近年来，数字式温度显示仪表已广泛在各种热处理炉控温装置上使用。数字式仪表与模拟式仪表相比较，具有测量精度高、灵敏度高、测量速度快等特点，易与热处理炉工艺过程的计算机控制配合。

数字式温度显示仪表由测温传感器、A-D 转换器（将电压值转变为数字量）、计数器、显示器和控制逻辑电路等元器件组成。其中测温传感器有两种：一是利用热电偶热电势与温度的关系，这一关系虽然是非线性的，但经过线性化单元校正后成为近似线性电压，再通过 A-D 转换而得以显示并输出；二是利用金属的电阻值随温度的增加而增大的特性，且几乎呈线性对应，用数字式欧姆表和电压表测量，通过欧姆-电压转换（Ω-V）和 A-D 转换完成温度的数值式测量。

数字式温度显示仪表种类较多，已成为热处理测控温度的重要装置。

2. 5. 3　热处理炉温度的控制与调节

各种热处理炉温度的控制系统由测温传感器、一次检测仪表、二次自动记录调节仪表、中间放大器、执行机构等环节组成。加热炉温度的控制与调节方式有多种，如二位式温度调节、三位式温度调节、多点温度控制、PID 温度调节、计算机温度调节等。不同的控制调节方式可达到不同的温度测控精度。

2. 5. 3. 1　位式控制

位式控制是一种最简单的温度控制方式。当温度未达到设置温度时全功率加热，控制柜亮红灯；当温度达到设置温度时，切断热能来源，控制柜亮绿灯。这种温度控制方式精度低，温度可控制在 ±10℃范围内。当红、绿灯亮时，温度仍将依惯性上冲或下冲，温度记录曲线波动大。交流接触器在通与断之间频繁跳动，不仅噪声大，且接触器磁铁易产生火花，导致接触器焊合而发生超温事故，造成热处理设备和工件质量事故。图 2-22 所示

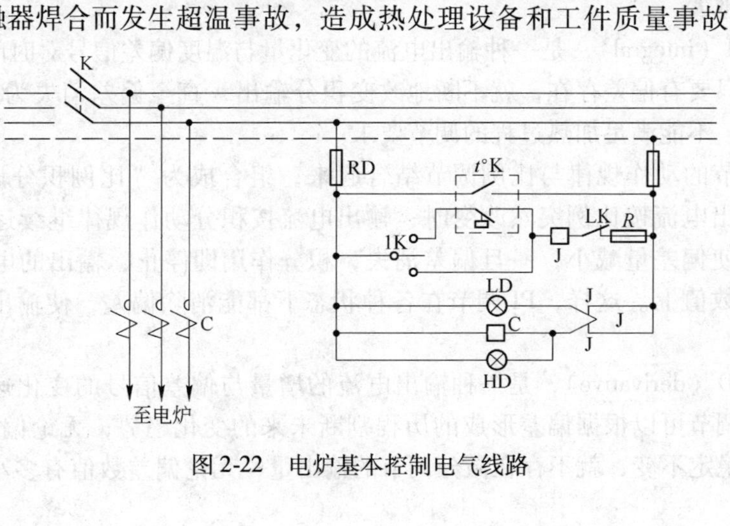

图 2-22　电炉基本控制电气线路

即为采用位式控制的电炉基本控制电气线路。

2.5.3.2　热处理炉温度的调节控制

（1）理想的热处理炉温度的调节控制。理想的热处理炉温度的调节控制期望达到这样一个目标：离设定温度较远时以较大的功率加热；当接近设定温度时以较小的功率加热，使炉温平缓地接近设定温度并维持小功率供给能源；当炉温降低时，又自动加大能源的供给。这种温度控制方式形成的温度记录曲线接近直线状。具体的控制电气线路有多种，其知识属于电气技术范围，在此不作具体介绍。在供电主线路中，以大功率的可控硅代替了交流接触器。图 2-23 所示为可控硅自触发交流开关电路。

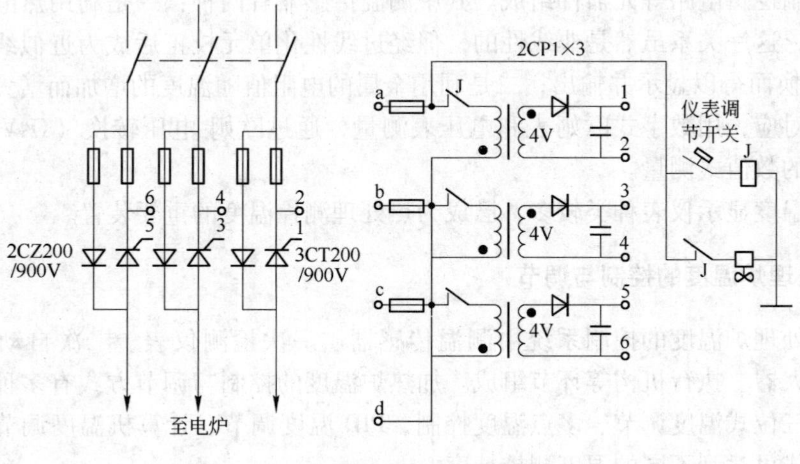

图 2-23　可控硅自触发交流开关电路

（2）PID 调节。PID 调节是一种先进的高精度温度控制调节方法，在热处理炉的加热温度调控上得到广泛的应用。

比例调节 P（proportional），是输出电流与输入的温度偏差信号大小成正比例关系的调节，输入量的相对变化量与输出量的相对变化量之比称为比例带。P 调节速度快，但不能严格地保持温度在设定值上，实际温度值与设定温度值始终存在一定的偏差，比例带越大，静态偏差越大。

积分调节 I（integral），是一种输出电流的变化量与温度偏差信号对时间的积分成正比关系的调节，只要有偏差存在，就不断地改变积分输出，直至偏差消失为止。但单一的 I 调节动作缓慢，不能满足加热过程的调节要求。

将积分调节的动作规律与比例调节结合起来，组合成为“比例积分调节器”，即 PI 调节器。当输出电流按比例突然改变时，输出电流按积分动作规律继续逐渐增大，积分调节的结果将使偏差量减小，一旦偏差消失，积分作用即停止，输出的电流就稳定地保持在一个新的数值上。这样，PI 调节在各种状态下都能消除偏差，使输出稳定维持在设定值。

微分调节 D（derivative），是一种输出电流的增量与偏差信号的变化速度成正比关系的调节。微分调节可以根据偏差形成的历程判断未来的变化趋势，无论偏差数值有多大，只要这一数值稳定不变，就不存在微分调节的输出量；无论偏差数值有多小，只要变化速度大，就有很大的输出量，将被调节的量值很快地拉回至设定值上来。

PID 调节器，即“比例积分微分调节器”，将上述三种调节原理结合在一起，发挥了 P 调节的快速性、I 调节的持久性、D 调节的超前性，可以获得满意的控制调节效果。PID 调节器的有关参数需根据具体的操作经验和过程曲线进行反复调试。

2.5.4　燃料炉的温度控制

在热处理加热设备，尤其是进行钢铁产品和大件加热的大型热处理炉中，燃料（燃气、燃油）加热炉仍占重要地位。在稳定燃烧介质压力的条件下，可以通过改变燃料的供应量和风量，控制炉膛的温度。燃料加热炉温度控制的精度相对较低，不少的燃料加热炉仅凭温度指示与操作经验人工调节燃料与风量，温度仪表仅起到温度指示与记录的作用。因此，燃料加热炉主要用于钢铁产品或工件毛坯的加热，较少用于工件的最终热处理。

（1）燃气加热炉温度的调节。城市煤气、天然气是一种输送方便、干净的能源，用其做燃料常采用燃烧配比控制系统。该系统以燃气流量作为设定信号输入调节器，用以改变空气的流量，空气流量作为测量信号送入调节器。系统中有分流器用以调整比值。当燃气流量与空气流量达到某一比例时，调节阀稳定在某一位置，此时风量被认为是合理的，可以保证合理燃烧。图 2-24 所示为以天然气为燃料的加热炉燃烧配比系统。

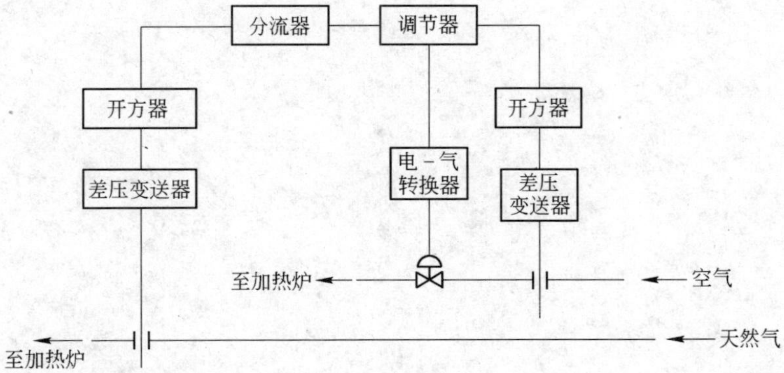

图 2-24　以天然气为燃料的加热炉燃烧配比系统

（2）燃油加热炉温度的调节。燃油加热炉常以柴油、重油为燃料，经油泵加压送入喷嘴与空气混合燃烧形成焰炬，对炉膛和工件进行加热。油品的质量、风油比例的调节等，均影响燃油加热炉的加热效果与废气的排放。在加热过程中，为保证工件的质量，不仅要求控制加热温度，还需要控制升温、降温的速率和保温时间，这可以采用程控系统控制。图 2-25 所示为燃油加热炉燃烧程控系统。图中，数字式温度程序控制仪预先设定程序信号，经数-模转换成毫伏信号，再经毫伏变送器转换成标准信号送入调节器，炉前、炉后的热电偶测得的温度变化信号也送至调节器。调节器将设定值与测量值进行比较后，经磁放大器放大，分别控制炉前、炉后的调节阀门，改变油的流量，调整喷嘴的燃烧状态，达到按程序要求控制炉内温度的目的。

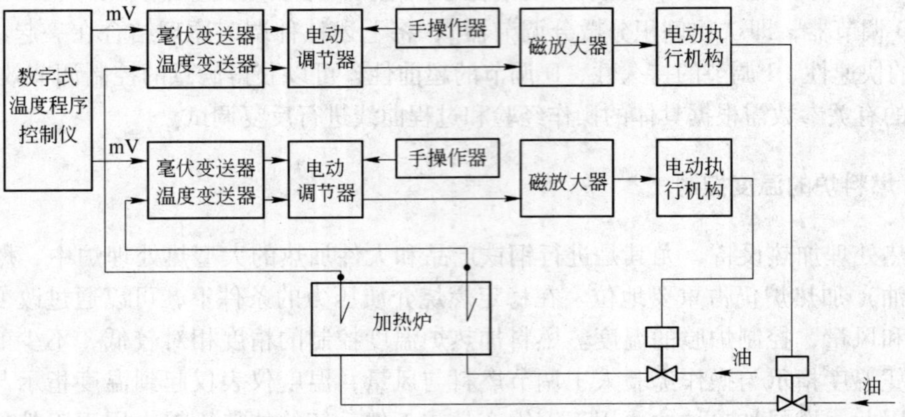

图 2-25 燃油加热炉燃烧程控系统示意图

单元3 退火与正火

模块3.1 基础知识

退火与正火是生产上广泛应用的预备热处理工艺。在机器零件加工工艺过程中，退火与正火是一种先行工艺，有承上启下的作用。大部分机器零件及工、模具的毛坯经退火和正火后，不仅可以消除内应力及组织和成分的不均匀性，还能调整和改善机械性能和工艺性能，为下道工序做好组织性能准备。而对一些受力不大、性能要求不高的机器零件如铸件，退火和正火常为最终热处理。

3.1.1 退火工艺的分类及工艺原则

退火是将金属和合金加热到一定温度，保持一定时间后缓慢冷却，得到近似平衡组织的热处理工艺。

退火的目的在于降低硬度，提高塑性，改善切削加工性能；细化晶粒，消除组织缺陷，均匀组织和成分；消除或减小内应力，稳定尺寸，防止变形和开裂；为最终热处理做准备。

3.1.1.1 均匀化退火

均匀化退火是将钢锭、铸件或锻坯加热至略低于固相线温度下长时间保温，而后缓慢冷却以消除化学成分不均匀现象的热处理工艺。其目的是减少或消除金属铸锭、铸件或锻坯在凝固过程中产生的枝晶偏析或区域偏析，使成分和组织均匀化。均匀化退火也称扩散退火，其工艺参数及操作要点如下：

（1）加热温度：均匀化退火的加热温度通常为 A_{c3}（或 A_{ccm}）+（150～300）℃，具体加热温度视偏析程度和钢种而定。碳钢一般为 1100～1200℃，合金钢则多采用 1200～1300℃。

（2）加热速度：100～120℃/h。

（3）保温时间：与偏析程度和钢种有关，通常可按最大有效截面，以每截面厚度 25mm 保温 30～60min 或每毫米厚度保温 1.5～2.5min 计算。当装炉量较大，可按式(3-1)计算。

$$\tau = 8.5 + Q/4 \tag{3-1}$$

式中 τ——保温时间，h；

Q——装炉量，t。一般保温时间为 10～15h，以保证扩散充分进行，达到消除或减少成分或组织不均匀的目的，但要注意保温时间过长，会导致氧化损失过重。

（4）冷却速度：冷却速度一般为50℃/h，高合金钢则为20～30℃/h，冷却到500℃以下即可出炉空冷。

由于扩散退火在高温下长时间加热，奥氏体晶粒粗大，扩散退火后需再进行完全退火或正火，以细化晶粒、消除过热缺陷。

高温扩散退火生产周期长，消耗能量大，工件氧化、脱碳严重，成本高。只有一些优质合金钢和偏析严重的合金钢才使用这种工艺。一般尺寸不大的铸件或碳钢铸件，偏析程度较轻，可采用完全退火来细化晶粒，消除组织应力。

3.1.1.2　完全退火

完全退火是将钢加热到 A_{c3} 以上，待完全奥氏体化后缓慢冷却，以获得近于平衡组织的热处理工艺。完全退火的目的是细化晶粒、降低硬度、改善切削性能以及消除内应力。

完全退火主要用于亚共析钢，一般是含碳量为0.30%～0.60%的中碳钢。低碳钢和过共析钢不宜采用完全退火，因为低碳钢完全退火后硬度偏低，不利于切削加工；过共析钢完全退火需加热到 A_{ccm} 以上，在缓慢冷却时，有网状二次渗碳体沿奥氏体晶界析出，使钢的强度、塑性和冲击韧性显著降低。

（1）加热温度：完全退火的加热温度碳钢一般为 A_{c3} + （30～50)℃；合金钢为 A_{c3} + (50～70)℃。为加快奥氏体过程和缩短加热时间，生产中采用的加热温度往往要高一些，而对含有多种合金元素的合金钢，常采用更高的温度。常用钢的完全退火温度见表3-1。

表3-1　常用钢的完全退火温度

钢　号	A_{c3}/℃	生产采用温度/℃	高出 A_{c3}/℃
35	802	840～860	40～60
40Cr	785	835～850	45～65
35CrMo	799	835～850	35～50
40CrNiMo	774	840～880	70～100
65Mn	765	780～840	15～75

（2）加热速度：形状简单的碳钢或低合金钢可随炉升温，不用限制加热速度。但形状复杂的碳钢和中、高合金钢，因其导热性差，升温不宜过快，一般控制在80～100℃/h。

（3）保温时间：退火保温时间不仅要保证工件透烧（即心部也达到要求的加热温度)，而且要保证全部得到均匀化奥氏体，达到完全重结晶。

完全退火保温时间与钢材成分、工件厚度、装炉量和装炉方式等因素有关，常用工件的有效厚度计算。对碳素钢或低合金钢工件，当装炉量不大时，退火保温时间可按式(3-2)计算。

$$\tau = KD \tag{3-2}$$

式中　τ——保温时间，min；

K——加热系数，一般为1.5～2.0min/mm；

D——工件的有效厚度，mm。

若装炉量过大，应根据具体情况适当延长保温时间。

对亚共析钢锻、轧钢材，通过完全退火，主要是消除锻后组织及硬度的不均匀性，改善切削加工性能和为后续热处理做准备，其保温时间可稍短于钢锭的退火，一般可按经验公式（3-3）计算。

$$\tau=(3\sim4)+(0.2\sim0.5)Q \tag{3-3}$$

式中　τ——保温时间，h；

Q——装炉量，t。

（4）冷却速度：为了保证过冷奥氏体完全进行珠光体转变，完全退火后的冷却速度应缓慢。一般碳钢冷却速度应小于 200℃/h；低合金钢的冷却速度应降至 100℃/h；高合金钢的冷却速度应更小，一般为 50℃/h。实际生产时，为了提高生产率，冷却至 600℃左右即可出炉空冷。

3.1.1.3　等温退火

完全退火所需时间较长，尤其是过冷奥氏体比较稳定的合金钢，往往需要数十小时或更长，生产中常用等温退火替代完全退火缩短生产周期。

等温退火是将钢加热到高于 A_{c3}（或 A_{c1}）温度，保温一段时间后，较快地冷却到珠光体转变温度区间的某一温度并等温，使奥氏体转变为珠光体，然后在空气中冷却的热处理工艺。

等温退火的优点是：可以大大缩短退火时间，且得到的组织与性能较为均匀。

等温退火适用于合金钢的大型锻件及冲压件和高速钢、模具钢零件。生产中合金钢的退火几乎都用等温退火代替完全退火。

等温退火工艺参数及操作要点有：

（1）升温速度与完全退火相同。

（2）加热温度：亚共析钢规定为 $A_{c3}+(30\sim50)$℃，共析钢或过共析钢为 $A_{c1}+(20\sim40)$℃。

（3）等温时间：在保证性能要求的前提下，尽量选用较低的等温温度，以缩短等温时间。选择过冷奥氏体等温转变曲线“鼻尖”稍上温度作为等温温度，在这个温度下珠光体转变所需要的时间最短，如图 3-1 所示。通常采用 $A_{r1}-(20\sim30)$℃作为等温温度。等温时间根据钢种和装炉量而定，一般合金钢为 3～4h，高合金钢可长些。

（4）冷却方法：以较快速冷却至 A_{r1} 以下温度等温，等温后出炉在空气中冷却或缓慢冷却。

（5）退火后的组织：亚共析钢的退火组织与完全退火相同，共析钢为片状珠光体，过共析钢为先共析渗碳体加片状珠光体。

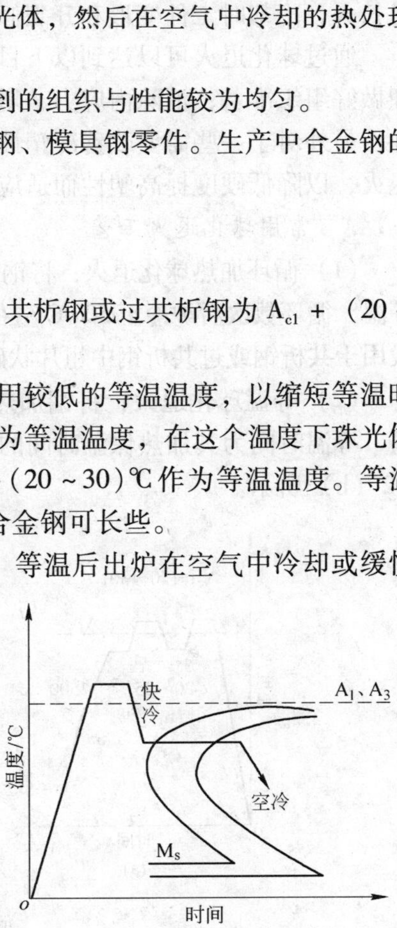

图 3-1　等温退火工艺曲线

3.1.1.4　不完全退火

不完全退火是将钢加热到 $A_{c1}\sim A_{c3}$（亚共析钢）或 $A_{c1}\sim A_{ccm}$（过共析钢）之间，经保温后缓慢冷却以获得接近平衡的组织的热处理工艺。

由于加热至两相区温度，仅奥氏体发生重结晶，基本不改变先共析铁素体和渗碳体的形态及分布。如果亚共析钢原始组织中的铁素体组织均匀细小，只是珠光体片间距小，硬度偏高，内应力较大，那么只要在 A_{c1} 以上、A_{c3} 以下进行不完全退火即可达到降低硬度、消除内应力的目的。由于不完全退火的加热温度低，时间短，对亚共析钢锻件而言，若锻造工艺正常，原始组织分布合适，不必通过完全重结晶去改变铁素体与珠光体的分布及晶粒度（如出现魏氏组织等），则总是采用不完全退火来代替完全退火。

不完全退火主要用于过共析钢，获得球状珠光体组织，以消除应力、降低硬度、改善切削加工性。实质上不完全退火是球化退火的一种。

3.1.1.5 球化退火

球化退火是使钢中碳化物球化而进行的热处理工艺，主要用于共析钢和过共析钢，如生产中常用的刃具、模具和量具用钢。共析钢和过共析钢中存在大量片层状珠光体和网状渗碳体，不仅硬而脆，使钢的硬度高，难以加工，且在后续的淬火中也容易变形和开裂。而经球化退火得到的是球状珠光体组织，其中的渗碳体呈球状颗粒，弥散分布在铁素体基体上，和片状珠光体相比，不但硬度低，便于切削加工，且在淬火加热时，奥氏体晶粒不易长大，冷却时工件变形和开裂倾向性小。

通过球化退火可以达到以下目的：得到球粒状珠光体，消除网状渗碳体，为最终热处理做好组织准备；消除内应力，增加塑性和韧性；降低硬度，改善切削加工性能。

另外对于一些需要改善冷塑性变形（如冲压、冷镦等）的亚共析钢有时也可采用球化退火，以降低硬度提高塑性而适应于冷挤压成型。

A 常用球化退火工艺

（1）循环加热球化退火：将钢加热到 A_{c1} +（20～30）℃后快速冷至 A_{r1} −（20～30）℃等温，循环数次后炉冷至500℃左右出炉空冷。此方法可加速球化过程，提高球化质量，一般用于共析钢或过共析钢中粗片状碳化物的球化，其工艺曲线如图3-2（a）所示。

（2）等温球化退火：将钢加热到 A_{c1} +（20～30）℃保温炉冷至 A_{r1} −（20～30）℃等温，等温时间为其加热保温时间的1.5倍，然后炉冷至500℃出炉空冷，其工艺曲线如图3-2（b）所示。

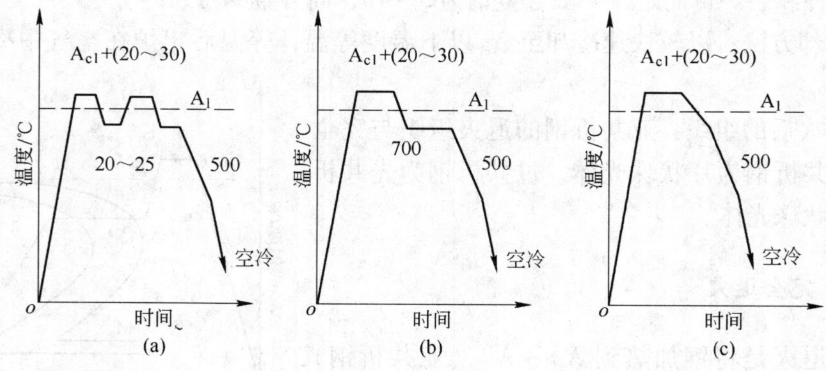

图3-2 球化退火工艺曲线

（a）循环加热球化退火；（b）等温球化退火；（c）普通球化退火

（3）普通球化退火：将钢加热到 A_{c1} +（20～30）℃保温一定时间后缓慢冷却，以保证碳化物充分球化，冷至500℃以下出炉空冷，其工艺曲线如图3-2（c）所示。

在球化退火时奥氏体化是“不完全”的，只是片状珠光体转变成奥氏体，及少量过剩碳化物溶解，因此，它不可能消除网状碳化物。如果过共析钢有网状碳化物存在，则在球化退火前须先进行正火，将其消除，以保证球化退火的效果。

B　球化退火的注意事项

球化退火的质量一般用退火后硬度和渗碳体颗粒大小（球化级别）进行评价。标准图谱共分6级，1级到6级渗碳体尺寸依次增加，合格级别为1～5级。由颗粒珠光体的形成过程可知，加热温度、保温时间和冷却速度对球化退火质量有明显影响。因此，在选择工艺参数和操作过程中应注意下列几点：

（1）正确选择加热温度。如果加热温度过高，冷却后会出现片状珠光体增多而使硬度偏高，切削困难，同时也给以后的淬火造成组织和性能不均匀。如果加热温度偏低，则会造成碳化物溶解不充分，出现硬度比粗片状珠光体还高的细片状珠光体，对以后的淬火带来不利影响。

（2）保温时间。保温时间应准确控制，保温时间过长，虽奥氏体较为均匀，但造成碳化物过度溶解而出现粗大的球状碳化物；保温时间过短，则会造成碳化物溶解不够，出现片状碳化物。生产中要根据钢种、零件尺寸、装炉量和炉型特征等因素具体确定保温时间。

（3）冷却速度。冷却速度过快会使碳化物颗粒太细，碳化物的弥散度大，硬度过高；冷却速度过慢，则会出现粗大的球状碳化物，碳化物的弥散度小，硬度过低。

由此可见，对钢进行球化退火时，除了正确选定加热温度外，还要对保温时间和冷却速度进行控制，才能获得最佳球化组织。

3.1.1.6　再结晶退火

再结晶退火是把冷形变后的金属加热到再结晶温度以上保持适当时间，使变形晶粒重新结晶为均匀等轴晶粒，以消除形变强化和残余应力的热处理工艺。钢材冷变形加工后，晶格发生扭曲，晶粒破碎或被拉长，同时产生加工硬化现象，使钢的强度、硬度升高，塑性、韧性降低，切削加工性和成型性变差。经过再结晶退火，消除了加工硬化，钢的机械性能恢复到冷变形前的状态。

再结晶温度与化学成分和冷塑性变形量有关。纯铁的再结晶温度为450℃，纯铜为270℃，纯铝为100℃；一般钢材再结晶退火温度为650～700℃，铜合金为600～700℃，铝合金为350～400℃。一般而言，形变量越大，再结晶温度越低，再结晶退火温度也越低。不同的钢都有一个临界变形量（为产生再结晶所需的最小变形量称为临界变形量），钢的临界变形量为6%～10%。再结晶温度随变形量增加而降低，到一定值时不再变化。

3.1.1.7　去应力退火

去应力退火是为了消除由于塑性形变加工、焊接等而造成的以及铸件内存在的残余应力而进行的热处理工艺。这些应力若残留在工件中，在随后的加工或使用过程中，会由于应力集中或残余应力和外加载荷叠加而造成工件的变形和开裂。

去应力退火工艺一般是将零件以100～150℃/h的速度升温至 A_{c1} －（100～200）℃保温2～4h后，炉冷至200～300℃出炉空冷。由于去应力退火的加热温度低于相变温度 A_{c1}，因此，在整个热处理过程中不发生组织转变，不会明显改变工件的力学性能。

3.1.2 钢的正火

正火是将钢件加热到 A_{c3}（或 A_{ccm}）以上30～50℃，保温适当的时间后，在空气中冷却的热处理工艺。

正火加热温度在实际生产中常常略高一些，以促使奥氏体均匀化，增大过冷奥氏体的稳定性；尤其是对合金钢，钢中合金元素越多，其加热温度就应该选得稍高些。常用结构钢的正火温度及正火后的硬度见表3-2。

表3-2 常用结构钢的正火温度及正火后的硬度

钢 号	临界点/℃			加热温度/℃	硬度 HBS
	A_{c1}	A_{c3}/A_{ccm}	A_{r1}		
20	735	855	680	890～920	≤156
20Cr	766	838	702	870～900	≤270
35	724	802	680	860～890	≤191
45	724	780	682	840～870	≤226
40Cr	743	782	693	850～870	≤250
35CrMo	755	800	695	850～870	≤241
65Mn	726	765	689	820～860	≤269
20CrMnTi	740	825	650	900～950	156～207
T8A	730	—	700	760～780	241～302
T10A	730	800	700	800～850	255～321
T12A	730	820	700	850～870	269～341
GCr15	745	900	700	900～950	270～390

正火保温时间与完全退火相似，应以工件烧透，即心部达到要求的加热温度为准，还应考虑钢的成分、原始组织、装炉量和加热设备等因素。

正火冷却方式应根据钢的成分、工件的尺寸和形状以及正火的性能要求确定。一般小件在空气中自然冷却；大件可采用吹风、喷雾或调节钢件堆放距离等方法控制冷却速度。

3.1.2.1 正火的目的

对于中、低碳钢的铸、锻件主要是细化晶粒，并使组织均匀化，提高低碳钢工件的硬度和切削加工性能，消除切削加工后的硬化现象和去除内应力；对于过共析钢，主要是消除网状碳化物，为后续热处理做组织准备。

3.1.2.2 正火工艺的应用

正火工艺是较简单、经济的热处理方法，主要应用于以下几方面：

（1）改善钢的切削加工性能。低碳钢由于退火后硬度太低，切削加工时易产生粘刀的现象，切削性能差，通过正火处理，可获得细片状珠光体组织，提高硬度至140～190HB，可改善钢的切削加工性能，提高刀具的寿命和工件的表面光洁程度。

（2）用于中碳钢的预备热处理，消除热加工缺陷。中碳结构钢铸件、锻件、轧件及焊接件在热加工后易出现魏氏组织、粗大晶粒等缺陷和带状组织。通过正火可改善或消除这些组织缺陷，达到细化晶粒、均匀组织、消除内应力的目的。

（3）消除过共析钢的网状二次渗碳体，为球化退火做好组织准备。与退火相比正火冷却速度较大，可阻止二次渗碳体沿晶界析出，生产中常用正火来消除过共析钢的网状碳化物。

（4）提高普通结构零件的机械性能。由于正火可以细化晶粒，使组织均匀化，达到一定的综合力学性能，对一些受力不大、性能要求不高的碳钢和合金钢零件可采用正火处理代替调质，作为零件的最终热处理。

3.1.3 退火与正火的组织性能及工艺缺陷

3.1.3.1 退火和正火后钢的组织和性能

退火和正火所得到的均是珠光体型组织，或者说是铁素体和渗碳体的机械混合物。但正火与退火比较，正火的珠光体是在较大的过冷度下得到的，因而与退火相比，正火组织更细小。对亚共析钢来说，析出的先共析铁素体较少，珠光体数量较多（伪共析），珠光体片间距较小，同时，由于转变温度较低，珠光体成核率较大，珠光体团的尺寸较小。对过共析钢而言，若与完全退火相比较，正火的不仅珠光体的片间距及团直径较小，而且可以抑制先共析网状渗碳物的析出，而完全退火则有网状渗碳物的存在。

由于退火与正火在组织上存在差异，因而在性能上也不同。对亚共析钢，以 45 钢为例，其退火和正火后的性能见表 3-3，由表可见：与退火相比较，正火的强度与韧性较高，但二者塑性相仿。对过共析钢，完全退火的因有网状渗碳体的存在，其强度、硬度、韧性均低于正火；只有球化退火的，因其所得组织为球状珠光体，故其综合性能优于正火的性能。

表 3-3 含碳量为 0.45% 钢退火和正火状态的力学性能

状 态	σ_b/MPa	δ/%	α_K/J · cm^{-2}	HBS
退 火	650 ~ 700	15 ~ 20	40 ~ 60	约 180
正 火	700 ~ 800	15 ~ 20	50 ~ 80	约 220

3.1.3.2 退火和正火工艺的选择

生产上退火和正火工艺的选择应当根据钢种，前后的冷、热加工工艺，零件的使用性能和经济性综合考虑。

对含碳量在 0.25% 以下的低碳钢，通常用正火代替退火。因为较快的冷却速度可以防止低碳钢沿晶界析出游离的三次渗碳体，从而提高冲压件的冷变形性能；用正火可以提高钢的硬度，改善低碳钢的切削加工性能；在没有其他热处理工序时，用正火可以细化晶粒，提高低碳钢的强度。

对碳的质量分数为 0.25% ~0.5% 的中碳钢也可用正火代替退火，虽然接近上限碳量的中碳钢正火后硬度偏高，但尚能进行切削加工，而且正火成本低，生产率高。只有对合金元素含量较高的钢才采用完全退火。

对碳的质量分数为0.5%～0.75%的钢，因含碳量较高，正火后的硬度显著高于退火，难以进行切削加工，故一般采用完全退火，降低硬度，改善切削加工性。此外，该类钢多在淬火、回火状态下使用，因此一般工序安排是先以退火降低硬度，然后进行切削加工，最终进行淬火、回火。

对碳的质量分数为0.75%以上的高碳钢或工具钢，一般采用完全退火或球化退火作为预备热处理。如有网状二次渗碳体存在，则应先进行正火消除。

随钢中含碳量和合金元素含量的增加，过冷奥氏体稳定性增加，C曲线右移，因此上述原则就不适用。一些碳钢及高合金钢正火后硬度偏高，不利于切削加工，应当采用完全退火。尤其是含较多合金元素的钢，过冷奥氏体特别稳定，甚至在缓慢冷却条件下也能得到马氏体和贝氏体组织，因而应当采用高温回火来消除应力，降低硬度，改善切削加工性能，如低碳高合金钢18Cr2Ni4WA没有珠光体转变，即使在极缓慢的冷却速度下退火，也不可能得到珠光体型组织，一般需用高温回火来降低硬度，以便于进行切削加工。

此外，从使用性能考虑，如钢件或零件受力不大，性能要求不高，不必进行淬火、回火，可用正火提高钢的机械性能，作为最终热处理。从经济原则考虑，由于正火比退火生产周期短，操作简便，工艺成本低，因而在钢的使用性能和工艺性能能满足的条件下，应尽可能用正火代替退火。

3.1.3.3 退火和正火的缺陷

退火和正火由于加热或冷却不当，会出现一些与预期目的相反的组织，造成缺陷。常见缺陷如下：

（1）过热和过烧。由于加热温度过高、保温时间过长、炉温不均等都有可能造成过热，使奥氏体晶粒粗大，可用完全退火细化晶粒来消除。当加热温度更高时，会出现晶界氧化甚至局部熔化，产生过烧，造成工件报废。

（2）黑脆。碳素工具钢或低合金工具钢在退火后，有时硬度虽然很低，但脆性却很大，断口呈灰黑色，因而称为“黑脆”。

其金相组织特点是部分渗碳体转变成石墨。产生这种现象的原因主要是由于退火温度过高，保温时间过长，冷却缓慢，珠光体转变按更稳定的Fe-G平衡相图进行所致。当钢中含碳量过高，含锰量过低，或钢中石墨化元素（如铝、硅等）含量过多均会使部分渗碳体分解为石墨。发现黑脆的工具不能返修，只能报废。

（3）粗大魏氏组织。退火或正火钢中出现粗大魏氏组织的主要原因是加热温度过高。由魏氏组织的形成规律得知，当奥氏体晶粒较细时，只有含碳量范围很小的钢，在适当冷却速度范围内冷却时才出现魏氏组织。当奥氏体晶粒很粗大时，出现魏氏组织的含碳量范围扩大，且在冷却速度较低时才能出现魏氏组织。

为了消除魏氏组织，可以采用稍高于A_{c3}的加热温度，使先共析相完全溶解，又不使奥氏体晶粒粗大，而根据钢的化学成分采用较快或较慢的冷却速度冷却。

（4）网状组织。加热温度过高，冷却速度过慢，往往析出网状铁素体（亚共析钢）或网状渗碳体（过共析钢），降低钢的机械性能。网状组织一般采取重新正火的办法来消除。

（5）球化不均匀。工具钢球化退火时往往出现碳化物球化不均匀，二次渗碳体呈粗大块状分布，形成原因为球化退火前没有消除网状渗碳体，在球化退火时集聚而成。消除办法是进行正火和再一次球化退火。

（6）硬度过高。中、高碳钢退火的重要目的之一是降低硬度，便于切削加工，因而对退火后的硬度有一定要求。但是如果退火时加热温度过高，冷却速度较快，特别是对合金元素含量高、过冷奥氏体稳定的钢，出现索氏体、屈氏体，甚至贝氏体、马氏体组织，硬度高于规定的硬度范围。为了获得所需硬度，应重新进行退火。

模块 3.2　退火与正火的技能训练

3.2.1　训练 1　轴承的快速球化退火（初级工）

（1）技术要求。轴承材料为 GCr15SiMo，锻坯要求快速球化退火，退火后硬度 179 ~ 217HBS，退火组织为细小、均匀分布的球化组织，2 ~ 4 级为合格，碳化物网不大于 2.5 级。

（2）热处理设备选用。轴承的快速球化退火可以选用箱式电阻炉、井式电阻炉。

（3）工艺规范制定。轴承快速球化退火工艺见图 3-3。

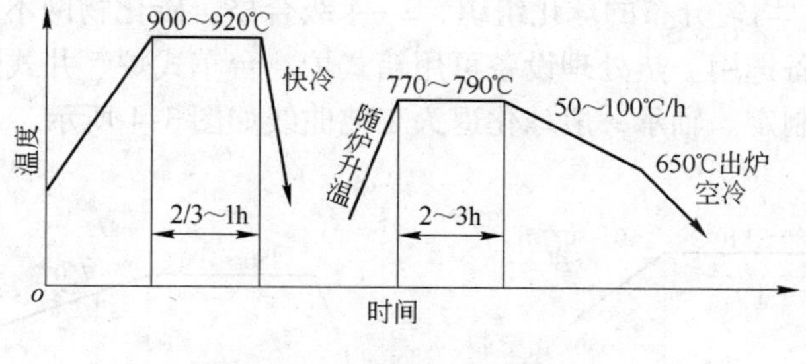

图 3-3　快速球化退火工艺

（4）工艺准备及操作。

1）检查图样与零件是否相符，技术要求和热处理工艺是否合理。

2）检查零件表面有没有裂纹或折叠，加工余量是否足够。

3）检查加热设备是否配有温度控制系统和温度记录装置，热电偶温度测量仪表允差是否符合要求。

4）检查炉膛内是否整洁，托瓦有无损坏，将仪表换上新记录纸，将温度指示针定在 900 ~ 920℃。

5）将零件装入箱式电阻炉有效加热区内，装炉量根据箱式电阻炉功率大小增减，装炉时工件尽可能散开，以利于均匀加热和冷却。

6）装炉后检查零件与电热元件确无接触时，方可送电升温，在操作过程中，不得随意打开炉门。

7）零件装炉后升温到 900 ~ 920℃保温 1h，出炉快冷（空冷），进行正火处理，细化组织。再进行球化退火，温度升到 770 ~ 790℃保温球化 2 ~ 3h，以 50 ~ 100℃/h 的冷却速度随炉冷至 650℃后出炉空冷。

（5）质量检验。

1）表面质量。目测零件表面有无裂纹、烧伤等缺陷。

2）硬度检查。在不同的位置取三件，用砂轮打磨，按《金属材料　布氏硬度试验　第 1 部分：试验方法》（GB/T 231. 1—2009）检测零件布氏硬度，符合技术要求为合格。

3）金相组织。用金相显微镜按 JB 1255 标准检测退火组织是否为细小、均匀分布的球化组织，2 ~ 4 级为合格。不允许有 1 级，1 级为欠热，5 级碳化物颗粒不均匀，6 级为过热组织。碳化物网不大于 2. 5 级为合格。

通过金相组织还可以检查表面脱碳情况，脱碳层深度以不超过车削量的 2/3 为合格。

（6）质量分析。如果经过快速球化退火后硬度太高，则组织不合格。产生此类缺陷的原因是：

1）欠热，有片状珠光体残留；

2）冷却太快，产生密集点状珠光体。

补救的办法是调整工艺，进行二次退火。

防止的措施是加热充分，但不过热，冷速合适。

3. 2. 2　训练 2　轴承零件的球化退火（中级工）

（1）技术要求。轴承材料为 GCr15，锻坯要求球化退火，退火硬度为 170 ~ 207HBS，退火组织应为细小、均匀分布的球化组织，2 ~ 4 级合格，碳化物网不大于 2. 5 级。

（2）热处理设备选用。热处理设备可用箱式炉、台车式炉、井式炉和推杆式炉等。

（3）工艺规范制定。轴承一般球化退火工艺曲线如图 3-4 所示。

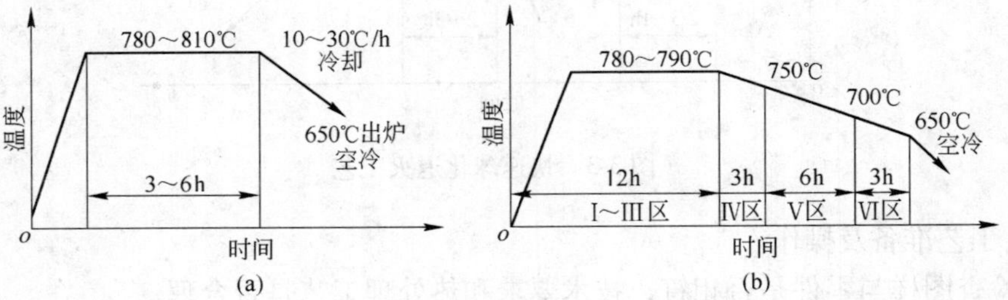

图 3-4　一般球化退火工艺曲线

（a）用于箱式、井式或台车式炉；（b）用于推杆式或大型连续炉

（4）工艺准备及操作。

1）热处理设备及对零件的要求与快速球化退火相同。

2）炉温升到 780 ~ 810℃后均温开始，均温时间从炉门视孔观察炉内壁温度与工件表面温度一致（颜色一致）时，开始计算保温时间。但实际生产中一般均温时间和保温时间已经在工艺上给定，因此炉温到 780 ~ 810℃时开始计算保温 3 ~ 6h。

3）保温后按 10 ~ 30℃/h 冷却速度随炉冷到 650℃以下时出炉空冷。

（5）质量检验。质量检验与快速球化退火相同。

（6）质量分析。退火过程中常见的缺陷是脱碳层超过规定的深度。产生的原因是：

1）原材料锻造时脱碳严重；

2）炉子密封性差，或在氧化性气氛中加热，退火温度高，保温时间长。

防止的措施是：

1）加强对原材料和锻件的脱碳控制；

2）正确执行工艺，防止失控超温；

3）提高炉子密封性，或在保护性气氛中加热。

3.2.3　训练 3　轴承的等温球化退火（高级工）

（1）技术要求。轴承材料为 GCr15SiMn，锻坯要求等温球化退火，退火后硬度为 179 ~ 217HBS，退火组织应为细小、均匀分布的球化组织，2 ~ 4 级为合格，碳化物网不大于 2.5 级。

（2）热处理设备选用。此种工艺最好选用双炉进行，即加热炉与等温炉，也可用在冷却区带有速冷（风冷或水冷）装置的推杆式连续退火炉。

（3）工艺规范制定。轴承等温球化退火工艺曲线如图 3-5 所示。

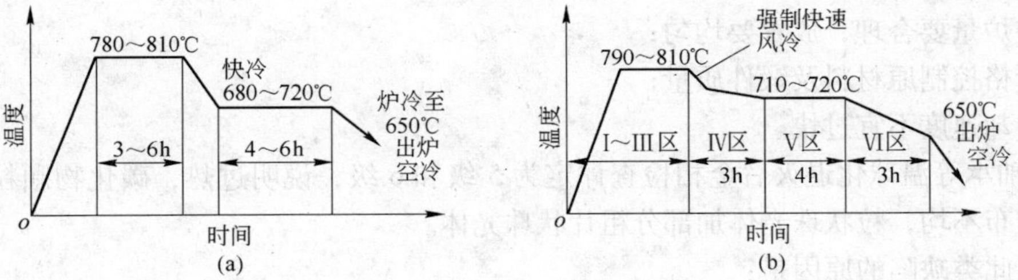

图 3-5　等温球化退火工艺曲线

（a）双炉等温球化退火；（b）带强制快速风冷装置的连续推杆炉的等温球化退火

（4）工艺准备及操作。

1）检查设备、仪表是否正常，并应事先将炉膛清理干净。

2）核对材料与图纸是否相符，了解零件的技术条件要求和工艺规范。

3）抽检零件的加工余量，其数值应大于允许的变形量。

4）选择合适的工夹具，如钳子和炉钩，并考虑好装炉、出炉方法。

5）检查零件表面有没有裂纹或折叠等锻造缺陷。

6）选用两台箱式炉进行双炉等温球化退火。

7）零件装炉时，必须装在有效加热区内。零件应在加热均匀、冷却均匀的原则下散开装。

8）装炉后检查零件与电阻丝，无接触后送电升温。

9）在第一台炉温到达 780 ~ 810℃，保温 3 ~ 6h 后快冷（如风冷）再装入第二台炉中，炉温 680 ~ 720℃，保温 4 ~ 6h 后停电随炉冷至 650℃以下出炉空冷。

（5）质量检验。

1）表面质量。目测零件表面有没有裂纹、烧伤等缺陷。

2）硬度检查。在不同位置中取三件，用砂轮打磨。按《金属材料　布氏硬度试验　第

1 部分：试验方法》（GB/T 231. 1—2009）检测零件的布氏硬度值，符合技术要求为合格。

3）金相组织。用金相显微镜检查退火后的组织，球化组织按 JB 1255 规定 2 ~ 4 级为合格，碳化物网不大于 2. 5 为合格。

（6）质量分析。

1）轴承等温球化退火后如发现按 JB 1255 标准评定为 1 级，说明欠热，其组织为点状珠光体加部分细片状珠光体。产生的原因是：

①加热温度低或保温时间不足；

②原材料组织不均匀；

③装炉量过多、炉温不均匀，或在正常工艺下，有部分工件加热不足或保温时间不足；

④加热温度偏低，冷却速度过快。

补救的办法是根据不同缺陷调整工艺，进行第二次退火。

防止的措施是：

①合理制定工艺，严格执行工艺；

②改善炉温均匀程度；

③装炉量要合理，放置要均匀；

④严格控制原材料及锻件质量；

⑤冷却速度不宜过快。

2）轴承等温球化退火后金相检查评定为 5 级和 6 级，说明过热，碳化物颗粒大小不均匀，分布不均，粒状珠光体加部分粗片状珠光体。

产生此类缺陷的原因是：

①加热温度过高，或在上限温度下保温时间太长；

②原材料组织不均匀；

③装炉量太多、炉温不均匀或在正常工艺下仍有部分工件加热温度过高，保温时间过长。

补救的方法是先正火而后调整工艺，进行快速退火或正常退火。

3）轴承等温球化退火后金相检验发现粗大颗粒碳化物。产生此类缺陷的原因是：

①锻造组织有粗大片状珠光体；

②退火温度偏高，冷却慢；

③原材料碳化物不均匀（网状、带状）；

④重复退火。

补救办法是先正火再进行第一次退火。

防止措施是：

①严格控制原材料和锻件质量；

②尽量不进行重复退火，更不能进行多次退火。

4）轴承等温球化退火后金相检验发现网状碳化物超过规定级别。产生此类缺陷的原因是：

①锻造组织有严重碳化物网，退火时无法消除；

②退火温度过高，同时冷却太慢。

补救的方法是先正火再进行第一次退火。

防止措施是：

①严格控制锻造组织；

②防止退火失控超温和冷却太慢，正常退火。

防止此类缺陷的措施是：

①合理制定工艺，严格执行工艺；

②改善炉温均匀度；

③装炉量合理，摆放均匀；

④严格控制原材料和锻件质量。

模块 3.3　退火与正火的工艺编制

3.3.1　工艺准备

（1）检查设备、仪表是否正常，并事先将炉膛清理干净。

（2）核对材料与图纸是否相符，了解零件的技术条件要求和工艺规范。

（3）抽检零件的加工余量，其数值应大于允许的变形量。

（4）选择好合适的工夹具，并考虑好装炉、出炉的方法。

（5）对不允许表面氧化、脱碳的零件，应采用真空、保护气氛处理或进行必要的防护，如装入有木炭或铁屑的箱内等。

（6）盐浴炉淬火的返修件，应将表面清理干净，防止腐蚀。

3.3.2　加热设备

（1）退火、正火主要采用箱式、台车式、井式加热炉。对光坯件、加工余量小的件和返修件也可采用气体渗碳炉、盐浴炉和真空炉。

（2）在加热设备正常装炉量的情况下，有效加热区内的温度允许偏差见表 3-4。

表 3-4　加热炉有效区温度允许偏差

工艺方法	允许温度偏差/℃	工艺方法	允许温度偏差/℃
完全退火	±20	球化退火	±15
不完全退火	±20	去应力退火	±25
等温退火	±20	正　火	±25

（3）燃料加热炉加热时火焰不能直接与零件接触。

（4）保护气氛加热炉应能按照热处理工艺要求调节和控制炉内气氛的组成。

（5）零件加热后，在随炉冷却过程中，应能保证各部位的冷却温度均匀一致。球化退火时，应能维持最大冷却速度不超过 20℃/h。

（6）各种加热设备都应配有温度测定及温度控制装置和记录装置。加热设备中的每一个加热区，原则上都应配有跟踪处理温度与时间关系的记录装置。

（7）热电温度测定仪表的读数总偏差不应超过表 3-5 中的偏差。

表 3-5　热电温度测定仪表读数允许总偏差　　℃

给定温度 t	温度总偏差	给定温度 t	温度总偏差
≤400	±4	>400	±t/100

3.3.3　工艺规范

（1）加热温度。铸钢件完全退火加热温度见表 3-6，常用结构钢退火与正火加热温度见表 3-7，常用工具钢的退火及正火工艺规范见表 3-8。

表 3-6　铸钢件完全退火工艺规范

钢　种	截面尺寸 /mm	装炉		650~700℃		700℃~退火温度		冷却速度 /℃·h⁻¹	出炉温度 /℃
		温度 /℃	保温时间 /h	升温速度 /℃·h⁻¹	保温时间 /h	升温速度 /℃·h⁻¹	保温时间 /h		
ZG15 ZG25	<200	≤650	—	—	2	120	1~2	≥120	450
	201~500	400~500	2	70	3	100	2~5		400
ZG15 ZG25 ZG35	501~800	300~350	3	60	4	80	5~8	≥120	350
	801~1200	260~300	4	40	5	60	8~12		300
	1201~1500	≤200	5	30	6	50	12~15		250
ZG45 ZG20SiMn	<200	400~500	2	80	3	100	1~2	≥80	350
ZG35CrMo ZG35SiMnMo	201~500	250~350	3	60	4	80	2~5		350
ZG40Mn ZG30CrMnSi	501~800	200~300	4	50	5	60	5~8		300
ZG5CrMnMo	<500	250~300	2	40	2~4	70	2~5		200
	501~1000	≤200	4	30	5~8	50	5~10		200

表 3-7　常用结构钢退火及正火工艺规范

钢　号	临界点			退火			正火	
	A_{c1}	A_{c3}	A_{r1}	加热温度/℃	冷却	HB	加热温度/℃	HB
35	724	802	680	850~880	炉冷	≤187	860~890	≤191
45	724	780	682	800~840	炉冷	≤197	840~870	≤226
45Mn2	715	770	640	810~840	炉冷	≤217	820~860	187~241
40Cr	743	782	693	830~850	炉冷	≤207	850~870	≤250
35CrMo	755	800	695	830~850	炉冷	≤229	850~870	≤241
40CrNi	731	769	660	820~850	炉冷小于600℃		870~900	≤250
40CrNiMoA	732	774	—	840~880	炉冷	≤229	890~920	
65Mn	726	765	689	780~840	炉冷	≤229	820~860	≤269
60Si2Mn	755	810	700	—			830~860	≤254
20	735	855	680	—	—	—	890~920	≤156
20Cr	766	838	702	860~890	炉冷	≤179	870~900	≤270
20CrMnTi	740	825	650	—	—	—	950~970	156~207
38CrMoAlA	800	940	730	840~870	炉冷	≤229	930~970	

表3-8　常用工具钢退火及正火工艺规范

钢　号	临界点			退　火			正　火	
	A_{c1}	A_{c3}	A_{r1}	加热温度/℃	等温/℃	HB	加热温度/℃	HB
T8A	730	—	700	740~760	650~680	≤187	760~780	241~302
T10A	730	800	700	750~770	680~700	≤197	800~850	255~321
T12A	730	820	700	750~770	680~700	≤207	850~870	269~341
9Mn2V	736	765	652	760~780	670~690	≤229	870~880	—
9SiCr	770	870	730	790~810	700~720	197~241	—	—
CrWMn	750	940	710	770~790	680~700	207~255	—	—
GCr15	745	900	700	790~810	710~720	207~229	900~950	270~390
W18Cr4V	820	—	760	850~880	730~750	207~255	—	—
W6Mo5Cr4V2	845~880	—	805~740	850~870	740~750	≤255	—	—
5CrMnMo	710	760	650	850~870	~680	197~241	—	—
3Cr2W8	820	1100	790	850~860	720~740	—	—	—

（2）保温时间。

1）电炉加热时保温时间=零件有效厚度×保温系数。不同钢种保温系数不同，一般碳素钢在正火时保温系数为1.0~1.5min/mm，退火时保温系数为1.5~1.8min/mm。

合金结构钢在正火时保温系数为1.2~1.8min/mm，在退火时保温系数为1.8~2.0min/mm。

合金工具钢在退火时保温系数为2.0~3.0min/mm。

当装炉量多时保温系数取上限，当装炉量少时保温系数取下限。

2）油炉、煤气炉加热的保温时间=电炉加热保温时间×（0.5~0.7）。

（3）冷却速度。

1）碳素钢退火应以不大于100~200℃/h的冷却速度冷至500~550℃后空冷。

2）合金钢和高合金钢退火应以大于20~100℃/h的冷却速度冷至500~550℃后空冷。

3）等温退火时在等温后炉冷至500~550℃后空冷，对小型、简单的零件也可在等温后直接空冷。

4）正火应在空气中散开冷却，不允许堆放或置于潮湿的地上冷却，大件或要求硬度高的零件可放在流动空气或其他介质中冷却。

5）为消除网状碳化物的正火，允许在油中冷却到700℃左右再转入空冷。

（4）回火。大型锻件正火后增加回火工艺，是为了消除正火过程中产生的内应力，得到稳定的组织，进一步去氢和使氢分布均匀。

3.3.4　操作要点

（1）零件装炉时，必须放置于预先确定的有效加热区内。装炉量、装炉方式及堆放形式的确定，应以保证零件均匀加热和冷却，且不造成有害缺陷为原则。装箱退火时，箱间距离应大于 100mm。

（2）装炉后需检查零件与电热元件确无接触时，方可送电升温，在操作过程中，不得随意打开炉门。

（3）零件的升温速度主要根据化学成分、几何形状等因素来确定。对于高碳、高合金钢断面较大或形状复杂的零件以及装箱退火零件，应采用低温装炉，加热到 500 ~ 550℃ 保温一段时间后再加热到规定温度。

（4）保温时间是从炉温达到规定温度时算起，但装炉量大时，应适当延长，对于装箱退火，通常增加 2 ~ 3h。

（5）细长与薄板零件，装出炉时需特别小心，以免变形。

单元4　淬火与回火

模块4.1　基础知识

钢的淬火与回火是热处理工艺中最重要、用途最广的工序。淬火可以显著提高钢的强度和硬度。为了消除淬火钢的残余内应力，得到不同强度、硬度和塑性、韧性配合的性能，需要配以不同温度的回火。所以淬火和回火是不可分割的、紧密衔接在一起的两种热处理工艺。淬、回火作为各种机器零件及工、模具的最终热处理是赋予钢件最终性能的关键性工序，也是钢件热处理强化的重要手段之一。

4.1.1　钢的淬火

淬火是将钢加热到 A_{c3} 或 A_{c1} 点以上某一温度，保温一定时间，然后以大于临界冷却速度的速度冷却获得马氏体或下贝氏体组织的热处理工艺。

淬火的主要目的是为了提高钢的硬度、强度、耐磨性等以满足各种零件不同的使用性能。如高速钢刀具在退火状态时的硬度为20HRC，淬火后为60HRC；45钢结构零件正火后的屈服点约为333MPa，淬火后约为615MPa。此外，通过淬火还可满足一些特殊的物理、化学性能要求，如提高不锈钢的耐蚀性等。

4.1.1.1　淬火工艺

A　淬火加热温度

淬火加热温度的选择应以得到均匀细小的奥氏体晶粒为原则，以便淬火后得到细小的马氏体组织。钢的化学成分是选择淬火加热温度的主要因素。淬火加热温度可用 $Fe-Fe_3C$ 相图及钢的临界点参数确定。图4-1为碳钢的淬火加热温度范围示意图。

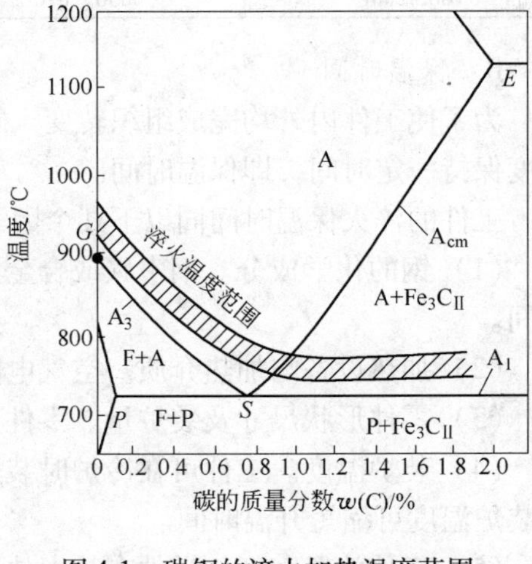

图4-1　碳钢的淬火加热温度范围

（1）亚共析钢淬火加热温度为 A_{c3} +（30～50）℃。如果淬火加热温度过低选择在 A_{c3} 以下，则在淬火组织中有先共析铁素体存在，使淬火钢的硬度不足，有软点，影响力学性能；若加热到远高于 A_{c3} 的温度，钢的表面氧化、脱碳严重，且奥氏体晶粒粗大，破坏淬火后的性能。所以亚共析钢淬火加热温度选用 A_{c3} +（30～50）℃，这样既能保证充分奥氏体化，又能得到细小的奥氏体晶粒，淬火后组织为细小马氏体。

（2）共析钢和过共析钢淬火加热温度为 A_{c1} + （30 ~ 50）℃。在此温度范围内加热，其组织为细小奥氏体和部分未溶细粒状渗碳体，淬火后得到细小马氏体和粒状渗碳体的混合物，粒状渗碳体不仅不会降低钢的硬度，还会提高钢的耐磨性。

过共析钢的淬火加热温度不能低于 A_{c1}，此时钢材尚未奥氏体化；若加热温度过高至 A_{ccm} 以上，渗碳体会溶入奥氏体，使奥氏体含碳量增加，淬火后残余奥氏体含量增加，反而降低了钢的硬度和耐磨性，此外还易使奥氏体粗化，淬火后马氏体组织粗大，增加钢的脆性。

过共析钢淬火前还必须进行球化退火，使渗碳体转变为球状，以降低片状渗碳体对淬火钢韧性的不利影响。

（3）合金钢淬火加热温度。对于合金钢，一般也按上述原则确定加热温度，但合金元素可起到细化奥氏体晶粒的作用，可适当提高淬火加热温度，同时为使淬火时合金元素充分溶入奥氏体，加热温度往往更高。一般低合金钢淬火加热温度选用临界温度上 70 ~ 100℃，中、高合金钢加热温度则更高。

在生产中选择工件的淬火加热温度时，除了遵守上述原则外，还要考虑工件的技术要求、形状与尺寸、原始组织、加热设备以及冷却介质等诸多因素的影响，对加热温度予以适当调整。常用钢的淬火加热温度见表 4-1。

表 4-1 常用钢的淬火加热温度

钢 号	淬火加热温度/℃	钢 号	淬火加热温度/℃
30	870 ~ 890	.50CrVA	850 ~ 880
45	820 ~ 850	GCr15	820 ~ 860
T8A	770 ~ 820	CrWMn	820 ~ 840
T10A	770 ~ 810	9SiCr	850 ~ 880
T12A	770 ~ 810	9Mn2V	780 ~ 820
40Cr	830 ~ 860	Cr12	950 ~ 980
20CrMnTi	830 ~ 850	Cr12MoV	1000 ~ 1050
40CrNiMo	840 ~ 860	5CrNiMo	830 ~ 860
40CrMnMo	840 ~ 860	3Cr2W8V	1050 ~ 1100
65Mn	780 ~ 840	W6Mo5Cr4V2	1200 ~ 1240
60Si2Mn	850 ~ 870	W18Cr4V	1260 ~ 1290

B 保温时间

为了使工件内外均完成组织转变、碳化物溶解及奥氏体的成分均匀化，须在淬火加热温度保持一定时间，即保温时间。

工件的淬火保温时间同以下几个因素有关：

（1）钢的化学成分。钢中碳或合金元素含量增加，钢的导热性降低，应适当延长加热时间。

（2）加热设备与加热介质。空气电阻炉加热速度比盐浴炉慢，加热时间也相应长些。

（3）零件形状尺寸及装炉量。零件尺寸越大，装炉量越多，加热时间越长。

（4）装炉温度。工件可在冷炉时装炉升温，也可先将炉温升高到一定温度再装炉，提高装炉温度可缩短升温时间。

（5）工件放置密度。零件在炉中放置的间隙越大，加热时间越短；放置得越密，加热时间越长。所以工件间应留有一定的间隙。

生产中常根据零件厚度来确定保温时间，其经验公式为式（4-1）。

$$t = \alpha KD \tag{4-1}$$

式中 t——保温时间，min；

α——保温时间系数，min/mm，见表 4-2；

K——工件装炉方式修正系数，见表 4-3；

D——工件有效厚度，mm，见表 4-4。

表 4-2 保温时间系数

工件材料	直径/mm	箱式炉预热（<600℃）/min · mm⁻¹	箱式、井式炉加热（800~900℃）/min · mm⁻¹	盐浴炉加热或预热（750~850℃）/min · mm⁻¹	盐浴炉加热（1100~1300℃）/min · mm⁻¹
碳素钢	≤50 >50	—	1.0~1.2 1.2~1.5	0.3~0.4 0.4~0.5	
低合金钢	≤50 >50	—	1.2~1.5 1.5~1.8	0.45~0.5 0.5~0.55	—
高合金钢	—	0.35~0.4	—	0.3~0.35	0.17~0.2
高速钢	—	—	0.65~0.85	0.3~0.35	0.16~0.18

表 4-3 工件装炉修正系数

工件装炉方式	排料系数 K	工件装炉方式	排料系数 K
	1	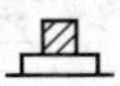	1
	1		1.4
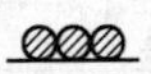	2		4
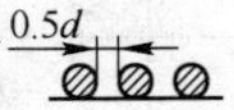	1.4	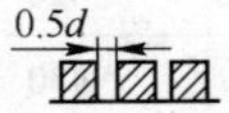	2.2
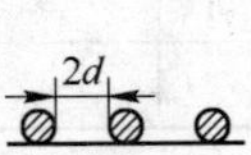	1.3	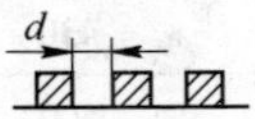	2.0
		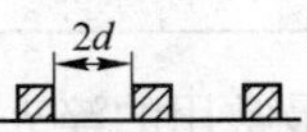	1.8

表 4-4 工件有效厚度的计算

工件形状	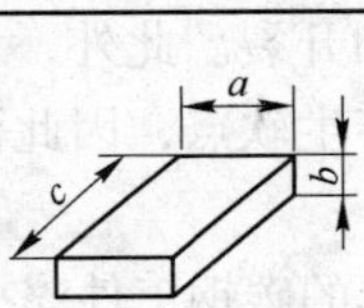 $b<a<c$	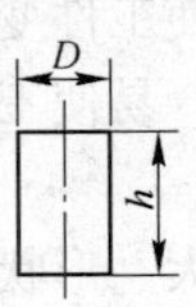 $D<h$	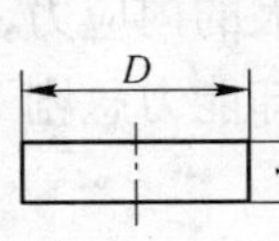 $D>h$	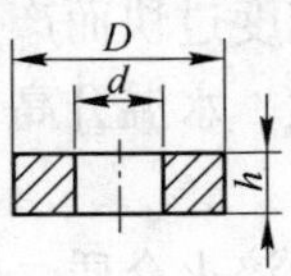 $\frac{D-d}{2}<h$	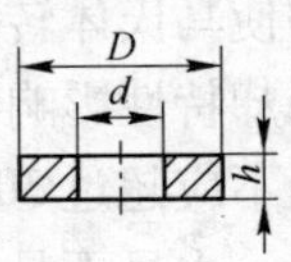 $\frac{D-d}{2}>h$
有效厚度	b	D	h	$\frac{D-d}{2}$	h

C　淬火冷却介质

工件淬火冷却时所使用的介质称为淬火冷却介质。

淬火冷却是淬火工艺中最为关键的工序，淬火介质必须保证淬火后得到马氏体组织，这要求淬火介质有足够的冷却速度。从钢的 C 曲线可知，钢加热至奥氏体后，只有冷却速度大于临界冷却速度时才能获得马氏体组织，但过快的冷却速度将产生巨大的淬火应力，引起工件的变形和开裂。因此，理想的淬火介质的冷却能力应如图 4-2 所示，在过冷奥氏体最不稳定的温度范围（即 C 曲线的鼻尖处）具有较快的冷却速度，以防止发生珠光体或贝氏体转变；而在鼻尖的上部区域缓慢冷却以降低淬火热应力，在鼻尖下部尤其是易造成淬火裂纹的低温区冷却速度也应尽量缓慢，以减小马氏体转变时产生的组织应力防止零件的变形和开裂。

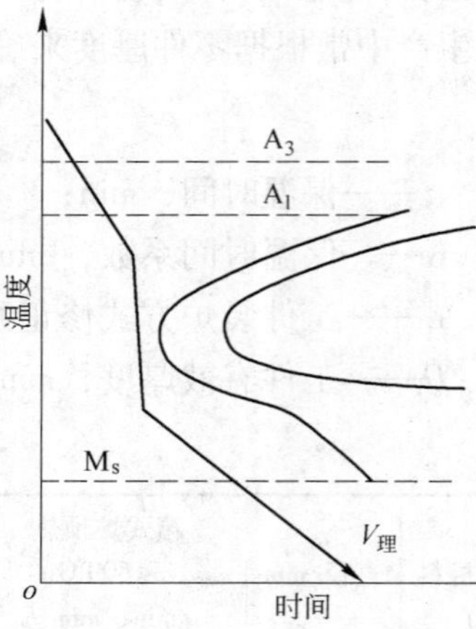

图 4-2　钢的理想淬火冷却曲线

淬火介质可以是气体（如空气、氮气等）、液体（如水、油、熔盐热浴等）或固体（流动粒子、冷铁等）。生产中常用淬火冷却介质及其特性见表 4-5。

表 4-5　常用淬火介质及其冷却特性

介　质	最大冷却速度时		平均冷却速度/℃ · s^{-1}	
	所在温度/℃	冷却速度/℃ · s^{-1}	650 ~ 500℃	300 ~ 200℃
静止自来水，20℃	340	775	130	480
静止自来水，40℃	235	545	115	400
静止自来水，60℃	220	275	75	210
NaCl 10% 水溶液，20℃	580	2000	1900	1000
NaCl 15% 水溶液，20℃	560	2830	2750	775
Na_2CO_3 5% 水溶液，20℃	430	1640	1140	802
N15 机油，20℃	430	230	60	65
N15 机油，80℃	430	230	70	55
N22 机油，20℃	500	120	100	50

（1）水。水是最常用的淬火介质。其优点是冷却能力较强、来源广、价格低、成分稳定。但其冷却特性不理想，在需要快冷的 C 曲线的鼻尖处（500 ~ 600℃左右），冷却速度较小，会形成“软点”；而在需要慢冷的马氏体转变温度区（300 ~ 100℃），冷却又太快，易使马氏体转变速度过快而产生很大的内应力，致使工件变形和开裂。此外，水温对水的冷却特性影响很大，水温升高，冷却能力急剧下降，易使工件产生软点，因此淬火水温一般不应超过 30℃。

水虽不是理想淬火介质，但适用于截面尺寸不大、形状简单的碳钢工件淬火冷却。

（2）盐水和碱水。在水中加入适量的食盐和碱，可使水在高温区的冷却能力显著提高，零件淬火后能获得较高的硬度。其缺点是介质的腐蚀性较大，且在低温区（300 ~ 200℃）的冷却速度也很快。因此盐水和碱水适用于形状简单、截面尺寸较大的碳钢及低合金结构钢工件的淬火，使用温度不应超过 60℃，淬火后应及时清洗工件并进行防锈处理。

（3）油。油是一种应用广泛的冷却介质。油的冷却能力小，在低温危险区由于冷却速度缓慢，使马氏体转变所引起的体积膨胀以缓慢的速度进行，有利于减小零件的变形和开裂倾向。但是，油的高温冷却能力也低，达不到碳钢淬火所需要的冷却速度。所以油只能用于过冷奥氏体较稳定的各类合金钢的淬火冷却。

生产中常用 N15、N22、N32 等机械油作为普通淬火油使用。油的号越大，黏度等级越高，冷却能力越低，使用温度可相应提高。

普通淬火油的最大缺点是高温区冷却能力差，易变质老化。现在开发的高速淬火油、光亮淬火油、真空淬火油等是在基础油中添加促冷却剂、抗氧化剂、光亮剂制成的。在高温区其冷却能力比普通淬火油高，不易变质，使用寿命长，与控制气氛加热相配合，还能使零件淬火后获得光亮的表面。

高速淬火油是在高温区冷却速度得到提高的淬火油。获得高速淬火油的基本途径有两种，一种是选取不同类型和不同黏度的矿物油，以不同的比例混合，通过提高特性温度来提高高温区冷却能力；另一种是在普通淬火油中加入添加剂，在油中形成粉灰状浮游物，添加剂有硫酸的钡盐、钠盐、钙盐以及磷酸盐、硬脂酸盐等。生产实践表明，高速淬火油在过冷奥氏体不稳定区冷却速度明显高于普通淬火油，而在低温马氏体转变区冷速与普通淬火油相接近。这样既可得到较高的淬透性和淬硬性，又大大减少了变形，适用于形状复杂的合金钢工件的淬火。

光亮淬火油能使淬火后工件表面保持光亮。它主要是通过对油进行净化处理、去掉产生灰分的物质、加入抗氧化剂和光亮剂等获得。我国生产的光亮淬火油有 GZ-1、GZ-2 和 GZ-3 三种型号，主要用于中、小截面轴承钢，工具钢和仪器仪表等零件的淬火。

真空淬火油是适宜于真空热处理淬火的冷却介质。真空淬火油必须具备低的饱和蒸汽压、较高且稳定的冷却能力以及良好的光亮性和热稳定性，否则会影响真空热处理的效果。国产的真空淬火油有 ZZ-1 和 ZZ-2 两种。

（4）新型淬火介质。除以上介绍的常用淬火介质外，还有一些新型淬火介质，如过饱和硝盐水溶液、聚乙烯醇水溶液、氯化锌碱水溶液、水玻璃水溶液等。

另外国内有些厂采用由美国进口的 AQ-251 有机可溶性淬火剂，该淬火剂接近理想冷却速度，使用效果较好。

D　淬火方法

选择适当的淬火方法同正确进行加热、保温和选用淬火介质一样，可以保证在获得要求的组织和性能的条件下，尽量减小淬火应力，减小工件的变形和开裂。常用淬火方法及其冷却曲线如图 4-3 所示。

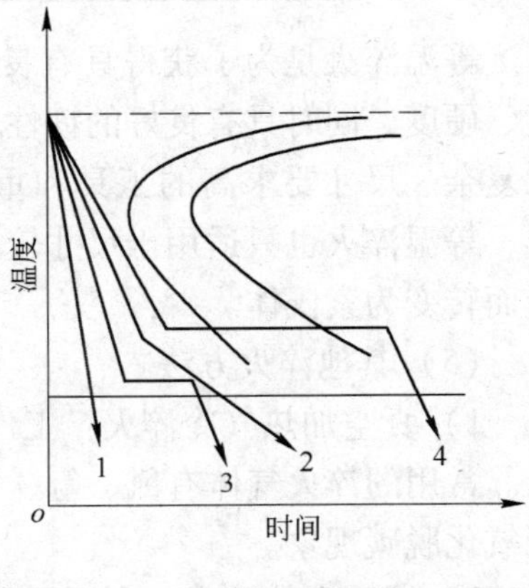

图 4-3　常用淬火方法及其冷却曲线

1—单液淬火；2—双液淬火；3—分级淬火；4—等温淬火

（1）单液淬火。将奥氏体化的工件浸入一种淬火介质中一直冷却到室温的淬火称为单液淬火，如图 4-3 中的曲线 1。单液淬火介质有水、盐水、碱水、油及专门配制的淬火剂等。如碳钢在水中淬火，合金钢在油中淬火等。

单液淬火操作简单，易于实现机械化和自动化。缺点是冷速受介质冷却特性的限制而影响淬火质量，常用于形状简单的工件。

（2）双液淬火。双液淬火是将奥氏体化的工件先浸入一种冷却能力强的介质，使之急冷至略高于 M_s 点温度，以抑制珠光体转变，再转入冷却能力较弱的介质中继续冷却，完成马氏体转变，如图4-3中的曲线2所示。如先水后油、先水后空气等都属于双液淬火。

双液淬火可以利用两种介质的优点，既保证能形成马氏体，又降低了淬火内应力，从而防止工件的变形和开裂，常用于形状复杂、截面不均匀的工件淬火。但双液淬火的操作不好掌握，要准确把握工件在第一种介质中的停留时间，时间过短奥氏体易转变为珠光体组织，导致淬火硬度不足；时间过长，工件在第一种介质中发生马氏体转变，产生较大的淬火应力，失去双液淬火的意义。因而，双液淬火在应用方面有一定的局限性。

（3）分级淬火。分级淬火是将奥氏体化的工件先浸入一种温度稍高或稍低于 M_s 点的盐浴或碱浴中保温，待工件的内、外层都达到介质温度后取出空冷，以获得马氏体组织的淬火工艺，如图4-3中的曲线3所示。

分级淬火在 M_s 点附近保温，可消除部分热应力，随后在缓慢冷却条件下完成马氏体转变，组织应力较小，减小工件淬火变形和开裂的倾向。但工件在浴炉中冷速较慢，大截面零件难以达到其临界冷却速度，因而分级淬火适用于处理尺寸不大、形状复杂的工件。

（4）等温淬火。等温淬火是将奥氏体化后的工件快冷至 M_s 点以上某一温度并保持较长时间，使之转变为下贝氏体组织，而后在空气中冷却的淬火方法，如图4-3中的曲线4所示。常用钢的等温淬火温度见表4-6。

表4-6　几种常用钢的等温淬火温度

钢　号	等温淬火温度范围/℃	钢　号	等温淬火温度范围/℃
65	280～350	GCr9	210～230
65Mn	270～350	9SiCr	260～280
30CrMnSi	320～400	W18Cr4V	260～280
T12	210～220	Cr12MoV	260～280
65Si2	270～340	3Cr2W8V	280～300

等温淬火是为了获得具有良好综合力学性能的下贝氏体组织，使零件获得较高的强度、硬度，同时具有良好的韧性，并减少或避免零件的变形、开裂倾向。它适宜于处理形状复杂、尺寸要求高的工具和重要的机器零件，如模具、刀具、齿轮等。和分级淬火一样，等温淬火也只适用于尺寸较小的工件，因为零件的直径或厚度过大，心部因冷却速度慢而转变为索氏体。

（5）其他淬火方法。

1）真空加热气冷淬火：工件在真空炉加热后进入气冷室，利用气体冷却介质进行淬火。常用的淬火气体有氮、氩、氦等。真空加热气体淬火的优点是零件变形小，表面光亮无氧化脱碳现象。

2）锻造余热淬火：利用零件在高温奥氏体状态锻造后，用锻造余热进行直接淬火的一种热处理工艺。该淬火方法既节能，又使钢的淬透性和强韧性显著提高。

3）加压淬火：容易变形的零件如齿轮、锯片、钢板、弹簧等，常在加压状态下淬火。

这种淬火方法可有效地防止变形。加压淬火一般都在淬火压床、淬火压力校正机上进行。

4）局部淬火：某些零件按工作条件只要求局部高硬度，可进行局部淬火。局部淬火可以减小变形。

4.1.1.2　钢的淬透性

对钢进行淬火是希望获得马氏体组织，但一定尺寸和化学成分的钢件在某种淬火介质中能否得到全部马氏体则取决于钢的淬透性。

A　淬透性的概念

钢的淬透性是指奥氏体化后的钢在淬火时获得马氏体的能力，用钢在淬火时获得的淬透层深度表示。在相同的淬火条件下，淬透层越深，钢的淬透性越好。

钢淬火时工件截面上各处的冷却速度是不同的，表面与淬火介质直接接触，冷却速度大，越到中心冷却速度越小。若工件表面及中心的冷却速度都大于该钢的临界冷却速度，则整个工件截面都能获得马氏体组织，工件完全淬透。但若工件心部冷却速度小于临界冷却速度，淬火后表面获得马氏体组织，心部获得非马氏体组织或硬度较低的非马氏体和马氏体的混合组织，工件未淬透。冷却速度与工件淬硬层的关系如图 4-4 所示。

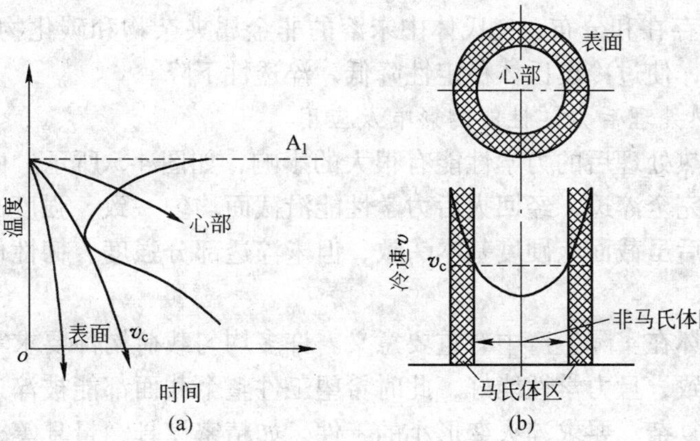

图 4-4　冷却速度与工件淬硬层的关系

（a）工件截面上不同冷却速度；（b）淬硬区与未淬硬区示意图

由此可见，淬透层深度用一定条件下淬火后获得的马氏体组织层深度表示。理论上讲，淬透层深度应是全部淬成马氏体的深度。但在实际测量中，当非马氏体组织数量不多时，无论用金相还是硬度方法都难以区分。而当淬火组织中马氏体和非马氏体各占一半，即所谓半马氏体区时，不仅硬度变化剧烈，而且金相组织特征也较明显，另外对淬火工件断面腐蚀后，会有一条较为明显的白亮淬火层与非硬化区的分界线，该处正是半马氏体区。所以规定，淬透层用工件表面到半马氏体层的深度表示。

根据如上所述，应当区分如下概念：一是钢的淬透性和淬硬性的区别，二是淬透性和实际条件下淬透层深度的区别。淬透性表示钢淬火时获得马氏体即获得淬透层深度的能力，反映钢的过冷奥氏体稳定性，与钢的临界冷却速度有关；而淬硬性表示钢淬火后所能达到的硬度，主要取决于马氏体中的含碳量。因而淬透性和淬硬性并无必然联系，如高碳工具钢的淬硬性高，但淬透性很低；而低碳合金钢的淬硬性不高，但淬透性却很好。同时，实际工件在具体淬火条件下淬透层深度和淬透性也不是一回事。淬透性是钢的固有属性，它只取决于内部因素，而与外部因素无关；实际工件淬透层深度除取决于钢材的淬透性外，还与所采用的冷却介质、工件形状和尺寸等外部因素有关。例如在同样奥氏体化的条件下，同一种钢的淬透性是相同的，但水淬比油淬的淬透层深，小件比大件的淬透层深。

B　淬透性的影响因素

由上可知，钢的淬透性主要与其临界冷却速度有关，实质上取决于过冷奥氏体的稳定性。钢的过冷奥氏体越稳定，C 曲线右移，淬火临界冷却速度越小，淬透性越好。所以，凡是影响过冷奥氏体稳定性的因素都会影响钢的淬透性。

（1）钢的含碳量。共析钢的奥氏体稳定性最高，淬火临界冷却速度最小，淬透性最好；亚共析钢、过共析钢含碳量越接近共析成分，奥氏体稳定性越高，淬透性越好。

（2）合金元素。除钴、铝（大于2.5%）外，所有溶入奥氏体的合金元素都不同程度地增大过冷奥氏体的稳定性，降低淬火临界冷却速度，提高淬透性。

（3）奥氏体状态。奥氏体化温度高，保温时间长，奥氏体成分均匀、晶粒粗大，过冷奥氏体稳定性提高，淬透性提高。但奥氏体晶粒粗大，淬火后得到的马氏体也会比较粗大，会降低钢材的常温力学性能。

（4）第二相的存在和分布。奥氏体中未溶的非金属夹杂物和碳化物等的存在和分布，会促使奥氏体分解，使过冷奥氏体稳定性降低，淬透性下降。

C　淬透性对热处理后力学性能的影响及应用

淬透性对钢件热处理后的力学性能有很大的影响，如图4-5所示。由图可见，淬透性好的钢淬火后工件完全淬透，经回火后力学性能沿截面均匀一致，强度高、韧性好；而淬透性差的钢，回火后虽截面上硬度基本一致，但未淬透部分强度、韧性低于表层，力学性能沿截面不一致。

钢的淬透性好坏在实际生产中有重要意义。许多均匀载荷构件要求零件在整个截面上的机械性能均匀一致，且力学性能好，此时希望工件整个截面都能被淬透，选用淬透性较好的钢种。对形状复杂、要求淬火变形小的工件，如精密模具、量具等，若选用淬透性较好的钢，则可在缓和的介质中淬火，减小淬火应力，从而减小工件的变形。而对于工作时

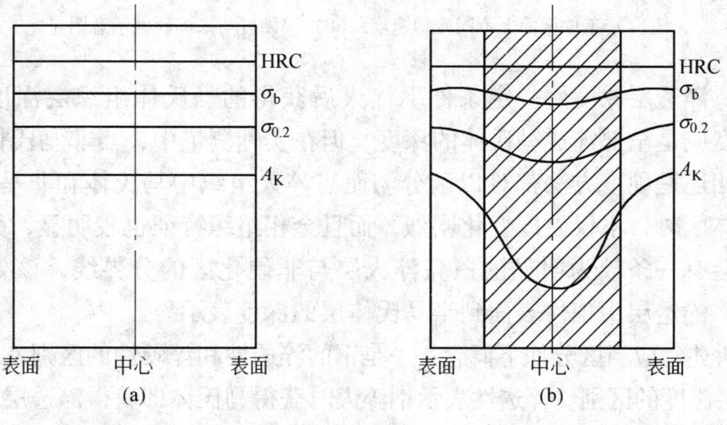

图4-5　淬透性对钢件热处理后力学性能的影响
（a）高淬透性钢完全淬透；（b）低淬透性钢部分淬透

表面应力大、心部应力小的或只要求表面硬化的零件，如齿轮等，只要获得一定的淬透层深度就行了，可选用淬透性较小的钢。

由此可见，淬透性好的钢，不仅力学性能好，承载能力强，且淬火应力小，减小工件变形、开裂的倾向。因此，淬透性是钢的重要工艺性能，也是选材和制定热处理工艺的重要依据之一。

D　淬透性的测定方法

钢的淬透性的测定方法很多，常用的有临界直径法（GB/T 1298—2008）和端淬法（GB/T 225—2006）。用这两种方法表示钢的淬透性必须保证在相同试样尺寸和相同淬火介质条件下进行比较，以消除试样截面尺寸和介质冷却能力对淬透层深度的影响。

（1）临界直径法。生产中常用临界直径来衡量钢的淬透性，它是钢在某种介质中淬冷后，心部获得全部马氏体或 50% 马氏体（体积分数）组织时的最大直径（用 D_c 表示）。D_c 越大，表示这种钢的淬透性越高。

用临界直径比较钢的淬透性前提是必须采用相同的冷却介质，因为在其他条件一定时，D_c 值随介质冷却能力而变，介质冷却能力越强，D_c 值越大。如 $D_{c水}$（钢在水中的临界直径）$>D_{c油}$（钢在油中的临界直径），这是由于水比油的冷却能力强，而非同种钢的淬透性起了变化。

临界直径对选择钢种、制定热处理工艺和判断热处理后淬透层深度有重要参考价值，如需使零件在淬火时完全淬透，则必须选用 $D_c>D_{零件}$ 的钢。

（2）端淬法。被测材料按 GB/T 225—2006 规定做成标准试样（ϕ25mm × 100mm），试验时将试样加热至规定温度奥氏体化后，迅速放入试验装置中喷水冷却（见图 4-6）。显然，试样喷水末端冷却速度最大，距末端越远，冷却速度越小，组织和硬度也发生相应的变化。试样冷却后沿轴线方向相对两侧各磨去 0.2 ~ 0.5mm，然后从试样末端起每隔 1.5mm 测一次硬度，绘出硬度与距淬火端距离的关系曲线，称为淬透性曲线。端淬法就是用淬透性曲线来表示钢的淬透性的，显然，淬透性高的钢，硬度下降较为平缓。

由于钢的化学成分允许在一定的范围内波动，因此在相关手册中查到的各种钢的淬透性曲线是一条带，称之为淬透性带，如图 4-7 所示。

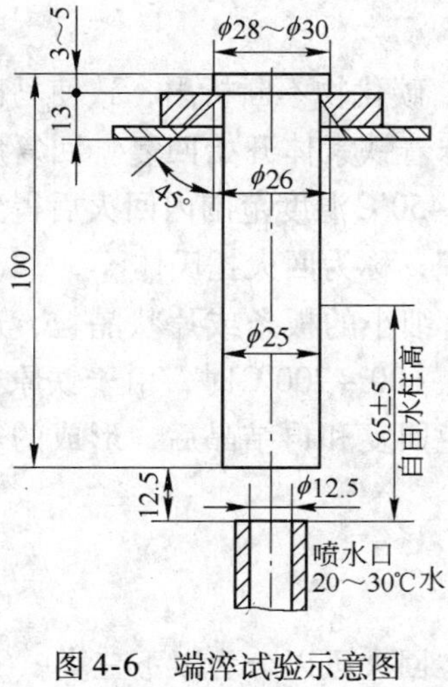

图 4-6　端淬试验示意图

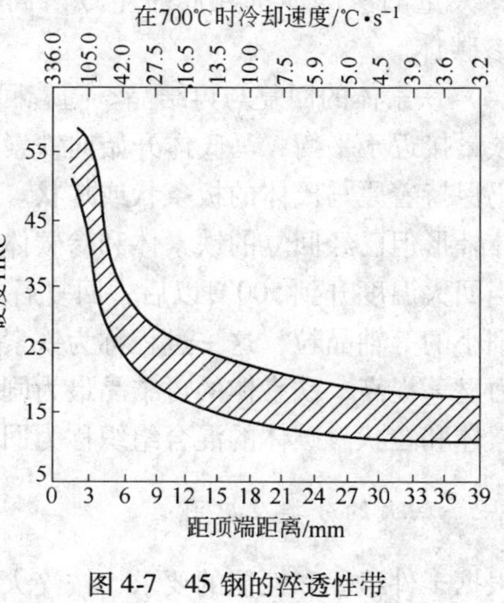

图 4-7　45 钢的淬透性带

4.1.2　钢的回火

回火是将淬火钢重新加热到 A_{c1} 以下某一温度，保温后以适当方式冷却到室温，获得所需组织性能的热处理工艺。

回火的目的是：获得所需的回火组织，合理调整钢的力学性能，使工件满足使用要求；稳定组织，使工件在使用中不发生组织转变，稳定工件尺寸；降低或消除钢的淬火内应力，以减少工件的变形并防止开裂。

4.1.2.1　淬火钢回火时的组织转变

淬火钢中的马氏体和残余奥氏体是不稳定的组织，具有向平衡状态的铁素体和渗碳体转变的趋势。但回火加热时，淬火钢的组织转变并非是由马氏体和残余奥氏体直接转变成铁素体和渗碳体的过程，而是随着温度的升高，经历一系列复杂的中间转变，形成不同的中间组织，最终才能转变成铁素体和渗碳体。淬火钢的回火转变大致包括以下几个过程。

（1）马氏体的分解（100～200℃）。当回火温度超过100℃时，马氏体开始分解，过饱和的碳原子以ε碳化物（$Fe_{2.4}C$）的形式从马氏体中开始析出，使马氏体的含碳量过饱和度降低，析出的ε碳化物高度弥散地分布在马氏体基体上。这种含碳量降低的马氏体和ε碳化物的回火组织称为回火马氏体。

此阶段回火，钢的淬火内应力降低，韧性改善；尽管马氏体的含碳量过饱和度降低固溶强化作用减弱，但由于ε碳化物高度弥散分布在马氏体基体上起弥散强化作用，钢的硬度并未明显降低。

（2）残余奥氏体的转变。残余奥氏体的转变温度在200～300℃之间。马氏体的分解降低了对残余奥氏体的压力，使残余奥氏体转变为下贝氏体（较高温度）或马氏体（较低温度），马氏体随后分解成回火马氏体。

（3）碳化物的转变（250～400℃）。自马氏体分解开始，ε碳化物就不断地从马氏体中析出，回火温度越高，ε碳化物析出量越多。当温度升高到250℃以上时，ε碳化物开始逐步向稳定的渗碳体转化，开始阶段转化速度较慢，在350～400℃转化剧烈，大量的渗碳体都在此时生成。高于400℃后，渗碳体开始显著长大，最终形成粒状渗碳体。

（4）铁素体的回复与再结晶。随着回火温度的升高，碳化物不断析出，致使马氏体中的含碳量接近于平衡，马氏体开始向铁素体转变，这意味着铁素体开始回复。回复后的铁素体仍保持着原马氏体的板条状或片状。马氏体在350～450℃温度范围内回火后得到保持马氏体外形但已经回复的铁素体和渗碳体颗粒的混合组织，称为回火托氏体。

当回火温度升到500℃以后，回复后的铁素体开始由细小的板条或片状晶粒，逐渐长大成细小的等轴晶粒，这一过程称为铁素体的再结晶。在600～700℃时，由于铁原子的扩散能力显著提高，铁素体的再结晶最为剧烈。铁素体发生回复和再结晶后，形成的等轴状的铁素体和粒状渗碳体的混合组织称为回火索氏体。

4.1.2.2　回火的分类及应用

根据工件组织和性能的要求，按淬火钢的回火温度，回火可以分为以下三类。

（1）低温回火：回火温度约为 150 ~ 250℃，回火后得到回火马氏体组织。与淬火马氏体比较，回火马氏体既具有高硬度、高强度和高耐磨性，又适当提高了韧性。因此低温回火主要适用于高碳钢制件如刃具、量具、冷变形模具、滚动轴承、渗碳件和表面淬火工件。

（2）中温回火：回火温度一般在 350 ~ 500℃，回火组织为回火托氏体。回火托氏体既保持了较高的硬度和强度、良好的塑性和韧性，还具有高的弹性极限。因此中温回火广泛应用于各类弹簧件和热锻模具的热处理。

（3）高温回火：回火温度在 500 ~ 650℃之间，回火后的组织为回火索氏体。回火索氏体组织具有一定的硬度、强度，也具有良好的塑性和韧性，即具有好的综合力学性能，因此应用非常广泛。这种淬火加高温回火工艺常称为调质。调质工艺广泛应用于各种重要的结构零件，如汽车、拖拉机、机床、石油机械等零件等。

4.1.2.3　回火脆性、二次硬化及回火稳定性

（1）回火脆性。淬火钢在回火时的一般规律是随着回火温度的升高，钢的硬度、强度逐渐下降，塑性、韧性不断提高，但有些钢在一定温度范围内回火时，其冲击韧度反而明显降低。这种在回火过程中产生的脆化现象称为回火脆性。回火脆性又分为低温回火脆性和高温回火脆性。

1）低温回火脆性（第一类回火脆性）。淬火钢在 200 ~ 350℃之间回火时出现的脆性称为低温回火脆性。几乎所有钢都有第一类回火脆性，只是冲击韧性下降程度不同而已。低温回火脆性是由于从马氏体中析出稳定的薄片状碳化物使韧性降低。

低温回火脆性的特点是：

①只要在此范围内回火，其韧性降低是无法避免的；

②具有不可逆性，即不会重复出现。如将已产生这种脆性的零件在更高的温度回火后，其脆性会消失，若接着在此温度范围再进行回火，脆性将不会重复出现，故低温回火脆性亦称不可逆回火脆性。

目前尚无有效方法消除低温回火脆性，只能通过避免在此温度回火或适当缩短回火时间来减轻其影响。

2）高温回火脆性（第二类回火脆性）。某些合金钢，尤其是含铬、镍、锰、硅等元素的合金钢，在 450 ~ 650℃回火后缓冷时产生的回火脆性称为高温回火脆性。

高温回火脆性具有以下特点：

①高温回火脆性的出现与回火后的冷却速度有关，回火后慢冷出现，快冷则不出现；

②具有可逆性，即把产生高温脆性的工件在同样温度回火，随后快冷脆性即可消除，若慢冷又会重复出现。

高温回火脆性对钢十分有害，必须防止和避免。其产生的原因与杂质元素在晶界的偏聚有关。生产中一般都采用回火后快冷，或在合金钢中加入适量的 W、Mo 等来消除或防止高温回火脆性。

（2）二次硬化。通常钢的回火温度越高，回火后的硬度越低，但对某些合金元素含量高的钢（如高速钢、高铬模具钢等），在一定温度回火后，钢的硬度不仅不降低，反而比淬火态的硬度更高，这种现象称为二次硬化。

产生二次硬化的原因是由于含有的中强或强碳化物形成元素（如钨、钼、钒）的钢中，当回火温度升高到500～600℃时，会从马氏体中析出特殊碳化物，如W_2C、Mo_2C、VC等，这些特殊碳化物高度弥散分布在基体上阻碍位错运动，起到弥散强化作用，使钢的硬度反而升高，形成二次硬化现象。二次硬化对高温下工作的钢，特别是高速切削工具及热加工模具是极为重要的性能。

（3）回火稳定性。回火稳定性是指在回火过程中随着回火温度的升高钢抵抗硬度下降的能力。如果使淬火钢回火后达到一定的硬度，具有较高回火稳定性的钢需要采用更高的回火温度，这不仅可以更有效地消除淬火应力，而且使钢回火后的综合力学性能更好。通常合金钢的回火稳定性较碳素钢高，这是因为合金元素对淬火钢回火时的转变起到阻滞或延续的作用。此外，钢的回火稳定性与钢的热硬性有密切关系，热硬性高的钢其回火稳定性也高。

4.1.2.4　回火工艺

（1）回火温度。淬火钢回火的性能主要取决于回火温度。在生产中，常根据工件的回火硬度要求选择回火加热温度。常用钢回火温度与硬度的关系见表4-7，供选择回火温度时参考。

表4-7　常用钢回火温度与硬度的关系

钢种	钢号	淬火规范及硬度			不同温度回火后的硬度（HRC）											
		加热温度/℃	冷却介质	硬度（HRC）	回火温度/℃											
					180	240	280	320	360	380	420	480	540	580	620	650
碳素结构钢	35	860	水	>50	51	47	45	43	40	38	35	33	28	—	—	—
	45	830	水	>55	56	53	51	48	45	43	38	34	30	—	—	—
碳素工具钢	T8，T8A	790	水、油	>62	62	58	56	54	51	49	45	39	34	29	25	—
	T10，T10A	780	水、油	>62	63	59	57	55	52	50	46	41	36	30	26	—
合金钢	40Cr	850	油	>55	54	53	52	50	49	47	44	41	36	31	—	—
	50CrVA	850	油	>60	58	56	54	53	51	49	47	43	40	36	—	30
	60Si2MnA	870	油	>60	60	58	56	55	54	52	50	44	35	30	—	—
	65Mn	820	油	—	58	56	54	52	50	47	44	40	34	32	28	—
	5CrMnMo	840	油	>52	55	53	52	48	45	44	44	43	38	36	34	32
	30CrMnSi	860	油	>48	48	48	47	—	43	42	—	—	36	—	30	26
	GCr15	850	油	>62	61	59	58	56	53	52	50	—	41	—	30	—
	9SiCr	850	油	>62	62	60	58	57	56	55	52	51	45	—	—	—
	CrWMn	830	油	>62	61	58	57	55	54	52	50	46	44	—	—	—
	9Mn2V	800	油	>62	60	58	56	54	51	49	41	—	—	—	—	—
高合金钢	3Cr2W8	1100	分级，油	约48	—	—	—	—	—	—	—	46	48	48	43	41
	Cr12	980	分级，油	>62	62	59	—	57	—	—	55	—	52	—	—	45
	Cr12MoV	1120	分级，油	>44	44	45	—	—	48	48	—	51	63	52	—	—
	Cr12MoV	1030	分级，油	>62	62	62	60	—	57	—	—	—	53	—	—	45

（2）回火时间。回火时间一般从工件入炉后炉温升到回火温度开始计算。回火时间应保证工件热透、组织转变充分及淬火应力得到消除，回火时间一般为 1 ~ 3h。在实际生产中，回火时间可参考经验公式（4-2）确定。

$$t_{h} = K_{h} + A_{h}D \tag{4-2}$$

式中　t_h——回火时间，min；

K_h——回火时间基数，min；

A_h——回火时间系数，min/mm；

D——工件有效厚度，mm。

回火时间基数 K_h 和回火时间系数 A_h 的推荐值见表 4-8。

表 4-8　回火时间基数 K_h 和回火时间系数 A_h 的推荐值

回火温度	300℃		300 ~ 450℃		450℃以上	
回火设备	箱式炉	盐浴炉	箱式炉	盐浴炉	箱式炉	盐浴炉
K_h/min	120	120	20	15	10	3
A_h/min · mm^{-1}	1	0.4	1	0.4	1	0.4

在确定回火时间时，除了根据经验公式计算外，还应考虑合金元素的影响。合金元素会使钢的导热性变差，因此合金钢的回火时间应适当延长一些。此外，工件尺寸、形状以及加热介质等因素也应作为参考。回火时间可参照表 4-9 来确定。

表 4-9　回火保温时间参考表

低温回火（150 ~ 250℃）							
有效厚度/mm		<25	25 ~ 50	50 ~ 75	75 ~ 100	100 ~ 125	125 ~ 150
保温时间/min		30 ~ 60	60 ~ 120	120 ~ 180	180 ~ 240	240 ~ 270	270 ~ 300
中、高温回火（250 ~ 650℃）							
有效厚度/mm		<25	25 ~ 50	50 ~ 75	75 ~ 100	100 ~ 125	125 ~ 150
保温时间/min	盐炉	20 ~ 30	30 ~ 45	45 ~ 60	75 ~ 90	90 ~ 120	120 ~ 150
	空气炉	40 ~ 60	70 ~ 90	100 ~ 120	150 ~ 180	180 ~ 210	210 ~ 240

（3）回火后的冷却。实际生产中，回火一般采用空冷；对不允许重新产生内应力的零件（如工模具）应缓冷，以防止开裂；对具有高温回火脆性的零件回火后应在水或油中快冷以抑制回火脆性，然后进行一次补充回火以消除快冷所产生的内应力。

4.1.3　淬火工艺的发展

在长期的生产实践和科学实验中，人们对金属内部组织状态变化规律的认识不断深入。特别是从 20 世纪 60 年代以来，透射电镜和电子衍射技术的应用，各种测试技术的不断完善，在研究马氏体形态、亚结构及其与力学性能的关系，获得不同形态及亚结构的马氏体的条件，第二相的形态、大小、数量及分布对力学性能影响等方面，都取得了很大的进展。建立在这些基础上的淬火新工艺也层出不穷，简述如下。

4.1.3.1　循环快速加热淬火

淬火、回火钢的强度与奥氏体晶粒大小有关，晶粒越细，强度越高，因而如何获得高于10级晶粒度的超细晶粒是提高钢的强度的重要途径之一。钢经过$\alpha\gamma\alpha$多次相变重结晶可使晶粒不断细化；提高加热速度，增多结晶中心也可使晶粒细化。循环快速加热淬火即为根据这个原理获得超细晶粒从而达到强化的新工艺。例如45钢，在815℃的铅浴中反复加热淬火4~5次，可使奥氏体晶粒由6级细化到12~15级；又如20CrNi9Mo钢，用300Hz、200kW中频感应加热装置以11℃/s的速度加热到760℃，然后水淬，使σ_s由960MN/m^{2}增加到1215MN/m^2，σ_b由1107MN/m^{2}增加到1274MN/m^2，而延伸率保持不变，均为18%。

4.1.3.2　高温淬火

这里的高温是相对正常淬火加热温度而言的。

低碳钢和中碳钢若用较高的淬火温度，则可得到板条状马氏体，或增加板条马氏体的数量，从而获得良好的综合性能。

奥氏体的含碳量与马氏体形态关系的实验证明，碳的质量分数小于0.3%的钢淬火所得的全为板条状马氏体。但是，普通低碳钢淬透性极差，若要获得马氏体，除了合金化提高过冷奥氏体的稳定性外，只有提高奥氏体化温度和加强淬火冷却方可实现。例如用16Mn钢制造五桦犁犁臂，采用940℃在NaOH质量分数为10%的水溶液中淬火并低温回火，可获得良好效果。

中碳钢经高温淬火可使奥氏体成分均匀，得到较多的板条状马氏体，以提高其综合性能。例如AISI 4340钢，870℃淬油后，200℃回火，其$\sigma_{0.2}$为1621MN/m^2，断裂韧性K_{Ic}为67.6MN/m；而在1200℃加热，预冷至870℃淬油后200℃回火，$\sigma_{0.2}$为1586MN/m^2，断裂韧性K_{Ic}为81.8MN/m。若在淬火状态进行比较，高温淬火的断裂韧性比普通淬火的几乎提高一倍。金相分析表明，高温淬火避免了片状马氏体（孪晶马氏体）的出现，全部获得了板条状马氏体。此外，在马氏体板条外面包着一层厚10~20nm的残余奥氏体，能对裂纹尖端应力集中起到缓冲作用，因而提高了断裂韧性。

4.1.3.3　高碳钢低温、快速、短时加热淬火

高碳钢件一般在低温回火条件下，虽然具有很高的强度，但韧性和塑性很低。为了改善这些性能，目前采用了一些特殊的新工艺。

高碳低合金钢，采用快速、短时加热。因为高碳低合金钢的淬火加热温度一般仅稍高于A_{c1}点，碳化物的溶解、奥氏体的均匀化，靠延长时间来达到。如果采用快速、短时加热，奥氏体中含碳量低，因而可以提高韧性。例如T10V钢制凿岩机活塞，采用720℃预热16min；850℃盐浴短时加热8min淬火，220℃回火72min，使用寿命由原来平均进尺由500m提高至4000m。

如前所述，高合金工具钢一般采用比A_{c1}点高得多的淬火温度，如果降低淬火温度，使奥氏体中含碳量及合金元素含量降低，则可提高韧性。例如用W18Cr4V高速钢制冷作模具，采用1190℃低温淬火，其强度和耐磨性比其他冷作模具钢高，并且韧性也较好。

4.1.3.4　亚共析钢的亚温淬火

亚共析钢在 $A_{c1} \sim A_{c3}$之间的温度加热淬火称为亚温淬火，即比正常淬火温度低的温度下淬火。其目的是提高冲击韧性值，降低冷脆转变温度及回火脆倾向性。

有人研究了 35CrMnSi 钢不同淬火状态的冲击韧性及硬度与回火温度的关系，得到如图 4-8 所示的关系。由图可见，经 930℃淬火 + 650℃回火 + 800℃亚温淬火的韧性，随着回火温度的升高而单调提高，没有回火脆性。亚温淬火之所以能提高韧性及消除回火脆性的原因尚不清楚。有人认为主要是由于残存着铁素体，使脆化杂质原子 P、Sb 等在铁素体富集。

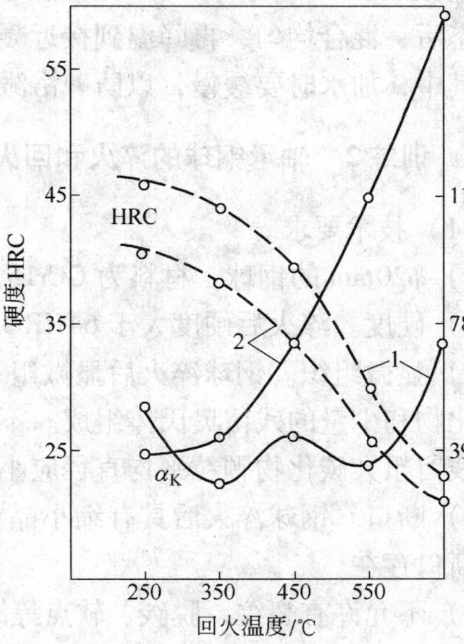

图 4-8　35CrMnSi 钢不同淬火状态的冲击韧性及硬度与回火温度的关系
1—930℃淬火；2—930℃淬火 + 650℃回火 + 800℃淬火

有人研究了直接应用亚温淬火（不是作为中间处理的再加热淬火）时淬火温度对 45Cr、40Cr 及 60Si2 钢力学性能的影响，发现在 A_{c1} 到 A_{c3}之间的淬火温度对力学性能的影响有一极大值；在 A_{c3}以下 5 ~ 10℃处淬火时，硬度、强度及冲击值都达到最大值，且略高于普通正常淬火；而在稍高于 A_{c1} 的某个温度淬火时冲击值最低。有人认为这可能是由于淬火组织为大量铁素体及高碳马氏体。

显然，亚温淬火对提高韧性，消除回火脆性有特殊重要的意义，它既可在预淬火后进行，也可直接进行。淬火温度究竟应选择多高，实验数据尚不充分，看法也不完全一致。但是为了保证足够的强度，并使残余铁素体均匀细小，亚温淬火温度以选在稍低于 A_{c3} 的温度为宜。

模块 4.2　淬火与回火的技能训练

4.2.1　训练 1　配制常用淬火介质（初级工）

（1）配制淬火用水溶液。常用的淬火用水溶液有盐水和硝盐水。其配制方法均是按质量比配制。盐水是每 1000kg 水中加入 10kg NaCl；硝盐水溶液则是 1000kg 水中加入 15kg $NaNO_2$。配制时将 NaCl 或 $NaNO_2$ 加入水槽中，进行搅拌，只要 NaCl 或 $NaNO_2$ 溶解于水后即可使用。

（2）配制淬火硝盐。分级淬火用的硝盐是质量分数为 50% KNO_3 + 质量分数为 50% $NaNO_2$。配制时按质量比分别称取 KNO_3 及 $NaNO_2$，混合均匀后，放入硝盐槽中，加热熔化后即可使用。

（3）配制碱浴。常用的淬火冷却用碱浴含有强碱，配制时应特别注意安全，做好防护工作，要先戴好橡胶手套和防护面罩，穿好工作服，然后再破碎 KOH 和 $NaNO_2$ 并分别称取质量分数为 83% 的 KOH 和质量分数为 14% 的 $NaNO_2$，放入碱浴槽中加热熔化，待其熔成液态后，混合均匀，再降温到接近凝固时，用长管玻璃漏斗将质量分数为 3% 的水徐徐加入其中，加水时要缓慢，以防碱浴溅出伤人。

4.2.2 训练 2 轴承钢球的淬火和回火（初级工）

（1）技术要求。

1）ϕ20mm 的钢球，材料为 GCr15，淬火和回火处理。

2）硬度。淬火后硬度大于 64HRC。

3）显微组织。钢球淬火后显微组织应由隐晶或细小结晶马氏体、均匀分布的细小残余碳化物和少量的残留奥氏体组成。不允许有过热针状马氏体或托氏体组织超过规定。淬火后残留粗大碳化物颗粒平均直径应小于 4.2μm。碳化物网应小于 3 级。

4）断口。钢球淬火后具有细小晶粒闪烁光泽的断口，不允许有欠热、过热以及其他形式断口存在。

5）不允许有裂纹，脱碳、软点等缺陷不得超过规定值。

6）钢球的变形。钢球外径允许椭圆度为 0.30mm。

（2）准备工作。

1）检查图样与零件是否相符。

2）检查钢球表面质量有无缺陷。

（3）热处理设备及工夹具的选择。

1）淬火加热炉选择 RG-45-98 保护气氛滚筒式电阻炉。

2）回火加热炉选用油炉。

3）工夹具选用铁板锹、回火料筐。

（4）工艺规范。淬火加热温度为(850 ± 5)℃，保温 50min，PZ-2A 淬火油中冷却，油温不高于 90℃。回火加热温度为(150 ± 5)℃，保温 3h 后出炉空冷。

（5）工艺准备及操作。

1）检查淬火加热炉、回火油炉、温度控制装置运行是否正常。

2）将钢球用铁板锹装入淬火加热炉储料筒内，不断加热。

3）根据淬火加热保温时间调整电动机，转动变速箱来调节滚筒转动数，保证工艺。

4）保护气用 1∶1 的甲醇与丙酮混合液，滴入炉内，滴入量为 5 ~ 7mL/min。

5）淬火冷却。钢球由转筒落入淬火油槽后，依靠油槽内的转筒提升落到料筐中。

6）抽检淬火后钢球的硬度是否符合技术要求之后，将料筐装入油炉，按回火工艺规范进行回火。

7）回火之后将料筐吊起来，将钢球上的油泥擦净，转下道工序。

（6）质量检验。

1）硬度。用洛氏硬度计、表面洛氏硬度计、维氏硬度计或显微硬度计进行检测。

2）显微组织。用金相显微镜进行检查，放大倍数为 500 倍，也允许用 450 ~ 600 倍评定。腐蚀剂用 4% 硝酸酒精溶液（质量分数）。显示淬火、回火晶粒度可用苦味酸苛性钠水溶液（2g 苦味酸，25g 氢氧化钠，100mL 蒸馏水），将试样煮沸 20min。

3）断口。将淬火的钢球用压力机压碎后检查断口特征。

4）裂纹与其他缺陷。检查脱碳用冷酸方法，软点用硬度计测量，裂纹用磁力探伤、冷酸洗、油浸喷砂等方法测量。

4.2.3 训练 3 轴承滚柱的淬火和回火（初级工）

（1）技术要求。

1）滚柱。材料为 GCr15SiMn，ϕ22mm，进行淬火和回火处理。

2）硬度。淬火后硬度大于 63HRC。

3）显微组织、断口、裂纹和其他缺陷与训练 1 轴承钢球要求相同。

（2）准备工作。

准备木炭和铁屑，其他与训练 1 轴承钢球相同。

（3）热处理设备及工夹具的选择。

1）热处理设备选择 RX3-45-9 箱式电炉。

2）回火设备选用油炉。

3）工夹具选用铁板锹、料筐、炉钩子。

（4）工艺规范。淬火加热温度为 820 ~ 850℃，保温 15min 后，在 30 ~ 80℃的 L-AN10 全损耗系统中，窜动或摇晃冷却。回火温度为 150 ~ 180℃，回火时间为 3h。

（5）工艺准备及操作。

1）检查热处理设备及温度控制装置运行是否正常。

2）淬火油加热到 30 ~ 80℃。

3）将零件散开装入淬火加热炉有效加热区内。

4）撒上木炭或铁屑，防止加热时氧化脱碳。

5）按淬火工艺规范加热升温、保温。

6）保温后将零件出炉迅速装入带料筐的淬火油中，摇晃料筐进行冷却淬火。

7）抽检淬火硬度合格后，将料筐吊起，控干油后再装入油炉中，按回火工艺规范回火。

8）回火之后将料筐吊起，控干油后出炉。

（6）质量检验。

1）硬度。与本模块训练 2 钢球相同。

2）显微组织。与本模块训练 2 钢球相同。

3）断口。将淬火的钢球用压力机压碎后检查断口特征。

4）裂纹与其他缺陷。与本模块训练 2 钢球相同。

4.2.4 训练 4 高温轴承套圈的淬火和回火（中级工）

（1）技术要求。高温轴承套圈，材料为 ZGCr15，淬火、回火后表面硬度为 55 ~ 59HRC，显微组织为隐晶马氏体，评定级别 2 ~ 4 级为合格。淬火、回火后零件的脱碳层应小于 0.05mm。

（2）热处理设备。高温轴承套圈淬火、回火选用 ZC3-65 真空热处理炉。

（3）工艺规范。高温轴承套圈淬火、回火工艺见图 4-9。

（4）工艺准备及操作。

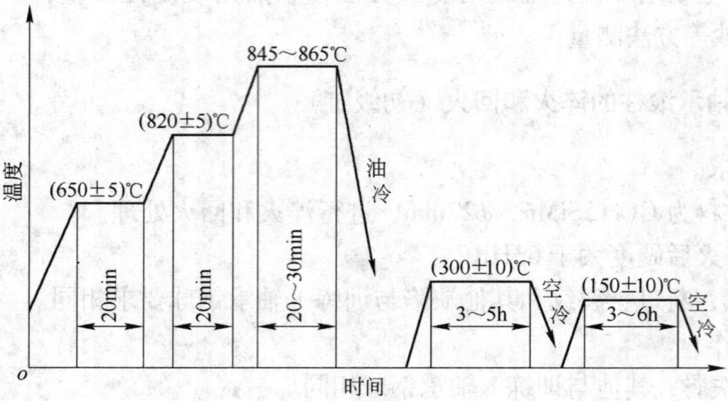

图4-9　ZGCr15钢制ZC3-65真空淬火、回火工艺

1）检查真空炉是否干净，炉内有无灰尘，如不干净用酒精或汽油浸湿过的绸布擦拭干净，并使其干燥。

2）检查真空炉密封情况，在停炉时也要保持0.067MPa的真空度。

3）检查真空泵、阀门、测量仪表、电气元件是否正常。

4）检查零件有无裂纹、磕、碰、划伤，零件与工件车、料筐等是否清洗干净，干燥后装入炉内，防止水分、污物进入炉内。

5）按照真空炉操作规程启动真空泵、送电加热升温。按工艺规范升到（650±5）℃，保温20min进行预热，升到（820±5）℃，保温20min进行第二次预热，继续升到淬火温度845~865℃，保温20~30min后启动水平机构和升降机构，将工件车上的料筐浸入到30~60℃油中真空淬火。

6）开动工件车从油中取出送到回火室，进行回火，回火温度为（300±10）℃，保温3~5h，出炉空冷。

7）回火后抽检硬度和变形，变形超差的校形后再进行回火，回火温度为（150±10）℃，保温3~6h后出炉空冷。

（5）质量检验。

1）表面质量。目测，100%检查零件表面有无裂纹、腐蚀、氧化皮等缺陷。

2）表面硬度。用洛氏硬度计检测套圈的洛氏硬度值是否符合技术要求。

3）金相组织。用金相显微镜检查是不是隐晶马氏体，评定级别。检查表面脱碳层深度。

4）变形检查。100%检查套圈的变形，超差的应进行校正，进行补充回火。

4.2.5　训练5　轴承套圈的淬火和回火（高级工）

（1）技术要求。

1）轴承套圈。材料为GCr15，规格为218型单列向心球轴承轴套。淬火回火处理。

2）硬度。套圈淬火后硬度大于63HRC。

3）显微组织。套圈淬火后显微组织应由隐晶或细小结晶马氏体、均匀分布的细小残余碳化物和少量的残留奥氏体组成。不允许有过热针状马氏体或托氏体组织超过规定。淬火后残留粗大碳化物颗粒平均直径应小于 4.2μm。碳化物网应小于 3 级。

4）断口。套圈淬火后具有细小晶粒闪烁光泽的断口，不允许有欠热、过热以及其他形式断口存在。

5）不允许有裂纹，脱碳、软点等缺陷不得超过规定值。

6）套圈的变形。套圈外径允许椭圆度为 0.30mm。

（2）准备工作。

1）检查图样与零件是否相符，技术要求和工艺安排是否合理。

2）检查零件表面有无磕伤、碰伤、划伤、锈斑等缺陷，有无明显的变形。

3）查好零件的数量，把套圈摞放在平板上，不许乱堆放，应备有木炭或铁屑。

（3）热处理设备及工夹具的选择。

1）淬火热处理设备选用 RX3-45-9 箱式电阻炉（也可选用 220kW、170kW 的输送带式电阻炉或 RYD-100-8 盐浴炉）。

2）回火热处理设备选用 RJZ-75-6 井式回火炉。

3）工夹具用炉钩子、铁板、料筐。

（4）工艺规范。淬火温度为（840 ± 10）℃，保温 10min，油冷。回火温度为 150 ~ 180℃，保温 3h，出炉空冷。

（5）工艺准备及操作。

1）检查淬火加热炉、回火炉、温度控制装置是否运行正常，检查淬火加热炉炉底板是否平整。

2）淬火冷却介质选用普通淬火油（也可选用 GZ-1 高速淬火油），将淬火油加热到 30 ~ 60℃。

3）将套圈摞放装在铁板上，把铁板送到炉门垫板上，打开炉门，铁板向炉内推到铁板打在炉底板时，用炉钩子将套圈摞放推进炉内。

4）套圈装炉要均匀分布，摞放之间要有一定的间隔，使零件加热均匀。

5）装好套圈之后，在炉内靠炉门部位和两侧撒一些木炭或铁屑，防止加热时产生氧化脱碳。

6）关闭炉门加热升温，按淬火工艺规范加热到（840 ± 10）℃保温 10min 后打开炉门准备出炉。

7）用炉钩迅速串一摞套圈，出炉快速进入到淬火油中冷却。

8）抽检淬火硬度符合技术要求之后，直接装入回火料筐中，摞放排好。

9）当回火料筐装满之后，将吊料筐装入回火炉中，加热到 150 ~ 180℃后保温 3h，将料筐吊出炉，进行空冷。

10）套圈淬火与回火的生产量要匹配，淬火后及时进行回火处理。

（6）质量检验。

1）硬度。用洛氏硬度计、表面洛氏硬度计、维氏硬度计或显微硬度计进行检测。

2）显微组织。淬火、回火后显微组织需在套圈纵断面上进行取样，用金相显微镜进行检查，放大倍数为 500 倍，也允许用 450 ~ 600 倍评定。腐蚀剂用 4% 硝酸酒精溶液（质量分数）。显示淬火、回火晶粒度可用苦味酸苛性钠水溶液（2g 苦味酸，25g 氢氧化钠，100mL 蒸馏水），将试样煮沸 20min。

3）断口。将淬过火的套圈用压力机或其他方法压断后用肉眼观察其断口的特征，是否具有细小晶粒闪烁光泽断口，不允许有欠热、过热以及其他形式断口存在。

4）检查裂纹与其他缺陷。检查脱碳用冷酸洗方法，其深度用金相法测定。软点用硬度计测定。裂纹用磁力探伤、冷酸洗、油浸喷砂等方法进行检查。

5）变形。椭圆用外径测量仪测量；挠曲用 G803 仪器检查；尺寸胀缩用外径测量仪检查。在检查出某个套圈变形超过规定时，需 100% 进行变形检查。

4.2.6 训练 6 耐腐蚀轴套的淬火和回火（高级工）

（1）技术要求。耐腐蚀轴套，材料是 9Cr18，不锈钢要求淬火、回火后硬度不小于 58HRC，显微组织由隐晶或细小马氏体、残余一次碳化物、残余二次碳化物和残留奥氏体组成。评级 2～4 级为合格。零件表面淬火、回火后的表面脱碳、腐蚀坑、氧化皮等缺陷，必须在磨加工过程中除净。

（2）热处理设备。箱式电阻炉 RJX-45-9、RJX-50-13，盐浴炉 RYn75、RYD-45。

（3）工艺规范。耐腐蚀轴套的淬火、回火工艺见图 4-10。

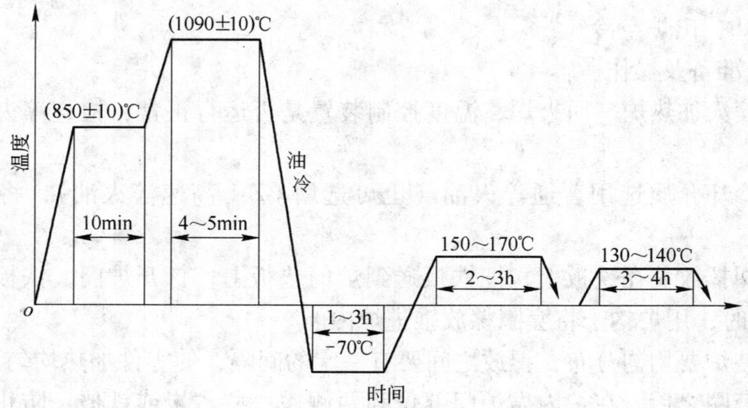

图 4-10 9Cr18 钢套圈的淬火、回火工艺

（4）工艺准备及操作。

1）检查零件表面有无磕、碰、划伤，零件与图纸、工艺文件是否相符。

2）零件装在挂具上，装箱式炉烘干。

3）操作者在操作过程中戴防护眼镜、手套，穿工作服。

4）检查盐浴炉供电系统、测温系统运行是否正常，将排风机开动之后，启动盐浴炉，装入新盐和脱氧剂，零件应彻底干燥，分批、少量逐渐加入，避免飞溅。

5）按工艺规范将零件装入盐浴炉内在（850±10）℃预热 10min，继续升温到（1090±10）℃保温 4～5min 后出炉，在 30～60℃的 L-AN10 或 L-AN20 淬火油中冷却淬火。

6）淬火后零件用冷碳酸钠水溶液冲洗；－70℃保温 1～3h 深冷处理。

7）冷处理后的零件在 150～170℃保温 2～3h 进行回火。

8）检查套圈的变形，用螺栓顶杆校形，并同时补充回火，130～140℃回火 3～4h 后出炉空冷后将顶杆拿掉。

（5）质量检验。

1）表面质量。目测，100%检查零件表面有没有裂纹、腐蚀坑、氧化皮。

2）表面硬度。用洛氏硬度计 10%～15%抽检洛氏硬度值，看是否符合技术要求。

3）显微组织。用金相显微镜检查马氏体形态，看是否是由隐晶或细小马氏体、残余一次碳化物、残余二次碳化物和残留奥氏体组成的。按 JB 1460 标准检查，2～4 级为合格。

4）检查变形。100%检查套圈的变形，超差的套圈进行校正，带螺栓顶杆补充回火。

模块 4.3　淬火与回火的工艺编制

4.3.1　工艺准备工作

（1）检验设备、仪表是否正常，对高速钢淬火加热使用的高温炉应进行温度测校，并用金相试样核对其准确性。

（2）所用盐浴炉应进行脱氧捞渣。

（3）按工艺规定选择合适的工夹具。

（4）盐浴炉的工夹具在使用前应清除锈迹并烘干，以免引起盐液爆炸。

（5）检查零件表面是否有碰伤、裂纹、锈斑等缺陷。

（6）确认零件要求的淬火部位、硬度、变形等技术要求，核对零件的形状、材料、加工状态是否与图样和工艺文件相符合。

（7）在零件的尖角、锐边、孔眼等易开裂的部位，应采用防护措施，如石棉绳堵塞螺孔等。

（8）对表面不允许氧化脱碳的零件，当在空气炉加热时，应在零件表面涂以防氧化脱碳涂料或石墨油（10%石墨＋90%机油），也可采用生铁屑＋5%木炭作填料装箱密封。

4.3.2　加热设备的选择

（1）加热设备应具有炉温均匀、控温准确、操作安全方便等特性和功能。

（2）加热炉内均温区的炉温均匀性应调节在表 4-10 所列范围。

表 4-10　加热炉内均温区炉温偏差

设备类型	炉温偏差/℃	设备类型	炉温偏差/℃
中温箱式电阻炉	±（10～15）	燃煤气箱式炉	±（10～15）
中温井式电阻炉	±（10～15）	燃煤气井式炉	±（10～20）
高温箱式电阻炉	±10	燃煤气台车式炉	±（15～20）
高温井式电阻炉	±10	埋入式电极盐浴炉	±（5～10）
台车式电阻炉	±（15～20）	保护气氛炉	±（10～15）

（3）燃煤气的加热炉，不允许火焰直接接触零件。

（4）盐浴炉应定期做脱氧处理，化验盐浴中氧化物的含量。常用的淬火、回火盐浴成分见表 4-11。

表4-11　常用淬火、回火盐浴成分

盐浴成分	熔点/℃	使用温度/℃	用　途	备　注
78Vo$BaCl_2$，22% NaCl	640	675～900	碳钢、合金钢淬火加热，高合金钢淬火预热	盐的成分应符合国家和轻工部的技术标准
44% NaCl，56% KCl	663	700～900		
66% $BaCl_2$，34% KCl	657	700～950		
100% $BaCl_2$	960	1000～1350	高合金钢淬火加热	
100% $NaNO_3$	317	340～560	回　火	
50% $NaNO_3$，50% KNO_3	218	280～560		

（5）保护气氛炉的炉内气氛应根据工艺要求，进行调整和控制。

4.3.3　冷却设备的选择

（1）盐水槽中的水或水溶液不应含有对零件产生有害作用的杂质，对水溶液的成分应有效控制。

（2）冷却油除具有 MIL-0-46016(MV)-1986 淬火油技术性能外，还应具有不易老化、不腐蚀零件等优点。

（3）盐浴冷却槽应能控制分级或等温冷却温度在±(10～20)℃之间。

（4）加压喷淬冷却装置的机械部分应操作方便，动作准确，重复性强。喷剂的压力、加压的大小应便于调整和控制。

（5）各种冷却槽应安装搅拌装置，以保证冷却均匀。

（6）成批生产所用的冷却槽应与冷却器配套使用，形成循环冷却系统。

4.3.4　回火设备的选择

常用的回火设备多为低温井式电炉、硝盐炉和热油槽。回火设备的炉温均匀性偏差范围见表4-12。

表4-12　回火设备的炉温均匀性偏差

设 备 类 型	炉温偏差/℃	备　注
低温井式电炉	±15	炉内应有风扇装置
硝盐炉	±10	不能对工件有腐蚀或其他有害影响
油浴炉	±10	根据使用温度选择不同黏度汽缸油

4.3.5　工艺规范

4.3.5.1　加热温度

淬火加热温度主要根据零件的材料、形状尺寸等因素确定。常用钢种淬火加热温度见表4-1。

回火加热温度按零件的材料、力学性能和硬度要求确定。常用钢的回火温度与回火硬度关系见表4-7。

4.3.5.2　淬火保温时间

淬火保温时间根据零件的材料、有效厚度、加热介质、装炉方式、装炉量等具体情况而定。具体计算方法见前述淬火工艺中保温时间。

4.3.5.3　冷却方式与冷却介质

（1）一般碳素钢零件水冷，合金钢零件油冷，形状简单截面较大的合金钢零件水淬油冷。形状复杂的零件可采用分级或等温淬火。

（2）淬火冷却介质应有足够的冷却能力、良好的冷却性能和较宽的使用范围，同时还应具有不易变质老化、不腐蚀零件、不易燃、易清洗、无公害、价廉等特点。几种常用冷却介质见表4-13。

表4-13　几种常用淬火冷却介质

冷却剂	使用温度/℃	性能与用途
水	15~35	用于喷淬，或对硬度要求不严的零件
5%~10% NaCl 水溶液	10~45	20℃相对密度1.03~1.07，冷却能力强，淬火硬度均匀
3%~5% Na_2CO_3 水溶液	10~60	冷却能力比盐水温和
3%~50% NaOH 水溶液	20~100	可减少变形和开裂
0.2%~1.0%聚乙烯醇合成淬火液	20~45	多用于喷淬
30% $NaNO_3$ +20% $NaNO_2$ +50%水	≤100	相对密度1.44~1.46，减少变形、开裂
25% $NaNO_3$ +20% $NaNO_2$ +20% KNO_3 +35%水	10~70	冷却性能比油好
80% KOH +15% $NaNO_2$ +3%~6%水	150~180	硬度均匀、变形小
50% KNO_3 +50% $NaNO_2$	160~500	适用于分级等温淬火
10号、20号机油	20~80	闪点165℃和170℃，合金钢冷却用

（3）碳素钢和合金钢回火一般采用空气中冷却，有回火脆性钢应于水或油中冷却。硝盐炉中回火零件应水中冷却。

4.3.6　操作要点及注意事项

（1）零件应均匀摆放于炉内有效加热区中，在箱式炉中一般为单层排列加热，工件间留有适当间隙。小件可适当堆放，但要酌情增加保温时间。

（2）细长零件应尽量在井式炉或盐浴炉中垂直吊挂加热。

（3）同炉加热零件，截面尺寸不宜相差过大，大截面零件应摆放在炉膛里面，以便小件先出炉，大小件应分别计算加热时间。

（4）允许不同材料同炉加热时，必须是加热温度相同的材料方可在同炉加热。

（5）高合金钢或截面积较大、形状复杂零件，应在550~650℃时装炉，并预热保温一段时间后，方可升温。高合金钢零件也可以一次或两次预热，再加热淬火。

（6）成批生产的零件，应先淬1~2件，待检查合格后再继续淬火，在淬火过程中抽检，以免出现成批废品。

（7）轴类零件淬火时应沿轴心方向垂直淬入冷却剂中，并在冷却剂中上下运动。垫圈类零件应径向垂直淬入冷却剂。长板类零件选择横向侧面淬入冷却剂为好。有盲孔、凹面的零件盲孔、凹面向上进入冷却剂中。带单面长槽的零件应槽口向上，一端倾斜45°淬入冷却剂。

（8）冷却较易断裂的零件时，可冷却至150～250℃时从冷却剂中取出，进行热矫直，然后空冷到室温。

（9）高合金钢、大型截面、形状复杂的零件淬火后应立即回火。

（10）返修零件重新淬火前必须高温回火或正火。用盐水、碱液冷却的零件淬火后应立即清洗。

4.3.7　矫直工艺

4.3.7.1　常用的矫直方法

冷压矫直是在室温下冷压零件弯曲的凸点以矫正变形。此法适用于碳钢和合金结构钢。

热压矫直是对淬火冷却到200℃左右或淬冷却后重新加热进行热压式矫直。此法适用于碳素工具钢、合金工具钢等高硬度零件。

热点矫直是用氧-乙炔局部加热后急冷的方法进行矫直。此法适用于高硬度、形状复杂或极易校断的零件。热点的部位易出现软点。

锤击矫直是用锤敲击零件的凹部位产生一定的塑性形变使应力重新分布而得到矫直。此法适用于高硬度、薄型零件或形状复杂的零件。

加压回火矫直是装夹加压后回火中矫直。此法适用于摩擦片、碟形弹簧、圆盘锯等薄板类零件。

4.3.7.2　矫直操作

（1）矫直前将零件表面和两端中心孔清理干净，以便测量。

（2）为防止将零件压伤，支点和加压点应垫铜板。冷、热矫直需反复加压多次才能矫直。热点矫直应选择非工作表面部位，要控制热点温度，尽可能减少热影响区。重要零件不宜采用热点矫直。

（3）用锤击法矫直时应在淬火回火之后进行，锤击移动和用力要均匀，不可过大，以防零件表面击出凹痕。

（4）加压回火矫直时必须冷却到室温后才能卸下夹具。

（5）利用零件余热矫直效果较好。

单元5　表面热处理

模块5.1　基础知识

有些零件在受扭转和弯曲等交变负荷、冲击负荷的作用下，它的表面层承受着比心部更高的应力。在受摩擦的场合，表面层还不断地被磨损，因此对一些零件表面层提出高强度、高硬度、高耐磨性和高疲劳极限等要求，只有表面强化才能满足上述要求。由于表面淬火具有变形小、生产率高等优点，因此在生产中强化表面时应用极为广泛。

根据加热方式不同，表面淬火主要有感应加热表面淬火、火焰加热表面淬火、电接触加热表面淬火等。

5.1.1　感应加热表面淬火

感应加热就是利用电磁感应在工件内产生涡流而将工件进行加热。感应加热表面淬火与普通淬火相比具有如下优点：

（1）热源在工件表层，加热速度快，热效率高；

（2）工件因不是整体加热，变形小；

（3）工件加热时间短，表面氧化脱碳量少；

（4）工件表面硬度高，缺口敏感性小，冲击韧性、疲劳强度以及耐磨性等均有很大提高，有利于发挥材料的潜力，节约材料消耗，提高零件使用寿命；

（5）设备紧凑，使用方便，劳动条件好；

（6）便于机械化和自动化；

（7）不仅用在表面淬火还可用在穿透加热与化学热处理等。

5.1.1.1　感应加热的基本原理

如图5-1所示，将工件放在感应器中，当感应器中通过交变电流时，在感应器周围产生与电流频率相同的交变磁场，在工件中相应地产生了感应电动势，在工件表面形成感应电流，即涡流。

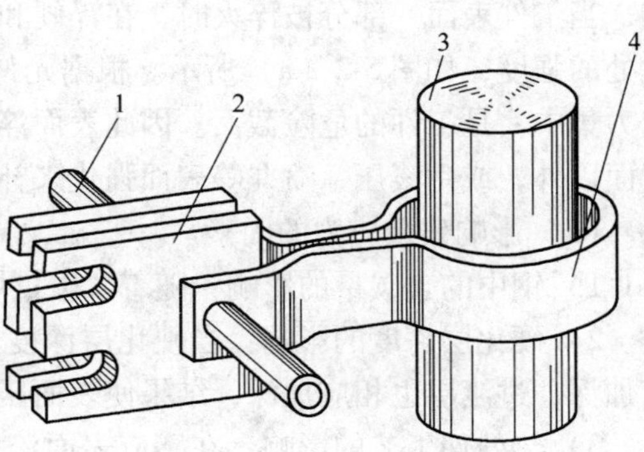

图5-1　感应加热示意图

1—冷却水管；2—支持连接板；3—工件；4—感应器

这种涡流在工件电阻的作用下，电能转化为热能，使工件表面温度达到淬火加热温度，实现表面淬火。

工件感应加热效果由工件在交变磁场中产生的交变电流分布特征来决定，其特征如下：

（1）集肤效应。当导体中通过直流电时，导体截面上各处的电流密度是相等的。但导体中通过交变电流时，导体截面上各处的电流密度不均匀，导体表面的电流密度大，中心电流密度小。这种电流密度集中在工件表面的现象称为集肤效应。交变电流的频率越高，集肤效应就越显著。感应加热淬火就是利用这一特性而实现的。

（2）邻近效应。两个相邻导体通过的交变电流方向相同时，由于它们所产生的交变磁场的相互作用，使两个导体相邻的一侧感应反电势最大，电流被驱向于导体外侧流过；相反，当电流方向相反时，电流聚集在内侧表面，这就是邻近效应。

（3）环流效应。当交变电流通过圆环状或螺旋状导体时，由于交变磁场的作用，使其外表电流密度因自感反电动势的增大而降低，而环内侧表面得到最大电流密度，这种现象称为环流效应。

感应器轴向高度与圆环直径之比越大，环流效应越显著。故感应器截面长方形比正方形好，而圆形最差。

（4）尖角效应。当外形有尖角、棱角及曲率半径较小突出部分的工件置于感应器中加热时，即使工件每处与感应器间隙相同，但是由于工件尖角、棱角等曲率半径较小，突出部分电流密度高，加热速度很快，热量集中，这种现象称为尖角效应。

为了避免尖角效应，设计感应器时有意增大尖角、棱角部位与感应器的间隙。

5.1.1.2　感应加热淬火后的组织、应力及性能

A　感应加热淬火后的组织

感应表面淬火后工件从截面上看可分为表面硬化区、过渡区、心部未硬化区。表面硬化区组织为马氏体组织，过渡区组织为马氏体 + 未溶铁素体，心部为原工件的组织，或者是珠光体组织、索氏体组织。

在生产中，如果淬火深时，实际上在硬化层中有马氏体 + 贝氏体或马氏体 + 贝氏体 + 屈氏体和少量铁素体混合组织。

B　感应加热淬火后的应力状态

（1）残余应力的分布。由于表面淬火常常是对工件表面或某一局部区进行表面加热和冷却，造成很大的热应力和组织应力，并引起不均匀的塑性变形，在工件中产生很大的区域应力，在转变结束时，形成残余应力。

当工件表面一部分被淬火时，在淬硬和未淬硬交接处产生有害的拉应力，降低工件在此处的强度，如图5-2（a）所示。根据光弹性实验表明，在外加负荷时，轴肩附近会产生应力集中，是工件的危险截面。因此表面淬火时应如图5-2（b）一样把淬硬层延展到危险截面以外，或用滚压、喷丸等表面强化来补救。

（2）影响残余应力的因素。

1）钢中的含碳量的影响：随着含碳量增加，表层的残余应力也增加。

2）硬化层深度的影响：当硬化层深度开始加深时，残余应力增大，但随着硬化层深度加深，过渡层也相应加深，结果使表面压应力减小。

3）热处理工艺的影响：在感应表面淬火零件淬火前进行预热可以减小残余应力。用回火的方法消除表面淬火残余应力。

4）冷加工工艺的影响：表面淬火后残余应力是平衡的，以后的磨削加工将会破坏这

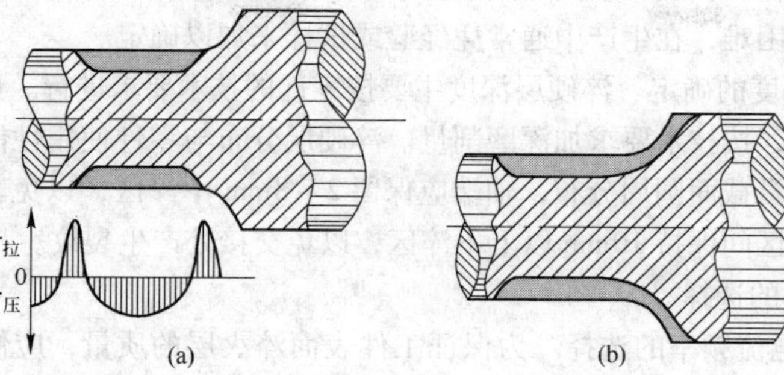

图 5-2　轴颈表面淬火后淬硬层及应力分布
（a）轴肩未硬化；（b）轴肩已硬化

种平衡。如淬火后表面磨去 25% 的硬化层时，表面残余应力将显著下降，使疲劳强度下降，因此感应淬火件磨削量应尽可能减少。

5）硬化区分布的影响：硬化区分布将直接影响残余应力在整个工件上的分布，在局部硬化区的两侧的过渡区，处于拉应力状态。

C　感应表面淬火后的性能

（1）表面硬度。经高、中频感应加热表面淬火的工件，其表面硬度往往比普通淬火高 2～3 个单位（HRC）。

（2）耐磨性。高频淬火后的工件耐磨性比普通淬火要高。这主要是淬硬层马氏体晶粒细小、碳化物弥散度高、硬度比较高、高的表面压应力等综合的结果。

（3）疲劳强度。高、中频表面淬火使疲劳强度大为提高，缺口敏感性下降。对同样材料的工件，在一定硬化层深度范围内，疲劳强度随硬化层深度增加而增加，但硬化层深度过深时表层是压应力，因而硬化层深度增大疲劳强度反而下降，并使工件脆性增加。一般硬化层深 $\delta=(10\sim20)\%D_0$ 较为合适，式中 D_0 为工件的有效直径。

5.1.1.3　感应表面淬火工艺

感应表面淬火的工艺参数分为热参数和电参数。热参数包括加热温度、加热时间和加热速度等；电参数有设备频率、工件单位表面功率以及决定表面功率的阳极电压、阳极电流、槽路电压和栅极电流等（高频）。

（1）感应加热表面淬火方法的选择。感应加热有两种，一种是同时加热，另一种是连续加热。

1）同时加热淬火方法：将工件上需要淬火的部位在感应器中一次加热完成后，通过冷却进行表面淬火。这种方法适用于小型零件或淬火面积较小而工件尺寸较大的零件的表面淬火。

2）连续加热淬火方法：即边加热边冷却的表面淬火方法。这种方法适用于轴类、较大淬火表面件。

（2）淬火温度和加热速度的选择。淬火温度是指感应加热时零件表面的加热温度，它与钢的化学成分、原始组织及加热速度等因素有关。由于感应加热速度快、时间短，奥氏体晶粒来不及均匀化及长大，故其加热温度较常规热处理淬火温度高。此外感应加热温度的测量和控制也较困难，在生产中通常凭经验或试样来加以确定。

（3）淬硬层深度的确定。淬硬层深度主要按零件的技术要求进行。如表面淬火件淬火后进行磨削加工时，按技术要求加深磨削量。淬硬层分布与零件使用性能关系密切，一般轴类零件硬化层应沿截面圆周分布，轴端应保留 2 ~ 8mm 不淬区，以免轴端裂纹。在同一轴上相邻两个淬硬区间保持 10mm 以上不淬区，以免交接处产生裂纹。

（4）感应设备的选择。

1）表面淬火电流频率的选择。为保证工件表面淬火层的质量，应使电流的热透入深度 $\Delta_{热}$ 不小于所要求的淬硬层深度 δ，即采用较低的频率来满足 $\delta \leqslant \Delta_{热}$，以使淬火层内同时发热，而达到比较均匀的温度。这种加热方式称为透入式加热。经验表明淬硬层深度 δ 不应小于电流透入深度 $\Delta_{热}$ 的 1/4，而以电流透入深度 $\Delta_{热}$ 的 1/2 为最佳。

对于一般碳钢

$$\Delta_{热} \approx \frac{500}{\sqrt{f}} \tag{5-1}$$

$$f = \frac{25 \times 10^4}{\Delta_{热}^2}$$

式中　$\Delta_{热}$——电流的透入深度，mm；

f——电流频率，Hz。

根据式（5-1）求得的频率见表 5-1。

表 5-1　圆柱形工件的最佳电流频率

硬化层深/mm	1.0	1.5	2.0	3.0	4.0	6.0	10.0
最高频率/Hz	250000	100000	60000	30000	15000	8000	2500
最低频率/Hz	15000	7000	4000	1500	1000	500	150
最佳频率/Hz	60000	25000	15000	7000	4000	1500	500
推荐使用设备	电子管式	电子管式或机式（8000Hz）	电子管式或机式（8000Hz）	机式（8000Hz）	机式（2500Hz）	机式（2500Hz）	机式（500 ~ 1000Hz）

注：表中的最高频率、最低频率和最佳频率分别对应于 $\delta = \Delta_{热}$，$\delta = \Delta_{热}/4$ 和 $\delta = \Delta_{热}/2$ 时的数值。

2）设备输出功率的选择。感应加热是利用感应器将电源能量传递给工件，而使位于感应器内的工件受到加热。需要加热的表面积为：

$$S = \pi D h \tag{5-2}$$

式中　D——工件直径，cm；

h——感应器高度，cm。

所以加热所需的设备功率为：

$$P = SP_0 = \pi D h P_0 \tag{5-3}$$

式中　P——设备输出功率，kW；

P_0——设备输出比功率，kW/cm^2。

实际选择比功率，需根据淬火件的组织、硬度和淬硬层深等技术要求来查找，见表 5-2。

表 5-2　轴类零件硬化层深度与比功率的关系

频率/kHz	硬化层深度/mm	设备比功率/$kW \cdot mm^{-2}$		
		低	中	高
500	0.4 ~ 1.1 1.1 ~ 2.3	0.011 0.005	0.016 0.008	0.019 0.012
10	1.5 ~ 2.3 2.3 ~ 3.0 3.0 ~ 4.0	0.012 0.008 0.008	0.016 0.016 0.016	0.025 0.023 0.022
3	2.3 ~ 3.0 3.0 ~ 4.0 4.0 ~ 5.0	0.016 0.008 0.008	0.023 0.022 0.016	0.026 0.025 0.022
1	5.0 ~ 7.0 7.0 ~ 9.0	0.008 0.008	0.016 0.016	0.019 0.019

（5）冷却方法。

1）喷射冷却：淬火冷却介质通过感应器或冷却器上许多孔喷射到工件表面而进行冷却。冷却介质喷射压力一般为 0.15 ~ 0.3MPa。这种方法适用于连续加热淬火或同时加热淬火。

2）浸液冷却：零件表面同时加热后，浸入冷却介质中进行冷却。

3）埋油冷却：将感应圈与工件浸入油中，进行加热和冷却的方法。这种方法适用于合金钢工件的表面淬火。

（6）感应表面淬火冷却介质。一般浸液冷却时碳钢采用水，合金钢采用油、乳化液、聚乙烯醇水溶液等。当连续冷却时采用水或聚乙烯醇水溶液。特殊材料也可用压缩空气冷却。

（7）回火工艺规范的确定。感应加热淬火后一般只进行低温回火，主要是为了降低残余应力和降低脆性，尽量不降低高硬度。回火的方式可采用炉中回火、自行回火和感应加热回火等。

1）炉中回火。常用钢表面淬火后炉中回火温度见表 5-3。

表 5-3　常用钢表面淬火件炉中回火规范

钢　号	要求硬度（HRC）	淬火后硬度（HRC）	回火温度/℃	回火时间/min
45	40 ~ 45	≥50 ≥55	280 ~ 300 300 ~ 320	45 ~ 60 45 ~ 60
	45 ~ 50	≥50 ≥55	200 ~ 220 200 ~ 250	45 ~ 60 45 ~ 60
	50 ~ 55	≥55	180 ~ 200	45 ~ 60
50	53 ~ 60	54 ~ 60	160 ~ 180	60
40Cr	45 ~ 50	>50 >55	240 ~ 260 260 ~ 280	45 ~ 60 45 ~ 60
42SiMn	45 ~ 60 50 ~ 55		220 ~ 250 180 ~ 220	45 ~ 60 60 ~ 90
20Cr，18CrMnTi，20CrMnMoV（渗碳后）	56 ~ 62	56 ~ 62	180 ~ 200	60 ~ 120

2）自行回火。利用控制表面淬火时冷却介质喷射时间，使淬硬区以外的残留热量传导到硬化层而达到一定回火温度，达到回火的目的。

3）感应加热回火。在感应加热回火时，为了降低过渡层的拉应力，加热层的深度比硬化层深一些，故常用中频、工频加热回火。感应加热回火比炉中回火加热时间短，碳化物弥散度大，耐磨性好，冲击韧性也较好，在热处理自动线上便于安排。

5.1.1.4　感应加热淬火缺陷及其解决的办法

感应加热淬火缺陷及其解决办法见表5-4。

表5-4　感应加热淬火缺陷及其解决办法

序号	缺陷名称	产生原因	解决方法
1	硬度低	(1)钢材含碳量低； (2)冷却速度慢； (3)冷却水量不足； (4)加热温度低	(1)碳的质量分数低于0.3%的钢不适于表面淬火； (2)及时进行淬火冷却，适当控制冷却水量、水压； (3)适当提高淬火加热温度
2	淬火裂纹	(1)零件几何形状复杂； (2)过热； (3)重复淬火； (4)材质方面的原因： $w(C)>0.5\%$或钢材中有连续分布的杂质； (5)冷却速度过大	(1)改进感应器设计和调整工艺参数； (2)应在重新淬火前进行退火、正火或高温回火处理； (3)严格控制钢材成分和杂质含量； (4)改变冷却方式或冷却介质
3	放置裂纹	形状复杂，且淬火应力过大	淬火后应立即回火
4	淬火变形	(1)加热、冷却不均匀； (2)原始组织不均匀	(1)改善感应器设计，改善加热和冷却条件； (2)淬火前进行高温回火或退火、正火及调质
5	研磨裂纹	磨削时吃刀量过大或冷却不足，使表面出现拉应力造成的	改善磨削加工工艺，避免磨削时在零件表面上被过度加热

5.1.2　火焰加热表面淬火

火焰表面淬火是应用氧-乙炔（或其他可燃气）火焰对零件表面进行加热，随之表面淬火冷却的工艺。

火焰表面淬火与其他表面淬火相比，具有如下优点：

(1) 设备投资低，简便易行；

(2) 方法灵活，适用范围广，可实现多品种、小批量或大批量零件的表面淬火工艺；

(3) 不受尺寸和重量的限制，表面清洁、无氧化脱碳等。

火焰表面淬火的缺点是操作时要注意安全，质量控制过程中操作技术水平要高。

5.1.2.1　火焰表面淬火的种类

不同的零件采用不同的加热方法和冷却方法进行表面淬火，这些淬火方法有固定法、旋转法、连续推进法、联合法。

固定法是零件某一部位要求表面淬火时，使零件在某一部位上固定，火焰嘴也在固定的状态下进行加热、冷却的淬火方法。这种方法适用于单件小批量生产的手工操作，也可用在机床配合下的自动生产线上。

旋转法是在一定时间内火焰嘴被固定，使工件旋转加热进行表面淬火。这种方法主要适用于圆形零件及模数较小齿轮的表面淬火。

连续推进法是工件固定，表面火焰嘴沿着工件以一定速度移动，或者火焰嘴不动工件以一定速度移动进行火焰淬火的方法。这种方法一般适用于大齿轮、导轨、剪刀片、大型冷冲模具的火焰表面淬火。

联合法是同时使用旋转法和连续推进法的火焰淬火方法。这种方法一般适用于轴类零件的表面淬火。

5.1.2.2　火焰表面淬火工艺

（1）气体压力和流速。气体压力过低会造成淬火表面硬度低，压力过大会引起火焰跳动。在一般情况下氧气的压力为 1.2 ~ 4.0MPa；乙炔气压为 0.3 ~ 1.2MPa；氧、乙炔气流量为 2.7 ~ 8.5m^3/h。

混合气的比例通常为氧：乙炔 =（1.1：1）~（1.57：1），取中性火焰。如氧气过多，会引起表面氧化，火焰温度过高，零件易产生过热和淬裂。如乙炔量过剩，超过 10% 时，会降低火焰温度和引起表面渗碳。

（2）加热温度。由于火焰加热速度很快，奥氏体不易长大，因此火焰加热温度比普通淬火加热温度高 20 ~ 30℃。

（3）淬火介质。火焰表面淬火中一次性加热浸液冷却时，一般碳钢采用水冷，合金钢采用油冷，连续推进法和联合法采用水或乳化液、聚乙烯醇水溶液冷却。

（4）淬火后的回火。采用炉中回火和自回火，还可以采用火焰回火。

5.1.2.3　火焰表面淬火常见缺陷及解决办法

（1）淬裂。产生淬裂的主要原因是由于原始组织不良、淬火温度过高、加热或冷却速度太快、零件结构不合理等。解决的办法是进行预先热处理，调整淬火加热温度，大型零件可采用预热，改变冷却条件，零件表面要避免尖角、小孔等。

（2）软点。产生软点的主要原因是加热不均匀或冷却不充分；零件表面不清洁或零件表面有脱碳现象。解决的办法是严格控制温度均匀，保证水压稳定，淬火前清理零件表面等。

（3）硬度不足。产生硬度不足的原因是淬火温度低，冷却不充分。提高淬火温度，增加冷却能力可以解决此问题。

（4）有效硬化层太深或太浅。产生有效硬化层太深或太浅的原因是喷嘴移动速度和喷嘴与工件距离不适合。调整工艺参数可以解决此问题。

模块 5.2　表面热处理的技能训练

5.2.1　训练 1　齿轮回转加热淬火（初级工）

（1）技术要求。齿轮，模数 $m=4$，齿宽 $B=20$mm，齿顶圆 $\phi=178$mm，材料为 40Cr，

心部进行调质、241 ~ 286HBS，表面淬火齿面硬度 48 ~ 55HRC，淬硬层组织为针状马氏体。

（2）热处理设备与表面淬火方式的选择。热处理设备为乙炔、氧气火焰加热，（火焰枪）表面淬火方式选择回转加热表面淬火方式。

（3）工艺规范。淬火加热温度为 840 ~ 880℃，火焰强度：乙炔(0.5 ~ 1.5) × 10^5Pa、氧(3 ~ 6) × 10^5Pa。选用乙炔与氧的混合比为 1：（1.1 ~ 1.5）的中性火焰。焰心距工件距离 8 ~ 15mm，齿轮旋转加热，冷却方式采用整体浸油冷却，油温为 30 ~ 80℃。回火温度为(200 ± 10)℃，保温 1h 后出炉空冷。

（4）工艺准备。

1）乙炔瓶不得超过 40℃，气体压力应在设备规定的范围之内，气体温度不得大于 60℃，保险阀应灵活，过滤器及防回火装置正常。

2）氧气瓶内的压力应不低于 0.98MPa。

3）氧气、乙炔气要有足够的数量，以保证工作不致中断。

4）检查冷却系统是否畅通，压力是否稳定。

5）检查喷焰器的气孔是否畅通，如堵塞，可用压缩空气吹净。

6）检查零件是否与图样及工艺文件相符。

7）待表面淬火齿轮应倒角，表面不允许有氧化皮、毛刺、污泥，用抹布将齿轮擦干净。

8）冷却油加热到 30 ~ 80℃，待淬火用。

9）如工厂有淬火机床时检查淬火机床传动是否正常，对采用液压传动的机床，要预先空运转 1 ~ 2min，待其平稳后使用。如工厂没有淬火机床，可制作简便的工装，即一根轴一头焊接拐把手，放在 V 形垫铁上，齿轮套在轴上，用手摇手把，使齿轮旋转。

（5）工艺准备及操作。

1）调整氧气及乙炔的工作压力，分别排气 1min，以吹掉管路中的不纯气体。

2）先给少量乙炔点火，然后按照工艺规范交替调整乙炔和氧的流量和比例，使火焰为中性，火心长度为 5 ~ 8mm。

3）加热方式如图 5-3 所示，调整火焰火心与零件的距离为 8 ~ 15mm，齿轮旋转，调整加热速度，将零件加热到 840 ~ 880℃。

4）将加热好的齿轮迅速浸入热油中冷却。

5）在加热操作中，当火焰枪温度超过 80℃时，应立即停止工作，待火枪冷却后再进行操作，以防爆炸。

6）淬火结束后，先关闭部分氧气，再关闭一些乙炔，待氧气全关闭后，停气灭火。

7）将淬火好的齿轮及时装炉进行回火，回火温度为(200 ± 10)℃，保温 1h 后出炉空冷。

（6）质量检验。

1）表面质量。用肉眼检查齿部有无过烧、裂纹，用磁力探伤检查齿轮裂纹，小批量的 100% 检查，大批量按比例检查。

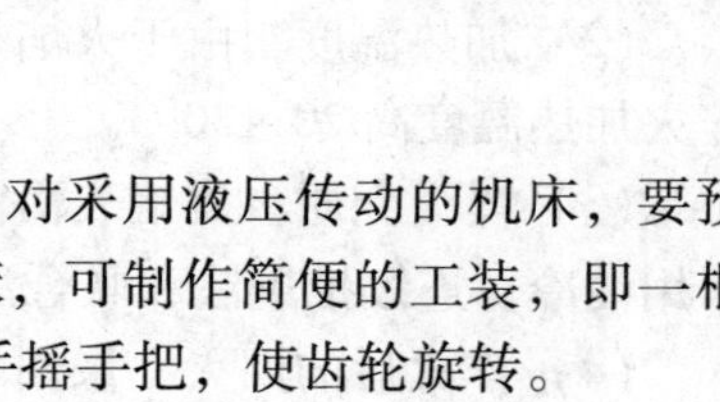

图 5-3　全齿回转加热

在火焰表面淬火时，如果没有调整好火焰强度和火焰与工件的距离，总加热时间长，加热温度过高，产生过热甚至过烧，也会导致开裂。发现过烧和开裂就应报废。

2）表面硬度。用洛氏硬度计对小批量的齿轮 100% 检测硬度，对大批量按比例检测硬度。

在火焰表面淬火时表面硬度过高或过低，主要的产生原因是钢材含碳量偏高或偏低，预备热处理组织不良；表面脱碳；淬火加热温度不当；冷却不合理；回火温度和保温时间选择不合理。

防止这些缺陷的措施是检查钢材的含碳量及原始组织，采用首件检查硬度来调整工艺参数；合理选用冷却介质；浸液淬火应具有循环装置；回火规范应合理。

3）硬化层分布和组织。用齿轮或齿块检查齿面淬硬层的分布，回转一次加热淬火的齿轮，硬化层的分布如图 5-4 所示，允许离齿根有 1/3 齿高不淬硬。

用金相显微镜检查硬化层的组织，应是细针状马氏体组织。

5.2.2　训练 2　齿轮高频表面淬火（中级工）

（1）技术要求。机床齿轮，模数 $m=4$，齿宽 $B=20$mm，齿顶圆直径为 148mm，材料为 40Cr，齿轮经调质硬度为 241 ~ 286HB，齿面表面淬火、硬度为 48 ~ 55HRC、淬硬层深为 0.8 ~ 1.5mm。

（2）热处理设备及淬火方式的选择。热处理设备选用高频加热装置，采用感应器套圈齿轮一次加热浸入冷却的表面淬火，如图 5-5 所示。

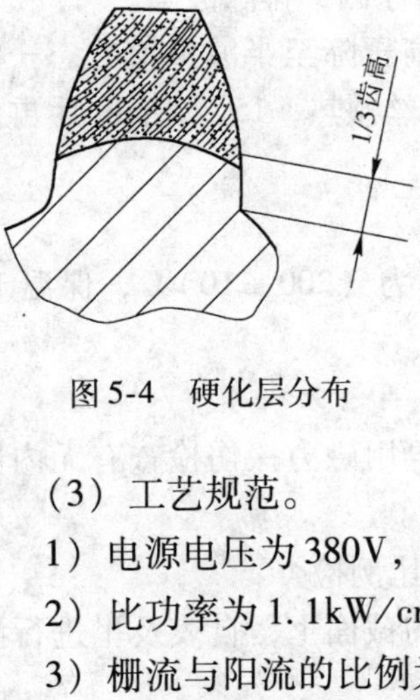

图 5-4　硬化层分布

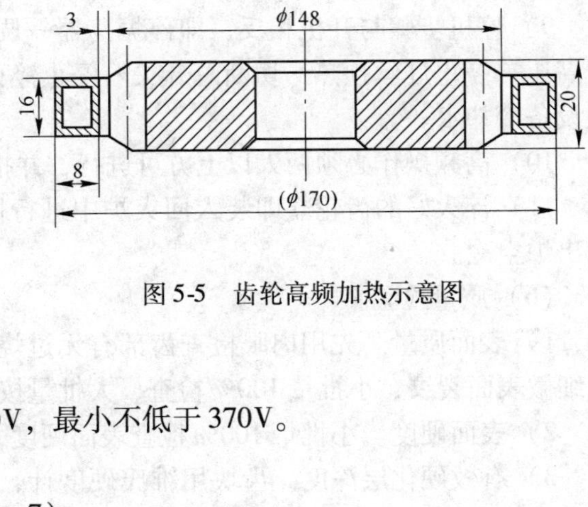

图 5-5　齿轮高频加热示意图

（3）工艺规范。

1）电源电压为 380V，最大不超过 440V，最小不低于 370V。

2）比功率为 1.1kW/cm^2。

3）栅流与阳流的比例为（1∶5）~（1∶7）。

4）淬火加热温度为(880 ± 10)℃，回火温度为(200 ± 10)℃，保温 1h。

5）冷却剂采用 0.01% ~0.3% 聚乙烯醇水溶液，工作温度为 15 ~40℃。

（4）工艺准备。

1）检查高频加热装置有无异常现象，冷却水箱和淬火水槽的液面位置是否符合要求。

2）检查各冷却系统管道是否堵塞和漏水，水压应为 1.2 ~2MPa。

3）关好设备门锁，放置好高压栏杆，以保证人身与设备安全，检查淬火机床运转是否正常。

4）检查零件是否符合图样及工艺文件规定；零件表面不允许有氧化皮、油污、毛刺；齿轮表面粗糙度 $R_a \leqslant 6.3\mu m$。

5）设计制作齿轮套圈加热感应器。用 ϕ14mm×1.5mm 铜管压制成感应器有效圈，其截面如图 5-5 所示。有效圈与齿顶的间隙为 3～4.5mm，有效圈的内径为 ϕ154mm。有效圈与汇流板、连接板焊接成单圈高频感应器。

（5）操作。

1）把已制作好的感应器连接板夹紧在变压器的连接夹头上，并接通冷却水。

2）按设备操作规程接通冷却水，待灯丝预热 30min 后才能给高压。

3）把齿轮放置在淬火机床回转盘上，齿轮用铁圈垫起来，调整感应器与齿轮的间隙，开动淬火机床回转、升降时感应器与齿轮不接触，感应器与齿轮的间隙均匀。升降系统调整到当升到位时齿轮处于加热状态，落到位时齿轮处于完全浸入冷却液中冷却的状态。

4）按工艺规范送电，齿轮旋转加热，加热到（880±10）℃后停止加热，将升降把手回落，使齿轮浸入冷却液中进行淬火。冷却剂为 0.01%～0.3% 聚乙烯醇水溶液。

5）首件淬火后检查表面质量、表面硬度，合格后再进行批量生产。

6）在操作时严禁感应器与工件相接触，以免造成短路和烧伤齿轮。严禁空载送电。

7）在操作过程中经常检查冷却水的压力、流量和温度，振荡器和高频变压器出水温度不得高于 55℃。阳极槽路与电容器组出水温度不得高于 35℃，水温过高时应停止淬火加热。

8）加热过程中发生异常现象时，应及时切断高压，再分析原因，排除故障。

9）停机步骤与开机相反，即停振荡器—调节变压器，使高压降至半波整流状态—停止高压—停止灯丝预热—切断总开关—停止淬火水泵—停止灯丝预热，15～20min 后再停止设备冷却水。

10）高频操作必须两人以上方可进行，并指定操作负责人。

11）淬火好的齿轮立即装入回火炉中进行回火，回火温度为（200±10）℃，保温 1h 后出炉空冷。

（6）质量检验。

1）表面质量。先用肉眼检查齿部有无过烧、裂纹，然后再用磁力探伤检查有无内部或细微表面裂纹，小批量 100% 检查，大批量按规定比例检查。

2）表面硬度。小批量 100% 检查表面硬度，大批量按规定比例检查。

3）有效硬化层深度。齿块用维氏硬度计，在齿宽中部齿的截面上，自表及里进行测量，硬化层终点硬度值符合以下规定：

界限硬度（HV）=0.80×设计规定的最低表面硬度（HV）

5.2.3 训练 3 内孔表面淬火（高级工）

（1）技术要求。铁路设备备件轴套，材料为 45 钢，ϕ30mm×60mm 内孔表面淬火，表面硬度不小于 50HRC，淬硬深层 δ=0.8～1.2mm。

（2）热处理设备及表面淬火方式的选择。热处理设备选用高频加热装置、表面淬火方式选用内孔连续表面淬火，如图 5-6 所示。

（3）工艺规范。

1）电源电压为 380V，最大不超过 440V，最小不低于 370V。

2）比功率一般采用 0.3～1.8kW/cm²，以 1～1.5kW/cm² 为宜。

3）栅流与阳流的比例为 1：（4～10），其中以 1：（5～7）耦合比较理想。

4）淬火温度为 840～870℃。

5）回火温度为（180±10）℃，保温 45min，出炉空冷。

（4）工艺准备。

1）检查外观有无异常现象，冷却水箱和淬火水槽的液面位置是否符合要求。

2）检查各冷却系统管道是否堵塞和漏水，水压应为 1.2～2MPa。

3）关好设备门锁，放置好高压栏杆，以保证人身与设备安全。检查淬火机床是否运转正常。

4）检查零件是否符合图样及工艺文件的规定，零件表面应无油污、毛刺、磁伤及氧化皮等。轴套内表面粗糙度 $R_a < 6.3\mu m$。

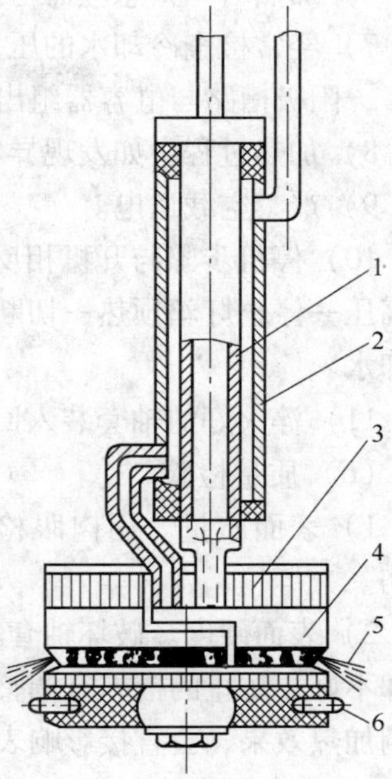

图 5-6　双管同心汇流条式内孔连续表面淬火感应器

1—内导电管（汇流条）；2—外导电管（汇流条）；3—导磁体；4—感应圈；5—淬火冷却水；6—黄铜挡销

5）制作内孔表面淬火感应器。感应器有效圈用紫铜棒加工而成，有效圈高度为 12～14mm，宽度为 8～10mm，喷水孔直径为 1.2mm，水孔间距为 2～4mm；水孔轴线与工件轴线夹角为 25°～45°。

有效圈带有导磁体，导磁体的材料为铁氧体，每一个铁氧体磨削加工后组装。感应器采用同心管式汇流条，可减少加热深孔时的能量损失，提高加热速度。

感应器与内孔表面的间隙 $a = 1 \sim 2$mm，在感应器上安装黄铜挡销可保证表面淬火时工件与有效圈不接触，避免打火。

有效圈、导磁体用电木板固定，保证相对位置。

（5）操作。

1）制作好的内孔表面淬火感应器牢固地卡在变压器接线板上，并接通冷却水，进水压力为 0.15～0.3MPa。

2）按设备操作规程接通冷却水，待灯丝预热 30min 后才能送高压。

3）轴套固定在淬火机床上，在淬火位置上调整感应器与轴套内孔的间隙，开动淬火机床试运行，调整淬火机床的升降速度。

4）按工艺规范进行首件表面淬火，轴套下降速度为 350～400mm/min，首件检查合格后方可批量生产。

5）在加热过程中要随时注意观察各电流、电压等仪表指示是否正常，如有异常应根据设备操作规范调节耦合或反馈及其他有关部位。

6）加热时严禁感应器与工件相接触，以免造成短路和烧伤零件。

7）经常检查冷却水的压力、温度和流量，振荡器和高频变压器组出水温度不得高于55℃，阳极槽路与电容器组出水温度不得高于35℃，水温过高时应停止淬火加热。

8）加热过程中如发现异常现象，应及时切断高压，分析原因，排除故障。

9）严禁空载送电。

10）停机步骤与开机相反，即停振荡器—调节变压器，使高压降至半波整流状态—停止高压—停止灯丝预热—切断总开关—停止淬火水泵—灯丝预热15～20min后再停止设备冷却水。

11）淬火好的轴套装入回火炉，回火温度（180±10)℃，保温45min后出炉空冷。

（6）质量检验。

1）表面质量。用肉眼检查轴套内表面有无烧伤和裂纹。100%检查内孔的裂纹和烧伤。

2）表面硬度。破坏轴套实物抽检内表面硬度。如果硬度低，主要原因是加热温度低，冷却不好，防止的措施有调整轴套下降速度，增加冷却水压等。感应器与内孔间隙太大也影响加热效果，会直接影响表面淬火硬度。

3）硬化层分布与深度。轴套实物破坏后用维氏硬度计检测硬化层的分布和深度。

模块5.3　表面热处理的工艺编制

5.3.1　火焰表面淬火工艺的编制和操作要点

5.3.1.1　工艺准备

（1）乙炔发生器的水温不得超过40℃，气体压力应在设备规定的范围之内，气体温度不得大于60℃，保险阀应灵活，过滤器及防回火装置正常。

（2）氧气瓶内的压力应不低于210×10^5Pa。

（3）氧气、乙炔气要有足够的数量，以保证工作时不致中断。

（4）检查冷却系统是否畅通，压力是否稳定。

（5）检查喷焰器的气孔、水孔是否畅通，如堵塞，可用压缩空气吹净。

（6）检查淬火机床的传动是否正常，对采用液压传动的机床，要预先空运转1～2min，待其平稳后使用。

（7）检查零件是否与图样及工艺文件相符合。零件表面不应有氧化皮、毛刺等。零件表面有销孔，应用钢屑等填补。

5.3.1.2　工艺规范

（1）气体压力过低会造成淬火表面硬度低，压力过大会引起火焰跳动。在一般情况下氧气的压力取1.2～4.0MPa，乙炔的压力取0.3～1.2MPa。淬火表面的宽度与乙炔压力的关系见表5-5。氧、乙炔的流量为2.7～8.5m^3/h。

表 5-5　淬火表面的宽度与乙炔压力的关系

淬火表面宽度 /mm	喷焰器的出焰孔数	乙炔压力 /MPa	淬火表面宽度 /mm	喷焰器的出焰孔数	乙炔压力 /MPa
6.35	3	0.0294	44.0	15	0.0686
12.7	5	0.0441	50.0	17	0.07546
19.0	7	0.06174	57.0	19	0.08232
25.0	9	0.0784	63.0	21	0.08918
31.0	11	0.05488	70.0	23	0.09506
38.0	13	0.06174	76.0	25	0.1029

注：喷焰器距淬火表面 16mm，移动速度为 100mm/min，气体消耗量为 250～275L/h。

（2）喷焰器的移动速度必须均匀，否则零件表面加热不均匀。喷焰器的移动速度主要根据火焰温度和淬火层深度来确定，具体关系见表 5-6。

表 5-6　喷焰器移动速度与淬火层深度的关系

喷焰器移动速度 /mm · min^{-1}	淬火层深度/mm	喷焰器移动速度 /mm · min^{-1}	淬火层深度/mm
50	8.0	125	3.2
75	6.4	150	1.6
100	4.8	175	0.8

（3）喷焰器应与零件表面垂直，距冷却水的距离为 10～40mm，太近则加热温度不均匀，太远则表面层热量扩展很深，使淬硬层增加，并降低加热温度。

（4）形状简单的碳钢采用水溶液，合金钢采用聚乙烯醇水溶液或乳化液等。

5.3.1.3　操作方法与注意事项

（1）调整氧气及乙炔的工作压力，分别排气 1min，以吹掉管路中的不纯气体。

（2）先给少量乙炔点火，然后交替调整氧气和乙炔的流量，使火焰为中性，火心长度为 5～8mm。

（3）调整火焰火心与零件的距离和移动速度来控制加热温度和表面硬化层深度。

（4）工作过程中当火焰枪温度超过 80℃时应立即停止工作，以防爆炸。

（5）定期检查火焰器的火孔，如直径超过 0.05mm 时，则应停止使用。否则会因混合气消耗过多，乙炔气供应不足，发生熄火或火焰减弱。

（6）零件夹持时，两端不能顶得太紧，以免受热膨胀后产生弯曲变形。

（7）淬火结束后，先关闭部分氧气，再关闭一些乙炔，待氧气完全关闭后，停气灭火。

（8）喷焰器的材料应选用黄铜，因为紫铜易和乙炔生成乙炔铜，在受热或震动时会发生爆炸。

5.3.2　高频加热表面淬火工艺的编制和操作要点

5.3.2.1　工艺准备

（1）检查外观有无异常现象，冷却水箱和淬火水槽的液面位置是否符合要求。

（2）检查各冷却系统管道是否堵塞和漏水，水压应为1.2～2MPa。

（3）关好设备门锁，放置好高压栏杆，以保证人身与设备安全。检查淬火机床是否运转正常。

（4）检查零件是否符合图样及工艺文件的规定，零件表面应无油污、毛刺、碰伤及氧化皮等，渗碳件应经喷砂处理。

（5）对于易变形的零件应进行尺寸抽检，对淬火部位有孔、槽的零件，应预先采取防护措施，如用紫铜、黄铜或石墨与水玻璃糊等将孔、槽填严。

（6）根据零件的形状与技术要求制作感应器。

1）圆柱形零件的感应器与零件的间隙见表5-7。

表5-7 圆柱形零件感应器与零件的间隙 mm

零件直径	≤50	>50～100	>100～200	>200
间 隙	1.5～2	2～2.5	2.5～3	>3

2）圆柱齿轮感应器与齿轮的间隙见表5-8。

表5-8 圆柱齿轮感应器与齿轮的间隙 mm

齿轮模数	1～2.5	3	3.5	4	4.5	5	6
感应器间隙	1.5～2.5	2.5～3	3～3.5	3～4	3.5～4.5	4～5	5～6

当齿轮两端倒角时，感应器的高度等于齿轮宽度，齿轮两端不倒角时感应器的高度小于齿轮宽度1～2mm。

3）伞齿轮感应器与齿轮大直径处的间隙见表5-9。

表5-9 伞齿轮感应器与齿轮大直径处的间隙 mm

齿轮模数	1～2.5	3	3.5	4	>4.5
齿轮大直径处间隙	2	2～3	2.5～3	2.5～3.5	3～4

齿轮小直径处间隙大于大直径处间隙的1.5～2倍。感应器的高度小于伞齿轮的齿高1～2mm。

4）内齿轮感应器与齿轮间隙一般为1.5～2.5mm，感应器高度应比齿宽高0～3mm。

5）轴类连续表面淬火感应器与工件的间隙见表5-10。

表5-10 轴类连续表面淬火感应器与工件的间隙 mm

工 件 直 径	≤100	>100
间 隙	2～2.5	2.5～3

5.3.2.2 工艺规范

（1）电源电压为380V，最大不超过440V，最小不低于370V。

（2）功率一般采用0.3～1.8kW/cm²，以1～1.5kW/cm² 为宜。

（3）栅流与阳流的比例为（1∶4）～（1∶10），其中以（1∶5）～（1∶7）耦合比较理想。

（4）淬火加热温度见表5-11。

表 5-11　常用钢材感应加热淬火温度

钢　种	淬火温度/℃	钢　种	淬火温度/℃
15、20CrMnTi、20CrMnMo（渗碳后）	820～860	45	860～900
20、20Cr、20Mn2B（渗碳后）	840～880	40Cr	900～950
50、T7A、T8A、T10A、T12A、42SiMn	860～880	9SiCr	1000～1100

（5）加热时间。齿轮的加热时间为：

$$T = \frac{Q_0}{P_0} \tag{5-4}$$

式中　T——加热时间，s；

Q_0——单位电能量，$kW \cdot s/cm^2$；

P_0——单位电功率，kW/cm^2。

（6）淬火介质。常用淬火介质种类及应用范围见表 5-12。

表 5-12　常用淬火介质种类及其应用范围

种　类	使用温度/℃	应 用 范 围
自来水	15～30	中碳钢零件连续淬火；形状简单，不易开裂零件或模数大于 10 的齿轮同时加热后喷冷
0.05%～0.3%聚乙烯醇水溶液	15～40	含量为 0.05%～0.15%的用于碳素结构钢喷冷；含量为 0.01%～0.30%的用于合金结构钢喷冷
5%～15%乳化液	15～35	形状复杂的碳素结构钢和合金结构钢喷冷及浸液淬火
20 号机油	20～80	合金钢零件浸冷
3%～5% Na_2CO_3 水溶液	10～60	硬度要求高，易开裂零件喷冷或浸冷
0.2%～1.0%聚醚水溶液	15～50	形状复杂的碳素结构钢和合金钢的喷冷及浸液淬火

一般工件均不得在冷却介质中冷却到底，需在表面温度冷至 100～150℃时取出空冷。合金钢淬火时，出水温度应在 150～200℃。

5.3.2.3　操作方法及注意事项

（1）把选择合适的感应器牢固地卡在变压器接线板上，并接通冷却水。

（2）按设备操作规程，接通冷却水，待灯丝预热 30min 后才能给高压。

（3）把零件装在淬火机床上，并放在淬火位置，调整感应器和零件的间隙后开动淬火机床，调整淬火机床旋转和移动速度。

（4）按工艺规范开始加热淬火，首件检查合格后方可批量生产。零件淬火硬度值不应小于规定硬度下限 +3HRC。

（5）在加热过程中要随时注意观察各电流、电压等仪表指示是否正常，如有异常应根据设备操作规范调节耦合或反馈及其他有关部位。

（6）加热时严禁感应器与工件相接触，以免造成短路和烧伤零件。

（7）经常检查冷却水的压力、温度和流量，振荡器和高频变压器组出水温度不得高于 55℃，阳极槽路与电容器组出水温度不得高于 35℃，水温过高时应停止淬火加热。

（8）加热过程中发生异常现象时，应及时切断高压，再分析原因，排除故障。

（9）严禁空载送电。

（10）停机步骤与开机相反，即停振荡器—调节变压器，使高压降至半波整流状态—停止高压—停止灯丝预热—切断总开关—停止淬火水泵—停止灯丝预热 15 ~ 20min 后再停止设备冷却水。

（11）必须两人以上方可操作高频设备，并指定操作负责人。

5.3.3　中频表面淬火工艺的编制和操作要点

5.3.3.1　工艺准备工作

（1）调整淬火机床，并按淬火要求做空运行，检查淬火机床是否正常、安全。检查设备的水冷系统和润滑系统是否良好，确认水压符合要求并无漏水现象后按规定的操作程序启动变频设备。

（2）启动完毕后应通知淬火机床操作人员，待接到淬火机床操作人员通知后方可送电。设备的操作和控制按设备的“安全操作规程”进行。

（3）检查零件是否符合图纸和工艺要求，零件表面无油污、毛刺、碰伤、氧化皮等，一般零件的表面粗糙度 R_a 应小于 5μm，渗碳件应喷砂处理。

（4）淬火部位如有尖角、孔缘、键槽等易过热的地方，应加工成不大于 1.5 ×45°的倒角，孔、槽最好用紫铜、低碳钢或石墨 + 水玻璃等堵严修平。

（5）按工艺规定准备工夹具，如感应器、心轴或定位胎、喷水圈、吊具等，并检查是否完好适用。

（6）感应器是影响电效率和加热质量的一个重要因素，一般轴类零件外表面连续淬火用感应器选择见表 5-13。

表 5-13　轴类零件外表面连续淬火感应器选择　　mm

零件直径	感应器内径	感应器高度
≤100	零件直径 +5 ~ 8	15 ~ 20
>100	零件直径 +6 ~ 10	15 ~ 25

齿轮类零件外表面同时加热用感应器选择见表 5-14。

表 5-14　齿轮类零件外表面同时加热感应器选择　　mm

齿轮模数	感应器单边间隙	感应器高度	
		固定齿轮	换挡齿轮
4 ~ 4.5	3.5 ~ 5	齿宽 +4 ~ 6	齿宽 +6 ~ 8
5 ~ 6	4 ~ 6	齿宽 +5 ~ 8	齿宽 +7 ~ 10
7 ~ 8	5 ~ 7	齿宽 +7 ~ 10	齿宽 +9 ~ 12
9 ~ 10	6 ~ 8	齿宽 +8 ~ 12	齿宽 +10 ~ 15
≤6 的内齿	2 ~ 3		

平面连续表面淬火用感应器的长度为被加热平面宽度 +1 ~ 2 个感应器截面宽度。感应器的高度为 8 ~ 12mm，不易过大。感应器两回线的间距一般为 12 ~ 20mm。

（7）安装感应器时要保证感应器与卡头、变压器间接触良好。零件放入感应器时，应调整零件与感应器的间隙达到均匀。在感应器和喷水圈内通冷却水，调整水量并检查喷水是否均匀。

5.3.3.2　工艺规范

A　调谐

要求设备输出最大功率时，可按下列步骤进行调谐。

感应器中（必须）放入零件。接入电容器总容量的 30% ~40%。调节激磁，使发电机输出端电压升至额定值的一半左右。接通加热 1 ~2s，观察电压表和功率因数表变化，当电压下降，功率因数滞后时应增加接入电容数，当电压升高，功率因数超前时应减少接入电容数，调整电容使功率因数达到超前 0.9 至滞后 0.95 之间，若电压变化不大，即可认为得到完全补偿。

增加激磁电流，观察电流表、电压表、功率因数表的变化，如果预选的匝比合适，功率将升至最大值，即达到发电机额定输出功率。若预选匝比不合适，则功率不大。这时可根据电流表、电压表的变化重选匝比。当电流达到额定值而电压很小时应增大匝比，当电流很小而电压达到额定值时应减少匝比。

匝比改变后功率因数将发生变化。需要重新选配电容，再使功率因数达到超前 0.9 至滞后 0.95 之间。

如果不需要设备输出最大功率，则匝比可不必严格选择，但电容量仍需严格选配，以保证功率因数在超前 0.9 至滞后 0.95 之间。

B　加热温度和时间

常用钢材中频淬火加热温度见表 5-15。

表 5-15　常用钢材中频淬火加热温度

钢　号	淬火温度/℃		钢　号	淬火温度/℃	
	同时加热	连续加热		同时加热	连续加热
45	840 ~880	860 ~900	35CrMo	860 ~900	880 ~920
50	820 ~860	840 ~880	42CrMo	840 ~880	860 ~900
40Cr	840 ~880	860 ~900	T8A	820 ~860	820 ~860
42SiMn	860 ~900	880 ~920	T10A	800 ~840	800 ~840
45MnB	830 ~870	850 ~890	9Mn2V	820 ~860	820 ~860
40MnVB	830 ~870	850 ~890	GCr15	840 ~880	860 ~900

选定淬火温度时要注意下列几点：

（1）零件经调质处理的取下限，退火件可选上限。

（2）选用比功率小时取下限，比功率较大时取上限。

（3）工件尺寸小时取下限，工件尺寸较大时取上限。

（4）工件形状复杂时取下限，形状简单时取上限。

淬火时加热时间根据选定的加热温度、比功率大小和硬化层深度来选定。

回火温度见表 5-16。

表 5-16　常用钢材回火温度

钢　号	要求硬度（HRC）	回火 温度/℃	回火 冷却方式
45，50	42～48	280～320	空　冷
	48～52	200～250	
	52～58	180～200	
40Cr	48～52	240～280	空　冷
	52～58	180～200	
42SiMn	42～48	320～360	空冷或油冷
	48～52	220～250	
	52～58	180～200	
45MnB	42～48	320～340	空冷或油冷
	48～52	280～300	
	52～58	240～260	
40MnVB	42～48	320～340	空冷或油冷
	48～52	240～280	
	52～58	180～200	
35CrMo	42～48	300～320	空　冷
	48～52	260～280	
	52～58	180～200	
42CrMo	42～48	320～340	空　冷
	48～52	240～260	
	52～58	200～220	
T8A	>58	160～200	空　冷
T10A	>61	160～200	空　冷
9Mn2V	>56	200～240	空　冷
GCr15	>61	150～180	空　冷

回火保温时间最少在1h以上，当零件截面大于50mm时，应延长保温时间，对小于200℃的低温回火一般应保温4h以上。

5.3.3.3　操作要点和注意事项

（1）在停止加热前，不允许从感应器中取出零件，以免发生设备事故。

（2）为了加热均匀，加深硬化层深度或在加热大直径零件而比功率较小时，可用预热办法，但注意避免过多的氧化皮出现，淬火回火后的零件还应喷砂处理。

（3）易变形的薄壁齿轮可先经300～340℃预热1h，趁热进行中频加热淬火。

（4）为使齿轮的齿根和齿底硬化，可以选用较小的比功率，延长加热时间，但应避免齿轮过热和变形。

（5）在操作过程中应经常检查冷却剂的温度，保证在允许的使用温度范围内。

(6) 为了保证获得良好的硬化层，不论采用何种淬火办法（喷冷、浸冷），必须尽量缩短加热终了到冷却的间隔时间，一般不应超过 1 ~ 2s。

(7) 在淬火冷却过程中，应按照零件的形状和开裂倾向掌握冷却时间或采用间歇喷冷，待零件冷至 300℃ 左右转为空冷。

(8) 淬火后应及时回火，其间隔一般不宜超过 4 ~ 8h。

(9) 每批零件淬火时都应做首件检查，合格后方可进行生产。必要时还应做中间抽检，以保证质量稳定。

(10) 在操作中必须密切注意感应器的连接卡头有无变形，冷却是否良好，工夹具温度变化等，以防意外事故发生。

(11) 返修件必须进行高温回火或退火后再进行淬火，形状简单零件可用感应器加热进行，但加热和冷却速度应缓慢。

单元6　化学热处理

模块6.1　基础知识

6.1.1　化学热处理概述

6.1.1.1　化学热处理的分类和特点

化学热处理是将工件置于适当的活性介质中加热、保温，使一种或几种元素渗入其表层，以改变其表面化学成分、组织和性能的热处理工艺。

化学热处理的作用主要有以下两个方面：一方面是提高工件表层的某些力学性能，如表面硬度、耐磨性、疲劳强度等；另一方面是保护工件表面，提高工件表层的物理、化学性能，如耐高温性、耐蚀性等。

按渗入元素的性质，化学热处理可分为渗非金属和渗金属两大类。前者包括渗碳、渗氮、渗硼和多种非金属元素共渗，如碳氮共渗、氮碳共渗等；后者主要有渗铝、渗铬、渗锌等。此外，金属与非金属元素的二元或多元共渗工艺也不断涌现，例如铝硅共渗、硼硅共渗等。

常用的化学热处理类型及处理目的见表6-1。

表6-1　常用化学热处理类型及处理目的

名称	渗入元素	处理目的及渗层性能
渗碳	C	用来提高钢件表面硬度、耐磨性及疲劳强度
碳氮共渗	C、N	基本性能和渗碳相似，适用于渗碳钢及中碳结构钢，渗层比渗碳浅，共渗温度较渗碳低，变形较小，在某些情况下，耐磨性、抗疲劳性比渗碳好
渗硼	B	表面硬度可达1300～2300HV，耐磨性优于渗碳和碳氮共渗，但脆性较大。有较高的耐浓度（HCl、H_3PO_4 及 H_2SO_4），10%食盐水及10%苛性碱腐蚀能力，但耐大气及水的腐蚀能力差，有较高的抗氧化性和热稳定性
渗铝	Al	提高工件抗氧化及抗含硫介质腐蚀能力
渗铬	Cr	提高工件的抗氧化、抗腐蚀能力及耐磨性
渗硅	Si	提高工件抗各种酸的腐蚀性能
渗钒	V	提高工件硬度及耐磨性，而又有良好的韧性
渗锌	Zn	提高钢铁的抗大气腐蚀及有机介质中的腐蚀能力
硼钒共渗	B、V	具有高的硬度和耐磨性，层深比渗钒厚，韧性比渗硼好

6.1.1.2　化学热处理的基本原理

化学热处理的工艺不尽相同，但它们的基本过程大致相同，主要可分为分解、吸收和扩散三个阶段。

（1）分解：从介质中分解出渗入元素的活性原子。

（2）吸收：工件表面吸收活性原子，也就是活性原子由钢的表面进入铁的晶格而形成固溶体，或形成特殊化合物。

（3）扩散：被工件吸收的原子，在一定温度下，由表面向内部扩散，形成一定厚度的扩散层。

6.1.2　钢的渗碳和渗氮

6.1.2.1　渗碳

渗碳是为了增加钢件表面层的含碳量和形成一定的碳浓度梯度，将钢件在渗碳介质中加热并保温使碳原子渗入表面层的化学热处理工艺。

渗碳根据介质状态不同，可分为气体渗碳、固体渗碳、液体渗碳三种。

A　渗碳的基本原理

（1）渗碳介质的分解。渗碳介质的分解就是活性介质在一定的温度下，化学分解析出活性碳原子或离子的过程。

在固体渗碳时，木炭在密封的渗碳罐中不完全燃烧，产生一氧化碳（CO）。一氧化碳在表面就分解出活性原子［C］，即 $2CO \rightarrow CO_2 + [C]$；

在气体渗碳时，煤油在高温热分解时产生甲烷（CH_4），在钢件的表面分解出碳的活性原子［C］，即 $CH_4 \rightarrow 2H_2 + [C]$。

渗碳介质的分解速度取决于渗碳介质的性质、数量、分解温度、压力以及有无催化剂等因素。

（2）活性原子被金属表面吸收。吸收就是活性原子（或离子）与金属原子产生键合而进入金属表面层的过程。吸收的方式是活性原子向钢的固溶体中溶解或形成化合物。渗碳时，渗碳介质所分解的活性碳原子吸收在钢件表面后，溶于奥氏体中并形成间隙固溶体。当碳浓度超过该温度下奥氏体饱和浓度时可形成化合物（碳化物）。

吸收的强度与活性介质的分解速度、渗入元素的性质、扩散速度、钢件的成分及其表面状态有关。

（3）渗入元素的扩散过程。扩散就是被钢件表面吸收的活性原子（或离子）向钢件深处的迁移，从而形成一定厚度的扩散层（渗层）。

碳、氮、硼等原子渗入 γ-Fe 或 α-Fe 时形成间隙固溶体。铬、铝、硅等渗入 γ-Fe 时是形成置换固溶体。间隙固溶体中的扩散机构是溶质原子从一个间隙位置到另一个间隙位置的连续迁移。置换固溶体中溶质原子的扩散，一般认为是通过“空位”来进行的。“空位”每发生一次位移，就相当于其邻近的一个原子朝着“空位”方向移到该“空位”上去。

固溶体中溶质原子的迁移方向是任意的。但是固溶体内存在浓度差时，较多的溶质原子由浓度高的一边向浓度低的方向迁移，力求浓度趋向均匀。这种原子的迁移，便造成溶质原子的扩散。扩散速度与表面活性原子数量有关，扩散层深度与渗碳时间有关。

渗碳过程中，在吸收阶段即强烈渗碳阶段，渗碳介质应分解出足够的活性碳原子，供钢件表面吸收。如果分解的活性碳原子的数量少于表面吸收的数量，就会使钢件表面层碳量达不到应有的浓度，因而减少了碳浓度梯度，使碳原子的扩散速度减慢，造成渗碳速度缓慢。如果提供的活性碳原子过多，未被钢件吸收的活性碳原子失去活性，以分子形式呈固相出现，即形成炭黑沉积在钢件表面上，阻碍钢件渗碳。但到扩散阶段，钢件表面吸收了一定数量的碳原子向深处扩散时，介质所提供的活性碳原子的数量则要与碳原子向深处扩散的数量相适应。在一般生产的条件下，碳原子往深处扩散的速度总是小于表面吸收的速度，所以扩散阶段所要提供的活性原子的数量应比吸收阶段少得多。因此，在渗碳操作时应在渗碳的各个阶段随时调整渗碳介质的供应量。

B 固体渗碳

固体渗碳是把零件埋在装有固体渗碳剂的渗碳箱内，然后放入炉内加热到900～950℃，经保温一定时间后出炉，打开渗碳箱取出零件进行淬火或取出空冷后再进行淬火的工艺。

固体渗碳剂主要是由固体炭及催渗作用的碳酸盐组成。渗碳箱中木炭燃烧不完全得到CO，即$2C+O_2 \rightarrow 2CO$。在高温下，CO与钢表面接触又发生分解，即$2CO \rightarrow CO_2+[C]$。生成的活性碳原子渗入工件中进行渗碳。

由于固体渗碳时，渗碳箱内残余的氧气是有限的，因此单纯用木炭渗碳的效果很差。加入2%～15%的$BaCO_3$、Na_2CO_3等作为催渗剂，可以加速CO的形成，增加气相中CO的浓度，从而加速渗碳速度。常用固体渗碳剂见表6-2。

表6-2 常用固体渗碳剂组成

组分名称	质量含量/%	使用情况
碳酸钡 $CaCO_3$ 木炭（白桦木）	20～25 3.5～5 余量	在930～950℃，渗碳时间4～15h，渗层厚度0.5～1.5mm
$BaCO_3$ $CaCO_3$ 煤的半焦炭	10～15 3.5 余量	工作混合物由25%～30%新渗碳剂和75%旧渗碳剂组成，工作物中含$BaCO_3$5%～7%
$BaCO_3$ 木炭	3～5 余量	（1）20CrMnTi，930℃渗碳7h，层深1.33mm，表面浓度1.07%C； （2）用于低合金钢时，新旧渗碳剂比为1∶3；用于低碳钢，$BaCO_3$应增至15%
$BaCO_3$ $CaCO_3$ 木炭	15 5 余量	新旧渗剂比为3∶7，920℃渗碳层深1.0～1.5mm；平均渗碳速度0.11mm/h，表面碳浓度1.0%
$BaCO_3$ Na_2CO_3 木炭	3～4 0.3～1.0 余量	18Cr2Ni4WA及20Cr2Ni4A，层深1.3～1.9mm时，表面碳浓度为1.2%～1.5%，用于12CrNi3钢时$BaCO_3$需增至5%～8%
$BaCO_3$ Na_2CO_3 $CaCO_3$ 木炭	10 3 1 余量	新旧渗剂的比例为1∶1，20CrMnTi钢汽轮机被动齿轮（ϕ561，$m=5$），在900℃渗碳12～15h，磨齿后层深达0.8～1.0mm
黄血盐 Na_2CO_3 木炭	10 10 余量	低碳钢及低碳合金钢，920℃保温3～4h，层深1.2mm
醋酸钠 焦炭 木炭 重油	10 30～35 55～60 2～3	由于含醋酸钠（或醋酸钡），渗碳活性较高，速度较快，但容易使表面碳浓度过高；因含焦炭，渗剂热强度高及抗烧损性能好

渗碳箱可用耐热钢或用低碳钢板焊接而成。为了延长低碳钢渗碳箱的使用寿命，可经渗铝处理。装箱时零件与零件之间有一定距离并填充足够的渗碳剂。装箱后箱口用黏土加以密封。渗碳剂可反复使用，但必须配一定比例的新渗剂。

固体渗碳的加热温度、保温时间与渗碳深度有关，根据零件的渗层要求确定。一般加热温度取 920 ~950℃，在实际生产中通过检查试样来确定保温时间。渗层深度与渗碳温度、保温时间的关系见表 6-3。

表 6-3　渗碳层深度和渗碳温度、保温时间的关系

渗碳层深度/mm	加热及保温时间/h						
	870℃	900℃	925℃	940℃	955℃	985℃	1010℃
0.4	3.5	3	2.75	2.5	2	1.5	1
0.8	7	6	5	4.5	4	3	2
1.2	10	8	6.5	5.5	5	4	3
1.6	13	10	8	7.0	6	5	4
2.0	16	12	9.5	8.5	7	6	5
2.4	19	14	11	10	8.5	7	6
2.8	22	16	12.5	11.5	10	8	7
3.2	25	18	14	13	11.5	9	8

固体渗碳的优点是设备简单，易于操作，适用于单件小批量生产；缺点是加热时间长，生产效率低，劳动条件差，渗碳质量难以控制。

C　气体渗碳

气体渗碳是工件在气体渗碳剂中进行渗碳的工艺。

a　气体渗碳剂

常用气体渗碳剂有两大类，一类是氢化物有机液体，如煤油、丙酮、苯、乙醇、甲醇等在高温的炉内产生分解，产生活性碳原子；另一类是如液化石油气、城市煤气等碳氢化合物经过热裂后产生的渗碳气体。

碳氢化合物热裂后产生的渗碳气体主要成分是 CO、C_nH_{2n+2}（烷类饱和碳氢化合物）、C_nH_{2n}（烯类不饱和碳氢化合物）、H_2、CO_2、H_2O 及 N_2。其中 N_2 为中性气氛，CO、C_nH_{2n+2}、C_nH_{2n}都有渗碳能力，而 CO_2 和 H_2O 则是脱碳气体。

CO 是渗碳气氛中主要组成物，在渗碳温度下，将分解出活性碳原子。

$$2CO = CO_2 + [C] + 172.5\text{kJ}$$

饱和碳氢化合物甲烷（CH_4）、乙烷（C_2H_6）、丙烷（C_3H_8）等，在渗碳温度下，分解出活性碳原子。

$$CH_4 = 2H_2 + [C] - 75.8\text{kJ}$$

炉气中含有水分的 H_2 能使钢脱碳，但高温下其作用并不强烈；相反，在炉内氢含量较高时，可以延缓碳氢化合物的分解过程，阻止不饱和碳氢化合物的形成和炭黑的产生。同时氢还是强还原性气体，能保持钢表面不被氧化，是渗碳气氛中的重要成分之一。

渗碳气氛中还有少量的 CO_2、H_2O 或 O_2 等脱碳气体，它们的含量必须严格控制。通

常在渗碳气氛中 CO_2、H_2O 的含量控制在 0.5% 以下。

渗碳剂中含硫是十分有害的。SO_2 对工件表面有腐蚀作用，且硫渗入工件表面会降低渗碳层的碳浓度。对含镍的耐热钢炉罐，硫与镍形成低熔点的 NiS，以网状形式出现在晶界上，引起热脆，将显著降低炉罐、工夹具及电热体的寿命。一般规定渗碳用的煤油及裂化气体中含硫量应低于 0.04%。

b　气体渗碳工艺

渗碳过程一般分为排气、强烈渗碳、扩散、降温等四个过程，如图 6-1 所示。

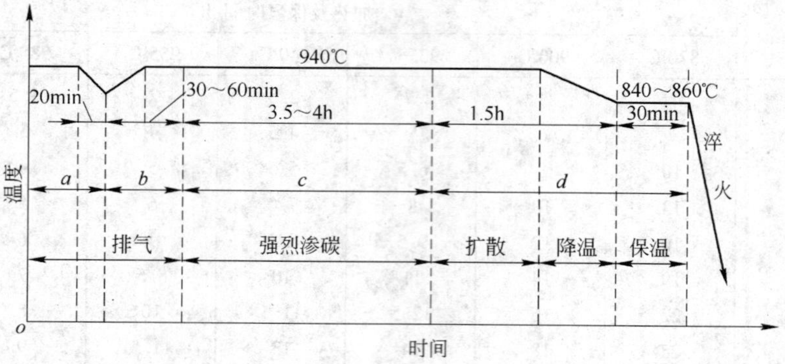

图 6-1　井式炉气体渗碳工艺

（适用于 20Cr、20CrMnTi、20MnVB 等钢种，层深要求 1 ~ 1.5mm）

（1）排气。将工件装炉后必然引起降温，同时带入大量空气。排气阶段的作用是恢复炉温，排出空气，以防工件氧化。通常加大渗剂的流量，使炉内氧化气氛迅速减少。

排气时间一般在炉温达到渗碳温度后延长 30 ~ 60min，以使炉内温度均匀，并使炉气中 CO_2 及 O_2 含量不大于 0.5%。若排气不好，炉内 CO_2、O_2 的含量偏高，造成渗碳速度减慢，形成渗层碳浓度低等缺陷。

（2）强烈渗碳。排气结束后关闭排气孔，进入强烈渗碳阶段。该阶段的特点是渗碳剂滴量较多或气氛较浓，使工件表面碳浓度增大、表层与次层的碳浓度梯度增大，从而提高渗碳速度。强烈渗碳时间主要取决于渗层厚度要求。

（3）扩散。进入扩散阶段是以减少渗碳剂滴量或浓度为标志的。扩散阶段炉气渗碳能力降低，表层过剩的碳继续向内部扩散，最后达到一定的渗碳层深度和合适的碳浓度分布。扩散阶段所需的时间由中间试样的渗层深度来决定。

（4）降温。对于直接淬火的零件应随炉冷至适宜的淬火温度，一般取 840 ~ 860℃，并保温 15 ~ 30min 使工件内外温度均匀之后出炉淬火。对于重新加热淬火的零件，在渗碳温度出炉空冷或入缓冷坑。为减少零件的表面氧化和脱碳变形一般随炉冷至 880 ~ 860℃ 出炉。降温阶段渗碳剂用量与扩散阶段相同。

（5）渗碳温度。渗碳温度对渗碳速度、渗层碳浓度都有很大影响。渗碳温度越高，渗碳速度越快，渗层越深。但过高的渗碳温度使奥氏体晶粒粗大，降低工件的性能，增加零件的变形，降低工夹具的寿命。因此一般渗碳温度采用 900 ~ 950℃。对于渗层深度要求较浅、变形要求较高的零件采用 850 ~ 900℃ 温度渗碳。

（6）渗碳时间。渗碳时间就是强烈渗碳和扩散阶段所需的时间，主要根据渗层深度要求来确定。生产实践中通过检查试样来调整渗碳时间。920℃渗碳渗层深度与时间的关系见表 6-4。

表 6-4　920℃渗碳渗层深度与时间的关系

渗碳时间/h	3	4	5	6	7
渗碳层深度/mm	0.4～0.6	0.6～0.8	0.8～1.2	1.0～1.4	1.2～1.6

（7）碳势的控制。碳势是表征含碳气氛在一定温度下改变钢件表面碳量的能力的参数，通常可用低碳钢箔在含碳气氛中的平衡含碳量来表示。碳势的高低，表示炉气渗碳能力的强弱。

滴注式可控气氛渗碳时，同时向炉内滴注两种有机液体。一种液体分解后形成一股相当于稀释气氛的气体，作为载体使用。其还原能力较强，能在渗碳初期排除炉内空气，使炉气迅速成还原性并保持炉内为正压力。另一种是液体分解后形成渗碳能力较强的富化气。调节好两个液体的滴入比例，可使零件表面含碳量控制在要求的范围内。

D　其他渗碳工艺

（1）液体渗碳法。液体渗碳是在熔融盐浴渗碳剂中进行渗碳的工艺。液体渗碳法具有设备简单、碳的浓度及深度容易控制、渗碳速度快、灵活性大、渗碳后便于直接淬火等优点，适合于处理中、小型零件。其最大缺点是所用的盐浴有毒。

（2）膏剂渗碳。膏剂渗碳是工件表面以膏状渗碳剂涂覆进行渗碳的工艺。膏剂渗碳法适用于单件生产或修复渗碳和局部渗碳。

（3）高频渗碳。高频渗碳是在渗碳介质中用高频感应加热的方法加热工件进行渗碳的工艺。高频渗碳的渗剂有膏剂、气体、液体三种，分别称为高频加热膏剂渗碳、高频加热气体渗碳、高频加热液体渗碳。

（4）真空渗碳。真空渗碳是在低于 1 个大气压的条件下进行气体渗碳的工艺。真空渗碳是新发展起来的一种高温渗碳技术，具有如下优点：

1）在高温真空状态下渗碳，表面净化作用所造成的表面活化状态使渗碳时间显著缩短；

2）表面质量好，渗碳层均匀；

3）能直接使用天然气作渗碳剂，不需要可控气氛发生器；

4）作业条件好，排除了烟、热对环境的污染。

E　渗碳零件的热处理

渗碳后可以得到表层高碳、心部低碳这样一种含碳量的工件。为了得到合乎理想的性能，工件尚需进行适当的热处理。常见的渗碳后的热处理有直接淬火、一次加热淬火和两次淬火。

（1）直接淬火。直接淬火是在工件渗碳后，预冷到一定温度，然后立即进行淬火冷却。这种方法一般适用于气体渗碳、真空渗碳或液体渗碳。固体渗碳时，由于工件装于箱内，出炉、开箱都比较困难，较难采用该种方法。

淬火前的预冷可以是随炉降温或出炉冷却。预冷的目的是使工件与淬火介质的温度差减小，减小应力与变形。预冷的温度一般取稍高于心部成分的 A_{r3} 点，避免淬火后心部出现自由铁素体，获得较高的心部强度。但此时表面温度高于相当于渗层化学成分的 A_{r3} 点，奥氏体中含碳量高，淬火后表层残余奥氏体量高，硬度较低。

直接淬火的优点为：减少加热、冷却次数，简化操作，减少变形及氧化脱碳。缺点为：由于渗碳时在较高的渗碳温度停留较长的时间，容易发生奥氏体晶粒长大，直接淬火前虽经预冷也不能改变奥氏体晶粒度，因而可能在淬火后机械性能降低；只有本质细晶粒钢，在渗碳时不发生奥氏体晶粒的显著长大，才能采用直接淬火。

（2）一次加热淬火。一次加热淬火是渗碳后缓冷，再次加热淬火。再次加热淬火的温度应根据工件要求而定，一般可选在稍高于心部成分的 A_{c3} 点，也可选在 A_{c1} 和 A_{c3} 之间。对心部强度要求较高的合金渗碳钢零件，淬火加热温度应选为稍高于 A_{c3} 点的温度。这样可使心部晶粒细化，没有游离的铁素体，可获得所用钢种的最高强度和硬度，同时，强度和塑性韧性的配合也较好。这时对表面渗碳层来说，先共析碳化物溶入奥氏体，淬火后残余奥氏体较多，硬度稍低。

对心部强度要求不高，而表面又要求有较高的硬度和耐磨性时，可选用稍高于 A_{c1} 的淬火加热温度。如此处理，渗层先共析碳化物未溶解，奥氏体晶粒细化，硬度较高，耐磨性较好，而心部尚存在有大量先共析铁素体，强度和硬度较低。

为了兼顾表面渗碳层和心部强度，可选用稍低于 A_{c3} 的淬火加热温度。在此温度淬火，即使是碳钢，在表层由于先共析碳化物尚未溶解，奥氏体晶粒不会发生明显粗化，硬度也较高。心部未溶解铁素体数量较少，奥氏体晶粒细小，强度也较高。

一次加热淬火的加热方法适用于固体渗碳，而液体、其他渗碳的工件，特别是本质粗晶粒钢，或渗碳后不能直接淬火的零件也可采用一次加热淬火。

（3）两次淬火。在渗碳缓冷后进行两次加热淬火。第一次淬火加热温度在 A_{c3} 以上，目的是细化心部组织，并消除表面网状碳化物。第二次淬火加热温度选择在高于渗碳层成分的 A_{c1} 点温度（780 ~ 820℃）。二次加热淬火的目的是细化渗碳层中马氏体晶粒，获得隐晶马氏体、残余奥氏体及均匀分布的细粒状碳化物的渗层组织。

由于两次淬火法需要多次加热，不仅生产周期长、成本高，而且会增加热处理时的氧化、脱碳及变形等缺陷。以前两次淬火法多应用于本质粗晶粒钢，但是现在的渗碳钢基本上都是用铝脱氧的本质细晶粒钢，因而目前两次淬火法在生产上很少应用，仅对性能要求较高的零件才偶尔采用。

不论采用哪种淬火办法，渗碳件在最终淬火后均经 180 ~ 200℃的低温回火。

F　渗碳层的组织和性能

（1）渗碳层的组织。渗碳件渗碳后缓冷使碳浓度从表及里逐渐减少，表层为珠光体和少量碳化物（即过共析层），往里是珠光体（共析层），再往里是珠光体加铁素体，愈接近心部珠光体含量愈少。

渗碳件渗碳淬火后组织表面层是马氏体加少量碳化物、残余奥氏体，往里是马氏体和残余奥氏体，再往里是马氏体，最后心部是低碳马氏体组织。对于淬透性不好的钢心部得到屈氏体或索氏体组织。

（2）渗碳层的性能。渗碳层的性能，取决于表面碳含量、碳浓度梯度及淬火后的组织。

渗碳层经淬火后具有高硬度（56～64HRC）、高强度及高耐磨性能。渗碳层中碳化物的数量、大小、形状和分布对渗碳件的性能影响很大。一般认为表面粒状碳化物增多，将提高表面耐磨性及接触疲劳强度。碳化物呈网状、大块状，将使冲击韧性、疲劳强度下降。

渗层中的残余奥氏体量一般认为低于15%，但由于残余奥氏体较软、塑性较高，有时能防止裂纹扩展，提高接触疲劳强度，所以残余奥氏体量有时可以高于15%。

渗碳层的马氏体组织愈细，强度和耐磨性能愈好。

6.1.2.2 渗氮

渗氮是在一定温度下（一般在 A_{c1} 温度下）使活性氮原子渗入工件表面的化学热处理工艺。渗氮能显著提高钢的耐磨性与疲劳强度，改善耐蚀性和抗擦伤性能。由于渗氮温度低，渗氮时变形小。

A 渗氮用钢及预先热处理

（1）渗氮用钢。通过渗氮提高耐磨与抗疲劳性能的零件，一般采用含0.15%～0.45%C的合金结构钢，如铬铝、铬钼、铬钼铝、铬镍钼、铬钼钒、铬镍钨等合金钢。以抗腐蚀为主要目的的工件可使用低碳钢、中碳钢，还有极少数用高碳钢和低合金钢。腐蚀性较强介质中工作的零件可采用不锈钢。冷、热模具钢、高速工具钢也采用氮化。

（2）预先热处理。为了保证渗氮件心部具有足够的力学性能，消除内应力，为氮化提供良好的原始组织和减少尺寸变化，渗氮前必须进行调质处理。调质时应注意避免出现游离铁素体。实践证明，调质处理后工作表面（厚度至少是渗氮层厚度的3倍）获得单一索氏体，有助于提高渗氮质量和降低脆性。精度要求高的零件在磨削前后需多次进行去应力退火，退火温度要高于氮化温度。

B 气体渗氮

（1）渗氮剂和渗氮设备。渗氮剂主要有氨、氨与氮、氨和预分解氨（即氨、氢、氮混合气体）以及氨与氢等四种。

为了防止或减少 $\xi(Fe_2N)$ 相而增大 γ 相区，以达到降低脆性、增厚渗氮层的目的，可采用氮、氨混合型渗剂。

渗氮用的氨的纯度高于95%，导入渗氮前，氨气先经过干燥器脱水，使水分解低到2%以下。使用的干燥剂有硅胶、氯化钙、生石灰等。

渗氮设备中加热炉一般选用中式炉、箱式炉、钟罩式炉等。渗氮罐一般用1Cr18Ni9Ti不锈钢制造。有时渗氮罐要进行表面镀镍，减少氨的消耗和提高罐的寿命。使用若干次后，渗氮罐可以在800～860℃空载保温2～4h，进行退氮处理。渗氮罐还可用低碳钢表面涂搪瓷料浆，使用效果很好。

（2）渗氮工艺。

1）渗氮温度。随着渗氮温度的升高，工件表面硬度下降。渗氮温度一般采用480～530℃。

2）渗氮时间。渗氮时间延长，渗层加厚，开始明显，随后缓慢，如图6-2所示。

3）氨气的分解率。使用氨气渗氮时，零件表面吸收氮的能力与氨分解率有关。当分解率为 10% ~40% 时，活性氮原子多，零件表面可大量吸收氮；当分解率超过 60% 时，则气氛中氢的含量高达 52% 以上，将产生脱氮作用。此时活性原子数量减少，而且大量氢分子和氮分子停滞于表面附近，使氮原子不易被表面吸收，从而使表面含氮量降低，渗氮层深度减薄。氨的分解率和渗氮层深度的关系见图 6-3。

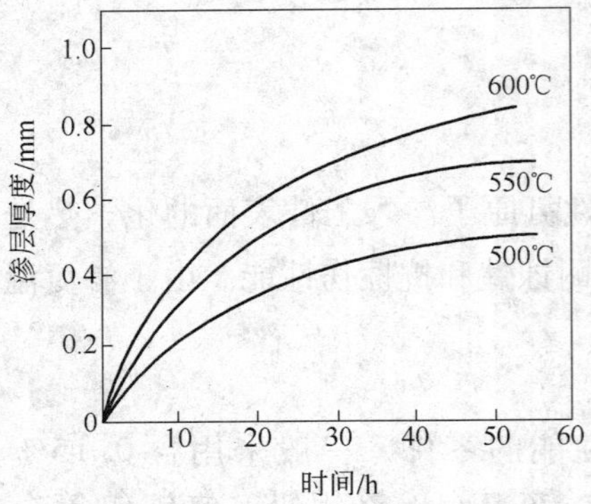

图 6-2 渗氮温度与时间对 38CrMoAlA 钢渗氮层深度的影响

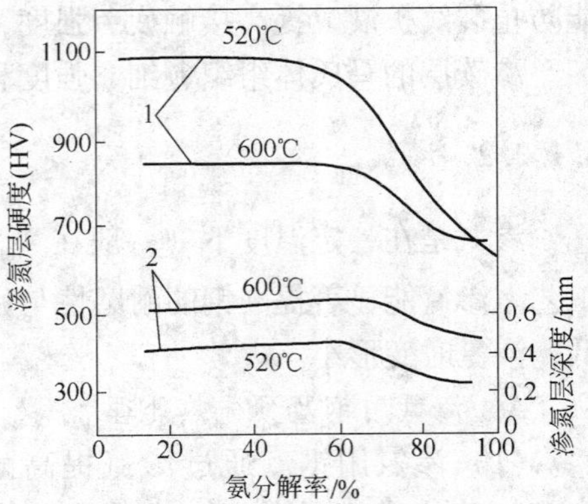

图 6-3 氨分解率对 38CrMoAlA 钢渗氮层深度与硬度的影响（保温 24h）
1—硬度；2—深度

氨分解率对渗氮层深度与硬度的影响主要表现在渗氮初期几个小时以内。如早期 5 ~10h 以内，以低的氨分解率（15% ~30%）渗氮，随后虽将分解率提高到 70% 以上保温，但对渗层深度与硬度影响仍旧不大。

（3）典型渗氮工艺。

1）一段渗氮法。一段渗氮法也称单程渗氮法或等温渗氮法，如图 6-4 所示。渗氮温度为 480 ~530℃，前 15 ~20h 采用低氨分解率，获得高硬度的氮化物表层。随后提高氨的分解率，促使氮原子向内扩散。为了抑制脆性相，达到降低脆性的目的，保温结束前 2 ~4h 将氨分解率提高到 70% 以上，同时提高退氮温度进行退氮处理。此种氮化法渗氮温度低，硬度高，变形小，生产周期长，退氮不当时，脆性大。

2）两段渗氮法。两段渗氮法也称双程渗氮法。第一段以及停炉前的退氮与一段渗氮法相似。第二阶段提高渗氮温度为 550 ~560℃，见图 6-5，以加速渗氮的扩散来缩短渗氮时间。本工艺生产效率高，适用于磨床主轴、镗杆等零件的渗氮。

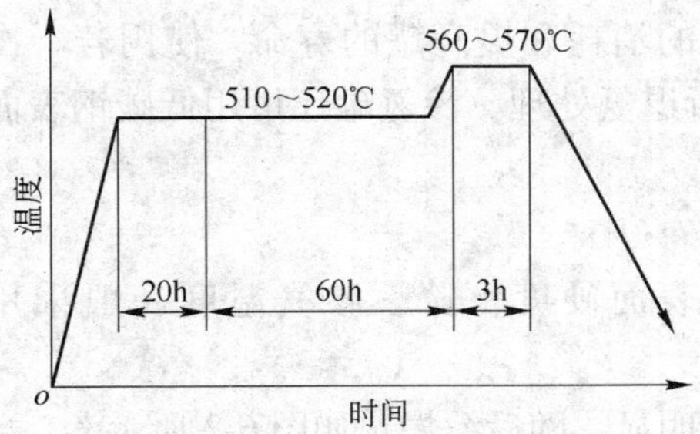

图 6-4 38CrMoAlA 钢一段渗氮工艺曲线

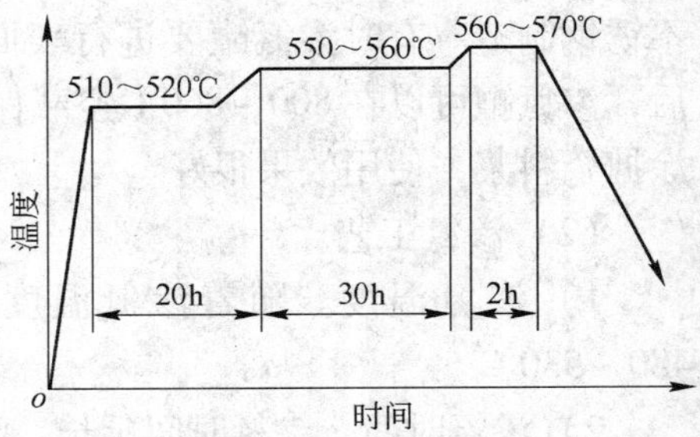

图 6-5 38CrMoAlA 钢两段渗氮工艺曲线

3）三段渗氮法。三段渗氮法如图 6-6 所示。工件先在 570℃左右低温渗氮，保证表面较高的硬度。第二阶段升温到 560 ~ 570℃保温并增加氨的分解率，增加表面层的氮浓度，加速氮原子的扩散，加厚氮化层。第三阶段与第一阶段相同，目的是提高表面层的氮含量和硬度。

三段渗氮法由于显著缩短渗氮时间，因此有节能、降低成本的效果。

4）循环两段渗氮法。循环两段渗氮法是进行 2 ~ 4 个周期短的两段渗氮循环，如图 6-7所示。

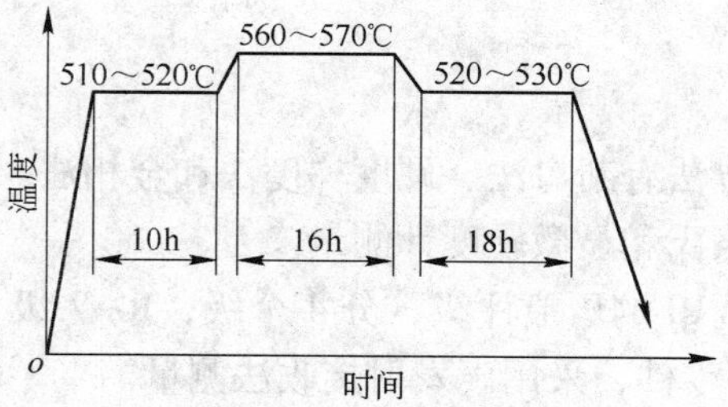

图 6-6　38CrMoAlA 钢三段渗氮工艺曲线

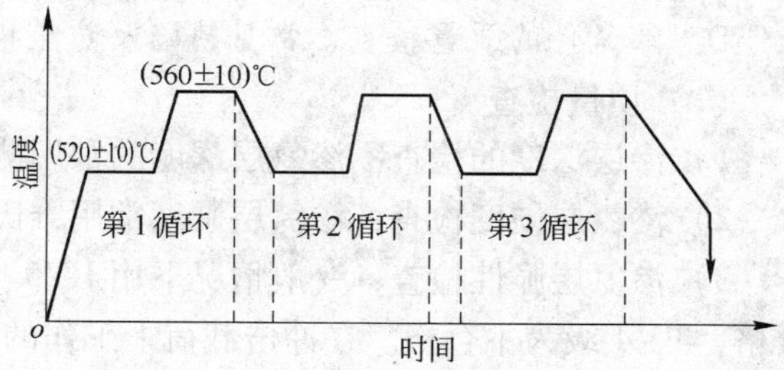

图 6-7　循环两段渗氮新工艺示意图

渗氮初期采用较低氨分解率和较低渗氮温度，然后升高温度，加大氨分解率，提高氮的浓度及扩散。此种渗氮法循环几次，使渗氮速度加快，渗氮时间缩短 30% 以上。

C　渗氮层的组织、结构与性能

(1）渗氮层组织的基本特征。渗氮层各相的基本特点见表 6-5，各相的形成顺序及平衡状态下的渗氮层中各层次的相组成物见表 6-6。

表 6-5　渗氮层各相的基本特点（纯铁渗氮）

相组成物名称	本质及化学式	晶体结构及晶格常数/nm	含氮量/%	主要性能
α	氮在铁素体（溶有合金元素的 α 铁）中的固溶体	体心立方 0.2866 ~ 0.2877	590℃时为 0.11，室温仅 0.004	有铁磁性，硬度高于基体
γ	氮在奥氏体中的固溶体	面心立方	≤2.8	仅存在于共析点之上
γ′	以 Fe_4N 化合物为基的固溶体，$Fe_{3\text{-}4}N$	面心立方 0.3791 ~ 0.3801	5.7 ~ 6.1	有铁磁性，硬度较高，脆性小
ε	以氮化物为基的固溶体 $Fe_{2\text{-}3}N$	密排六方	4.55 ~ 11	硬度较高，脆性不大，耐蚀性较好
ζ	以 Fe_2N 化合物为基的固溶体 Fe_2N	斜　方	11.1 ~ 11.8	脆性大

表 6-6　不同温度渗氮层中各相的形成顺序及平衡状态下的渗氮层中各层次的相组成物

渗氮温度/℃	相形成顺序	由表及里的渗层相组成物
<590	$\alpha\to\alpha_N\to\gamma'\to\varepsilon$	$\varepsilon+\gamma'\to\gamma'\to\alpha_N+\gamma'$（过剩）→α
590 ~ 680	$\alpha\to\alpha_N\to\gamma\to\gamma'\to\varepsilon$	$\varepsilon+\gamma\to\gamma'\to$（$\alpha_N+\gamma'$）共析体→$\alpha_N+\gamma'$过剩→α
>680	$\alpha\to\alpha_N\to\gamma\to\varepsilon$	$\varepsilon+\gamma'\to$（$\alpha_N+\gamma'$）共析体→$\alpha_N+\gamma'$过剩→α

(2) 渗氮层的性能。

1) 渗氮层的硬度和耐磨性。渗氮层的高硬度是由于渗氮层形成硬度高的弥散氮化物，其耐磨性比淬火的高合金钢和渗碳钢高0.5~3倍。

2) 渗氮层的抗疲劳性能。由于表面压应力和弥散析出的氮化物阻碍晶体的滑移，疲劳强度显著提高，但渗层过厚则疲劳强度下降。

3) 渗氮层的耐腐蚀性。当ε相层厚度大于15μm，且致密区大于ε相层厚度的50%时，在自来水、潮湿空气、弱碱性溶液和某些气体燃烧产物中有较好的耐蚀性，具有一定的抗气蚀性能。

D　渗氮件的质量检查、常见缺陷及防止措施

(1) 质量检查。

1) 渗层深度的检查：渗氮层深度的常用测量方法有断口法、硬度梯度法和金相法。

2) 渗氮层硬度检查：渗氮层硬度常用维氏、洛氏和显微硬度计测量。

3) 渗氮层脆性检查：一般情况下用HV5或HV10的压痕评级，分4个级，1~2级为合格，3~4级为不合格。在冲击载荷下工作的重要零件，采用声发射接收法测量。

4) 金相组织检查：合格渗氮层组织不应存在网状氮化物、连续的波纹状以及鱼骨状氮化。不进行磨削的零件ε相层深度不大于30μm。

5) 尺寸变化和变形检查：氮化件变形和尺寸变化很小，渗氮后精磨的零件，最大磨削量不得超过0.15μm，最好小于0.10μm。

6) 耐蚀性检查：对抗蚀性零件渗氮后检查耐蚀性，可以用6%~10% $CuSO_4$ 水溶液，在其中浸入1~2min后无铜的沉淀则合格；也可用10g赤白盐（$K_3Fe(CW)_6$）、20g NaCl溶于1L蒸馏水，工件浸入持续1~2min无蓝色印迹即合格。

(2) 常见缺陷及防止措施。渗氮常见缺陷的产生原因及防止措施见表6-7。

表6-7　渗氮常见缺陷的产生原因及防止措施

缺陷类型	产生原因	防止措施
渗氮层硬度低或硬度不均匀	渗氮温度偏高；采用第一段氨分解率过高或渗氮罐与通氨管久未退氮；启用新渗氮罐	经常校验仪表、热电偶，防止电位差计失录；氨分解率取下限，渗氮马弗罐与通氨管退氮；新马弗罐应经过预渗，使分解率平衡控制
	工件未洗净，表面有油渍；调质硬度低；材料组织不均匀；密封不良，炉盖等处漏气；装炉不当，气氛循环不良；局部防渗锡层流淌	洗净油污；降低回火温度，提高调质后硬度；调整预备热处理工艺；更换石墨石棉垫，加强密封合理装炉；保证气流畅通；改用其他防渗涂料
渗氮层厚度浅	温度（尤其是两段渗氮的第二段温度）偏低；保温时间短；渗氮马弗罐久未退氮或换新；第二段氨分解率低；装炉不当，零件靠得太近，气氛循环不良；零件未经调质处理	适当提高温度，校正仪表及热电偶；酌情延长保温时间；清除内壁污垢，退氮，最好改用搪瓷马弗罐；提高氨分解率；合理装炉，保证零件间留有5mm以上空隙，通过调质处理使基体组织形成均匀致密的回火索氏体
渗氮层脆性大	表面出现ξ相（Fe_2N）	渗氮后将氨分解率提高到70%以上，于500~570℃保温2~4h，通过退氮使ξ→ε（$Fe_{2-3}N$）

续表 6-7

缺陷类型	产生原因	防止措施
渗氮件变形超差	机加工产生的应力较大；零件细长或形状复杂；局部渗氮或渗氮面不对称；渗氮层较厚时因比容大而产生较大组织应力，导致变形；渗氮罐内温度场不均匀度大；零件自重的影响或装炉方式不当	粗磨后去应力处理，精磨进给量减小，采用缓慢、分阶段升温法减小热应力，即300℃以上每100℃保温1h，渗氮之后冷却速度也尽量降低一些；改进设计，避免不对称；局部渗氮时加热与冷却速度应降低；胀大部位采用负公差，尺寸取下限，反之则尺寸取上限；选择合理的渗层厚度，防止过厚；改进电热体布置，深井炉分段控温，强化循环；长杆件吊挂时必须与轴中心线平行（垂直于端面）必要时设计专用卡具吊具
表面氧化色	冷却时供氨不足，罐内负压而吸入空气；渗氮罐与炉盖处密封不好；干燥剂失效，氨中含水过多；出炉温度过高	适当增大氨流量，保证罐内正压；改进密封措施；更换干燥剂；炉冷至200℃以下出炉
表面腐蚀	氯化铵（或四氯化碳）加入量过多，挥发太快	除不锈钢气体渗氮外，其余钢件不应采用此种收效甚微的方法，采用时用量不能高，并应与石英砂混合以防分解、挥发太快
渗氮形成网状、脉状或鱼骨状氮化物	渗氮温度太高，原始组织晶粒粗大，零件有尖角、锐边，表面脱碳严重；加工粗糙度高；液氮含水量太高；气氛氮势过高	酌情降低并严格控制温度，调质时淬火温度过高应降低；改进设计，尽量避免尖角、锐边；调质处理的淬火工序应在充分脱氧的盐炉或保护气氛炉中进行，或表面脱碳层在机加工时能完全切除，渗氮前的磨削加工后期进给量减少，提高光洁度；干燥剂应定时烘烤或更换；控制气氛分解率，勿使氮势过高
渗氮件表面有亮块、亮点，硬度不均匀	罐内温差大；进氨管堵塞；零件表面有油污；装炉量太大	改进设备，使有效加热区温差减小；清理、疏通；清洗去污；合理装炉
化合物层不致密，抗蚀性差	氮浓度低，化合物层偏薄；冷却速度太慢，氮化物分解造成疏松层偏厚；零件锈斑未除净	氨分解率不宜过高；冷速适当调整；入炉前应除净锈斑

6.1.2.3 碳氮共渗

碳氮共渗是在一定温度下同时将碳、氮渗入工件表层奥氏体中并以渗碳为主的化学热处理工艺。碳氮共渗可以在气体介质中进行，也可以在液体介质中进行。

A 气体碳氮共渗

(1) 碳氮共渗介质。

1) 2% ~10% 氨气 + 渗碳气体：可用于连续式作业炉，也可用于周期式作业炉。

2) 含碳氮的有机液体：主要用于滴注式气体碳氮共渗。常用的渗剂为三乙醇胺、三乙醇胺中溶入20% 的尿素。炉气的碳势控制与气体渗碳相同，用露点仪、红外线分析仪和氧探头进行测量与控制。

(2) 碳氮共渗工艺。

1) 共渗温度：由于碳氮共渗后采用直接淬火，因此共渗温度常采用820 ~880℃。

2）共渗时间：根据渗层深度而定，见式（6-1）。

$$X = k\sqrt{t} \tag{6-1}$$

式中　X——渗层深度，mm；

t——共渗时间，h；

k——常数，在860℃共渗时，不同钢种的k值见表6-8。

表6-8　860℃气体碳氮共渗时不同钢种的k值

钢　号	20	20Cr	40Cr	18CrMnTi
k	0.28	0.30	0.37	0.32

B　液体碳氮共渗

（1）共渗介质。盐浴由氰化物、氯化钠、氯化钡和碳酸钠等组成。

熔融盐中的氰化钠被空气中的氧所氧化而发生下列反应：

$$2NaCN + O_2 \longrightarrow 2NaCNO$$

$$2NaCNO + O_2 \longrightarrow Na_2CO_3 + CO + 2[N]$$

$$2CO \longrightarrow CO_2 + [C]$$

在含有$BaCl_2$的盐浴中氰化时，盐浴内发生下列反应：

$$BaCl_2 + 2NaCN \longrightarrow NaCl + Ba(CN)_2$$

$$Ba(CN)_2 \longrightarrow BaCN_2 + [C]$$

$$BaCN_2 + O_2 \longrightarrow BaO + CO + 2[N]$$

原子状态的碳和氮进入工件并扩散形成共渗层。

（2）共渗工艺。结构钢的氰化盐浴成分及处理规范见表6-9。

表6-9　结构钢氰化的盐浴成分及处理规范

盐浴成分（质量分数）	处理温度/℃	处理时间/h	渗层厚度/mm	附　注
NaCN:50%，NaCl:50%（NaCN:20%～25%，NaCl:25%～50%，Na_2CO_3:25%～50%）①	840 840 870 870	0.5 1.0 0.5 1.0	0.15～0.2 0.3～0.25 0.2～0.25 0.25～0.35	氰化后从盐浴中取出直接淬火，然后在180～200℃回火
NaCN:10%，NaCl:40%，$BaCl_2$:50%（NaCN:8%～12%，NaCl:30%～55%，$BaCl_2$:10%～15%）	840 900 900 900	1.0～1.5 1.0 2.0 4.0	0.25～0.3 0.3～0.5 0.7～0.8 1.0～1.2	零件氰化后在空气中冷却，然后在盐浴中或者炉中加热淬火，并在180～200℃回火，渗层中氮含量为0.2%～0.3%，碳含量为0.8%～1.2%，表面硬度58～64HRC
NaCN:8%，NaCl:10%，$BaCl_2$:82%（NaCN:3%～8%，$BaCl_2$:≥30%，NaCl:≥30%，$BaCO_3$:≥40%）	900 900 950 950 950	0.5 1.5 2.0 3.0 5.5	0.2～0.25 0.5～0.8 0.8～1.1 1.0～1.2 1.4～1.6	零件氰化后在空气中冷却，然后在盐浴中或者炉中加热淬火，并在180～200℃回火，渗层中氮含量为0.2%～0.3%，碳含量为0.8%～1.2%，表面硬度58～64HRC，浴面用石墨覆盖，以避免氰化盐浴热量和碳的损耗

①括号内给出的是盐浴工作成分。

C　碳氮共渗后的热处理

碳氮共渗常用钢为中碳合金结构钢，如40CrMo、40Cr、40CrNiMo、40CrMnMo钢等。共渗后一般采用直接淬火。

D　碳氮共渗层的组织和性能

（1）碳氮共渗层组织。碳氮共渗层的组织决定于共渗层中碳和氮的浓度、钢种及共渗温度。碳氮共渗后淬火组织表层为马氏体基体上弥散分布的碳氮化合物；往里为高碳马氏体加残余奥氏体；再往里残余奥氏体减少，马氏体也逐渐从高碳马氏体过渡到低碳马氏体。如碳、氮浓度较低时，则表面不出现碳、氮化合物。

（2）碳氮共渗层的性能。

1）硬度。碳氮共渗的钢件经淬火后，其硬度比渗碳零件淬火后高。碳氮共渗的工件经淬火后硬度最高值在次层，这是因为表层存在较多残余奥氏体。

2）耐磨性。碳氮共渗工件耐磨性比渗碳件稍高。

3）疲劳强度、弯曲强度和冲击韧性。碳氮共渗件疲劳强度随碳氮化合物增加而提高，但氮含量过高时出现黑色组织，疲劳强度反而下降。弯曲强度和冲击韧性随碳氮含量增加而下降。

E　常见缺陷与防止措施

（1）粗大碳氮化合物。表面碳氮含量过高，以及共渗温度较高时，工件表面会出现密集的粗大条块状碳氮化合物。当共渗温度较低，炉气中氮势过高时，工件表面层会出现连续的碳氮化合物。这些缺陷导致表面剥落或开裂。防止这种缺陷的方法是严格控制碳势和氮势。特别是共渗初期严格控制氨的加入量。

（2）黑色组织。在未经腐蚀或轻微腐蚀的碳氮共渗金相试样中有时可在离表面不同深度处看到一些分散的黑点、黑带、黑网，统称为黑色组织。碳氮共渗层中出现黑色组织，会使弯曲疲劳强度、接触疲劳强度及耐磨性下降。

点状黑色组织主要发生在离表面40μm深度内，是一个孔洞。其产生的原因是由于共渗初期炉气氮势过高，渗层中氮含量过大，在碳氮共渗时间较长时，碳浓度增高，发生氮化物分解及脱氮过程，原子氮变成了分子氮而形成孔洞。

表面黑带出现在离表面0～30μm的范围内。它的产生主要是由于形成合金元素的碳化物、氮化物和碳氧化物等小颗粒，使奥氏体中合金元素贫化，淬透性降低，而形成托氏体。

黑色网出现在紧接着黑带内侧伸展深度较大的范围内。这是由于碳、氮发生晶界扩散，沿晶界形成Mn、Ti等合金的碳氮化合物，降低附近奥氏体中合金元素的含量，降低淬透性，而形成托氏体。

过渡区黑带是由于过渡区的Mn生成碳氮化合物后奥氏体含量减少，淬透性降低，从而出现托氏体。

为了防止黑色组织的出现，应控制渗层的氮含量。一般渗层中氮含量超过0.5%时，容易出现黑色组织，氮含量过低时淬透性降低，也容易产生托氏体网，因此氮含量控制在0.3%～0.5%为宜。另外应提高炉子的密封性，防止漏气，同时应控制氨的加入量。为了抑制托氏体网的出现，可以适当提高淬火加热温度和采用冷却能力较强的淬火介质。当黑色组织产生在小于0.2mm深度时可以采用喷丸强化进行补救。

6.1.2.4 氮碳共渗

氮碳共渗是工件表层渗入氮和碳，并以渗氮为主的化学热处理工艺，也称软氮化。下面以常用的气体氮碳共渗为例介绍氮碳共渗。

A 气体氮碳共渗剂

气体氮碳共渗剂成分见表 6-10。

表 6-10 几种气体氮碳共渗剂

类 别	渗剂成分（质量分数）	备 注
吸热式可控气氛（R_x）与氨为介质	50% NH_3 + 50% R_x 气，R_x 气含 32% ~40% H_2，20% ~24% CO，≤1% CO_2，38% ~43% N_2	废气中剧毒的 HCN 可高达 620mL/m^3，排气口点燃也不可能达到 0.3mg/m^3 的排放标准
放热式可控气氛（N_x）与氨为介质	50% ~60% NH_3 + 40% ~50% N_x 气，N_x 气含 ≤10% CO_2，<5% CO，<1% H_2，N_2（余量，>85%）	排气口 HCN 含量为 20mL/m^3，N_x 气的成本约为 R_x 气的 70%
放热-吸热式气氛与氨为介质	50% NH_3 + 50% N_x-R_x 气，N_x-R_x 的成分约为 20% H_2，20% CO 及 60% N_2	
氨与烷类气体为介质	50% ~60% NH_3 + 40% ~50% C_3H_8，或以 CH_4 代 C_3H_8	
氨与醇为介质	NH_3 + C_2H_5OH	以 CH_3OH 代 C_2H_5OH 则 NH_3 流量酌减
尿素为介质	100% $(NH_2)_2CO$ $(NH_2)_2CO \rightarrow CO + 2H_2 + 2[N]$	通过螺杆式送粉器将尿素加入马弗炉中
放热气氛与氨为介质，加前处理	50% ~60% NH_3 + 40% ~50% N_x 气，氮碳共渗前先在 350℃左右预氧化	预热在空气炉中进行，可减小变形，形成的氧化膜有助于提高共渗速率
放热气氛与氨为介质，加后处理	50% ~60% NH_3 + 40% ~50% N_x 气共渗后在 300 ~400℃氧化	耐蚀性明显提高
以氨、二氧化碳为介质，添加或不加氮气	40% ~95% NH_3 + 5% CO_2 + 0 ~55% N_2	添加氮气有助于提高氮势和碳势

B 气体氮碳共渗工艺参数

（1）温度。气体氮碳共渗温度采用 500 ~680℃。从共渗速度、尺寸变化、渗层硬度、化合物层致密度与脆性等方面综合考虑，多数钢最佳共渗温度为 560 ~580℃。为了不降低基体强度，4Cr5MoVSi、Cr12Mo 等钢共渗温度比回火温度低 5 ~10℃。

（2）保温时间。在 570℃共渗时几种钢保温时间与共渗深度和硬度的关系见表 6-11。

表 6-11 570℃下保温时间对渗层深度与表面硬度的影响

钢 号	2h			4h		
	硬度（HV）	化合物深度/μm	扩散层深度/mm	硬度（HV）	化合物深度/μm	扩散层深度/mm
20 钢	480	10	0.55	500	18	0.80
15CrMo	600	8	0.30	650	12	0.45
45 钢	550	13	0.40	600	20	0.45
40CrMo	750	8	0.35	860	12	0.45
T10	620	11	0.35	680	15	0.35

除高速钢刀具保温 1～1.5h 外，结构钢零件大多数保温时间为 2～4h。超过 4h 时，致密的化合物层不再增厚，疏松区宽展，渗层深度降低。

C 氮碳共渗层的组织与性能

（1）氮碳层的组织。氮碳共渗时，碳原子在 α 铁中的扩散速度比氮原子大，但固溶度小。碳渗入工件表面层迅速形成 Fe_3C 微粒，而后氮原子以 Fe_3C 微粒为核心依次形成 Fe_4N（γ 相）和 $Fe_{2\text{-}3}N$（ε 相）。ε 相能固溶不小于 40% 的碳，故形成 ε 相后为［C］渗入创造了有利的条件。钢铁工件的共渗层组织，依次是 $Fe_{2\text{-}3}N$、Fe_3N 和 Fe_4N 构成的化合物层（如合金钢，还有 Cr、W、V、Al、Mo 等合金氮化物），主扩散层和氮在 α 铁中的固溶体 α（N）。主扩散层中有 γ 铁析出。

（2）共渗层深度与表面硬度。表 6-12 列出了熔盐氮碳共渗层的深度及表面显微硬度。工件氮碳共渗后与调质、高频淬火相比，硬度和耐磨性能显著提高。

表 6-12 熔盐氮碳共渗层的深度与表面（层）显微硬度

钢铁牌号	前处理工艺	化合物层深度/μm	主扩散层深度/μm	表面（层）显微硬度
20 钢	正 火	12～18	0.30～0.45	450～500HV0.1
45 钢	调 质	10～17	0.30～0.40	500～550HV0.1
20Cr	调 质	10～15	0.15～0.25	600～650HV0.1
38CrMoAl	调 质	8～14	0.15～0.25	950～1100HV0.2
30Cr3W	调 质	10～14	0.15～0.25	950～1100HV0.1
3Cr13	调 质	8～12	0.08～0.15	900～1100HV0.2
1Cr18Ni9Ti	固溶处理	8～14	0.06～0.10	1049HV0.05
4Cr14Ni14WMo	固溶处理	10	0.06	770HV1.0
20CrMnTi	调 质	8～12	0.10～0.20	600～620HV0.05
T8A	退 火	10～15	0.20～0.30	600～800HV0.1
CrWMn	退 火	8～10	0.10～0.20	650～850HV0.1
3Cr2W8	调 质	6～10	0.10～0.15	850～1000HV0.2
W18Cr4V	淬火，回火 2 次	0～2	0.025～0.040	1000～1150HV0.2
HT24～44	退 火	10～15	0.18～0.25	600～650HV0.2

（3）共渗层的抗疲劳性能。氮碳共渗表面处于压应力状态以及相等弥散析出阻碍位错

滑动，因此工件氮碳共渗后的疲劳极限高于渗碳或碳氮共渗淬火以及高频淬火。低、中碳钢可提高40%～80%；合金结构钢提高25%～35%；不锈钢提高30%～40%；灰口铸铁可提高20%左右。

（4）共渗层的耐蚀性。氮碳共渗后以ε相为主的化合物层，具有抗大气、雨水及海水腐蚀的性能。

6.1.3　渗硼

渗硼是将硼元素渗入工件表面层的化学热处理工艺。

渗硼能提高工件表面硬度、红硬性、耐磨性、耐蚀性与抗高温氧化性能，较广泛应用于工业生产中。

6.1.3.1　*渗硼层的组织和性能*

（1）渗硼层的组织。渗硼组织由Fe_2B和FeB组成，在浸蚀后Fe_2B呈黄褐色，FeB呈深褐色。由单相Fe_2B组成的渗层脆性较小，能保持较高的硬度，FeB相的存在会增大渗层的脆性，因此渗硼时力求获得单相Fe_2B组织。

（2）渗层的深度。

1）碳和合金元素对渗硼深度的影响。碳的增高会降低渗硼深度，钨、钛、钼的增加将急剧降低渗硼深度，铬、铝、硅、锰、钴、镍对渗层深度影响甚微。

2）工艺参数对渗硼深度的影响。渗硼温度越高，保温时间越长，渗硼层越厚。

（3）渗硼层的性能。

1）硬度。FeB显微硬度为1800～2200HV0.02；Fe_2B显微硬度为1200～1800HV0.02。钽的硼化物硬度高于3000HV，铌、钨、钼的硼化物硬度在2000HV以上。钢中含碳量增加可减少双相渗硼层中FeB的相对含量，并使FeB硬度下降。

合金元素对渗硼层硬度的影响是镍和铜降低渗层中的FeB的硬度，铬、钼、钨和锰则提高其硬度，而铬、钼和钨降低渗硼层中Fe_2B的硬度。

2）耐磨性。渗硼工件比淬火、镀铬、渗氮工件具有更高的抗磨料磨损能力。

3）强度。钢件渗硼处理后抗拉强度和韧性下降，但抗压强度提高。当渗硼试样的基体塑性较高时，渗硼后抗拉强度略高或基本不变，塑性则下降。其中基体经调质处理的渗硼后强度提高较多，塑性下降幅度较小。当渗硼试样的基体脆性较大时，渗硼后其强度及塑性皆下降。其中中碳钢渗硼后低温回火时对强度影响尤为显著，而低碳合金钢渗硼后低温回火对强度的影响不大。

渗硼层组织、厚度及渗硼后的热处理都影响钢的疲劳强度。Fe_2B单相渗硼层的疲劳强度最高，Fe_2B+FeB双相渗硼层次之，未渗的最低。如钢渗硼后空冷，表面压应力为200～400MPa，渗硼层厚度为40～50μm时，疲劳强度提高33%。渗硼后低温回火，疲劳强度降低，渗硼后高温回火则疲劳强度提高。

4）抗腐蚀性能。钢件渗硼后在硫酸、盐酸、磷酸等水溶液中的抗腐蚀性能提高，但不耐硝酸和海水腐蚀。

5）抗高温氧化性。渗硼层抗高温氧化性得到一定提高，如空气中加热800℃持续40h，氧化增重甚微。

6.1.3.2　渗硼后的热处理

渗硼层硬度高、渗层薄而脆，工件常在精加工后进行渗硼处理。为了提高基体材料的力学性能，渗硼后进行淬火、回火处理。有的零件渗硼后直接淬火。承受大载荷的零件，渗硼后空冷再重新加热淬火。淬火温度应取常规温度的下限，且必须低于 FeB 和 Fe_2B 的共晶转变温度。渗后的热处理对硬度、渗层深度无影响。

模块 6.2　化学热处理技能训练

6.2.1　训练 1　棘轮的固体渗碳（初级工）

（1）技术要求。汽车吊棘轮，材料为 20Cr，要求渗碳淬火，渗碳层深度为 0.7 ~ 1.1mm，淬火后硬度为 58 ~ 62HRC。

（2）加热设备及工装的选择。加热设备选用箱式电阻炉，工装选用固体渗碳箱，渗碳箱规格为 350mm × 400mm。

（3）工艺规范。800 ~ 850℃ 透烧 3.5 ~ 4h 后升温到 900 ~ 920℃ 渗碳 6h，出炉随箱空冷。

（4）工艺准备。

1）检查热处理设备运行是否正常，温度控制和指示是否准确。

2）检查零件与图样、工艺文件是否相符。

3）装箱之前将零件清理干净，零件表面不得有油污、氧化皮等。

4）零件装箱时，首先在箱底放一层厚 30 ~ 40mm 的渗剂，并将零件整齐地放在渗剂的上面。工件与箱壁之间、两层零件以及同层零件之间均匀保持 15 ~ 25mm 的距离，其间填以固体渗碳剂，稍加打实，以减少空隙，并使零件得到稳定的支撑。渗碳箱上部应填以 30 ~ 50mm 厚的渗剂，以保证在渗剂收缩时工件不致露出。箱盖用耐火泥密封，在密封时渗碳箱上插入试验棒，每炉装 2 个。

（5）操作。

1）渗碳箱装入箱式炉有效加热区内，渗碳箱之间留一定的间距。带有试验棒的渗碳箱装在试验棒易于钩出的位置上。

2）按照工艺规范进行加热、透烧、渗碳。当渗碳保温 5h 时，钩出试验棒，检查渗层的深度、调整保温时间。

3）渗碳保温时间结束时再钩出试验棒检查渗碳层深度，合格方可以出炉。

4）渗碳箱出炉后置于通风良好处，零件随箱冷却到室温后打开渗碳箱取出零件。

（6）质量检验。检查渗碳层的深度和渗层深度。

6.2.2　训练 2　齿轮轴的深层渗碳（中级工）

（1）技术要求。齿轮轴，材料为 17Cr2Ni2Mo，齿面渗碳层深度为 2.8 ~ 3.2mm，淬火后硬度为 55 ~ 60HRC（大型齿轮轴）。

（2）工艺规范。工艺规范如图 6-8 所示。

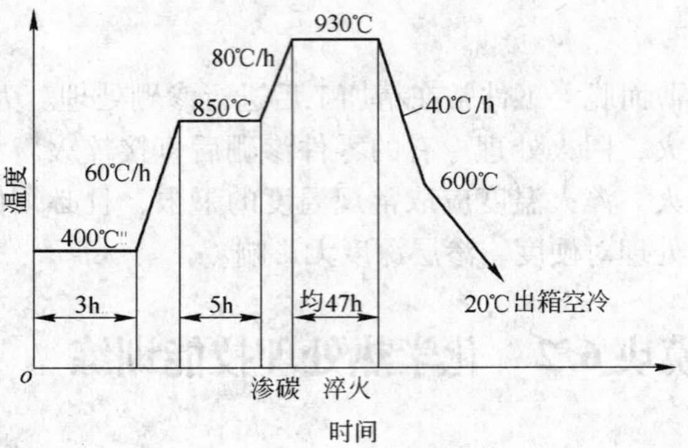

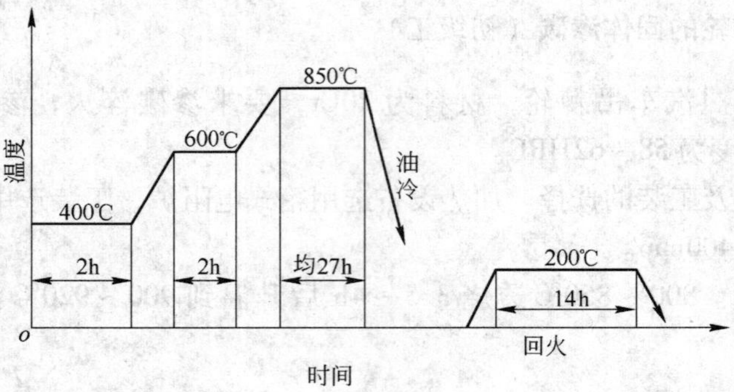

图 6-8　17Cr2Ni2Mo 钢齿轮渗碳淬火工艺曲线

(3) 加热设备及渗碳方式的选择。加热设备选用台车式电阻炉，渗碳方式选用固体渗碳。

(4) 工艺准备。

1) 检查台车式加热炉运行是否正常，仪表与控制系统是否完好。

2) 用厚度 $\delta = 25$mm 的钢板焊接制作渗碳箱。

3) 采用的固体渗碳剂为 90% 的木炭 + 10% Ba_2CO_3 + 催渗剂，在木炭里有 5% 的催渗剂。

4) 将齿轮轴齿面清理干净，装入渗碳箱中，用渗碳剂填满，捣固后用黄泥密封好（渗碳箱里装试块）。

5) 检查零件与图样及工艺文件是否相符。

(5) 操作。

1) 将渗碳箱装入炉内有效加热区，按工艺规范进行加热升温、保温进行渗碳。

2) 渗碳结束后以 40℃/h 冷却速度随炉冷到 600℃后渗碳箱出炉空冷，渗碳箱空冷至 20℃时打开渗碳箱齿轮轴取出渗碳箱空冷。

3) 齿轮轴淬火加热时为了防止氧化脱碳首先检查砂封，填充砂，装炉时炉内装一些木炭或铁屑。

4) 淬火后按工艺规范进行回火。

(6) 质量检验。

1) 表面质量。检查齿表面有没有氧化、脱碳、腐蚀现象。

2) 硬度。由于齿轮轴较大，可用标准硬度锉刀检查齿面硬度，用试块检测硬化层的硬度。

3）深层。渗碳层深用试块进行检测。

6.2.3　训练 3　齿轮气体渗氮（中级工）

（1）技术要求。高速齿轮，30 万吨合成氨离心空气压缩机的增速器齿轮，材料 25Cr2MoV，渗氮层深 0.45～0.55mm。

（2）加热设备及渗氮方式的选择。加热设备选用井式气体渗氮炉，采用气体渗氮方式。

（3）零件预备热处理。齿轮调质处理后精加工，精加工后进行消除应力退火。

（4）工艺规范。齿轮气体渗氮工艺规范如图 6-9 所示。

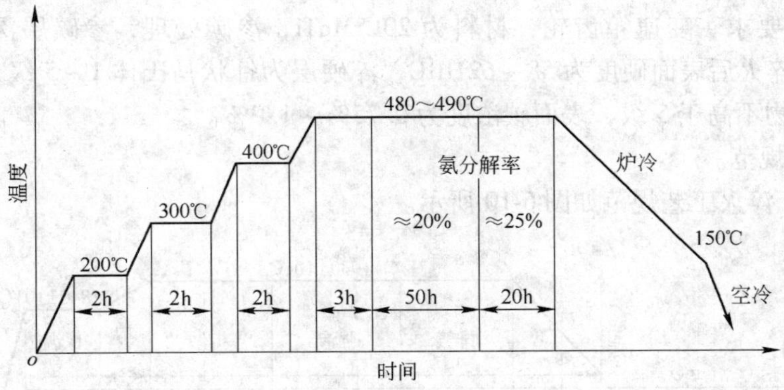

图 6-9　齿轮渗氮工艺

（5）工艺准备。

1）装炉前应对氮化炉控制仪表、液氨瓶、流量计、氨气分解测定仪及各管道系统等做全面检查，以保证设备的正常使用。

2）干燥剂常用氧化钙、氯化钙等，以焙烧过的为好，如失效应更换或烘干。

3）渗氮介质以含水量小于 0.2% 的液氨为好。

4）渗氮件的表面粗糙度 $R_a < 1.6\mu m$，表面不得有拉毛、磁伤及生锈等缺陷，不能及时渗氮的零件须涂油保护，以免生锈。

5）试片与零件应采用相同材料、相同热处理，表面磨光清洗好待用。

6）认真清洗零件，吊装入炉时再用清洁汽油擦净以保证零件的清洁度。

7）将洗净的零件装入氮化罐中，零件之间要有均匀的间距，零件不得超出有效加热区范围。把试样置于炉中有代表性的不同部位，每一个部位 1～2 块。

（6）操作。

1）升温之前先检查炉子是否漏气，然后通氨气，按照工艺规范加热升温，进行排气。

2）为了减少变形采用阶梯升温方法，当炉温到达渗氮温度时，调节好氨的分解率后开始计保温时间。当氨分解率达到 18% 左右时可点燃废气以保护环境。

3）为了降低渗层的脆性，应进行退氮处理，此时应关闭出气孔，只通入少量的氨气以保持炉内正压力。

4）退氮完毕之后断电降温，并继续通入少量的氨气，维持炉内正压，零件随炉冷到不高于200℃时出炉空冷。

5）零件出炉后注意避免磕、碰、划伤。

6）在氮化过程中不允许停电，如有特殊情况停电时必须炉内通氨气以防零件氧化。

（7）质量检验。

1）表面质量。目测色泽，正常氮化件表面应为银灰色而无光泽。还要检查有没有裂纹及剥落。

2）渗层深度。用试样检查，参照 GB/T 11354—2005，以金相法为主，硬度梯度测量为中载。渗层深度允许在 -0.05 ~ +0.10mm 范围之内。

6.2.4　训练4　变速箱齿轮气体渗碳（高级工）

（1）技术要求。变速箱齿轮，材料为20CrMnTi，渗碳处理，渗碳层深度 $\delta = 0.8 \sim 1.2$mm，渗碳淬火后表面硬度为58 ~ 62HRC，淬硬层为针状马氏体1 ~ 5级，残余奥氏体1 ~ 5级，碳化物不高于5级，表面碳浓度为0.75% ~ 1.0%。

（2）工艺规范。

1）渗碳、淬火工艺规范如图6-10所示。

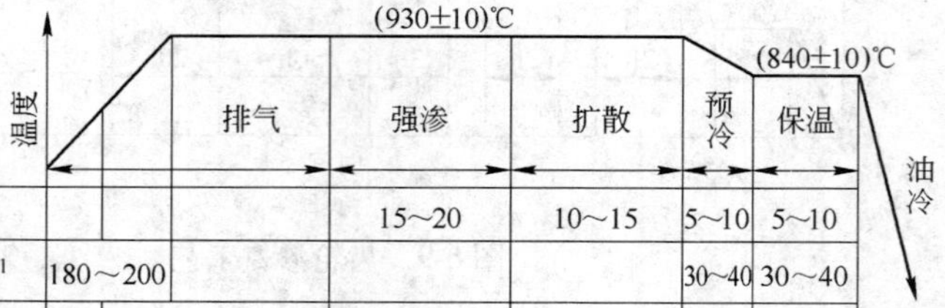

			排气	强渗	扩散	预冷	保温
炉压/Pa				15~20	10~15	5~10	5~10
甲醇滴量/滴·min^{-1}	180～200					30~40	30～40
煤油滴量/滴·min^{-1}		180～200		35～45	20～25		
时间/h	1.5		2.5（45min）		1.5	2.0	1.0

图6-10　变速箱齿轮渗碳工具

2）回火温度为160 ~ 200℃，保温2 ~ 3h。

（3）热处理设备及工夹具的选择。渗碳炉选用 RQ_3-75-9T 气体渗炉，回火选用回火炉，工夹具选用专用吊具。

（4）工艺准备。

1）检查气体渗碳炉盖的螺钉是否拧好，密封圈是否完好。检查炉盖的升降机构、风扇、冷却、润滑、渗剂供给系统是否正常。电阻丝和炉罐应完好，清除渗碳罐、进气管、排气管中的炭黑、灰渣和油污等。检查电气系统是否正常。

2）渗碳用煤油在使用前需经质量检查和过滤处理。

3）渗碳件表面不得有锈斑、油污和水迹，零件表面不得有损伤。

4）将齿轮用吊具装好。

（5）操作。

1）空炉升温到850℃开始滴煤油、乙醇和甲醇排气，到850℃后断电启炉盖装炉。

2）零件装炉时应注意零件之间要有间隙，以保证渗碳气体畅通，有利于获得均匀的渗碳层。

3）装好零件后将炉盖盖好，拧紧螺钉。

4）接通风扇和仪表的电源，按工艺规范定好渗碳温度，按工艺规范滴渗碳剂升温。

5）炉温升到渗碳温度后，按渗碳阶段滴渗剂，同时记下保温时间，将试样从炉盖试样孔插入炉内，一般放进两件，要注意封严样孔，防止漏气。

6）检查炉盖和风扇轴周围是否漏气，保证炉内处于正常压力状态。

7）当炉子按正常规范工作 30min 左右，取样进行炉气分析，其炉气成分（体积分数）如下：

CO_2：0.1%，C_nH_n：≤0.2%，O_2：0.2% ~0.8%，CO：10% ~15%，H_2：50% ~70%，C_nH_{2n+2}：10% ~15%，其余为 N_2

8）排出的废气应点燃。根据火焰的长度和颜色来判断炉内工作情况，正常火焰为暗红色，一般火焰长度为 80 ~250mm。

9）经常核对渗剂的滴数和稳定性，做好必要的炉前记录，在保温时间停止前 0.5 ~1.0h，抽试样用断口法检查渗层深度，从而确定保温时间。

10）均温阶段应减少渗碳剂滴量，均温结束之后断电随炉降温到（840 ±10)℃，保温 1h 后出炉油冷。

11）淬火后的齿轮抽检硬度后装入回火炉，回火温度为 160 ~200℃，保温 2h 后出炉空冷。

（6）质量检验。

1）表面质量。齿轮渗碳淬火后 100% 检查表面氧化、裂纹、碰伤、腐蚀等。渗剂不纯，含水、含硫量过多；渗碳罐漏气；零件表面不清洁等会产生表面氧化和腐蚀。

2）表面硬度。用齿轮检查齿轮表面硬度。

3）渗层深度。用试样检查；从表面测到 550HV 深度处为有效硬化层深度；显微镜检查渗层深度时为过共析层 + 共析层 + 全部过渡区。

在渗碳过程中渗碳温度过高、保温时间过长、渗剂滴量过大炉内碳势过高会造成渗层太深；渗碳温度过低、保温时间过短、炉内碳势低及密封性不好会造成渗层太薄。解决办法是调整渗碳温度、保温时间、渗剂的滴量。

4）显微组织。用试样在金相显微镜中检查渗碳层的马氏体等级、残余奥氏体等级、碳化物等级、表面碳浓度，符合技术要求为合格。

模块 6.3　化学热处理的工艺编制

6.3.1　气体渗碳的工艺编制和操作要点

6.3.1.1　工艺准备

（1）设备。

1）检查卡紧炉盖的螺钉是否完好，密封圈是否完好。

2）检查炉盖的升降机构，风扇，冷却、润滑、渗剂供给系统等是否正常。

3）定期检查电阻丝和炉罐是否完好，定期清除渗碳罐、进气管、排气管中的炭黑、灰渣和油污等。

4）检查电气和测量系统是否正常。

（2）渗碳剂。

常用气体渗碳剂的成分及特点见表 6-13。

表 6-13　常用气体渗碳剂的成分及特点

渗剂种类	主要成分及特点	使用方法
煤　油	成分主要为石蜡、烷烃、芳香烃的混合物。一般灯用煤油含硫量小于 0.1% 时方可使用。渗碳活性强，但易形成炭黑，若控制得当，可以避免炭黑大量出现	用于直接滴入炉内；通过调节滴量控制零件表面碳浓度
煤油 + 酒精	酒精（C_2H_5OH），无色透明、易挥发，高温易分解，煤油中加入酒精可减少炭黑	
甲醇 + 丙酮	甲醇（CH_3OH）、丙酮（CH_3COCH_3）的分子结构简单，高温下易分解，不易产生焦油和炭黑，但价格较贵	

（3）工具和零件。

1）根据渗碳件的形状、尺寸、数量和技术要求准备好料筐或吊具等工具。

2）渗碳件表面不得有锈斑、油污和水迹，零件表面不得有损伤。

3）防渗的部位应加大加工余量，其加工余量不小于渗层深度的 2 倍。防渗部位还应采用镀铜或涂料法。

4）应与零件材料一致，并经相同的预先热处理，表面无脱碳，晶粒度为 5 ~ 8 级，表面粗糙度 R_a 不小于 6.3μm。

（4）装炉。

1）按工艺规定的渗碳层深度将零件进行分类，要求渗层深度相同的同类材料可装一炉。

2）零件在料筐中应保持一定的间隙，各层间应用铁丝网或垫板隔开，以保证渗碳气氛畅通，有利于获得均匀的渗碳层。

3）薄板或长形零件不应平放，要悬挂起来，以防变形。

4）检查零件防渗部位是否正常，防渗涂料有无脱落现象。每个料筐中至少放两个试样，放在有代表性的位置上与零件同炉渗碳。

6.3.1.2　工艺规范

（1）小滴量渗碳工艺规范是：大于 850℃装火排气 25min，160 ~ 180 滴/min；（930 ± 10）℃加热渗碳，80 ~ 85 滴/min，保温 1.5h；扩散阶段为（930 ± 10）℃温度，25 ~ 30 滴/min。降温到 840℃保温 0.5h，25 ~ 30 滴/min。渗碳设备为 KJJ-90 井式气体渗碳炉。

（2）大滴量渗碳工艺规范是：大于 850℃装火，（920 ± 10）℃，渗碳，降温到 800 ~ 850℃均温 30min 后出炉。

渗层与保温时间关系见表 6-14。

表 6-14　钢材渗碳层深度与保温时间关系

渗碳层深度/mm	保温时间/h	
	碳素结构钢	合金结构钢
0.40~0.60	2~3	1.5~2.5
0.60~0.80	3~4	2.5~3.5
0.80~1.00	4~5	3.5~4.5
1.00~1.20	5~6	4.5~5.5
1.20~1.40	6~7	5.5~6.5
1.40~1.60	7~8	6.5~7.5
1.60~1.80	8~10	7.5~9.5

6.3.1.3　操作要点与注意事项

（1）空炉升温到850℃开始滴煤油、乙醇和甲醇排气，到850℃后断电启炉盖装炉，盖好炉盖，拧紧螺丝。

（2）接通风扇和仪表的电源，按工艺规范定好渗碳温度，按工艺规范滴渗碳剂升温。

（3）炉温升到渗碳温度后，按渗碳阶段滴渗剂，同时记下保温时间开始点，将试样从炉盖试样孔插入炉内，一般放进两件，要注意封严样孔，防止漏气。

（4）检查炉盖和风扇轴周围是否漏气，保证炉内处于正常压力状态。

（5）当炉子按正常规范工作30min左右取样进行炉气分析，其炉气成分（体积分数）如下：

CO_2：0.1%，C_nH_n：≤0.2%，O_2：0.2%~0.8%，CO：10%~15%，H_2：50%~70%，C_nH_{2n+2}：10%~15%，其余的为 N_2

（6）排出的废气应点燃。根据火焰的长度和颜色可判断炉内工作情况，正常火焰为暗红色，一般火焰长度为80~250mm。

（7）经常核对渗剂的滴数的稳定性，做好必要的炉前记录，在保温时间停止前0.5~1.0h时，抽试样用断口法检查渗层深度，从而确定保温时间。

（8）均温阶段应减少渗碳剂滴量，均温结束之后断电，关闭滴渗剂阀门，再开炉出零件直接淬火或装入冷却井中。停炉后炉温降到600℃以下方可停止风扇。

6.3.2　气体渗氮的工艺编制和操作要点

6.3.2.1　渗氮前的预先热处理

（1）一般结构钢进行调质处理，调质回火温度比渗氮温度高20~40℃。

（2）38CrMoAlA钢应采用调质，否则渗层会出现针状氮化物。

（3）为了减少渗氮时的变形，对细长、薄壁、复杂和精密零件应一次或多次消除应力。消除应力温度一般略低于调质回火温度，高于渗氮温度。

6.3.2.2　工艺准备

（1）装炉前应对氮化炉控制仪表、液氨瓶、流量计、氨气分解测定仪及各管道系统等作全面检查，以保证设备的正常使用。

（2）干燥剂常用氧化钙、氯化钙等，以焙烧过的较好，如失效应更换或烘干。

（3）渗氮介质以含水量小于0.2%的液氨为好。

（4）渗氮件的表面粗糙度 $R_a<1.6\mu m$，表面不得有拉毛、碰伤及生锈等缺陷，不能及时渗氮的零件须涂油保护，以免生锈。

（5）试片与零件应采用相同的材料和相同的热处理，表面磨光清洗好待用。

（6）认真清洗零件，吊装入炉时再用清洁汽油擦净以保证零件的清洁度，零件上如有不需渗氮的部位，应做好保护。

（7）防渗部位通常采用镀锡法和涂料法保护。

镀锡法是在防渗部位镀锡10~15μm，防渗层太薄效果不好，太厚又容易使锡漫流。

涂料法是将锡粉、铅粉、氧化铬粉以3∶1∶1比例混合均匀，用氯化锌溶液调成稀糊状涂于零件防渗表面，或用水玻璃（10%~15%）和石墨粉（85%~90%）调成糊状涂刷后，缓慢烘干。

（8）将洗净的零件装入氮化罐中，对于易变形的细长杆件，必须吊挂，间距要均匀，且不要堵住排气孔以保证炉气畅通。零件不得超出有效加热区范围。试样应置于炉中有代表性的不同部位，每个部位1~2块。

6.3.2.3　工艺规范

渗氮工艺按加热方法分为一段氮化、两段氮化、三段氮化及抗蚀氮化。典型渗氮工艺曲线见图6-11。

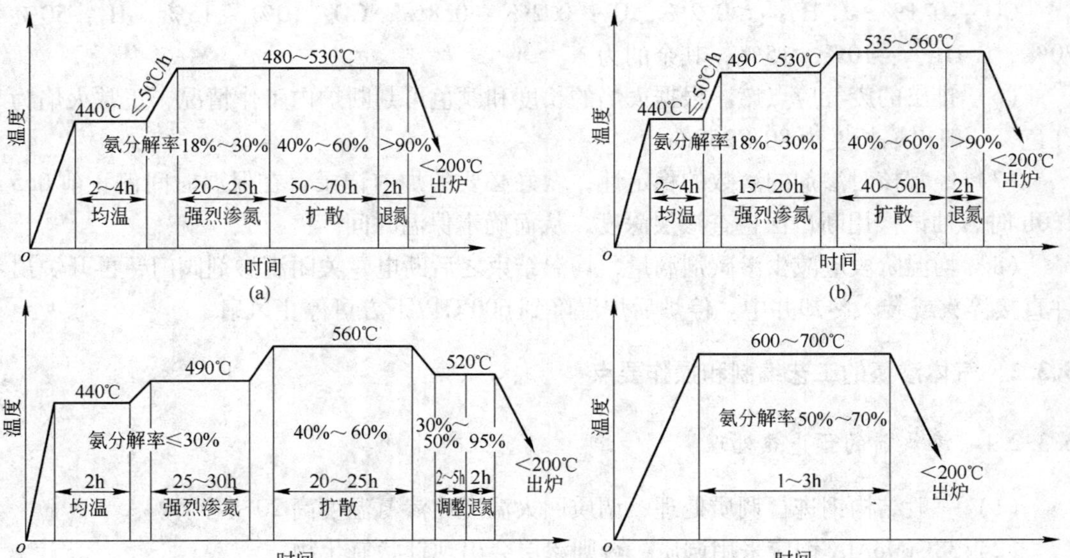

图6-11　典型渗氮工艺曲线

（a）一段氮化；（b）两段氮化；（c）三段氮化；（d）抗蚀氮化

6.3.2.4　渗氮设备及参数测量

（1）设备应配置测量温度、压力和氨气分解率的仪表，温度应能自动控制记录。

（2）炉罐应具有足够的强度，可用不锈钢或低碳钢制造，并在内、外表面喷涂耐高温搪瓷。焊缝不应漏气，炉盖应具有良好的密封性能，可采用铬矿砂、钨矿砂填充密封，也可用铅锡合金（铅 35%、锡 65%）或其他方法密封。

（3）有的渗氮罐经长期使用会出现氨分解率增高的现象，需在停炉后进行 800～860℃空烧 2～4h 脱氮处理。

（4）气体渗氮温度一般用热电偶测量。对于炉膛较深的井式炉，为了保证上、下温度的均匀性在 ±10℃以内，发热元件的布置及炉温控制应分段进行。

（5）气体渗氮压力一般用 U 形气压计测量。

（6）用氨气分解率测量仪测量，测定时需将测量仪中的空气完全排尽。氨气分解率的计算式为：

$$氨气分解率 = (气体中氢气体积 + 氮气体积) / 气体总体积 \times 100\%$$

6.3.2.5　操作要点和注意事项

（1）渗氮操作应严格按工艺执行，渗氮温度以罐内温度为准。

（2）将已清洗干净的零件同试片吊入渗氮罐内，并密封好，同时接通供氨、排气系统及控制系统。

（3）升温前先检查炉子是否漏气，然后通氨进行排气。为缩短氮气周期，可采用大流量，也可采用边排气边升温，但应在 200℃内排完气，以免零件氧化。

（4）用氨气分解测量仪测量炉内气氛，当氨气含量大于 95% 时，即可减少氨流量，保持炉内正压。为减少变形，可采用阶梯升温方法。

（5）当炉温达到渗氮温度时，调节氨流量使氨分解率达到 18%～35%，并开始计算保温时间。

（6）当氨气分解率达到 18% 左右时，即可点燃废气以保护环境。

（7）每隔 15～30min 记录一次温度、压力和氨分解数值以便掌握氮化工艺情况，供分析质量时参考。

（8）为了降低渗层的脆性，应进行退氮处理，此时应关闭出气孔，只通入少量的氨气以保持炉内正压。

（9）退氮完毕后断电降温，并继续通入少量的氨气，维持炉内正压。降温时按零件技术要求可采用吊罐快冷或随炉缓冷，待炉温降至 200℃以下出炉。

（10）零件出炉后，应避免碰伤，对细长零件应吊挂。如有变形超差可采用热矫直，加热温度应低于渗氮温度。在氮化过程中不允许停电，如特殊情况停电时必须向炉内继续通氨气以防零件氧化。

6.3.3　气体碳氮共渗的工艺编制和操作要点

6.3.3.1　工艺准备

（1）炉子、仪表及热电偶、煤油、工具、零件防渗方法与气体渗碳工艺准备相同。

（2）液氨及供氨系统、干燥剂处理与气体渗氮相同。

6.3.3.2　工艺规范

（1）碳氮共渗温度为 850℃。

（2）碳氮共渗渗剂主要是煤油（或丙酮）和氨气。其中氨的体积分数为 25% ~35%。气体的流量每小时应是炉罐容积的 6 ~10 倍，小炉罐取上限值，大炉罐取下限值。

（3）碳氮共渗时间与渗层的关系见表 6-15。

表 6-15　碳氮共渗层深度与共渗时间的关系

共渗层深度/mm	0.3 ~0.5	0.5 ~0.7	0.7 ~0.9	0.9 ~1.1	1.1 ~1.3
共渗时间/h	3	6	8	10	13

6.3.3.3　操作要点和注意事项

（1）空炉升温至 600℃启动风扇，800℃时通入渗剂，一直升温到碳氮共渗温度。

（2）零件料筐逐层分开，互相之间留 5 ~10mm 空隙以利于炉气流通。

（3）零件装炉后立即通入较多的渗剂排气，以免零件氧化，并使炉内恢复到正常气氛。

（4）排气完毕后正常保温 50 ~60min，关闭进出气孔，10min 以后取气分析，炉气的成分应符合下列要求：

$$CO_2: \leqslant 0.5\%、O_2: \leqslant 0.5\%、C_nH_{2n+2}: 6\% \sim 10\%、CO: 5\% \sim 10\%、$$
$$H_2: 60\% \sim 80\%、C_nH_{2n}: \leqslant 0.5\%、N_2: \text{余量}$$

（5）其余的操作要点与气体渗碳相同。

6.3.4　气体氮碳共渗的工艺编制和操作要点

6.3.4.1　工艺准备

（1）炉盖的螺钉要齐全、牢固，炉口密封处应平整，密封材料应完好。

（2）共渗炉、裂化炉及供气系统各环节均不准漏气，进气、进水、排气、排水管路应畅通。

（3）氨气瓶的减压阀、流量计、氨气分解测定仪、尿素推进器等均应保持良好的工作状态。

（4）检查热电偶及测温仪表是否正常，要定期检验炉膛有效区范围，有效区的温度偏差控制在 ±10℃。

（5）干燥剂应定期更换或烘干，以防失效，所需的各种渗剂应备齐。

（6）根据零件的形状、尺寸、重量和技术要求准备好合适的吊具，吊挂前必须检查其安全可靠性，使用的铁丝应去除镀层，夹具应无锈斑、无油污。

（7）零件表面粗糙度 $R_a < 3.2\mu m$，无裂纹、锈斑、伤痕等缺陷，用汽油或清洗剂将零件清理干净。

（8）对易变形的零件，在最终加工成型前，应经消除应力处理。

（9）对于局部不准共渗的部位，进行防渗，防渗方法有镀锡法和镀铜法。前者是在需防渗的表面镀 5 ~10μm 锡层，镀锡后必须加磷酸盐覆膜处理。后者是在防渗的部位镀 8 ~

15μm 铜层。

（10）试样与零件同材料、同热处理，表面不得有脱碳、表面粗糙度 $R_a<1.6\mu m$。

6.3.4.2　工艺规范

共渗温度为（570±10）℃，排气时间 0.5～1h，保温时间为 2～4h。

6.3.4.3　操作要点及注意事项

（1）炉子到温之后装炉，吊挂零件之间要有足够的间隙，以保证气氛均匀性，零件必须放在炉子有效区内，上端不得超过排气管，下端应与进气管保持一定距离。

（2）试样应放在具有代表性的位置，装炉后应立即送入渗剂进行排气，当炉温到共渗温度后在出口点燃废气，如火焰点不着，应加大渗剂的通入量或及时清除管道堵塞物。

（3）随时检查氨分解率、流量是否正常。当炉温合适，而氨分解率不稳定时，可调整氨气的流量。

（4）有的共渗罐在长期使用中会出现氨分解率增高的现象，需在停炉后进行 800～860℃空烧 2～4h 的脱氮处理。

（5）对有疲劳强度要求的零件应采用油冷，要求表面具有银灰色的零件，可在通氨气或裂化气保护下提罐冷却。

6.3.4.4　常见的缺陷及解决的办法

气体氮碳共渗中常见的缺陷及其解决办法见表 6-16。

表 6-16　气体氮碳共渗中常见缺陷及解决办法

缺陷特征	产生原因	解决办法
渗层硬度厚度不均匀	工件未清洗干净；装件过多，进气出气口布置不合理或堵塞；气氛、温度不均匀；防渗层覆盖不均匀或镀锡层漫流	工件清洗干净；合理装炉；改善气氛和温度的均匀性；严格按工艺操作
渗层太薄	温度低、时间短；气氛配比不当或含水量过高、过低	按工艺正确执行
渗层疏松	温度过高、时间过长；氨气分解率偏低、渗剂加入量过多	调整工艺参数
化合物层较脆	氨气分解率偏低；氨气含水量过高	合理供气；烘干或更换干燥剂
表面硬度低	温度过高、时间过长造成表面疏松；时间短氨气分解率偏低；渗剂供给不足；表面未清洗干净	去除表面污迹及锈斑；按工艺严格操作
工件表面呈蓝色或金黄色	炉罐密封性差；提罐冷却时供气不足；出炉温度过高；气氛含水量高	找出漏气原因；提罐冷却时可适当加大流量；烘干或更换干燥剂
表面颜色不均	未清洗干净或局部有防渗剂覆盖	严格清洗工件；防渗涂敷部位要准确；不应沾污欲渗表面；镀锡不得过厚
零件变形超差	处理前未消除应力；温度不均匀或温度过高；吊挂不合理	处理前应消除应力；调整炉温均匀性；合理吊挂；对要求变形小的零件，可采用冷装炉

单元 7　常用零件热处理工艺及技能训练

模块 7.1　齿轮的选材、热处理工艺编制与技能训练

7.1.1　概述

在机床、汽车、飞机、轮船、火车、建筑机械、矿山冶金设备以及精密机械设备中，齿轮是传递动力和运动形式的重要零件，主要进行速度的调节和功率传递。齿轮的种类极多，其工作条件各不相同，故要求的齿轮性能也不同，因而选用的材料及热处理也就不同。

7.1.1.1　齿轮的分类

齿轮按其功能来区分，可分为：

（1）传动齿轮——用于高速大功率的传动（如汽轮机、飞机、高速机床）中，这种齿轮要求很高的传动平稳性，否则将引起很大的动负荷，发生强烈的振动和噪声；

（2）动力齿轮——用于低速大扭矩的传动（如轧钢机）中，这种齿轮要求齿面接触良好；

（3）读数齿轮——用于测量仪器、随动系统、分度装置等传动中，这种齿轮要求很高的传动精度；

（4）其他齿轮——如机床走刀箱、油泵、发动机分配机械等用的齿轮。

齿轮按其尺寸大小来区分，可分为：

（1）极小型齿轮（10mm 以下）——用于测量仪器、精密仪表；

（2）小型齿轮（10 ~ 40mm）——用于测量仪器、精密仪表、一般仪器；

（3）中型齿轮（40 ~ 250mm）——用于机床、汽车、拖拉机、农业机械；

（4）大型齿轮（250 ~ 1000mm）——用于大型机床、矿山设备、冶金设备；

（5）特大型齿轮（1000mm 以上）——用于特殊设备。

齿轮按其运转周速来分，可分为最低速齿轮（ <0.5m/s）、低速齿轮（0.5m/s）、中速齿轮（3 ~ 15m/s）和高速齿轮（ >15m/s）。

齿轮按其制造精度来区分，可分为：

（1）粗糙齿轮——用于低速机械或驱动装置（如卷扬机、手动起重设备及压延机）中，这种齿轮精度低，模数较大，材料一般选用灰口铸铁、球墨铸铁、低碳钢、铸钢，其运转速度不超过 3m/s，这种齿轮有的可不进行热处理，有的进行一般热处理（如正火、调质）；

（2）精密齿轮——用于中速或高速传动机械（如机床主轴箱、汽车拖拉机变速箱、

变速箱）中，这种齿轮要求精度高，一般需用锻钢制成，同时必须进行热处理强化（如高频淬火、渗碳、渗氮等）。

7.1.1.2　齿轮工作条件与性能要求

齿轮的工作环境虽不尽相同，但其工作条件和性能要求也有一定的共性。其工作条件分析如下：

（1）当齿轮工作时，因传递动力，齿轮根部处于周期性弯曲应力状态；

（2）汽车、拖拉机、机床在换挡、启动、啮合不均匀时，承受冲击负荷；

（3）齿面承受滚动、滑动造成强烈的摩擦磨损和交变的接触应力；

（4）在齿轮啮合过程中，齿部受力较大。

根据齿轮的受力情况，其主要失效形式有齿面磨损、齿面剥落、齿根断裂。故齿轮的力学性能要求为：

（1）足够的强度和冲击韧性；

（2）高的接触疲劳强度和弯曲疲劳强度；

（3）高硬度和高耐磨性。

7.1.2　齿轮材料的选用

7.1.2.1　常见的齿轮材料及选择

齿轮根据工作条件不同，选材范围较广，最常用的是锻钢。由于锻钢比铸钢的强度高，耐冲击，还可通过热处理改善力学性能，提高承载能力，从而达到减轻重量、缩小尺寸的目的，因此汽车、拖拉机以及机床主轴箱中齿轮均用锻钢制造。

常见的齿轮材料有：

（1）中碳钢或中碳合金钢。例如：碳钢（如45钢）锻件施以一定热处理（以调质为宜，220~250HB），适合低速运转、负荷中等且又受一定冲击的齿轮选用；中碳低合金钢（如40Cr钢）锻件，施以表面热处理（如高频淬火），适合低速运转、负荷较重（或高速运动、负荷中等）且不受冲击的齿轮选用。

（2）低碳钢或低碳合金钢。低碳合金钢（如20CrMnTi钢）锻件，施以表面热处理（渗碳-淬火），适合高速运转、负荷较重、受冲击且外形复杂的重要齿轮选用。

（3）铸铁（铸钢）。铸铁适合于负荷小、低速运转、不受冲击、精度要求不高的齿轮选用，大型零件则用铸钢。

（4）有色金属材料。有色金属适合于仪器、仪表工业及在腐蚀性介质中工作的轻载荷齿轮选用。

（5）塑料。塑料适合于受力不大，在无润滑条件下工作的小型齿轮选用。

选用齿轮材料的主要原则是按齿轮具体工作条件，如工作时的圆周速度、负荷性质与大小、精度要求等进行选用。选材时除保证足够的机械强度外，还需注意材料以下的工艺性能：

（1）淬透性能（硬化性能）。选材时考虑强度是十分必要的，但能否使所选用材料淬火后在整个截面上都能达到一致的强度，这是保证齿轮质量的重要条件之一。为了满足这种要求，材料必须具有足够的淬透性，保证淬火后齿轮的心部都能得到应有的硬度，并在金相组织中没有游离铁素体出现，截面组织均匀，力学性能一致，这样才能保证齿轮具有高疲劳强度。

对带轴的齿轮，仅根据齿轮的心部硬度来决定淬透性是不够的，还必须保证齿轮轴有足够扭转强度。如果材料淬透性能保证齿轮轴有足够扭转强度，一般说齿轮的心部强度也足够。

(2) 热处理工艺。选用的齿轮材料，应具有经一般热处理后就能保证获得足够强度，并在热处理后只有少量变形，以保证尺寸符合图纸的技术要求，不需装配时附加研磨修正。

热处理工艺性能往往是提高产品质量的关键。当热处理后变形超差无法再磨，这样就造成废品；有时为了返修一个齿轮要花很多工时，大大提高成本，同时还降低产品质量。

(3) 加工性能。选用的齿轮材料，应具有良好的加工性能。良好的加工性能在加工时不仅可以提高生产率，减少刀具损耗，同时还可以改善齿轮工作表面的质量，即齿的啮合及几何形状的精确度，这样也就提高了齿轮的耐磨性，延长了它的使用寿命。如果加工性能不好，加工时就使齿轮表面加工硬化现象严重，导致齿轮在热处理时发生过度的变形。

7.1.2.2　典型齿轮选材举例

A　汽车、拖拉机齿轮的选材

汽车、拖拉机齿轮的功能是将发动机的动力传到主动轮上，然后推动汽车、拖拉机运动。变速箱的齿轮因经常换挡，齿端常受到冲击；润滑油中有时夹有硬质颗粒，在齿面间造成磨损，因此齿轮工作条件恶劣，其主要性能指标如耐磨性、疲劳强度、心部强韧性等要求较高。

汽车、拖拉机齿轮一般选用低合金钢，我国常用钢号是20Cr或20CrMnTi，近年，也大量引进欧洲、日本、美国钢材，例如最近20MnCr5、16MnCr5、16CrMoH等钢材在汽车变速器中广泛使用。另外，中、高合金渗碳钢也广泛使用于高速齿轮、重载齿轮、受高冲击载荷的传动齿轮，例如12Cr2Ni4、20Cr2Ni4、20CrNi3、18Cr2Ni4WA、20CrNi2Mo等。

图7-1为JH-150型汽车变速齿轮简图。该齿轮工作中承受重载荷和大冲击作用，因此各方面性能要求较高，选择20CrMnTi。具体技术要求：锻后正火硬度180～207HBS；心部硬度达30～45HRC，表面硬度为58～62HRC，该齿轮的加工工艺路线为：下料→锻造→正火→切削加工→渗碳（孔防渗）淬火、低温回火→喷丸→校正花键孔→精磨齿。

正火可均匀和细化组织，消除锻造应力，获得良好切削加工性能；渗碳淬火及低温回火可提高齿面硬度和耐磨性，并使心部获得低碳马氏体组织，具有足够强韧性；喷丸处理可使零件渗碳层表面压应力进一步增大，提高疲劳强度。

B　机床齿轮的选材

机床齿轮工作时主要承担传递动力、改变运动速度和方向的任务，工作条件相对较好，转速中等、载荷不大、工作平稳无强冲击。其常用材料是中碳结构钢或中碳低合金结构钢，我国常用钢号是 45 钢或 40Cr 钢。其工艺路线成为：下料→锻造→正火→粗加工→调质→半精加工→高频淬火及回火→磨削。

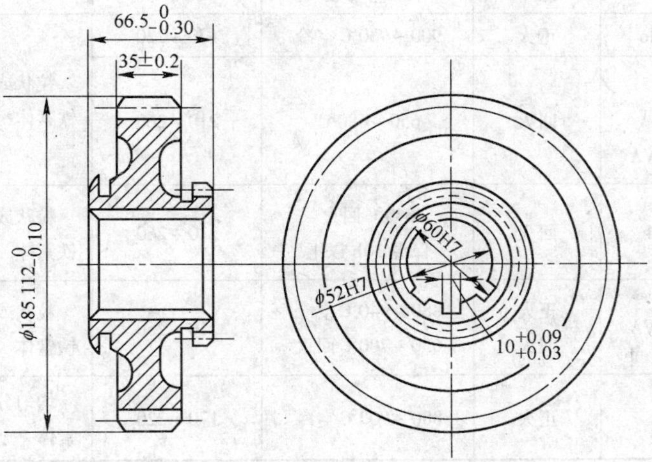

图 7-1　JH-150 型汽车变速齿轮

7.1.3　典型齿轮的加工工序

典型齿轮主要加工工序有：

（1）调质齿轮：下料→锻造→正火→粗加工→调质→齿形加工。

（2）渗碳齿轮：下料→锻造→正火→粗加工→铣齿→渗碳→淬火、回火→精加工。

（3）表面硬化齿轮：下料→锻造→正火→粗加工→调质→半精加工（拉、插、铣、剃齿等）→高频淬火、回火→精加工。

7.1.4　齿轮的热处理

7.1.4.1　预先热处理

对形状简单、尺寸不大的齿轮有时采用供应状态轧材外，一般均经过锻造成坯再预先热处理。齿轮毛坯预备热处理主要推荐参数见表 7-1。

表 7-1　齿轮毛坯预备热处理主要推荐参数

序号	钢号	预备热处理		硬度（HBS）	金相组织
		工序	工艺参数		
1	20Cr	正火	930 ~ 950℃空冷	156 ~ 179	均匀分布的片状珠光体 + 铁素体
2	20CrMnTi 20CrMo 20Mn2TiB 20MnVB 20SiMnVB	正火	940 ~ 960℃空冷	156 ~ 207	均匀分布的片状珠光体 + 铁素体

续表 7-1

序号	钢号	预备热处理		硬度（HBS）	金相组织
		工序	工艺参数		
3	20CrMnMo	正火	900～930℃空冷	170～220	粒状或细片状珠光体及少量铁素体
4	20CrNi3 20Cr2Ni4A 18Cr2Ni4WA	回火	650～680℃	210～260	
5	20Cr2Ni4	回火	640℃回火 保温10h以上	210～260	粒状或细片状珠光体及少量铁素体
	18Cr2Ni4WA	正火 回火	880～940℃空冷 650～700℃回火	210～260	粒状或细片状珠光体及少量铁素体
6	40Cr 40Mn2	正火	880～900℃空冷	170～220	均匀分布的片状珠光体＋铁素体

齿轮组机械加工、渗碳前必须进行正火、退火处理。正火后的硬度一般要求在170～200HBS，此区域硬度能保证切齿的表面粗糙度，提高工作效率。

预先热处理的选择要求能实现以下几点：

（1）改善齿轮表面加工粗糙度，常用高温正火；

（2）改善齿轮的心部强度和韧性，常用调质；

（3）减少淬火后变形，常用正火与调质，但以调质为佳。

齿轮常用材料如20Cr、20CrMnTi、40Cr、20Mn2B、45钢等，在正火条件下，当正火温度较高时，可获得中等晶粒度及细珠光体加上无严重聚集的铁素体组织，具有良好的加工性，在经低硬度调质处理时，其加工粗糙度是不佳的。

7.1.4.2　齿轮硬化方法

A　齿轮硬化方法

齿轮硬化方法主要有盐浴淬火、火焰淬火、高频淬火、渗碳、渗氮。采用不同硬化方法，可得到不同的硬化层形式，硬化层形式可分为六类（见图7-2）：

（1）齿轮整体淬火——盐浴淬火；

（2）包括齿根在内的齿轮外表面硬化——火焰淬火、高频淬火、浸液淬火；

（3）不包括齿根在内的齿轮外表面硬化——火焰淬火、高频淬火、浸液淬火；

（4）沿齿根、齿面和齿顶面硬化——渗碳淬火、渗氮；

（5）沿齿根和齿面硬化——火焰淬火、高频淬火；

（6）齿面硬化——火焰淬火、高频淬火。

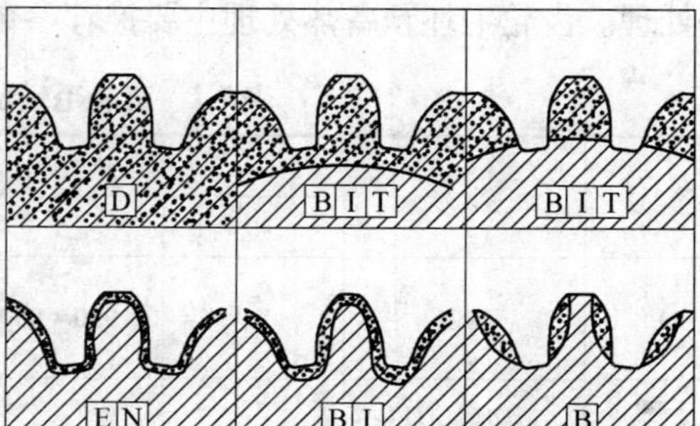

图7-2　齿轮硬化层形式

D—整体淬火；B—火焰淬火；E—渗碳淬火；T—浸液淬火；I—高频淬火；N—渗氮

B 硬化层深度

对于渗碳、高频淬火所获得的硬化层可分为三种：

（1）薄硬化层（<0.65mm）——可通过渗碳、碳氮共渗、渗氮工艺获得，硬化层可抵抗压痕、磨损及增加阻力。渗碳和碳氮共渗工艺可获得高硬度性能；对腐蚀有强抵抗能力的场合最好采用渗氮工艺，渗氮层厚度一般在 0.15mm。

（2）中等硬化层（0.65~1.5mm）——可采用渗碳或碳氮共渗工艺获得。对于要求有高耐磨性，且最后加工工艺为磨削的工件，硬化层可稍厚，经磨削后高硬度与高耐磨性仍能保持。中等硬化层用于要求耐磨且有高接触应力的齿轮。

（3）厚硬化层（>1.5mm）——硬化层需要 1.5mm 以上的齿轮，可承受极大的负荷。例如，1.0~1.5mm 的中厚硬化层可用于大的减速齿轮等。

C 齿轮硬化层厚度选择

齿轮硬化层厚度是制定热处理工艺规范的重要依据。不同的硬化层厚度其热处理的工艺参数是不相同的。齿轮硬化层厚度根据齿轮工作条件及应力分布进行选择。在实用上渗碳齿轮与高频淬火齿轮硬化层的选择有所不同。

高频淬火齿轮齿部硬化层厚度根据模数或齿宽来选定（见表 7-2）。高频淬火硬化层厚度为齿宽的 1/5~1/7 或为模数的 0.20~0.25 倍。

表 7-2 高频淬火齿轮硬化层与模数、齿宽的关系

齿轮模数	齿宽/mm	硬化层厚度/mm	齿轮模数	齿宽/mm	硬化层厚度/mm
1.5	2.4	0.3~0.5	3.5	5.5	0.8~1.0
2.0	3.1	0.4~0.6	4.0	6.3	0.9~1.1
2.25	3.5	0.5~0.7	4.25	6.7	0.9~1.2
2.5	3.9	0.5~0.8	4.5	7.1	1.0~1.3
3.0	4.7	0.6~0.9	5.0	7.9	1.2~1.4
3.25	5.1	0.6~0.9			

渗碳齿轮是根据齿宽或模数来考虑渗碳层厚度。各种齿轮的渗碳层深度可参考表 7-3 的数据来确定，一般为模数的 0.15~0.3。

表 7-3 齿轮渗碳层深度的推荐值

齿轮种类	推荐值/mm	齿轮种类	推荐值/mm
汽车齿轮	0.15~0.25m	机床齿轮	0.15~0.2m
拖拉机齿轮	0.18~0.21m	重型齿轮	0.25~0.3m

注：表中 m 为齿轮模数。

生产上不同模数齿轮要求的渗碳层厚度不同：

小模数齿轮 <0.6mm

一般齿轮 0.6~1.5mm

大齿轮 >1.5mm

齿轮渗碳淬火后性能为：表面650~730HB（60~64HRC），心部290~430HB（31~45HRC），强度为900~1300MPa。

7.1.5　齿轮热处理工艺

7.1.5.1　渗碳齿轮热处理工艺编制

A　齿轮渗碳热处理要求

低碳钢和低碳合金钢齿轮经过渗碳获得高碳表面层，淬火及回火后不但改变心部质量，而且还提高表面层强度和耐磨性。淬火及回火是齿轮最终热处理，它决定着齿轮的质量。

渗碳齿轮热处理后应达到如下要求：

（1）表面层硬度58~63HRC，心部硬度31~45HRC；

（2）表面层和心部应具有细晶粒组织；

（3）表面层的金相组织应是细针状或隐晶状马氏体组织，沿晶界不允许有网状碳化物，仅允许少量粒状碳化物和残余奥氏体存在；

（4）表层和心部之间应有足够过渡区；

（5）热处理后心部金相组织，对合金钢而言，为低碳马氏体（一次淬火得到）或低碳马氏体+铁素体（二次淬火得到，重要齿轮不允许有铁素体），对碳钢而言，为珠光体+铁素体；

（6）脱碳和变形情况应尽量减至最小程度；

（7）心部除要求高韧性外，还必须有高强度。

B　渗碳层的技术要求

（1）渗层表面碳浓度。渗层表面碳浓度的高低对零件的性能有很大影响。渗层表面碳浓度增加，硬度和耐磨性提高，但抗弯曲强度下降。渗碳件表面碳浓度一般控制在0.7%~1.05%（质量分数，下同）。各种不同工作条件的渗碳件适宜的含碳量是：承受冲击疲劳载荷的零件取0.7%~0.9%，承受弯曲疲劳载荷的工件取0.8%~1.05%，承受高的接触疲劳载荷与耐磨性要求高的工件取值不小于1.05%。

（2）渗碳层深度。渗碳层深度对渗碳件的力学性能有重大影响，合适的渗碳层深度取决于渗碳件的工作条件及心部强度。一般小零件及薄壁件的渗层深度不应超过其截面有效厚度的20%，大零件的渗层深度则多确定为2~3mm。渗碳后还需磨削的零件，必须考虑磨削余量。

（3）渗碳层的碳浓度梯度。渗层的碳浓度梯度，是指渗层碳浓度自表及里从高到低沿渗层深度下降的趋势，它间接地反映了淬火后淬硬层的硬度梯度。实践证明，碳浓度下降越平缓，渗碳层与基体结合越牢固，耐磨、耐压、耐冲击性能越好，抗疲劳剥落的能力越高。

表7-4所列为渗碳表面碳浓度、心部硬度和表面组织推荐数据。

C　渗碳工艺参数的选择

渗碳过程中要解决的主要问题是表面碳浓度、渗碳层深度及渗层碳浓度梯度，反映在渗碳工艺上，则是解决渗碳剂的选择、渗碳温度及时间的控制等问题。

表 7-4 渗碳表面碳浓度、心部硬度和表面组织推荐数据

参数		推荐数值	说明
表面浓度/%		w(C)＝0.8～1.0	常啮合齿轮
		w(C)＝0.7～0.9	换挡齿轮
心部硬度（HRC）		m≤8：33～48	我国汽车行业
		m＞8：29～45	
		30～40	大型载重齿轮
		36～37	德国奔驰
		44～46	日本丰田
		33.5～40	意大利菲亚特
		30～40	日本大型重载齿轮
		32～40	美国 Allis Charmers
表面组织	马氏体级别	1～5（细针状）	我国汽车行业
	残留奥氏体/%	5～30	以硬度大于 57HRC 为准
	残留奥氏体级别	1～5	
	碳化物级别	常啮合齿轮：≤6	我国汽车行业
		换挡齿轮：≤5	
		轧机齿轮：≤1μm（平均直径）	重机行业

a　渗碳剂的选择

气体渗碳用的渗碳剂分为两类：一类是液体渗碳介质，如煤油、甲醇、乙醇、苯、丙酮等，渗碳时直接滴入渗碳炉内，在高温下首先被气化，然后经裂解析出活性碳原子；另一类是气体渗碳介质，如天然气、液化石油气等，渗碳时直接通入炉内，裂解析出活性碳原子。目前常用的渗碳剂是煤油、煤油＋甲醇等。煤油因成本低、来源广泛、活性强而被广泛采用，其缺点是容易产生炭黑。甲醇的产气量高，不易产生炭黑，但成本高，常用做稀释剂，与煤油混合使用。

b　渗碳温度的选择

温度对工件渗碳过程的影响很大，在相同条件下，随着渗碳温度的升高，铁原子的自扩散过程加剧，有利于碳的吸收和扩散，能显著加快渗碳速度，增加渗层深度。但是，过高的渗碳温度会降低设备和工、夹具的寿命，且零件变形和晶粒粗化倾向增大。

综合考虑渗碳温度的影响，在生产中选用的渗碳温度为 910～930℃。对于渗层深度浅、变形要求小的零件采用下限温度。对于一般形状的简单零件则采用上限以提高生产效率。

c　渗碳时间的确定

渗碳时间主要是根据零件所要求的渗层深度来确定。在同一渗碳温度下，保温时间越长，渗层越深。渗碳所要求的渗层深度指技术要求的深度加上渗碳后的磨削余量。在确定的渗碳温度下，渗层深度与渗碳时间有如下关系：

$$d = \frac{1}{2}Kt$$

式中　d——渗碳层总深度；

　　　t——渗碳总时间；

　　　K——与渗碳温度有关的系数，渗碳温度为875℃时 $K=0.45$，渗碳温度为900℃时 $K=0.50$，渗碳温度为925℃时 $K=0.60$。

以930℃下气体渗碳为例，保温时间与渗层深度的关系见表7-5。在渗碳过程中可通过检查随炉试样的渗层深度来调整渗碳时间。

表7-5　气体渗碳的保温时间与渗层深度的关系

渗碳保温时间/h	2	4	6	8	10
渗碳深度/mm	0.4～0.6	0.6～1.0	1.0～1.2	1.2～1.4	1.4～1.7

d　渗碳剂的供给量

在渗碳过程中，随着时间延长，渗层碳浓度梯度减小，碳在钢中的扩散速度降低，零件表面对碳的吸收能力降低。为了充分利用渗碳剂和减少炭黑，渗碳剂的通入量应随时间延长而相应减少。渗碳剂的通入量，一般从以下几方面考虑：

（1）炉罐（炉膛）容积。容积大，渗碳剂的通入量要相应增加。

（2）工件装炉量（渗碳工件的总表面积）大小。渗碳剂的流量与工件总的有效渗碳面积有关，渗碳面积越大，渗碳剂的流量越大。一般推荐渗碳剂的流量为：每平方米的有效渗碳表面积的气体消耗量为0.35～0.40m^3/h（炉内压力为294～588Pa）。当然还应根据其他因素做适当调整。

（3）工装状况。新的炉罐、吊具和支架常用低碳钢制造，含碳量往往很低，渗碳时会吸收大量的碳，所以初次使用时应预先补碳后再使用，以免在渗碳过程中影响炉内碳势。

（4）渗碳剂种类的影响。产气量大、活性高的渗碳剂，供给量应少些。

生产中可借助观察排出废气的火苗，判断炉气气氛。正常火苗呈浅黄色，无黑烟和火束或火星，强渗阶段火苗长约80～150mm，炉压为1200～1500Pa。非正常火苗中存在火星，表明炉内炭黑过多；火苗过长且尖端外缘出现亮白色，表明渗碳剂供给量过多；火苗过短且外缘呈浅蓝色，有透明感，表明渗碳剂供给量不足或炉罐漏气。

下面以井式电炉滴注式气体渗碳工艺进行分析。如图7-3所示为RQ3-75-9D井式炉气体渗碳的典型工艺。渗碳介质采用煤油+甲醇。

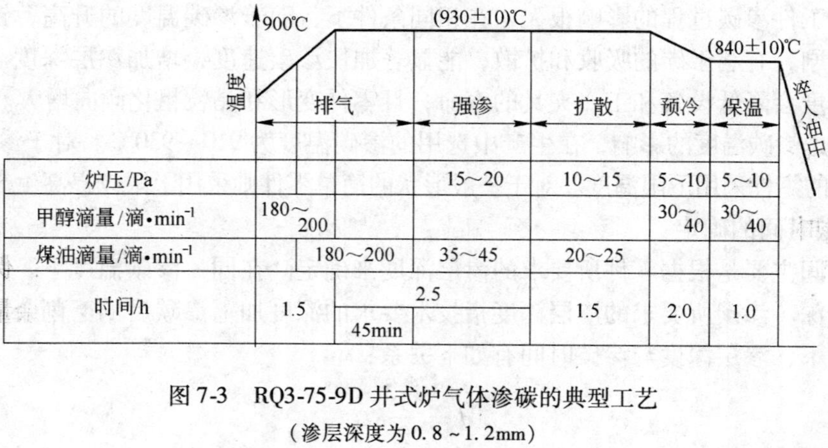

图7-3　RQ3-75-9D井式炉气体渗碳的典型工艺

（渗层深度为0.8～1.2mm）

1）井式电炉滴注式气体渗碳的碳势控制。渗碳工艺根据保温时碳势控制方法分为固定碳势法和分段控制法。固定碳势法是在整个渗碳过程中，炉内碳势基本保持不变，渗碳剂的流量始终不变，零件处在一个固定碳势的气氛中进行渗碳。固定碳势法操作和控制方便，但渗碳剂耗量大，且渗速慢，仅适用于渗碳层要求浅（不超过 1.2mm）的零件。分段控制法是应用广泛的一种工艺，全过程由排气、强渗、扩散、降温四个阶段组成，渗碳剂多采用煤油。

RJJ-75-97 井式电炉滴注式气体渗碳工艺（分段控制法）曲线如图 7-4 所示。井式电炉滴注式气体渗碳的碳势和渗碳工艺过程，可以采取红外线气体分析仪和氧探头法，配以计算机实现自动控制。

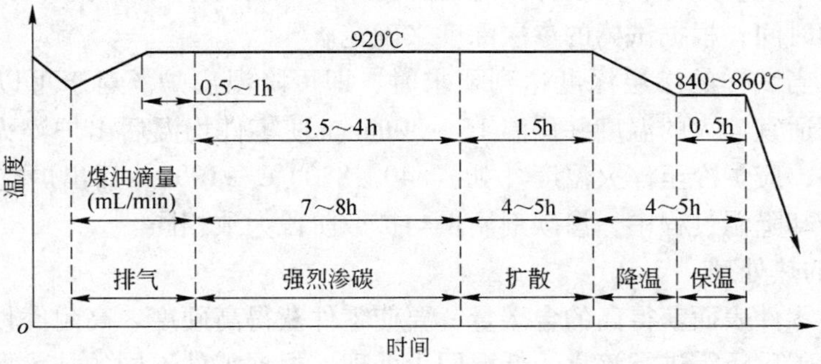

图 7-4　RJJ-75-97 井式电炉滴注式气体渗碳工艺

2）渗碳前的工作准备。

①看清工艺及零件图样，按材料和渗层要求对零件进行分类。

②检查零件表面质量，有锈斑、油污、水迹或有碰伤及裂缝时，应予以清洗或清除。

③零件的非渗碳面进行镀铜或涂防渗剂，小孔可以堵塞。

④准备好与零件材料相同的随炉试样以及工装夹具等。

⑤按渗碳工艺操作规程做好设备的各项准备工作。

3）渗碳操作要点。

①升温。将渗碳炉先升温至渗碳温度，校正温度与碳势控制仪表。

②炉罐渗碳。对新炉罐或停炉时间长的炉罐和新框架，按渗碳工艺分别对新炉罐进行 10h 或 15h、新框架进行 2h、停炉时间长的炉罐进行 0.5～2h 的预渗碳，让其表面层达到碳饱和，以减少对零件渗碳所需碳势的干扰。

③装炉。

相同材料、相同渗层要求的零件，方可同炉渗碳。

细长件容易变形，要垂直装炉。

零件间应留有 5～10mm 间隙。用料筐层叠装炉时，各层料筐之间层叠整齐，起到导气罩的作用。

随炉试棒，原则上每只渗碳罐装 1 件，使用整体挂具时，75kW 炉在零件上、下各放一件，90kW、150kW 炉在上、中、下各放一件。

零件入炉前炉温应升至 800℃以上，零件装炉后盖好炉盖，对称地紧固好螺栓或用砂封严，以保证炉内压力保持在 150～500Pa。

装完炉后，即打开风扇，按工艺规定滴入甲醇或乙醇，并点燃废气。

④分段控制法工艺要点。

排气-均温：零件装炉后炉温会下降，炉温在 760℃ 以下只滴甲醇（或乙醇），当炉温升至 800℃ 以上方可滴煤油，并随温度回升逐步增加流量以利排气。当炉温到达工艺规定温度时，从试样孔装入试棒。打开小排气孔，点燃废气。继续排气 0.5 ~ 1h，使炉温均匀并加热零件。

保温：保温阶段包括强渗和扩散两阶段。强渗阶段，需加大煤油滴量以获得较高的炉内碳势，使零件表面迅速达到较高碳浓度，形成碳浓度梯度。强渗时间取决于渗层深度要求。当试棒的渗碳层深度达到技术要求深度的 2/3 左右时，即可转入扩散阶段。此阶段应大幅降低煤油滴入量，降低炉内碳势，避免产生炭黑，使零件表面的碳向内层和炉气中扩散。扩散阶段的时间，根据试棒的渗层深度来确定。

降温出炉：当试样的渗层深度达到要求时，即可降温出炉。对于可以直接淬火的零件，随炉冷却至适宜淬火的温度并保温 15 ~ 30min，使零件均温后出炉淬火；对于需重新加热淬火的零件，应炉冷至淬火温度［如（840 ~ 870）℃ ±10℃］后出炉空冷或坑冷。

零件随炉冷却降温过程中，渗碳剂滴量与扩散阶段大致相同。

e　渗碳后的热处理

渗碳只能使零件表面获得高的含碳量，要使零件获得高硬度、高耐磨性的表层和高韧性心部组织，渗碳后还需进行淬火 + 低温回火处理。根据零件不同的技术要求，渗碳后的热处理工艺有以下几种方法：

（1）两次淬火法。这是一种同时保证心部和表层都获得较高性能的方法。零件渗碳并冷却至室温后，先在 A_{c1} 以上温度进行一次淬火（或正火），细化心部组织和消除表面渗碳层的网状碳化物。第一次淬火不必达到最后硬度，因而可油冷或空冷。第二次淬火的加热温度选择在表层高碳组织的 A_{c1} 以上 30 ~ 50℃（770 ~ 820℃）。淬火后进行 160 ~ 180℃ 回火。

采用两次淬火法存在许多缺点：如高温加热，渗碳层易出现氧化、脱碳，齿面易形成裂纹，热处理费用大，更重要的是变形较大，故汽车、拖拉机齿轮一般不采用。

（2）直接淬火法。零件渗碳后随炉降温或出炉预冷到 780 ~ 850℃ 直接淬火，然后在 160 ~ 200℃ 回火 2 ~ 3h。生产中降温直接淬火的齿轮不占多数，而相当一部分是渗碳后缓冷重新加热淬火。

（3）一次重新加热淬火法。渗碳后零件随炉冷至心部 860 ~ 880℃，出炉空冷或坑冷至室温，然后重新加热淬火。重新加热淬火温度选择应兼顾表面及心部要求，对合金渗碳钢可选择稍高温度（850 ~ 900℃）；而碳钢则宜选在 820 ~ 850℃；对于一些心部强度要求不高而表面耐磨性要求高的零件，则宜选在 770 ~ 820℃。一次重新加热淬火后，回火取 160 ~ 180℃ 保温 2 ~ 3h。

（4）高强度合金渗碳钢渗碳后的热处理。高强度合金渗碳钢由于合金元素含量较高，渗碳后淬火，表层存在大量残余奥氏体，硬度仅为 50 ~ 55HRC。为了减少残余奥氏体量，提高表面硬度可采取以下工艺方法：

1）渗碳→缓冷至室温，高温回火（600 ~ 680℃ 保温 2 ~ 6h）→淬火→回火。

2）渗碳→淬火（冷至室温）立即深冷处理（ -60 ~ -80℃）→回火。

3）渗碳淬火后对零件进行喷丸处理，促使残余奥氏体转变为马氏体。

7.1.5.2　高频齿轮淬火热处理工艺编制

编制高频淬火工艺前必须考虑齿轮结构的工艺性（形状、模数、尺寸）、设备功率、淬火机床结构和感应器类型、硬化层形状和分布等因素。

相同的齿轮采用不同的高频淬火工艺，所得到的硬化层形状不同，表 7-6 为模数 3 的 45 钢齿轮，经不同规范高频淬火后的性能与硬化层形式的关系。

表 7-6　高频淬火后的性能与硬化层形式的关系

功率/kW	加热时间/s	比功率 /kW·cm^{-2}	齿顶硬度（HRC）	破坏负荷/N	硬化层形式	图　形
30	9.6	0.7～0.73	57～59	32600	深入根部	
80	6.0	1.1～1.2	57～60	35250	半仿形	
85	4	1.7～1.8	57～59	10500	似仿形	

由表 7-6 可知，似仿形硬化的质量高。为达到似仿形硬化，高频淬火工艺参数应选择高比功率与较短加热时间。在 30kW、60kW、100kW 高频设备上淬火，一般不能在齿轮上获得仿形硬化。

感应加热表面淬火工艺参数主要包括：电参数（设备频率、加热功率、加热方法）；加热参数（感应加热温度、加热时间和加热速度）；冷却参数、冷却介质；回火参数。

生产中往往通过调整电参数来控制加热参数，从而保证感应加热表面淬火质量。下面介绍感应加热表面淬火工艺参数选择的方法。

A　设备频率和比功率的选择

a　设备频率 f 的选择

设备频率主要根据零件尺寸及硬化层深度来选择。一般采用透入式加热时，当淬硬层深度不大于该频率的热态电流透入深度 $\Delta_{热}=\dfrac{50}{\sqrt{f}}$（$\Delta_{热}$ 为电流透入深度），即可保证在透入式条件下加热。生产中设备频率常在下列范围之间：

$$\frac{150}{\delta_S^2}<f<\frac{2500}{\delta_S^2}$$

式中　δ_S——要求硬化层深度，cm。

$f=\dfrac{150}{\delta_S^2}$为下限频率，$f=\dfrac{2500}{\delta_S^2}$为上限频率。

当硬化层深度为热态电流透入深度的 40%～50% 时，加热总效率最高，最佳频率为 $f_{佳}=\dfrac{600}{\delta_S^2}$。频率过低，需加大比功率才能获得所要求的硬化层深度，且无功损耗太大。当感应器单位损耗大于 0.4kW/cm^2 时，在一般冷却条件下会烧坏感应器。频率和淬硬层深度的关系见表 7-7，根据工件直径和淬硬层深度选择频率见表 7-8，齿轮感应加热淬火推荐频率见表 7-9。

表 7-7 频率和淬硬层深度的关系

材料	加热温度/℃	频率/Hz 淬硬层深度/mm	50	1000	2500	8000	35000	55000	150000	250000	500000
钢铁	880～900	最小值	17	3.5	2.5	2	1.5	1	0.5	0.3	—
		最大值	70	16	15	8	4	3	2.5	2.5	—
		最佳值	34	8	6	3～4	2.5	2	1.5	1～1.5	0.8
黄铜	850	一般值	25	6	4	2	1.1	0.8	0.5	0.4	0.27
铝	600	一般值	24	5.4	3.4	1.7	0.84	0.66	0.42	0.34	0.24

注：淬硬层深度约为电流透入深度的1/2时为最佳。淬硬层深度应大于电流透入深度的1/4。

表 7-8 根据淬硬层深度和工件直径选择频率

淬硬层深度/mm	工件直径/mm	中频			高频
		1000Hz	2500Hz	8000Hz	
0.4～1.3	6～25	—	—	—	☆
1.3～2.5	11～16	—	—	○	☆
	16～25	—	—	☆	☆
	25～30	—	○	☆	○
	大于50	○	☆	☆	△
2.5～5.0	20～50		☆	☆	△
	50～100	☆	☆	○	—
	大于100	☆	○	△	—

注：☆表示加热效率高；○表示一般；△表示频率过高，表面易过热。

表 7-9 齿轮表面淬火频率选择

加热淬火方法	模数/mm	电流频率/kHz	加热及淬火效果
全齿同时加热淬火（或连续淬火）	1～5	200～300	$m=2.3\sim3.5$mm，加热质量较好
	2～6	60～70	$m=4\sim5$mm，加热轮廓线明显，齿顶与齿根温度差小，加热及淬火质量好
	5～10	8.0	$m=7\sim8$mm 齿顶与齿根温度均匀，加热及淬火质量好
单齿加热淬火（沿齿面或沿齿沟连续加热淬火）	5～10	200～300	沿齿沟连续淬火可以得到较为理想的硬化层分布
	8～24	8.0	沿齿沟连续淬火，可以得到较为理想的硬化层分布，硬化层较深

齿轮模数与频率的关系如图 7-5 所示，频率高低对齿轮硬化层的影响如图 7-6 所示。

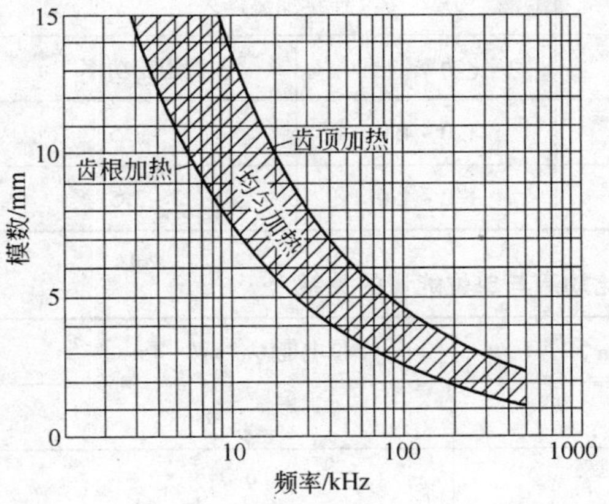

图 7-5　齿轮模数与频率的关系

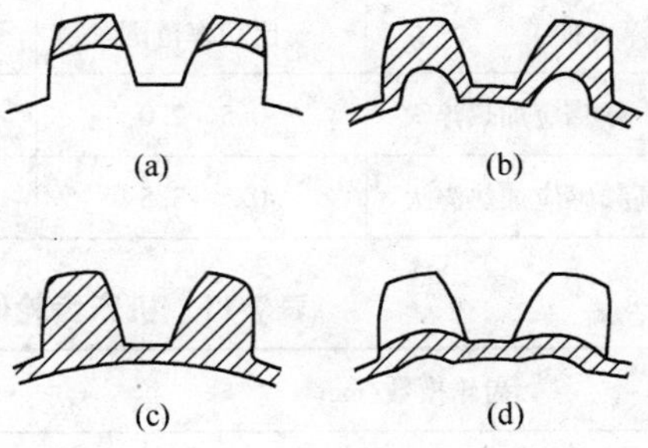

图 7-6　频率高低对齿轮硬化层分布的影响
（a）频率过高；（b）频率适中；
（c）频率较低；（d）频率过低

b　比功率的选择

比功率 P_0 是工件所获得的功率 P_L 与被加热面积 A 的比值，单位为 kW/cm²。

$$P_0 = \frac{P_L}{A} \tag{7-1}$$

当频率一定时，比功率越大，升温速度越快；当比功率一定时，频率越高，电流透入越浅，加热速度越快。

比功率的选择主要取决于齿轮模数、受热面积、频率和要求的硬化层深度。在频率一定时，硬化层较浅的，选用较大比功率（透入式加热）；在淬硬层深度相同的情况下，设备频率较低的可选用较大比功率。

因为工件上真正获得的比功率很难测定，故常用设备比功率来表示。设备比功率为设备输出功率与零件同时被加热的面积比，即

$$\Delta P = \frac{P_{设}}{A}$$

式中　$P_{设}$——设备输出功率，kW；

A——同时被加热的工件表面积，cm²。

工件的比功率与设备比功率的关系是：

$$\Delta P_{工} = \frac{P_{设} \cdot \eta}{A} = \Delta P_{设} \cdot \eta$$

式中　η——设备总效率，一般为 0.4 ~ 0.6。

生产中影响比功率的因素很多，要结合工件尺寸大小、加热方式以及试淬后的组织、硬度及硬化层分布等作最后的调整。一般生产实际所用的比功率要比计算值大些。生产用的比功率见表 7-10。表 7-11 所列为机床齿轮似仿形硬化的比功率与单位能量的关系。

表 7-10　生产用比功率　　kW/cm^2

淬火种类＼淬火方式	同时加热淬火		连续加热淬火	
	比功率范围	常用比功率	比功率范围	常用比功率
中频感应加热淬火	0.5 ~ 2.0	0.8 ~ 1.5	1.0 ~ 4.0	2 ~ 3.5
高频感应加热淬火	0.5 ~ 3.5	0.8 ~ 2.0	1.0 ~ 4.0	2 ~ 3.5

表 7-11　机床齿轮似仿形硬化的比功率与单位能量的关系

齿轮模数/mm	比功率/kW · cm^{-2}	单位电能 Q_0/kW · s · cm^{-2}
3	1.2 ~ 1.8	7 ~ 8
4 ~ 4.5	1.0 ~ 1.6	9 ~ 12
5	0.9 ~ 1.4	11 ~ 15
2 ~ 2.5	不能得到仿形硬化层	

c　加热淬火的最大面积

感应加热设备的输出功率 P_S 可按式（7-2）进行计算：

$$P_S = P_0 \times \frac{A}{\eta_b} \times \eta_g \tag{7-2}$$

式中　η_g——感应器的效率；

η_b——淬火变压器的效率。

根据比功率的最小值可计算加热淬火的最大面积：

$$A_{max} = \frac{P_S \eta_b}{P_{0min}}$$

式中　P_{0min}——比功率的最小值。

由此可见，一定功率的感应器加热设备，能够加热的最大面积是有限的。表 7-12 为几种高、中频设备允许的最大加热面积，其中连续淬火所用环状感应器有效圈高 1cm，淬火面积宽度按 1cm 计算。

表 7-12　几种高、中频设备允许的最大加热面积

设备种类	P/kW	同时加热淬火	连续加热淬火	
		A_{max}/cm^2	A_{max}/cm^2	D_{max}/cm
机械式中频发电机（2.5 ~ 8kHz）	100	128	64	20.4
	150	204.8	102.4	32.6
	200	256	128	40.8
	250	320	160	50.9
真空管式高频设备（100 ~ 300kHz）	60	5808	2904	9.4
	100	98	49	15.6
	200	196	98	31.2

d　高频加热设备电参数的确定和调整

高频设备的主要参数有阳极电压（$U_{阳}$）、阳极电流（$I_{阳}$）、栅极电流（$I_{栅}$）和槽路电压（$U_{槽}$）。合理的电参数是通过试淬后来确定的。

试淬的方法是：零件加热前先将 $U_{阳}$ 调到一定的数值，然后将耦合和反馈调到一定位置，把零件放到感应器中，进行短时间加热。此时，$I_{阳}$ 和 $I_{栅}$ 超过最大值，或 $I_{阳}$ 和 $I_{栅}$ 的比值关系不合适，应调节手轮重试；如果 $I_{阳}$ 和 $I_{栅}$ 的比值符合 5～10，只是加热速度过大（或过小），可以通过减小 $U_{阳}$（或增大 $U_{阳}$）来调整。然后对试淬零件进行质量检验，合格后把以上电参数正式纳入工艺文件中。

B　淬火加热方式和加热温度的选择

a　淬火加热方式的选择

（1）常用感应加热有两种方式：一种为同时加热法，即对工件需淬火表面同时加热，此法一般在设备功率足够、生产批量比较大的情况下采用；另一种为连续加热法，即对工件需淬火部位中的一部分加热，通过感应器与工件之间的相对运动，把已加热部位逐渐移到冷却位置冷却，待加热部位移至感应器中加热，如此连续进行，直至需硬化的全部部位淬火完毕。如果工件是较长的圆柱形，为了使加热均匀，还可使工件绕其本身轴线旋转。一般在单件、小批量生产中，轴类、杆类及尺寸较大的平面加热，采用连续加热法。

（2）淬火加热方式的选择原则：当加热的淬火面积 A 不大于变频设备的同时加热淬火的最大面积 A_{max}时，可以选用同时加热淬火法。当淬火面积大于变频设备的同时加热淬火的最大面积时，应采用连续加热淬火法。

感应加热淬火方式的选择见表 7-13。

表 7-13　感应加热淬火方式的选择

生产方式	同 时 加 热	连 续 加 热
大批量生产	工件淬火加热表面积与比功率的乘积不大于设备功率时采用	工件淬火加热表面积与比功率的乘积大于设备功率时采用
小批单件生产	在满足工件淬火加热表面积与比功率的乘积小于设备功率的条件下，视工件形状酌情选用	轴类、杆类及尺寸较大平面加热淬火时采用；工件淬火加热表面积与比功率乘积大于设备功率时采用

b　感应加热淬火温度与加热时间

（1）淬火温度。淬火温度与工件材料和淬火前原始组织、加热速度、淬硬层深度有关。在一定的加热速度下，原始组织越粗大，淬火的温度越高（调质、正火、退火的原始组织，淬火温度依次上升）。一般高频加热淬火温度可比普通加热淬火温度高 30～200℃。加热速度较快的，采用较高的温度。

综合考虑表面淬火前的原始组织和加热速度的影响时，每种钢都有最佳加热规范。表 7-14为常用钢铁感应加热淬火温度。

表 7-14 常用钢铁感应加热淬火温度（喷水冷却）

钢号	原始组织	预备处理	淬火温度/℃			
			普通炉子加热整体淬火	感应加热		
				A_{c1}以上的加热速度/℃·s^{-1}		
				30~60	100~200	400~500
				A_{c1}以上的加热时间/s		
				2~4	1~1.5	0.5~0.8
35	细片状珠光体+细块状铁素体	正　火	840~860	880~920	910~950	970~1050
	片状珠光体+铁素体	退火或不处理	840~860	910~950	930~970	980~1070
	索氏体	调　质	840~850	860~900	890~930	930~1020
40	细片状珠光体+细块状铁素体	正　火	820~850	850~910	890~940	950~1020
	片状珠光体+铁素体	退火或不处理	820~850	850~940	910~960	960~1040
	索氏体	调　质	820~860	840~890	870~920	920~1000
45 50	细片状珠光体+细块状铁素体	正　火	810~830	850~890	880~920	930~1000
	片状珠光体+铁素体	退火或不处理	810~830	880~920	900~940	950~1020
	索氏体	调　质	810~830	830~870	860~900	920~980
35Mn2	片状珠光体+铁素体	正　火	840~860	880~920	910~960	950~980
45Mn2	索氏体	调　质	840~860	860~990	880~940	900~950
	珠光体+铁素体	正　火	820~840	840~860	860~900	900~940
50Mn2 50Mn	细片状珠光体+细块状铁素体	正　火	790~810	830~870	860~900	920~930
	片状珠光体+铁素体	退火或不处理	790~810	860~900	880~920	930~1000
	索氏体	调　质	790~810	810~850	840~880	900~960

（2）加热时间。当加热速度一定时，加热时间由加热温度确定。表 7-15 所列是工件尺寸、硬化层深度和加热时间的关系。

表 7-15　工件尺寸、硬化层深度和加热时间的关系

频率/kHz	零件直径/mm	硬化层深/mm	加热时间/s	硬化层深/mm	加热时间/s	硬化层深/mm	加热时间/s	备注
250~300	40	2	10	3	20	4	22	在电参数不变条件下，选用不同加热时间，调节淬硬层深度
	60	2	12	3	22	4	32	
	80	2	14	3	28	4	40	
	100	2	15	3	30	4	48	
	120	2	15	3	30	4	50	
	140	2	15	3	30	4	50	
8	40	2	2~3	3	5~6	4	10	直径小于 40mm 时，加热时间缩短 1/4
	60	2	2~3	3	6~7	4	12	
	80	2	2~3	3	7	4	13	
	100	2	2~3.5	3	7~8	4	14	
	120	2	2~3.5	3	8	4	14	
	140	2	2~4	3	8~9	4	15	
2.5	40	3	3	4	5	5	7	连续加热时，改变工件与感应器移动速度来改变加热时间
	60	3	3.5	4	6	5	9	
	80	3	4	4	6	5	10	
	100	3	4	4	6	5	11	
	120	3	4	4	6	5	12	
	140	3	4	4	6	5	14	

通常借助控制加热时间来控制加热温度，在用同时加热法时，控制一次加热时间；在大批量生产条件下可用设备上的时间继电器自动控制；在连续加热条件下，通过控制工件与感应圈相对位移速度来实现。

C　*冷却方式和冷却介质的选择*

最常用的冷却方式有以下几种：

（1）喷射冷却。喷射冷却法即在感应加热终了时把工件置于喷射器之中，向工件喷射淬火介质进行淬火冷却，其冷却速度可以通过调节液体压力、温度及喷射时间来控制。喷射冷却适用于连续加热淬火和同时加热淬火。冷却介质多采用自来水、0.1%~0.3%（质量分数）的聚乙烯醇溶液等。

（2）浸液冷却。在工件加热终了时，把工件浸入淬火介质中进行冷却。浸液冷却适用于同时加热淬火法，冷却介质为油或自来水。

（3）埋油淬火。埋油淬火是将感应圈和零件浸没在油中进行加热和冷却。此法适用于油冷的合金钢类零件。常用的淬火介质有水、聚乙烯醇水溶液、聚丙烯醇水溶液、乳化液和油。聚乙烯醇水溶液的冷却能力随浓度增大而降低，通常使用的浓度为 0.05%~0.30%。若浓度大于 0.3%，则使用温度最好为 32~43℃，不宜低于 15℃。聚乙烯醇在淬火时于工件表面形成薄膜，从而降低水的冷速，在使用中应不断补充，以保持其要求浓度。

D　回火工艺

感应加热淬火后一般只进行低温回火。其目的是为了降低残余应力和脆性，而又不致降低硬度。一般采用的回火方式有以下几种：

（1）炉内回火。炉内回火适用于薄壁或小零件的回火，回火温度和时间取决于零件材料和硬度要求。炉内回火温度一般为150～180℃，时间为1～2h。

（2）自回火。自回火就是在淬火后尚未完全冷却时，利用在工件内残留的热量进行回火。由于自回火时间短，在达到同样硬度条件下回火温度比炉中回火要高80℃左右。自回火适用于同时加热淬火的较大零件以及形状简单、大量生产的零件。自行回火温度可用测温笔来测量。生产中一般采用试验的方法来控制冷却时间，并对试棒进行硬度和金相组织检查，以保证自回火质量。

（3）感应加热回火。感应加热回火适用于连续加热淬火的长轴、套筒等零件。为了消除应力，零件的回火加热深度必须超过淬硬层深度，常用中频或工频加热回火。感应加热回火比炉中回火加热时间短，显微组织中碳化物弥散度大，因此得到的钢件耐磨性高，冲击韧性较好，可用15～20℃/s的较小热速度进行回火。由于感应加热回火的加热时间比炉中回火加热时间短得多，故其回火温度比炉中回火温度高。

7.1.6　典型齿轮的热处理技能训练

7.1.6.1　训练1　齿轮轴的渗碳、淬火与回火

（1）齿轮轴的材料与技术要求。

1）齿轮轴的材料：20CrMnTi。

2）技术要求：渗碳层深度为0.8～1.1mm，φ30mm处表面不渗碳；表面硬度为58～62HRC，心部硬度为32～45HRC，直线度不大于0.03mm。

3）加工路线为：锻造—正火—机加工—渗碳—淬火、回火—矫直机矫直。齿轮轴如图7-7所示。

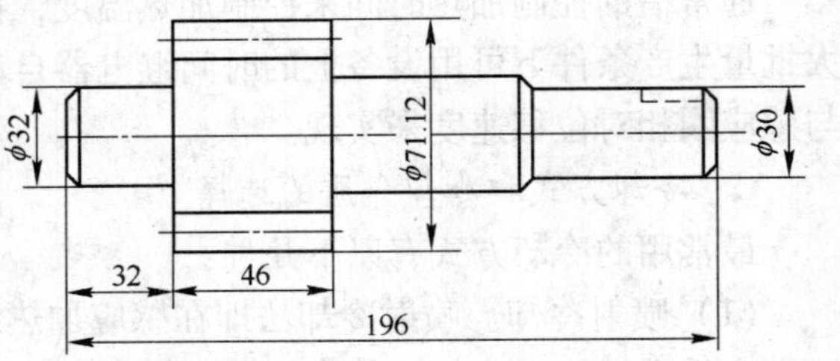

图7-7　齿轮轴

（2）热处理工艺要点。

1）锻后正火：在箱式炉中加热，温度为(940±10)℃，保温2.5h炉空冷（散开），硬度为156～207HBS。

2）渗碳：φ30mm处表面涂防渗剂，在RJJ-75-9井式炉中滴注渗碳，渗碳剂甲醇和煤油，工艺曲线如图7-8所示。

3）淬火：渗碳后降温至（840±10)℃，保温0.5h后直接油冷。

4）回火：回火在井式回火炉中进行，(180±10)℃，保温1～2h矫直：回火后进行矫直，直线度不大于0.10mm。

7.1.6.2　训练2　小模数齿轮高频感应加热表面淬火

（1）小模数齿轮的材料与性能要求。

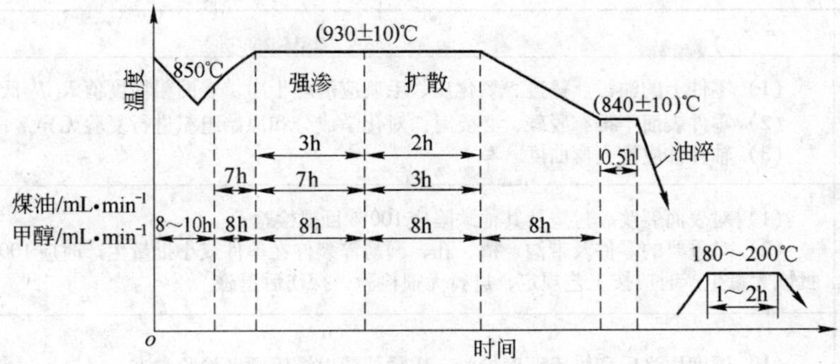

图 7-8　齿轮轴渗碳工艺曲线

1）材料：45 钢。

2）性能要求：预先经正火处理。齿部硬度为 48～54HRC，齿顶不得过热，齿根淬硬层深度不小于 0.5mm，如图 7-9 所示。

（2）工艺操作要点。

1）选用设备：GP100-C 型高频设备。

2）感应器：该齿轮由两只齿轮组成，其中小齿轮加热所用感应器内径为 ϕ136mm，大齿轮为 ϕ211mm，感应器高度为 15mm。

3）加热方法：采用同时加热淬火法。

4）工艺参数：工艺参数见表 7-16。

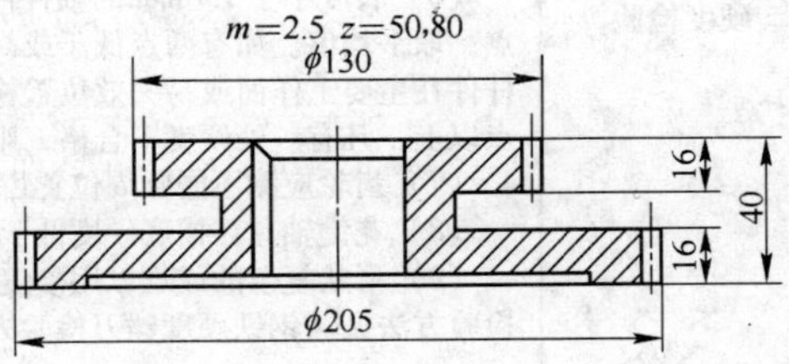

图 7-9　小模数齿轮

表 7-16　齿轮高频淬火工艺参数

加热部位	电流频率 /kHz	电参数			加热时间 /s	冷却水压力 /MPa
		阳极电压 /kV	阳极电流 /A	栅极电流 /A		
小齿轮	250	10～13	8～10	1.6～1.7	9～10	≥0.2
大齿轮					10～11	

5）操作说明：淬火时先将齿轮装在淬火机床上，开动淬火机床，将齿轮升起进入感应器中，齿轮旋转均匀加热至淬火温度后，使齿轮下降，进入喷水圈内冷却。淬火时先淬小齿轮，后淬大齿轮。齿面淬火硬度不小于 54HRC。淬火后立即进行回火，回火温度 180～220℃，回火时间 1.5～2h。

7.1.7　齿轮热处理质量分析

7.1.7.1　感应加热淬火件的质量检验

感应加热的淬火件质量检验内容和要点见表 7-17。

表 7-17 感应加热淬火件质量检验

项 目	内 容
淬火前检验	(1) 零件上的油污、锈迹、氧化皮、毛刺应清理干净，表面粗糙度值 R_a 应低于 6.4μm； (2) 零件表面不得有脱碳，必要时，对化学成分和原始组织进行复验无异常； (3) 轴杆件应检查弯曲度
淬火后表面质量检验	(1) 对表面裂纹、过烧及其他缺陷应 100% 目视检验； (2) 对重要的零件及带沟、槽、孔、洞易淬裂件在单件或小批量生产时应 100% 无损探伤，成批或大量生产时应按工艺规定，进行无损检验，探伤后退磁
淬火回火后硬度检验	(1) 硬度用洛氏和维氏硬度检验，质量仲裁以维氏硬度检验为准； (2) 淬火后零件表面硬度（含自回火）应大于图样规定硬度下限值，硬度检验比例按工艺规定执行，但每批不得小于 5% ~10%； (3) 回火后的硬度检验比例不得小于 5%，硬度检验位置是工艺文件规定位置或主要工作面，硬化区边缘不作为检验部位，硬度波动范围都应在图样规定的范围内； (4) 硬度一般在实物上检验或在实物上取样检验； (5) 大件允许用肖氏硬度计和里氏硬度计检验； (6) 长度小于 150mm 的轴杆件，检验一处硬度即可，但必须在同一截面相隔 120° 圆周上测 3 点，取平均值。如有两点低于或高于图样规定值，则该件判为不合格。长度在 150 ~ 500mm 的轴杆件在主要工作面或易失效位置检验 2 处硬度，大于 500mm 的轴杆件，检验 3 处硬度，每处测 3 点以上，凡有一处硬度不合格，则该件判为不合格； (7) 齿轮应测不同圆周位置齿工作面的硬度及齿根硬度，且都应符合图样要求； (8) 花键轴允许槽底硬度低于齿顶部硬度 3 ~5HRC； (9) 形状复杂的或难以用硬度计检验硬度值和硬化区位置的零件，允许用中细方锉刀检验，检验方法见《钢铁硬度锉刀检验方法》。必要时，可切割取样，用硬度计复验
有效硬化层深度检验（D_s）	(1) 无特殊情况说明，图样要求硬化层深度，可以认为是有效硬化层深度； (2) 有效硬化层深度检验按《钢的感应淬火或火焰淬火后有效硬化层深度的测定》（GB/T 5617—2005）的规定检验，取样部位在硬化区中央； (3) 有效硬化层深度用硬度法测量，HVJ 深度是从表面测至极限硬度值处的垂直距离。极限硬度值是图样或技术文件规定表面硬度值下限的 0.8 处，当维氏硬度负荷小于 9.8N 时，极限硬度值是表面下限硬度值的 0.9，如用 4.9N 则为 D_s 4.9/0.9； (4) 过渡区不作为硬化层深度的检验部分； (5) 硬化层深波动值在同一零件上应平缓过渡，不许突变，过渡长度应大于 150mm，同一横截面过渡长度应大于 90° 弧长； (6) 有效硬化层深度检验法，同样适用于球铁件感应淬火层深测定； (7) 花键、齿轮底部硬化层深应大于图样规定硬化层深的 $\frac{1}{3}$ ~ $\frac{1}{2}$
显微法测量硬化层深	(1) 当不能执行《钢的感应淬火或火焰淬火后有效硬化层深度的测定》（GB/T 5617—2005）标准时，仍可暂时沿用《汽车感应淬火零件金相检验》（QC/T 502—1999），但质量仲裁应执行 GB/T 5617—2005 标准； (2) 预先调质件，硬化层深由表面测至明显索氏体处，不允许有铁素体存在。预先正火件，表面硬度不小于 55HRC 时，硬化层深度由表面测至体积分数为 50% 马氏体处，如马氏体处的铁素体的体积分数大于 20% 时，应测至体积分数为 20% 的铁素体处，表面硬度小于 55HRC 时，其硬化层深度由表面测至心部组织之半（试样放大 100 倍）； (3) 日常生产允许用腐蚀法，粗视层深，但不作终判依据
硬化区尺寸检验	(1) 日常生产，硬化区尺寸可根据淬火区的颜色用钢直尺或游标尺量得。质量仲裁或专职检验部门应以打硬度测定为准； (2) 硬度法测量：碳钢根据含碳量，确定硬化区终点的硬度值，45 钢的硬化区测到 45HRC 左右为止。合金钢边界硬度值应该是图样规定下限硬度值，两边界之间的距离即为硬化区尺寸； (3) 显微法测量：试样在放大 100 倍的显微镜下，测至硬化区边缘的半马氏体处，硬化部位两端半马氏体点之间的距离为硬化区长度

续表 7-17

项　目	内　　容
金相组织检验	(1) 按《钢件感应淬火金相检验》(JB/T 9204—2008) 规定进行检验，组织分级说明见表 7-18； (2) 成批生产时，首件必检，首件金相组织合格方可按工艺正常生产； (3) 日常生产，每批至少解剖 1 ~ 2 件实物检验，实物解剖数应控制在 1/500 ~ 1/1000 为好； (4) 图样规定下限硬度大于 55HRC 时，显微组织 3 ~ 7 级合格，图样规定硬度下限小于 55HRC 时，显微组织 3 ~ 8 级合格，重要件 4 ~ 7 级合格，蜗杆允许 3 ~ 8 级合格； (5) 经预先调质件，正火件，表里金相组织都应符合工艺要求； (6) 表面硬度要求大于 55HRC 的件，硬化层中不允许出现铁素体、托氏体。硬度小于 55HRC 的件，硬化层中允许有少量铁素体； (7) 冷拔钢脱碳层大于磨削余量时，应补碳后再做感应加热淬火； (8) 取样不允许有回火现象； (9) 仲裁时，显微组织在 400 倍下检验为准，在有效硬化层表层处检验，日常生产可在 450 倍下检验； (10) 球铁件感应加热淬火后，显微组织检验按《珠光体球墨铸铁件感应加热淬火金相检验》(JB/T 9205—2008) 的规定检验，一般 3 ~ 6 级合格
畸变量检验	(1) 淬、回火后不进行磨削加工的零件，畸变量控制按技术要求进行检验； (2) 轴杆类零件，根据图样规定检验直线度和径向圆跳动，图样未明确规定的，允许径向圆跳动量是单边磨削余量的 1/2，扁平、盘板件的翘曲量是小于留磨余量的 2/3； (3) 齿轮类零件畸变量应控制在图样或技术文件要求范围内； (4) 畸变检验的数量根据图样或工艺文件规定，一般长轴杆件应 100% 检验，超差矫直，同一批淬火的齿轮，按检数每批不得少于 3 件
返修件	(1) 硬度低于图样规定 2HRC 或 20HV 时，硬化区尺寸偏差 2mm 以上（中小件），硬化层深度低于图样规定 0.5mm 以上，或金相组织欠热（9 ~ 10 级）、过热，允许经低温退火后，按原工艺淬火、回火； (2) 返修件的检验数量是原规定的 2 ~ 3 倍，必要时全数检验； (3) 感应加热淬火件只允许返工淬火一次

钢件感应加热淬火显微组织按《钢件感应淬火金相检验》(JB/T 9204—2008) 中规定检验，其分级说明见表 7-18。

表 7-18　钢件感应加热淬火显微组织分级说明（JB/T 9204—2008）

级别	组 织 特 征	晶粒平均面积/mm^2	对应的晶粒度/级
1	粗马氏体	0.06	1
2	较粗马氏体	0.015	3
3	马氏体	0.001	6 ~ 7
4	较细马氏体	0.00026	8 ~ 9
5	细马氏体	0.00013	9 ~ 10
6	微细马氏体	0.0001	10
7	微细马氏体，其含碳量不均匀	0.0001	10
8	微细马氏体，其含碳量不均匀，并有少量极细珠光体（托氏体）+ 少量铁素体（体积分数小于 5%）	0.0001	10
9	微细马氏体 + 网络状极细珠光体（托氏体）+ 未溶铁素体（体积分数小于 10%）	0.0001	10
10	微细马氏体 + 网络状极细珠光体（托氏体）+ 大块状未溶铁素体（体积分数小于 10%）	0.0001	10

注：1. 显微组织在 400 倍下测量，在有效硬化层表层处检验。
2. 试样磨制后用体积分数为 2% ~ 5% 的硝酸酒精溶液浸蚀，直到显示出清晰的硬化层为止。

7.1.7.2 感应加热淬火件的常见缺陷与防止方法

感应加热淬火件常见缺陷及防止方法见表7-19。

表7-19 感应加热淬火件常见缺陷及防止方法

名称	产生原因	防止方法
硬度不足或软点、软带	淬火件用钢含碳量过低	感应加热淬火件碳的质量分数一般大于0.4%，预先化验材料成分
	表面氧化、脱碳严重	淬火前要清理零件表面的油污、斑迹和氧化皮
	原始组织晶粒粗大；球墨铸铁件原始组织中的珠光体量太少，呈带状组织	控制原始组织晶粒度，球墨铸铁件感应加热淬火前需正火处理，使珠光体体积分数大于70%
	加热温度过低或加热时间太短	适当提高淬火温度，使钢中铁素体充分溶解，得到单一奥氏体组织或适当延长淬火加热时间
	冷却水压力太低，冷却水量不足，或冷却不及时	增加水压，加大冷却水流量，加热后及时喷水冷却
	感应圈高度不够，感应器中有氧化皮、有水	适当增加感应器高度，经常清理感应器
	汇流条之间距离太大	调整汇流条之间距离为1～3mm
	零件旋转速度和零件（或感应器）移动速度不协调，形成软带	调整零件的转速和零件（或感应器）移动速度，当零件移动速度为1.24mm/min时，零件转速 $n=60v$ 可以避免淬火软带的形成
	感应器喷水孔的角度不一致或堵死	如调整不好，需更换感应器，清理水孔
	零件在感应器中位置偏心或零件弯曲厉害	调整零件和感应器的相对位置，使各边间隙相等，零件弯曲厉害，淬火前要进行矫直
	淬火介质中有杂质，乳化剂老化，温度太高	更换淬火介质，降温
电击伤	零件与感应器距离太小，易被电弧烧伤	保持合理间隙，并有定位装置
淬火开裂	钢中含碳、锰、铬量偏高	零件含碳量和含锰量不应超过上限；$w(Mn)<1.5\%$、$w(Cr)<1.5\%$ 试淬时，可调整工艺参数，也可调整淬火介质
	钢中夹杂物多、呈网状，成分有偏析，含有害元素多	高碳钢和高碳合金钢感应加热淬火前需进行球化退火，检查非金属夹杂物含量和分布状况，毛坯须进行反复锻造
	加热温度过高，温度不均匀，零件上尖角沟槽、圆孔处应力集中	调整电参数，降低单位面积电功率，缩短加热时间；淬火前用石棉绳或金属棒料堵塞沟槽、孔洞；尖角倒圆；轴端留非淬硬区
	冷却速度过大而且不均匀	降低水压，减少喷水量，缩短喷水时间
	淬火介质选择不当	改用冷却能力低的淬火剂；用油、聚乙烯醇水溶液或其他乳化剂作为合金钢淬火剂
	回火不及时，回火不足	淬火后及时回火，淬回火之间的停留时间，对于碳钢或铸铁不超过4h，合金钢不超过0.5h；回火不足时，适当延长回火时间
	材料淬透性偏高	材料淬透性高时，可以选用冷却慢的淬火介质
	返修件未经退火、正火	返修件须经过退火、正火后，再感应加热淬火
	零件结构设计不合理，技术要求不当	建议设计部门，修改不合理的结构设计，提出切实可行的工艺要求

续表 7-19

名 称	产生原因		防止方法
淬火畸变	轴杆类零件	硬化层不均匀，通常零件弯向淬硬层较浅或无淬硬层一侧	工件与感应器同心转动；加热时淬火，回火后矫直
		长条形零件淬硬层不对称	淬硬层对称；淬回火后矫直
	齿轮	圆柱齿轮内孔一般缩小 0.01 ~ 0.05mm，外径不变或缩小 0.01 ~ 0.03mm	在满足淬硬层要求的前提下，采用较大的比功率，缩短加热时间；端面加盖，防止内孔过早冷却；齿坯加工后，先进行一次高频正火，然后加工内孔和铣齿，可显著减小内孔收缩至 0.005 ~ 0.02mm
		对于内外径之比小于 1.5 的薄壁齿轮，内孔和外径有胀大的趋向，双联齿轮呈喇叭口	设计要合理，工艺路线安排要正确，使齿轮壁厚均匀和形状对称
		齿形变化是齿厚一般表现为中间凹 0.002 ~ 0.005mm	选择适当的冷却方法，用较缓和的冷却介质齿轮各部分设计得尽量匀称
		公法线变化一般为 0.02 ~ 0.05mm（淬油时倾向胀大，淬水时倾向缩小），齿轮壁厚不均，各部位公法线变化量将有较大差别	冷热加工配合，热处理后开沟槽留磨削余量或增加预收缩量
		内孔键槽畸变	内孔有键槽的齿轮，应先进行齿轮高频淬火，最后插键槽

7.1.7.3 齿轮渗碳的工艺缺陷及控制

齿轮在渗碳过程中由于设备，操作失误及热处理辅料不纯造成各种质量缺陷。渗碳件质量不合格原因及预防措施见表 7-20。

表 7-20 渗碳件质量不合格原因及预防措施

序号	缺陷名称	产生原因	防止措施
1	毛坯硬度偏高	正火温度及保温时间不符合要求，使晶粒粗大	重新正火，制定正火工艺，检查设备仪表，控制冷却温度
2	毛坯硬度偏低	正火冷却速度过缓，铁素体呈块状，珠光体偏粗	重新正火，控制冷却速度
3	带状偏析	钢材合金元素和杂质偏析，一般正火很难消除	控制锻造工艺，更换材质
4	渗层过深	碳势过高，渗碳温度高或渗碳时间太长	降低碳势，检测炉温，缩短时间，调整工艺
5	渗层不均	炉内各部位温度不均匀，碳势不均匀和炉气循环不均匀，零件相碰、齿面有油污，渗碳过程炭黑过多	齿轮热前要清洗干净，装夹防止零件相碰，夹具考虑气流循环，保证炉内温度均匀，严格控制渗剂中不饱和碳氢化合物

续表 7-20

序号	缺陷名称	产生原因	防止措施
6	过共析层 + 共析层比例过大	碳势过高，强渗与扩散时间比例选择不当	降低碳势，调整强渗与扩散的比例，可以返修进行重新扩散处理
7	过共析层 + 共析层比例过小	碳势过低、强渗时间过短，时间比例选择不当	提高碳势，增加强渗时间，可返修补渗处理
8	表面碳含量过高，形成大块网状碳化物	炉气碳势过高，强渗时间太长，扩散期炉内碳势高	降低碳势，缩短强渗时间，可以在低碳势炉中进行返修扩散处理，适当提高淬火温度
9	表面残留奥氏体过多	碳含量过高，渗碳后冷却过快，淬火温度高	调整工艺，控制碳含量，出炉温度不宜过高，降低淬火温度
10	表面碳含量过低	炉气碳势过低，炉温高但扩散时间长	提高碳势，检查炉温，调整强渗期与扩散期的比例
11	表面马氏体粗大	淬火温度高	降低淬火温度
12	表面出现非马组织	排气阶段排气不充分，炉膛密封条件差，漏气；淬火冷却速度太低	排气阶段排气要充分，设备保证密封；适当提高冷却速度（或渗碳最后10min通适量氨气）
13	表面脱碳	出炉温度高，炉内严重漏气，淬火时氧化	防止炉内漏气，降低出炉温度，控制淬火炉内气氛，严重时重新补碳处理
14	心部硬度低	淬火温度低，冷却速度不够，心部游离铁素体过多	提高淬火温度，改善淬火介质冷速，更换材料
15	变　形	淬火温度高，冷却方法选择不当，夹具设计不合理，材料及预备热处理选择不好	修改淬火工艺，改善冷却方法和条件，合理设计夹具，更换材料
		齿轮接触区位移造成噪声增大	控制原材料及预先热处理；采用淬火压床压淬；冷加工，预留变形量；采用对研机研磨齿轮

模块 7.2　轴类零件的热处理工艺及技能训练

7.2.1　概述

轴是机器上的重要零件之一，轴类零件主要用来支承传动零件（齿轮、带轮等）及传递运动和扭矩。轴的表面一般由内外圆柱面、圆锥面、螺纹、花键和键槽等组成。轴根据其结构特点可分为光轴、阶梯轴、空心轴和异形轴（曲轴、凸轮轴、偏心轴等）四大类。轴的大小可有很大差异，最小直径为 0.5mm 的钟表轴，而粗大直径是可达 1m 的船舶推进轴。

各种机械使用的轴，按受负荷情况分有以下几种：

（1）承受弯曲负荷为主的——车辆轴；

（2）承受扭转负荷为主的——传动轴、转轴；

（3）承受弯曲和扭转为主的——曲轴；

（4）承受弯曲、扭转、拉伸、压缩等多种形式的——船舶推进轴；

（5）承受负荷小，但以形状和刚性为主的——机床主轴。

轴类零件的工作条件如下：

（1）传递扭矩时，承受交变弯曲应力和扭转应力的复合作用。

（2）轴和轴上零件相对运动表面（轴颈和花键部位）承受较大摩擦，要求高耐磨性。

（3）有时承受一定的过载或冲击载荷。

轴的主要失效形式为疲劳断裂、过量变形和局部过度磨损。为了保证轴的正常工作，轴类零件的材料应具备下列性能：

（1）良好的综合力学性能。

（2）高的疲劳强度，对应力集中敏感性低。

（3）具有足够的淬透性。

7.2.2　轴类零件的材料选用

一般根据轴的载荷类型和钢的淬透性大小来决定轴的具体用材，制造轴类零件的材料主要有：

（1）中碳钢。根据不同的工作条件进行不同热处理（正火、调质、淬火等）后的中碳钢，一般具有较高的综合力学性能，对应力集中敏感性小，价格便宜，故应用广泛。一般的轴，可采用 35、45、50 钢等。

（2）合金钢。其淬透性好，当载荷较大，轴尺寸大或轴颈处耐磨性要求较高时采用合金钢。常用钢号是 40Cr；对于重要的轴，可采用 40Cr、弹簧钢 65Mn 等，进行调质和表面淬火处理；当转速高且载荷大时，可采用 20Cr、20CrMnTi 等进行渗碳淬火处理或渗氮钢 38CrMoAlA 进行调质和渗氮处理。

（3）球墨铸铁和高强度灰铸铁。近年来曲轴的材料越来越多地选用球墨铸铁和高强度灰铸铁。有些形状复杂的轴，还可采用球墨铸铁 QT600-3 等，并进行淬火、调质或等温淬火处理。

轴类零件的毛坯常选用圆钢料或锻件。对于光轴和直径相差不大的阶梯轴，一般选用热轧或冷轧圆钢料做毛坯。直径相差较大的阶梯轴和比较重要的轴，应选用锻件做毛坯。对于结构复杂的异形轴可选择球墨铸铁件或锻件做毛坯。

7.2.3　轴类零件的加工路线

一般来说，加工轴类零件以车削、磨削为主要加工方法。其工艺路线如下（任选其中之一）：

（1）下料→粗车→正火或调质→半精车、精车→淬火→粗、精磨外圆→检验。

（2）锻造→正火→机加工内外圆→高频感应加热淬火→粗、精磨至尺寸。

（3）锻造→退火→机加工→调质→机加工→去应力时效→机加工→渗氮→精磨→车螺纹→超精研磨。

（4）锻造→正火→粗车→渗碳→车去碳层→淬火、冷处理、回火→粗磨→冷处理→低温时效→精磨。

7.2.4 机床主轴的选材及热处理

主轴是机床的重要零件之一，主要传递动力。切削加工时，高速旋转的主轴承受弯曲、扭转和冲击等多种载荷，与滑动轴承配合的轴颈常发生轴颈面咬伤、咬裂、咬死。咬死现象一旦发生，则主轴运转精度下降，磨削时产生振动，被磨削零件表面出现波纹，故要求主轴具有足够的刚度、强度、耐疲劳、耐磨损以及精度稳定等性能。对于主轴来说，通过正确选材和热处理，可以提高硬度、热硬性、热强度从而增强抗咬死能力。实践证明，抗咬死能力依次为：

65Mn 钢中频加热淬火 ≥ GCr15 钢中频加热淬火 ≥ 38CrMoAlA 钢渗氮

主轴的热处理主要有局部（或整体）淬火、渗碳、渗氮、调质（或正火）。主轴常用材料、热处理方式及适用范围如表 7-21 所示。

表 7-21 机床主轴材料和热处理技术要求

热处理方式	材料	特 点	技术要求	适用范围
渗 碳	20Cr 20MnVB 20MnB	(1) 耐磨性好； (2) 承受冲击性能较好； (3) 对整体淬火件，去碳层部位可机械加工	正火或调质； 主轴端部工作面及轴承支撑部位渗碳层深度 0.8 ~ 1.6mm，局部加热或整体淬火，硬度 58 ~ 63HRC； 低温时效（精密件）	精密车床、内圆磨床等主轴
调质或正火	45 40Cr 50Mn2	(1) 与滑动轴承配； (2) 中小载荷，转速低； (3) 精度不高； (4) 稍有冲击	调质 220 ~ 250HBS； 正火 192 ~ 241HBS	一般车床、重型机床主轴
表面（整体）淬火	65Mn GCr15 9Mn2V	(1) 与滑动轴承配； (2) 中、重载荷； (3) 精度高； (4) 高疲劳，但冲击小	调质 250 ~ 280HB； 轴承表面淬火不小于 59HRC	磨床主轴
	45	(1) 与滑动轴承配； (2) 中轻载荷； (3) 精度不高； (4) 低冲击、低疲劳	正火 170 ~ 217HBS 或调质 220 ~ 250HBS，小规格局部淬火 42 ~ 47HRC，大规格轴颈表面淬火 48 ~ 52HRC	龙门铣床、立铣、立式车床等小规格主轴，C650、C660、C8480 等重型车床主轴
	40Cr 42MnVB 42CrMo	(1) 与滑动轴承配； (2) 中等载荷，转速较高； (3) 精度较高； (4) 中等冲击和疲劳	调质 220 ~ 250HBS，轴颈表面淬火 52 ~ 61HRC，装拆部位表面淬火 48 ~ 53HRC	齿轮铣床、组合车床、普通车床、砂轮磨床等主轴
渗 氮	38CrMoAlA	(1) 与滑动轴承配； (2) 重载荷高转速； (3) 精度高、轴隙小	调质 250 ~ 280HBS； 渗氮不小于 900HV	高精度磨床主轴、镗床镗杆

注：重载荷、高转速、高疲劳、高冲击转塔车床，重型齿轮铣床，丝杆车床常用 12CrNi3、20CrMnTi 渗碳处理。

机床零件热处理除需要硬度、金相组织性能达到要求外，消除应力、防止变形、保证精度也是热处理操作时要注意的事情。预备热处理调质后不宜矫直，否则最终热处理变形过大，必须矫直时，矫后应进行长时间高温回火去应力。调质后的显微组织为均匀索氏体。在距轴表面 8 ~ 10mm 处允许有体积分数不大于5%的游离铁素体。为了使渗氮变形弯曲减小到最低程度，必须在渗氮前去应力处理，去应力时效温度低于回火温度 20 ~ 40℃，但要高于渗氮温度，保温时间不少于4h，炉冷到 300℃方可出炉空冷。稳定淬硬层残留奥氏体的低温时效应保温 4 ~ 12h。

7.2.5　机床主轴的热处理技能训练

7.2.5.1　训练 1　CA6140 卧式车床主轴

（1）45 钢制机床主轴外形尺寸。图 7-10 所示为 CA6140 型卧式车床主轴的外形尺寸。

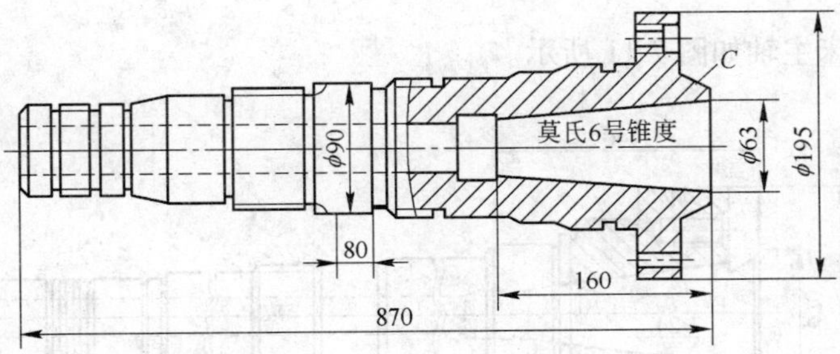

图 7-10　CA6140 型卧式车床主轴

（2）技术要求。主轴是机床中的重要零件之一，切削加工时，高速旋转的主轴承受弯曲、扭转、冲击等多种载荷，因此要求它具有足够的刚度、强度、耐磨性及精度稳定等性能。CA6140 型车床主轴采用 45 钢制造，要求整体调质，硬度为 220 ~ 250HBS，金相组织为回火索氏体；要求 C 面及轴中段 ϕ90mm × 80mm 段外圆淬硬，硬度为 52HRC，莫氏 6 号锥孔硬度为 48HRC。

（3）制造工艺路线：锻造—正火—机加工—调质—局部表面淬硬—磨加工。

（4）热处理工艺。

1）正火：锻件在 75kW 电阻炉内加热至 840 ~ 860℃，保温 60 ~ 90min，出炉空冷，硬度 170 ~ 217HBS。

2）调质处理：用 75kW 电阻炉加热到 830 ~ 850℃，保温 1.5h，水冷 8 ~ 10s 后出水空冷或预冷至 780 ~ 800℃淬水，再加热到 600℃，保温 2h 进行回火，硬度达 220 ~ 250HBS。金相组织为回火索氏体，保证主轴具有一定强度和韧性。

3）局部感应淬火。设备选用 GP-100，250kHz。感应淬火工艺参数见表 7-22。锥孔硬度用手提硬度计检验。*C* 面及 ϕ90mm × 80mm 段外圆淬火分别采用同时和连续加热—冷却方式，淬硬层深度为 1.5mm 左右。经淬火后需经 260 ~ 280℃回火 2h，可达到所规定的硬度值，并消除淬火应力。

（5）操作注意事项。

1）内孔淬火感应器装有扇形导磁体，淬火时，先由外向内预热一次，再由内向外加热淬火，锥孔口部淬硬层深 0.5mm、中部 0.6mm，底部 0.8 ~ 0.9mm。

表 7-22　高频感应加热淬火电参数

淬火部位	$U_{阳}$/kV	$I_{阳}$/A	$I_{栅}$/A	淬火形式	移动速度 /mm · s⁻¹	温度/℃	感应器尺寸 /mm	淬火介质
锥孔	12 ~ 12.5	7.5 ~ 8	1 ~ 1.1	连续	4.7	840 ~ 860	ϕ50 × 9	自来水
ϕ90mm × 80mm	11 ~ 14	8	1 ~ 1.5	连续	4	840 ~ 860	ϕ98 × 122 2 × 12	自来水
C 面	11 ~ 14	8	1 ~ 1.5	同时加热		840 ~ 860	ϕ134 × 13	自来水

2）锥孔也可用盐浴炉局部加热内孔喷盐水冷 40 ~ 45s 再放入油冷却。锥孔淬火要防止感应器与工件相碰，可涂绝缘搪瓷。

7.2.5.2　训练 2　XA6132A 铣床主轴的热处理

XA6132A 铣床主轴如图 7-11 所示。

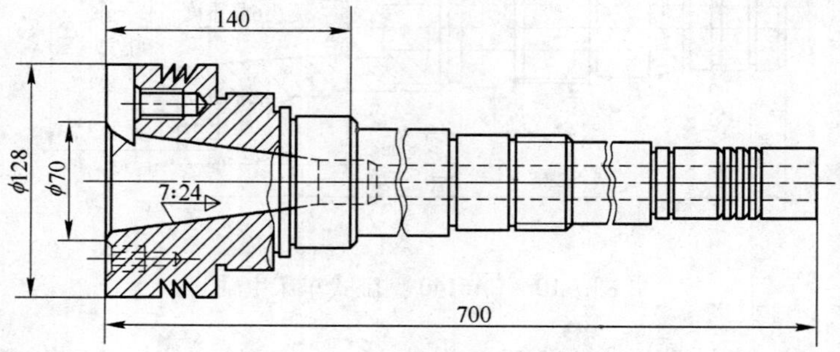

图 7-11　XA6132A 铣床主轴

（1）材料：45 钢。

（2）技术要求：头部 140mm 处淬火，硬度 48 ~ 53HRC。

（3）工艺流程：锻造→正火→机械加工→淬火、回火→机械加工。

（4）热处理工艺。

1）正火：840 ~ 860℃加热 3 ~ 4h 后空冷。

2）淬火：淬火前先将主轴头部所有螺纹孔和销孔分别用螺钉和销堵上。主轴吊挂，头部 140mm 浸入盐浴中 820 ~ 840℃加热 20 ~ 22min，出炉后吊挂置放于主轴内锥孔淬火专用喷头上，喷头整个浸入 5% ~ 10% NaCl 水溶液中喷冷 9 ~ 11s 后转入油槽中冷却。

3）回火：吊挂，将 140mm 部分浸入硝盐中 380 ~ 400℃加热 20 ~ 25min，出炉后空冷，然后清洗、喷砂，防锈。

7.2.5.3　训练 3　T615K 镗床镗杆的热处理

T615K 镗床镗杆见图 7-12。

（1）材料：38CrMoAlA。

（2）技术要求：锻件要求退火，退火后硬度为 220 ~ 260HBS，精车外圆及锥孔，粗刨键槽后要求去应力退火。

表面硬度不小于 900HV，渗氮层深 0.45 ~ 0.65mm，调质后表层深 10mm 内须是回火

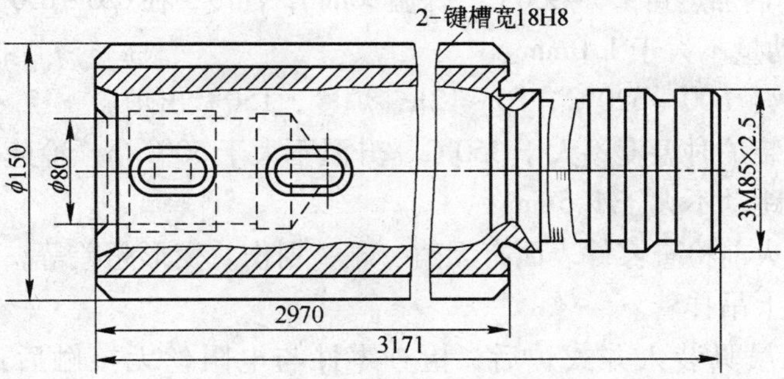

图 7-12　T615K 镗床镗杆

索氏体组织。精磨后，渗氮层脆性大于 3 级时，须进行 400℃保温 6h 的消除脆性处理。

（3）加工路线：锻造→退火→机加工→调质→精车外圆及锥孔，粗刨键槽→去应力退火→机加工→渗氮→精磨→车螺纹→超精研磨。

（4）热处理工艺。

1）退火：

①设备及工夹具。加热设备选用井式电阻炉，工夹具需要加热时用专用吊具，冷却时用吊挂支架。

②工艺规范。镗床镗杆退火和去应力退火工艺见图 7-13。

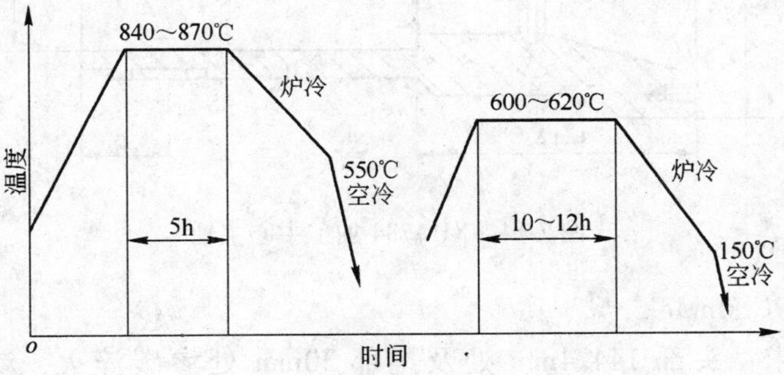

图 7-13　镗床镗杆退火和去应力退火工艺

③工艺准备及操作。

检查井式电阻炉运行是否正常，炉体接地螺栓是否松动，控制仪表是否灵敏准确。检查零件与图样、工艺文件是否相符，零件表面有无裂纹、烧伤、折叠等锻造缺陷。准备好专用吊具和吊挂支架，检查有无裂纹和不安全的问题。将镗床镗杆用专用吊具装入井式炉内，检查零件与电阻丝无接触时送电加热升温，到 840～870℃保温 5h，停炉随炉冷却至 550℃，出炉在吊挂支架上空冷。

④质量检验。

表面质量：目测退火后表面有无裂纹、烧伤等缺陷。去应力退火后检查表面有无磕、碰、划伤等缺陷。

表面硬度：退火后用手提式布氏硬度计检测布氏硬度值，符合技术要求为合格。

变形量：退火和去应力退火后弯曲度不超过 2/3 加工余量为合格。

2）调质：粗车后加热到930～950℃，保温90min，油冷，在620～650℃回火，保温5h。

3）矫正：跳动量不大于1.0mm。

4）去应力退火：600～620℃，10～12h，炉冷，150℃出炉。

①操作要求：装炉时温度不大于350℃，升温不大于50℃/h，冷速不大于30℃/h，检验弯曲度，径向圆跳动不大于1.5mm。

②在去应力退火前检查零件表面有无磕、碰、划伤、变形超差等，待去应力退火后零件也要在吊挂支架上吊挂着。

③镗杆用专用吊具装入井式炉后，检查零件与电阻丝无接触后送电加热升温，到600～620℃后保温10～12h，炉冷到150℃后出炉吊挂在吊挂支架上。

5）渗氮：气体渗氮，先在氨分解率为18%～25%气氛中经500～510℃保温20h渗氮，最后在氨分解率大于90%的气氛中退氮2h，炉冷至150℃出炉。硬度大于950HV，精磨后表面硬度大于900HV。

7.2.5.4　训练4　XHA784加工中心主轴热处理

XHA784加工中心主轴如图7-14所示。

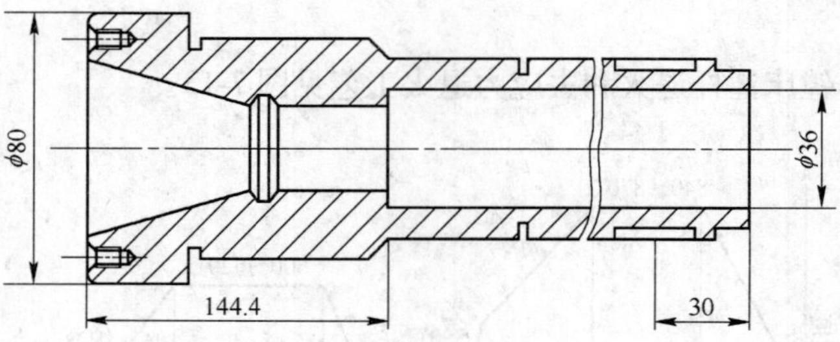

图7-14　XHA784加工中心主轴

（1）材料：20CrMnMo。

（2）技术要求：头部144.4mm处及尾部30mm处渗碳淬火，渗碳层深度1.3～1.5mm，硬度60～65HRC。

（3）加工工艺流程：锻造→机械加工→渗碳→机械加工（头部螺孔、销孔和尾部键槽等）→淬火→机械加工。

（4）热处理工艺。

1）渗碳：930℃强渗4.5h，扩散2.5h，降温至800℃出炉坑冷，热矫直。

2）淬火：对于头部，先将主轴头部螺纹孔、销孔堵上，然后吊挂盐炉830～850℃加热头部144.4mm处20～22min，油冷13～15min。对于尾部，吊挂盐炉830～850℃加热尾部30mm处10～15min油冷4～5min。空冷至室温后清洗。

3）回火：180℃回火3～3.5h。

7.2.5.5　训练5　数控车床主轴热处理

数控车床主轴如图7-15所示。

（1）材料：15CrMo。

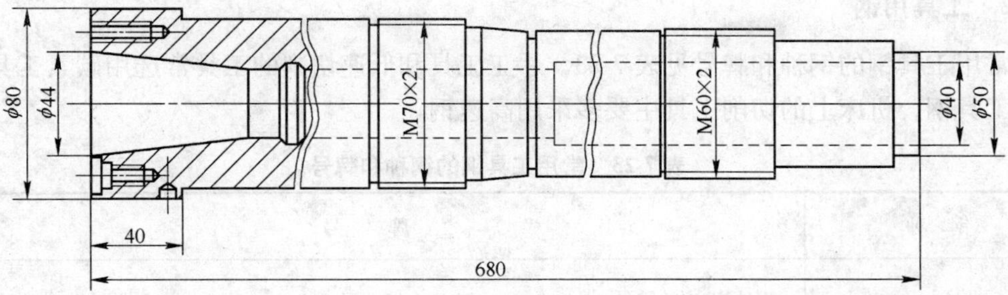

图 7-15　数控车床主轴

（2）技术要求：渗碳层深度 1.1～1.4mm，硬度 58～63HRC，螺纹、螺纹孔处防渗碳。

（3）工艺流程：下料→粗车→调质（T215）→钻孔、半精车→渗碳淬火→螺纹处车碳层、车螺纹、粗磨→稳定化处理→半精磨→精磨。

（4）热处理工艺。

1）调质：加热到 900℃保温 2h 油冷，回火温度 500℃保温 2h。

2）渗碳淬火：螺孔处螺钉防渗碳保护，螺纹处外圆及端面涂防渗碳剂保护。渗碳淬火设备为多用炉。渗碳温度 925℃，强渗阶段 4.5h，碳势 $w(C)=1.15\%$，扩散阶段 2.5h，碳势 $w(C)=0.75\%$，渗碳结束后降温至 780℃均温 0.5h 置多用炉前室油冷，180～200℃回火 3～3.5h。回火后趁热矫直至径向圆跳动不大于 0.10mm，矫直后再回火矫直，直至合格。

3）稳定化处理：油煮 160℃×12h。

模块 7.3　工具的热处理

7.3.1　概述

常用的工具主要包括机床上使用的切削工具和各种手工工具。手工工具属于低速切削，以摩擦为主，伴有较大的冲击。机用工具切削速度较快，会产生大量的切削热，刀尖上的温度较高。常用工具的工作条件如下：

（1）切削时，刀尖与工件之间会产生强烈的摩擦，在高速切削下，伴随摩擦产生高温。

（2）刀尖要承受挤压应力和弯曲应力。

（3）承受不同程度的冲击力。

根据工具的受力情况，其主要失效形式包括磨损、崩刃、断裂和破碎，故工具的力学性能要求为：

（1）具有较高的硬度，硬度越高，耐磨性越好；

（2）具备较高的抗弯强度和挤压强度；

（3）具备较高的冲击韧性；

（4）具备高温硬度和热硬性。

7.3.2　工具用钢

常用工具钢的钢种和牌号见表7-23。手工工具和低速切削的工具常选用碳素工具钢或合金工具钢，机床上的切削工具主要多采用高速钢。

表7-23　常用工具钢的钢种和牌号

钢　种		牌　　号
碳素工具钢		国家标准中的牌号： T7、T8、T9、T10、T11、T12、T13
合金工具钢		国家标准中的牌号： 9SiCr、CrWMn、CrMn、Cr2、9Mn2V、GCr6、GCr15、CrW5、Cr6WV、Cr12Mo、Cr12MoV
高速钢	通用高速钢	国家标准中的牌号： W6Mo5Cr4V2(M2)、W18Cr4V(T1)、W9Mo3Cr4V、W6Mo5Cr4V3(M3)、W2Mo9Cr4V2(M7)、CW6Mo5Cr4V2(CM2)、CW6Mo5C14V3(CM3) 推荐的美国牌号：W6Mo5Cr4V4(M4)、Mo8Cr4V2(M10)
	高性能高速钢	国家标准中的牌号： W18Cr4VCo5(T4)、W18Cr4V2Co8(T5)、W6Mo5Cr4V2Co5(M35)、W7Mo4Cr4V2Co5(M47)、W2Mo9Cr4VCo8(M42)、W12Cr4V5Co5(T15)、W6Mo5Cr4V2Al 推荐的美国牌号：W6Mo5Cr4V2Co8(M36)、W2Mo8Cr4V2Co8(M34)
	低合金高速钢	推荐的中国牌号：W4Mo3Cr4VSi，W3Mo2Cr4VSi 推荐的美国牌号：Vasco Dyoc(W2Mo4Cr4V2Si) 推荐的瑞典牌号：D950(W2Mo5Cr4V2)
	粉末高速钢	推荐的瑞典牌号： ASP23（W6MoSCr4V3）、ASP30（W6Mo5Cr4V3Co5）、ASP53（W4Mo3Cr4V8）、ASP60（W6Mo7Cr4V5Co10） 推荐的美国牌号： CPMRexT15(W12Cr4V5Co5)、CPMRex76(W10Mo5Cr4V3Co5)、CPMRex10V(MoCr5V10)、CPMRex20(W6Mo10Cr4V2)、CPMRex25(W12Mo6Cr4V5)

选择工具用钢时，首先考虑工具的使用寿命，同时考虑工具的生产率、制造的难易和生产成本的高低。此外，要根据工具的类型、大小、切削方式，确定该种工具要求的主要性能是耐磨性、韧性还是热硬性等。例如插齿刀、拉刀主要要求韧性；铣刀和滚刀属于高速切削，耐磨性要求是最主要的性能；钻头属于低速重切削，韧性最重要；丝锥易折断，韧性和强度要求是第一位。

碳素工具钢是含碳约为0.65%～1.35%（质量分数）的碳钢，经热处理后，可获得较高的硬度和较好的耐磨性，但淬透性低，水中淬透直径为15mm，淬火时必须激冷，零件的变形和开裂倾向较大。另外，与合金工具钢相比，其抗回火稳定性低，红硬性差，工作温度超过200℃时，硬度明显下降。因此，碳素工具钢只适用于制造切削速度低的手工刀具，如锯条、锉刀、手用丝锥和要求较低、形状简单的量具以及形状简单、尺寸小、受载荷也小的冷冲模。

7.3.3　碳素工具钢的热处理工艺

7.3.3.1　基础知识

A　预先热处理

碳素工具钢常用的预先热处理工艺包括正火、球化退火、调质。

(1) 球化退火。球化退火的目的是改善切削加工性能，消除加工应力，给最终热处理做好组织准备。为了降低钢材的硬度，便于切削加工。

常用的球化退火有普通球化退火和等温球化退火。球化退火工艺规范见表 7-24。球化退火通常在燃料炉或箱式电阻炉中进行。为防止严重氧化脱碳，可装箱加热，并在箱内填充铸铁屑或木炭进行保护。

表 7-24　球化退火工艺规范

钢号	加热规范		冷却规范			硬度 (HBS)
	加热温度/℃	保温时间/h	普通球化退火	等温球化退火		
				等温温度/℃	等温时间	
T7	730～750	2～4	保温后以 20～30℃/h 速度炉冷至 500～600℃ 出炉空冷	650～680	4～6h 等温后出炉空冷	≤187
T8	730～750			650～680		≤187
T9	740～760			650～680		≤192
T10	750～770			680～700		≤197
T11	750～770			680～700		≤207
T12	750～770			680～700		≤207
T13	750～770			680～700		≤217

(2) 正火。钢材在轧制或锻造后晶粒粗大或存在网状碳化物，则应在球化退火前先进行正火处理，以细化晶粒及消除网状碳化物。正火组织一般为片状珠光体，还需进行球化退火，使珠光体球化。碳素工具钢的正火规范见表 7-25。

表 7-25　碳素工具钢的正火规范

钢　号	加热温度/℃	保温时间系数 /s·mm⁻¹	冷却方式	硬度 (HBW)
T7	800～820	盐浴炉 20～25 空气炉 50～80	视工件尺寸大小可采取空冷、空气吹冷，硝盐 (400℃左右) 冷却、油冷	241～302
T8	760～780			241～302
T9	780～800			241～302
T10	830～850			255～329
T11	840～860			255～329
T12	850～870			269～341
T13	860～880			269～341

(3) 调质。为使工件得到较低的表面粗糙度，细化淬火前的组织，减少最终热处理的畸变，得到高且均匀的淬火硬度，可采用调质作为预先热处理。碳素工具钢的调质规范见表7-26。

表7-26 碳素工具钢的调质规范

钢 号	淬 火		回 火		硬度HBW
	温度/℃	冷却介质	温度/℃	时间/h	
T8	770～780	水	640～680	2～3	183～207
T10	780～810	水	640～680	2～3	183～207
T12	800～830	水	640～680	2～3	183～207

(4) 去应力处理。为了消除变形的加工硬化和机械加工应力，减小淬火时的变形开裂倾向，可进行去应力处理，工艺规范为加热到600～700℃，保温1～3h，然后缓冷。

B 最终热处理

碳素工具钢的最终热处理为淬火+低温回火。

a 淬火

(1) 加热温度。碳素工具钢淬火加热温度按A_{r1}+(30～70)℃进行选取。空气炉中应比盐浴炉中的加热温度高10～20℃。形状复杂、截面尺寸变化较大以及水冷的零件应选择下限加热温度；对于截面较大的零件或在硝盐和油中进行冷却的零件，应选择较高的淬火温度，以提高其淬透性和淬硬性。

(2) 加热时间。在盐浴炉中加热时，加热系数为0.4～0.5min/mm，箱式炉中加热时加热系数为1.0～1.5min/mm，大截面的零件取下限，较小的零件取上限；直径为1～2mm的零件，在盐浴炉中加热时间不少于40～60s。为减少变形和开裂的危险，零件在淬火加热前可先进行预热，盐浴炉中预热温度为600～650℃，时间为淬火加热时间的2倍；箱式炉中预热温度为500～550℃，时间为淬火加热时间的2～3倍。

(3) 淬火冷却。淬火冷却有下列几种方法：

1) 水冷。通常采用5%～10%（质量分数，下同）NaCl水溶液或10%～15%苛性钠水溶液淬火。零件在水溶液中停留时间按1s/(3～5)mm计算。水冷只适用于直径大于12mm、形状简单的零件。在水中可淬透的最大直径为16mm。

2) 油冷。碳素工具钢在油中可淬透的最大直径为5mm。当零件直径在5mm以下时，为减少细长件淬火变形，可采用N10号、N22号机械油进行淬火冷却。油温以60～120℃为佳。

3) 水-油双介质淬火。将加热后的零件淬入水或质量分数为5%～10%的NaCl水溶液中，待冷到200℃左右时，立即转入油中缓冷，这样可以减少淬火变形和开裂倾向。水中停留时间按零件有效厚度0.2～0.3s/mm计算。这种方法适用于直径大于12mm、形状较复杂的零件。

4) 分级淬火。

①盐浴分级淬火。盐浴分级淬火是将加热后的零件淬入硝盐浴中，停留一定时间，使其内外层温度均匀一致后，再放入空气中继续冷却，减少淬火应力和变形。此法适用于直径小于12mm、形状较复杂的零件。常用的硝盐成分为50% KNO_3+50% $NaNO_2$，分级温度

150～220℃。

②碱浴分级淬火。对于直径为 25～30mm 的碳素工具钢可在碱浴中分级淬火。碱浴成分为 83% KOH + 14% NaOH + 3% H_2O，碱浴温度为 150～180℃。在硝盐和碱浴中，分级时间按 1min/(3～4)mm 计算。

5）等温淬火。将加热后的零件淬入热浴（硝盐或碱浴）中，保温较长时间，再放入空气中冷却。对于直径不大于 12mm、形状复杂的零件可在硝盐中等温淬火，等温温度 150～220℃，等温时间 20～60min；对于直径不大于25mm、形状复杂的零件，可在碱浴中等温淬火，等温温度 150～180℃，等温时间 20～60min。

b　回火

碳素工具钢淬火后应及时进行低温回火，以消除应力，防止产生变形或开裂。回火温度主要是根据零件的使用条件和硬度要求而定。对于要求高硬度的切削刀具、量具、冷作模具的碳素工具钢，回火温度为 160～180℃。对于硬度要求较低韧性要求高的零件，可适当提高回火温度，但应避开第一类回火脆性的温度范围。

碳素工具钢回火时间必须充分，回火时间按零件有效厚度及装炉量而定。在硝盐炉或油槽中回火时间不少于 1h；在空气炉中回火时间不少于 2h；装炉量或零件较大时，回火时间应延长。

7.3.3.2　碳素工具钢热处理操作技能训练

A　训练 1　凹模的热处理

（1）模具材料：T8A 钢。原材料经球化退火处理。

（2）技术要求：硬度为 59～62HRC。内孔胀大不超过 0.01mm。凹模形状如图 7-16 所示。

（3）热处理工艺要点：热处理工艺如图 7-17 所示。对于要求内孔变形小的模具，如采用一般水-油双介质淬火，硬度可能达到，但内孔易胀大超标。将淬火温度选在 810℃，加热 6min 后，在 130℃ 的碱浴中停留 4min 分级淬火，及时在 180℃ 回火 1h，硬度达到 60～61HRC，内孔径 8mm 胀大 0.005mm。硬度与变形量都符合技术要求。

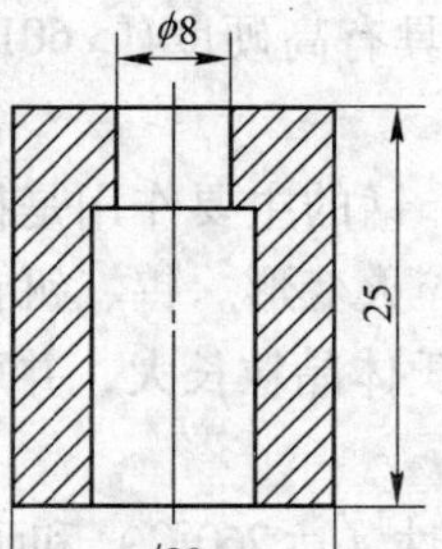

图 7-16　T8A 钢凹模形状

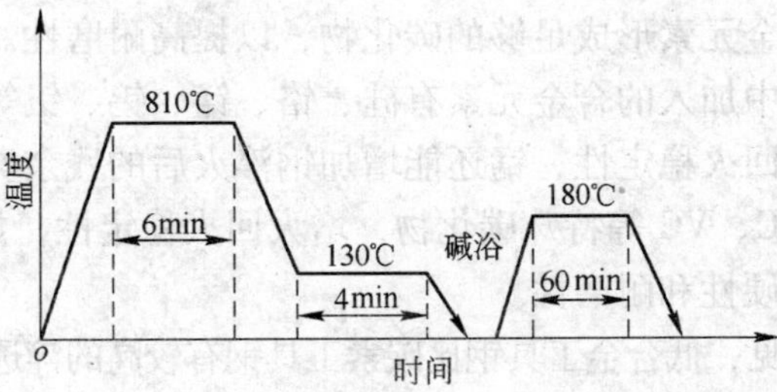

图 7-17　T8A 钢凹模热处理工艺

B　训练 2　手工丝锥的热处理

（1）手工丝锥的材料：T12 钢。

（2）技术要求：刃部硬度，当小于 M12 时为 59～62HRC；当大于 M12 时为 61～

63HRC；柄部硬度为 30 ~ 45HRC。手工丝锥如图 7-18 所示。

（3）热处理工艺要点：热处理工艺如图 7-19 所示。T12 钢手工丝锥采用等温淬火方法。操作方法如下：

1）等温淬火。先将丝锥在 600 ~ 650℃进行预热，然后转入加热温度为(780 ± 10)℃的盐浴炉内进行加热，加热时间按 0.4 ~ 0.5min/mm 计算，取出后立即在温度为 210 ~ 220℃的硝盐炉内等温淬火，等温时间 30 ~ 45min，出炉空冷至室温，表面硬度大于 60HRC。对于大于 M12 的较大规格的丝锥，先在 180℃的碱浴中分级，分级时间按 1min/(3 ~ 4)mm 计算，然后再在硝盐中等温淬火，表面硬度可达 60HRC 以上。

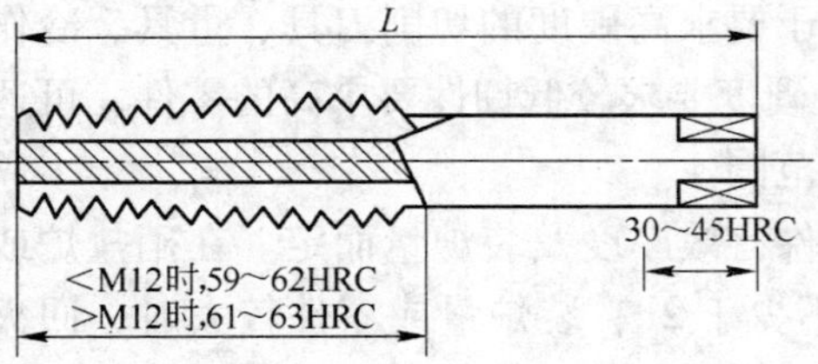

图 7-18　T12 钢手工丝锥

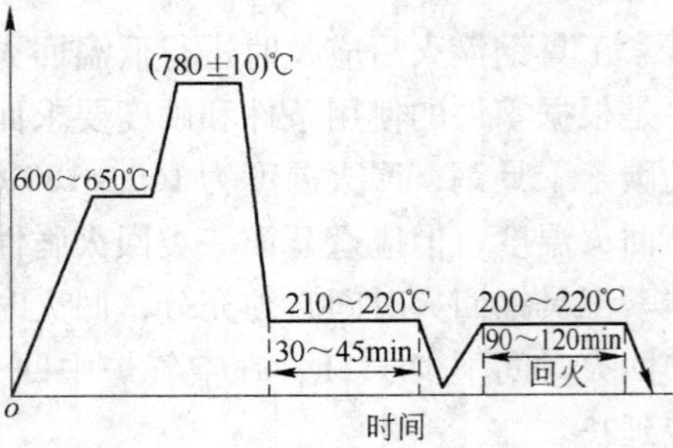

图 7-19　T12A 钢手工丝锥热处理工艺

2）柄部快速回火。柄部的较低硬度是通过快速回火来达到的，方法是把等温淬火后的丝锥倒挂，使柄部的 1/3 ~ 1/2 浸入 580 ~ 620℃盐浴中进行高温回火，回火时间按规格大小不同保持 15 ~ 30s，然后迅速水冷。

3）清洗、回火。在回火前必须进行清洗，去除附在零件上的盐渍，随即在 200 ~ 220℃硝盐炉中回火 1.5 ~ 2h 后水冷。

7.3.4　低合金工具钢的热处理

7.3.4.1　基础知识

低合金工具钢的含碳量为 0.75% ~ 1.50%，以保证钢淬火后具有高硬度(>60HRC)，并与合金元素形成足够的碳化物，以提高耐磨性。

钢中加入的合金元素有硅、铬、锰、钨、钒等。其中硅、铬、锰的主要作用是提高淬透性和回火稳定性，锰还能增加钢淬火后的残余奥氏体量，减少淬火变形。钨、钒在钢中形成 WC、VC 等特殊碳化物，增大回火稳定性，加热时能阻止奥氏体晶粒长大，并可提高钢的热硬性和耐磨性。

可见，低合金工具钢比碳素工具钢有较高的淬透性、较高的热硬性（达 260℃）和耐磨性，且热处理变形小，可制作尺寸较大、形状复杂、受力大的刃具，但不能作高速切削的刃具。

常用的低合金工具钢有 9SiCr、CrWMn、9Mn2V 等。

7.3.4.2　低合金工具钢的热处理工艺

A　预先热处理

由于低合金工具钢多为过共析钢，通常采用球化退火作为预先热处理，如果锻造后有网状碳化物，则在球化退火前进行正火处理。为缩短退火时间，往往采用等温球化退火。常用低合金工具钢等温球化退火工艺规范见表 7-27。等温后，应以小于 30℃/h 的速度随炉冷至 500~550℃，出炉空冷。退火后的组织为球状珠光体。

表 7-27　常用低合金工具钢等温球化退火工艺规范

钢 号	加热温度/℃	保温时间/h	等温温度/℃	等温时间/h	硬度（HBS）
9CrSi	790~810	2~4	700~720	5~6	197~241
CrWMn	770~790	2~4	680~700	5~6	207~255
Cr12	770~790	2~4	680~700	5~6	187~229
CrMn	790~810	2~4	700~730	5~6	217~255
9Mn2V	760~780	2~4	680~700	5~6	≤229

B　最终热处理

低合金工具钢的最终热处理为淬火+低温回火。

（1）淬火。

1）预热。与碳素工具钢相比，低合金工具钢导热性较差，对于尺寸较大或形状复杂的零件淬火时的加热速度应缓慢，在生产中，可采用预热的方法来减小零件的内外温差，预热温度为 600~650℃。

2）淬火加热温度。低合金工具钢的淬火加热温度为 A_{c1} +（70~100）℃。淬火温度的选择既要保证多数碳化物溶入奥氏体又不能使晶粒过分长大。另外，淬火温度的选择又与零件形状、尺寸大小、冷却介质及冷却方式等因素有关。例如，分级淬火或等温淬火时选择的淬火温度比正常淬火温度要高些，变形小的零件就应取淬火温度下限。常用低合金工具钢热处理规范见表 7-28。

表 7-28　常用低合金工具钢热处理规范

钢 号	淬火温度/℃	淬火介质	淬火硬度（HRC）	回火温度/℃	回火硬度（HRC）
9CrSi	860~880	油或硝盐浴	62~65	140~160	61~65
				160~180	61~63
				180~200	60~62
CrWMn	820~850	油或硝盐浴	62~65	140~160	62~65
				170~200	60~62
9Mn2V	780~820	油	≥62	150~200	58~63
Cr2	830~850 840~860	油或硝盐浴	62~65 62~63	130~150	62~65
				150~170	60~62
				170~190	58~60
				180~220	58~60
CrMn	840~860	油	63~65	130~140	62~65
CrW6	820~840	油	65~66	150~160	64~65

3）加热时间。为了保证加热时合金元素充分溶解，低合金工具钢的淬火加热时间比碳素工具钢要长，一般盐浴炉加热系数为 0.5~0.8min/mm，电阻炉加热系数为 1.2~

1.6min/mm。

4）淬火冷却。低合金工具钢淬透性较好，可采用缓和的冷却介质进行淬火。为进一步减小内应力，分级淬火和等温淬火是低合金工具钢常采用的有效方法。

①分级淬火。分级淬火是在150～200℃硝盐浴或碱浴中进行，分级保温时间按1min/mm计算，分级后在空气中冷却。

②等温淬火。等温温度在M_s点以上10～20℃左右，通常在180～220℃内进行等温，等温时间在30～60min范围内。由于得到下贝氏体组织，因而能更有效地减少变形和开裂，并提高工件的强韧性。

（2）回火。低合金工具钢淬火后应及时回火，以免产生裂纹。由于低合金工具钢比碳素工具钢回火稳定性好，故在达到相同硬度值时，回火温度比碳素工具钢要高些。

回火时间根据零件大小及装炉量而定，一般在硝盐炉中不少于1h；在热风炉中不少于2h。回火后的组织为马氏体基体上分布着颗粒状的碳化物。

用低合金工具钢制作的量具，一般采用二次低温回火。精密度要求高的量具淬火后必须进行冷处理，然后再进行一次低温回火。为提高尺寸稳定性，高精密的量具在精加工前，还需进行120～150℃保温24～36h的时效处理。

7.3.4.3　低合金工具钢热处理技能训练

A　训练1　落料模的热处理

（1）模具材料：9Mn2V。

（2）技术要求：硬度为48～54HRC，型孔胀大不大于0.02mm。

（3）热处理工艺要点：热处理工艺如图7-20所示。9Mn2V钢落料模在盐浴炉中加热淬火温度为(790±10)℃，保温15min后，在270℃硝盐等温淬火，等温时间为40min，出炉空冷。等温淬火因组织应力和热应力都相对减少，变形符合要求。等温淬火后的硬度为49～54HRC，为进一步减小应力，稳定尺寸，等温淬火后进行280～300℃保温120min的回火。

B　训练2　板牙热处理

（1）板牙材料：9SiCr。

（2）技术要求：板牙外形如图7-21所示。硬度为60～63HRC，刃部无脱碳，螺纹口尺寸不允许超差。

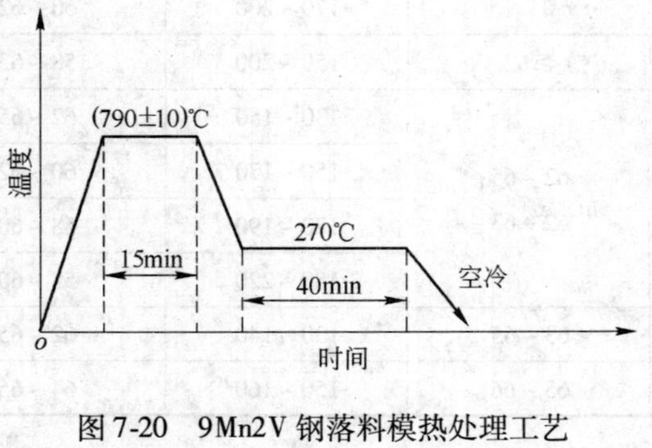

图7-20　9Mn2V钢落料模热处理工艺

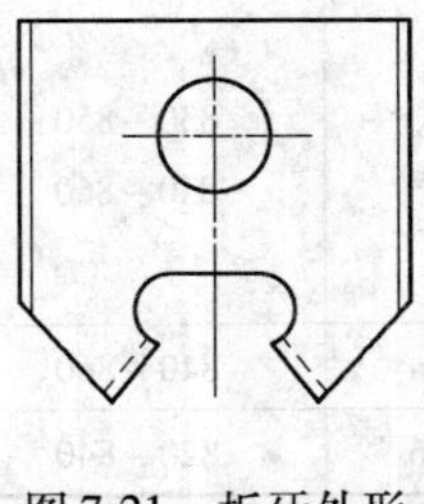

图7-21　板牙外形

（3）热处理工艺要点：热处理工艺如图7-22所示。

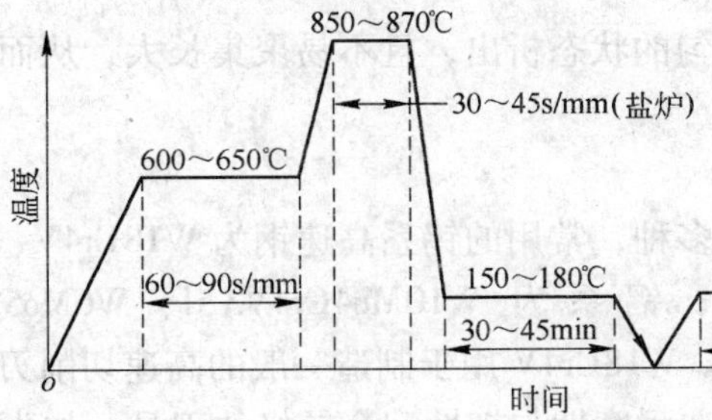

图 7-22　9SiCr 钢板牙热处理工艺

1）原材料球化级别应达到 2～5 级，退火硬度应为 197～241HBS。

2）采用 600～650℃预热，以缩短淬火加热时间，减小应力，降低高温加热时的氧化脱碳程度。

3）采用等温淬火不仅能提高板牙的力学性能，还可以减小变形，板牙加热后在150～180℃硝盐中进行等温淬火，操作时，在淬入硝盐时应上下运动，使板牙迅速均匀地冷却，以保证硬度高、变形小。

4）9SiCr 钢板牙回火温度在 180～200℃，硬度在 60HRC 以上。应避免在 250℃附近回火，因为会出现第一类回火脆性。

7.3.5　高速钢的热处理

7.3.5.1　高速钢的基础知识

高速工具钢简称高速钢，因它制作的刃具在使用时红硬性可达 600℃，比低合金工具钢允许有更高的切削速度而得名。

A　合金元素的作用

高速钢的含碳量为 0.75%～1.65%。含碳量高可保证淬硬性，获得高硬度和高耐磨性，同时可形成足够数量的合金碳化物。但含碳量过高，会降低韧性，并使加工困难。

钨、钼的主要作用是提高热硬性。在高速钢退火状态下，钨、钼主要以各种碳化物形式存在。淬火加热时，一部分碳化物溶入奥氏体，淬火后形成含大量钨、钼的马氏体组织，具有很高的回火稳定性，且在 560℃回火时，会析出弥散分布的特殊碳化物 W2CWC、Mo2C，产生二次硬化作用，因而提高了钢的热硬性和耐磨性。淬火加热时，未溶的碳化物则能阻止奥氏体晶粒长大。

铬主要是提高高速钢的淬透性，并能增加耐磨性。它在高速钢中含量达 4%，主要存在于碳化物$Cr_{23}C_6$中。加热到 1100℃时，$Cr_{23}C_6$ 几乎全部溶入奥氏体内，显著提高了淬透性，使高速钢在空冷条件下也能得到马氏体组织，但同时也使残余奥氏体量增多，降低钢的脆性。

钒的主要作用是细化晶粒，并能提高热硬性。它在钢中形成的特殊碳化物 VC 或 V_4C 非常稳定，加热时能有效阻碍奥氏体晶粒长大。在 560℃回火时，VC 以弥散的形式析出，分布在马氏体基体上，产生二次硬化。同时 VC 的硬度极高（83～85HRC），可显著提高钢的硬度和耐磨性。

钴能使合金碳化物以更细小均匀的状态析出，且不易聚集长大，从而提高了弥散强化效果。

B　常用高速工具钢

我国目前所生产的高速钢有十多种，常用的钨系高速钢为 W18Cr4V、W9Cr4V2；钨钼系为 W6Mo5Cr4V2、W9Mo3Cr4V；铝系为 W10Mo4Cr4V3Al、W6Mo5Cr4Al；钴系为 W18Cr4Co10、W2Mo9Cr4V2Co8 等。W18Cr4V 用于制造一般的高速切削刃具，如车刀、刨刀、钻头等；W6Mo5Cr4V2 适于制造耐磨性与韧性配合较好的刃具，如齿轮铣刀、插齿刀等；W18Cr4V2Co8 的硬度高达 68 ~ 70HRC，热硬性达 670℃，特别适用于加工高硬度、高强度金属（如钛合金、超高强度钢）。

7.3.5.2　高速钢的热处理工艺

高速钢的热处理包括锻后退火和机加工后淬火加回火。

A　预备热处理

由于高速钢含大量合金元素，使 *E* 点显著左移，故铸态组织中出现了粗大的鱼骨状莱氏体，属于莱氏体钢，这大大降低了钢的力学性能，特别是韧性。鱼骨状莱氏体不能用热处理方法来消除，只有用反复锻造的方法将其击碎，并使之均匀分布在基体上，才能消除其不良影响。

（1）锻后退火。高速钢锻后的热处理采用等温球化退火（即在 860 ~ 880℃ 保温后，迅速冷却到 720 ~ 750℃ 等温），其球化退火的工艺规范见表 7-29。W18Cr4V 普通锻件退火工艺如图 7-23 所示。其目的是为了改善切削加工性能，消除锻造内应力，并为最后淬火做组织准备。退火后组织通常为索氏体及粒状碳化物，硬度为 207 ~ 255HBS。

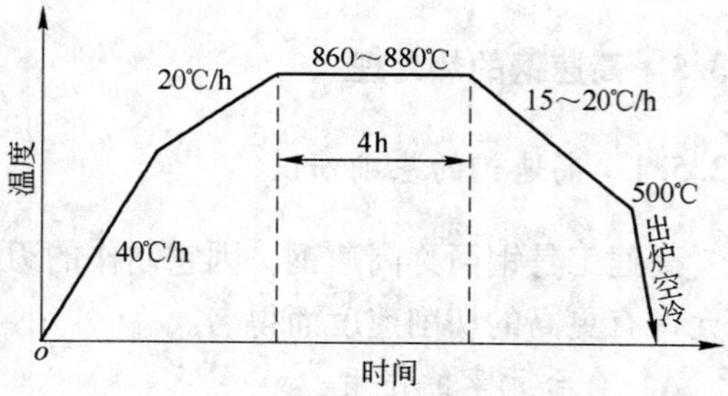

图 7-23　W18Cr4V 普通锻件退火工艺

表 7-29　高速工具钢球化退火工艺规范

钢　号	升温	加热温度/℃	保温时间/h	冷　却	退火后硬度(HBS)
W18Cr4V	缓慢	860 ~ 880	2 ~ 4	炉冷至 740 ~ 760℃，保温 2 ~ 4h，然后炉冷至 500 ~ 600℃，出炉空冷	≤255
W6Mo5Cr4V2	缓慢	840 ~ 860	2 ~ 4	炉冷至 740 ~ 760℃，保温 2 ~ 4h，再炉冷至 500 ~ 600℃，出炉空冷	<255
W6Mo5Cr4V2Al	缓慢	850 ~ 870	2 ~ 4	炉冷到 740 ~ 750℃，保温 2 ~ 4h，再炉冷到 500 ~ 600℃，出炉空冷	≤269
W2Mo9Cr4V2	缓慢	800 ~ 850	2 ~ 4	炉冷到 740 ~ 750℃，保温 2 ~ 4h，再炉冷到 500 ~ 600℃，出炉空冷	≤255
W6Mo5Cr4V3	缓慢	850 ~ 870	2 ~ 4	炉冷到 740 ~ 750℃，保温 2 ~ 4h，再炉冷到 500 ~ 600℃，空冷	≤255

续表 7-29

钢　号	升温	加热温度/℃	保温时间/h	冷　却	退火后硬度(HBS)
W6Mo5Cr4V2Co5	缓慢	840 ~ 860	2 ~ 4	炉冷到 740 ~ 750℃，保温 2 ~ 4h，再炉冷到 500 ~ 600℃，出炉空冷	≤269
W12Cr4V5Co5	缓慢	850 ~ 870	2 ~ 4	炉冷到 740 ~ 750℃，保温 2 ~ 4h，炉冷到 500 ~ 600℃，出炉空冷	≤277
W2Mo9Cr4VCo8	缓慢	860 ~ 880	2 ~ 4	炉冷到 740 ~ 750℃，保温 2 ~ 4h，再炉冷到 500 ~ 600℃，出炉空冷	≤269

（2）调质处理。高速钢退火后，可以直接进行机械加工，但对某些刀具表面粗糙度要求高，淬火变形要求小时，需要再进行一次调质处理。调质处理是在 900 ~ 920℃加热并于油中淬火，然后在 700 ~ 720℃回火 2 ~ 3h。调质后的硬度为 26 ~ 32HRC。

B　最终热处理

高速钢的最终热处理一般是淬火 + 多次（2 ~ 4 次）高温回火。图 7-24 所示为高速钢 W18Cr4V 的典型热处理工艺。

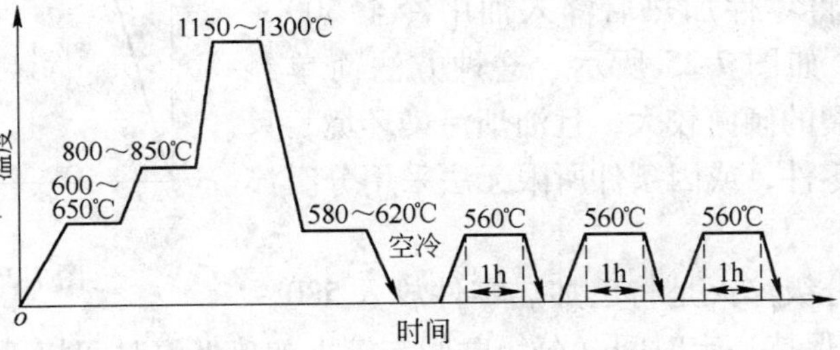

图 7-24　W18Cr4V 钢的典型热处理工艺

a　高速钢的淬火

（1）淬火预热。高速钢含有大量合金元素，其塑性与导热性较差，淬火加热时为减小热应力，防止工件变形与开裂，必须进行预热，待工件在截面上里外温度均匀后，再送入高温炉加热。

对于截面较小、形状简单的刀具，一般作一次预热，一般在中温盐炉中进行，预热温度选用 800 ~ 850℃，预热时间按 25 ~ 30s/mm 计算（通常为加热时间的 2 倍）。

对于形状复杂、截面较大、易变形开裂的刀具需作二次预热。第一次在空气炉中加热温度 500 ~ 550℃，时间为 1.5 ~ 2min/mm（如在盐炉中进行，温度为 600 ~ 650℃，时间按 40s/mm 算）；第二次预热温度选用 800 ~ 850℃。预热时间不允许过长（不许超过加热时间的 3 倍）。接柄刀具更要严格控制预热时间。

1）淬火加热温度。高速钢中的合金碳化物稳定性很高，故高速钢的淬火加热温度很高，需加热到 1200℃以上才能大量分解，合金元素 W、Cr、V、Mo 才会尽可能多地溶入奥氏体内。但加热温度过高，奥氏体晶粒会长大，甚至过烧而报废。高速钢的淬火仍大量在高温盐浴炉中进行，高速钢的淬火加热温度一般控制在 1150 ~ 1300℃之间。具体淬火加热温度可根据下列情况确定。

①高速钢化学成分。不同的高速钢，其化学成分不同，淬火加热温度各有差异。如W18Cr4V高速钢的淬火加热温度为1250～1300℃；W6Mo5Cr4V2高速钢为1200～1250℃。

②刀具的形状及尺寸。对形状简单的刀具，淬火加热温度取上限，如W18Cr4V高速钢车刀淬火加热温度可取1280～1300℃；对于易变形的薄片状和细长刀具或厚薄不均、形状复杂的刀具，采用淬火加热温度的下限。

③刀具的技术要求。要求高硬度、高红硬性为主的刀具淬火加热温度取上限；要求刀具有冲击韧性、工作时不崩刃的刀具（如中心钻、小型压刀等），淬火加热温度取下限。

高速钢正常淬火后的组织为隐针马氏体、粒状碳化物和较多的残余奥氏体。

2）加热时间。确定淬火加热时间，既要保证使足够的合金碳化物充分溶解于奥氏体，又不使晶粒显著长大。生产中，高速钢刀具在盐浴炉中加热时间按加热系数乘以有效厚度计算，加热系数一般取8～15s/mm。在选择加热系数时应按照零件类型、装炉量、尺寸大小、原材料碳化物级别等灵活掌握，一般大型刀具选用小的加热系数；小型刀具选用大的加热系数。但应保证最短的加热时间不应少于45s。

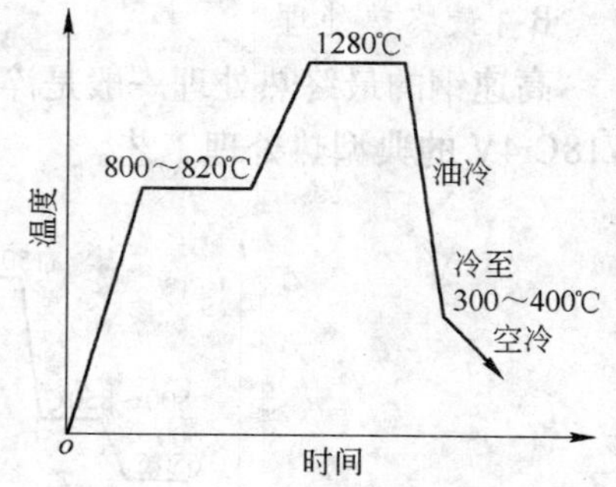

图7-25 油冷淬火

3）淬火冷却。淬火冷却有下列几种方法：

①油冷淬火。将零件加热后淬入油中冷至300～400℃后取出空冷，如图7-25所示。这种方法简单经济，但零件变形开裂的倾向较大，且油烟污染环境，只适用于形状简单的零件，或因条件所限无法采用分级淬火的零件。

②分级淬火。分级淬火是将已加热零件放入580～620℃的中性盐浴中保持一定时间（分级时间与淬火加热保温时间相近），然后空冷。

对于尺寸较大、形状比较复杂、材质差的零件可作二次或多次分级，分级温度分别是580～620℃、350～400℃、240～280℃，分级时间均同于加热时间。一次及多次分级淬火工艺如图7-26所示。分级淬火后的W18Cr4V的淬火组织为淬火马氏体+粒状碳化物+残余奥氏体。

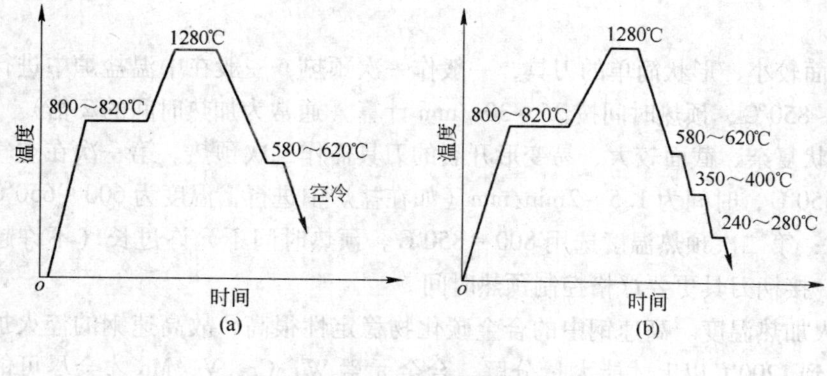

图7-26 一次及多次分级淬火工艺

③等温淬火。形状复杂的特大型刀具采用一般等温淬火。等温淬火是将高速钢零件经580～620℃、350～400℃分级冷却后，在240～280℃等温2～4h，而后空冷至150℃及时

进行回火（如图 7-27 所示）。等温淬火后的组织是下贝氏体 + 马氏体 + 碳化物残余奥氏体。

b　高速钢的回火

为了消除淬火内应力，保证得到高热硬性，高速钢淬火后必须进行多次回火。高速钢的回火温度在 540 ~ 570℃（W18Cr4V）或 530 ~ 560℃（W6Mo5Cr4V2）之间。一方面由于从马氏体中析出了弥散分布的 WC、W_2C、VC 特殊碳化物，产生了强烈的“弥散硬化”现象；另一方面在 560℃ 左右回火后，残余奥氏体在冷却过程中转变为二次马氏体，这也使钢的硬度升高，即为“二次硬化”现象。高速钢的硬度在回火时达到最高，甚至超过了淬火后的硬度，可达到 64 ~ 66HRC。高速钢回火后的组织为回火马氏体 + 碳化物 + 少量残余奥氏体。

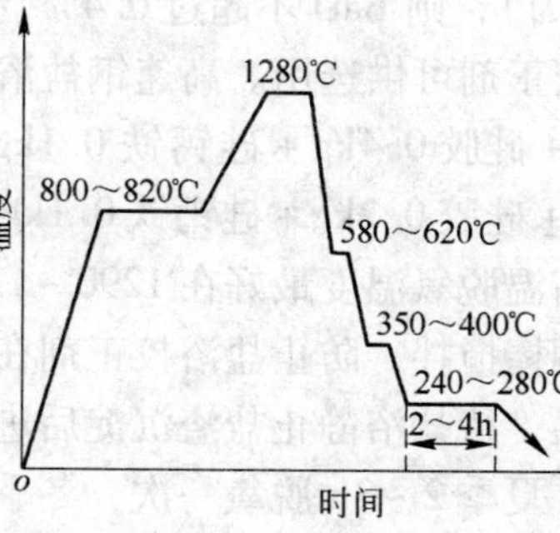

图 7-27　一次等温淬火

高速钢淬火后有大量的残余奥氏体，一次回火难以全部消除，需要多次（一般为三次）回火才能基本消除。一般 W18Cr4V 淬火后残余奥氏体量高达 20% ~ 25%，第一次回火降到 10% 左右，第二次回火降到 3% ~ 5%，第三次回火降到最低量 1% ~ 2%，其回火后的组织为回火马氏体 + 粒状合金碳化物 + 少量残余奥氏体，硬度为 63 ~ 64HRC。

高速钢回火工艺要点有：

（1）淬火后必须及时回火，否则会使奥氏体稳定化，不利于消除残余奥氏体；

（2）回火温度要均匀，应在盐浴炉或带风扇的热风回火炉中回火；

（3）残余奥氏体的转变是在回火冷却过程中进行的，每次回火后都必须在空气中冷至室温后，才可进行下一次回火，否则会使残余奥氏体转变不充分，达不到回火目的；

（4）对于大型而复杂的刀具，再回火加热易引起变形与裂纹，可采用 400℃ 左右预热 30 ~ 60min，或采用低于 500℃ 入炉，随后缓慢升温至回火温度；

（5）回火后必须冷至室温方可清洗，否则易产生开裂。

c　高速钢的时效处理和冷处理

（1）时效处理（稳定化处理）。对精度要求高的刀具，为进一步稳定尺寸，可以在回火后进行时效处理，即将刀具加热到 370 ~ 380℃ 保温 6 ~ 8h，或在 240 ~ 280℃ 保温 12 ~ 18h。通过稳定化处理，可以阻滞残余奥氏体在使用中的转变，同时也能消除最后一次回火冷却时的应力。

（2）冷处理。有的精密刀具在淬火后，继续冷至 -70 ~ -80℃，停留 2 ~ 4h，然后进行正常回火。冷处理应在淬火、冷至室温后立即进行（一般不超过 1 ~ 2h），这样效果好，但同时却增加了开裂倾向。

d　高速钢的表面强化处理

为了提高高速钢刀具的使用寿命，还需对淬火、回火后的高速钢刀具进行表面强化处理。常用的表面强化处理方法有气体软氮化、硫氮共渗、蒸汽处理、离子渗氮、氧氮化处理及气相沉积等。

C　高速钢刀具热处理工艺操作中的注意事项

（1）高温盐浴脱氧。为防止脱碳，应对盐浴定期进行严格脱氧。一般刀具淬火时，高温盐浴中的 BaO 和 FeO 不能超过 0.5%（质量分数，下同）。如对脱碳要求严格的产品

(如铣刀)，则 BaO 不超过 0.4%。处理成形刀具超过 0.3%。市场上有很多种中温、高温盐浴校正剂可供选用。高速钢盐浴所用的盐浴校正剂的量按季节有不同：夏季，二氧化钛 0.8kg + 硅胶 0.4kg + 硅钙铁 0.1kg + 无水氯化钡 0.5 ~ 1kg，均匀混合；冬季，二氧化钛 0.4kg + 硅胶 0.2kg + 硅钙铁 0.1kg + 无水氯化钡 0.5kg，均匀混合。

高温脱氧温度最好在 1290 ~ 1310℃，关掉盐浴炉风机后，把盐浴校正剂缓缓加入，用不锈钢棒搅拌，防止盐浴校正剂在盐面燃烧，降低脱氧效果。盐浴校正剂加完后，适当降低炉温，待盐浴静止盐渣沉淀后进行捞渣。对盐浴进行化学分析，保持 BaO 含量在规定的范围。夏季 2 ~ 3h 脱氧一次，冬季 4h 脱氧一次。工作 8h 捞渣一次。

(2) 中温盐浴脱氧。中温盐浴氧化物应控制在 0.3%，盐浴校正剂为二氧化钛 0.4kg + 硅胶 0.2kg + 硅钙铁 0.2kg + 无水氯化钡 0.5kg，均匀混合。脱氧时温度为 900℃左右。高速钢预热炉一般每三天脱氧及捞渣一次，低温盐浴炉（600 ~ 650℃）每周捞渣一次。

(3) 严格控制淬火晶粒度。生产中高速钢的淬火加热温度是根据晶粒度和碳化物溶解程度来进行调控的。在原材料正常的情况下，淬火晶粒度的大小直接反映加热温度的高低。

(4) 严防硝盐炉回火时产生腐蚀麻点。硝盐浴回火炉中，如有大量氯离子，会使刀具产生化学腐蚀，温度越高，腐蚀越严重。刀具表面的氯化盐在回火前必须清洗干净，防止氯化盐大量带入回火硝盐浴中。硝盐炉内氯离子应小于 3%。在硝盐炉中加入适量的 2% ~ 4% NaOH 可以防止刀具在回火中的腐蚀，硝盐浴也应定时进行捞渣。

(5) 尽量减少盐浴中氧化物。为减少盐浴中氧化物，加入高温炉的氯化钡盐必须烘干后使用，因为盐中带入水分，会使盐浴中氧化物上升。不应将有锈的零件及夹具入炉加热，铁锈会使盐浴氧化物上升，所有生锈的零件和夹具，必须先经喷砂处理方可应用。

7.3.5.3　高速钢热处理技能训练

A　训练 1　键槽长拉刀的热处理

(1) 材料：W18Cr4V。

(2) 技术要求：硬度为刃部 63 ~ 66HRC，柄部 40 ~ 52HRC；变形量为直线度不大于 0.25mm。拉刀尺寸为 ϕ26mm × 460mm，如图 7-28 所示。

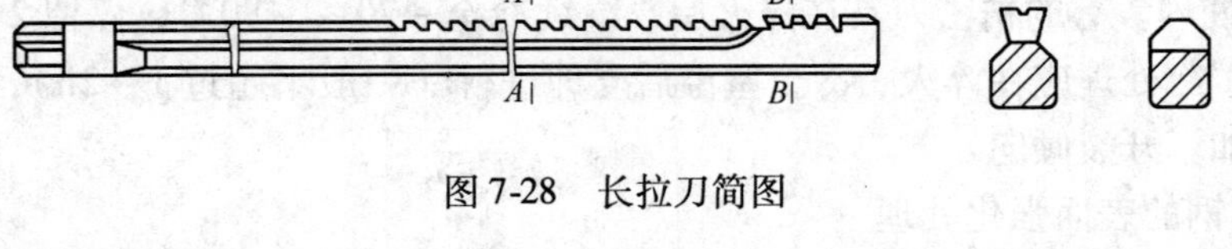

图 7-28　长拉刀简图

拉刀是在低速下进行连续切削的工具，要求具有高硬度和耐磨性以及适当的红硬性。

(3) 热处理工艺要点：热处理工艺为“预热（二次）→加热→分级、等温→矫直→清洗→回火 + 矫直（四次）→柄部处理→清洗→检验（硬度和变形量）→表面处理或喷砂”。拉刀热处理工艺如图 7-29 所示。

1) 预热。拉刀采用二次预热，第一次预热温度为 550℃，保温时间，盐浴炉按 40s/mm 计算，在电炉中保温 1h 以上，然后转入温度为 820℃的盐浴炉中进行第二次预热，预

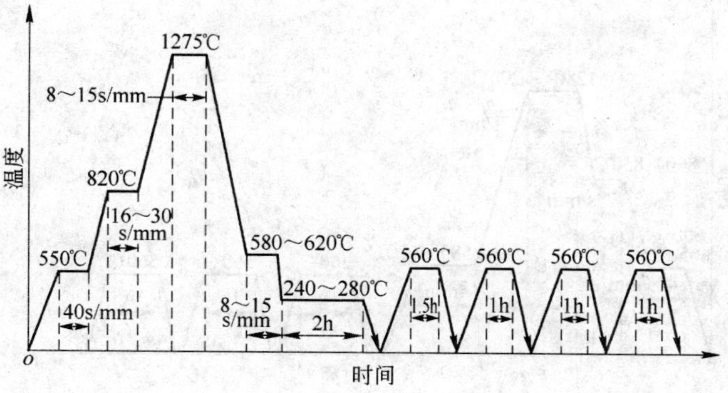

图 7-29　拉刀热处理工艺

热时间为高温加热时间的 2～3 倍。

2）加热。在保证拉刀高硬度和适当的红硬性的前提下，为减少变形和开裂，应尽量采用较低的淬火加热温度。根据拉刀直径采用 1275℃加热，加热保温时间按 8～15s/mm（大直径取下限，小直径取上限）计算，同时要考虑装炉量和装炉方式。

3）分级、等温。拉刀经高温加热后为减小拉刀心部与表面的温度差，应先在 580～620℃的盐浴中分级冷却（分级冷却时间与高温加热时间相同），然后转入 240～280℃硝盐中等温 2h，取出空冷至室温。得到下贝氏体＋残余奥氏体组织，具有较好塑性，在室温时仍能矫直。

4）回火。拉刀应及时回火以防开裂。拉刀直立悬挂在井式电阻回火炉或硝盐炉中进行回火，以减少变形。回火温度为 550～560℃，四次回火，其中三次均温后保温 1h。回火前先进行清洗。淬火后的拉刀未冷至室温不能清洗，否则易开裂。每次回火都应冷却至室温后再进行下一次回火。第一次回火时间应适当延长至 1.5h。

5）柄部处理。整体高速钢拉刀，其柄部处理是在 890～910℃盐浴中加热，加热时间按直径计算（12～18s/mm），在 250℃左右硝盐炉中冷却。柄部处理后可整体进行一次回火（回火温度不超过 550℃），柄部硬度达到要求的 40～55HRC。

6）矫直。为保证拉刀的变形量达到要求，拉刀必须在淬火后和回火后穿插多次矫直，但应以第一次回火矫直为主（因第一次回火时残余奥氏体较多），回火矫直时施力不可太大，而加力时间可以适当延长。

B　训练 2　对焊刀具的热处理

（1）材料：W6MoCr4V2，柄部为 40Cr。

（2）技术要求：刃部 63～66HRC，柄部 30～45HRC，导向部分不小于 45HRC。对焊刀具外形如图 7-30 所示。

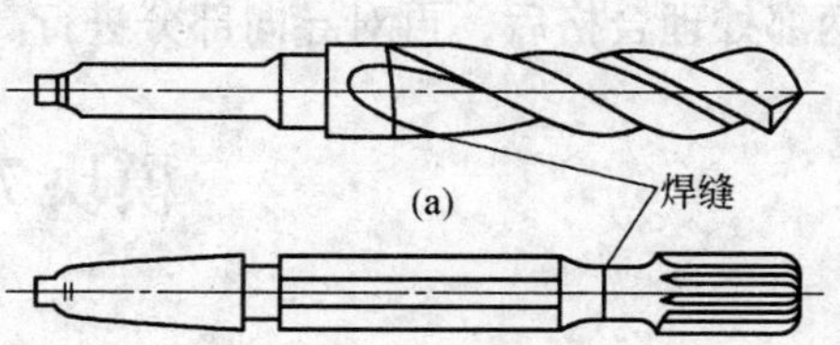

图 7-30　对焊刀具外形

（3）热处理工艺要点：热处理工艺如图 7-31 所示。

1）准备刀具绑扎铁丝（或装夹具），刃部朝下，垂直吊放保持高度一致。

2）淬火操作。

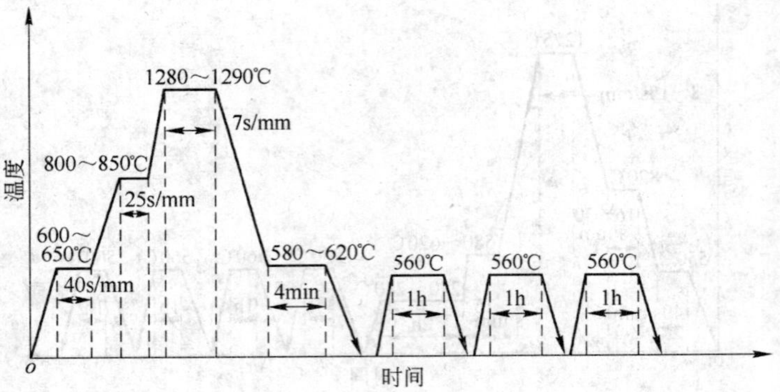

图7-31　对焊柄钻头铰刀刃部热处理工艺

①预热。在600～650℃和800～850℃进行二次预热，第一次预热时间按40s/mm计算，第二次预热时间按25s/mm计算。

②刃部加热。由于刀具是由两种材料对焊而成，刃部高速钢的加热温度远远高于柄部40Cr的正常加热温度，故对刃部加热时，必须使焊缝高出盐浴面一定距离（约相当于刀具一个直径），如果切削部分很短时，焊缝可以少露出些。具体操作方法是：将刀具整体浸入盐中，再将柄部提起至预定加热部位，进行局部加热。刀具浸入后上提，可使刀具靠近浴面的上部包裹一层盐膜，以隔绝空气与刀具的接触，起到一定的防止腐蚀作用。

③分级淬火。采取在580～620℃一次分级淬火，分级后取出空冷。

3）回火操作。回火在硝盐浴中进行，温度为（560±20）℃，保温1h，三次。硝盐炉内氯离子应小于3%（质量分数）。刀具回火前应清洗干净，防止盐炉中的氯盐进入硝盐炉。回火后用金相方法检验回火程度，如回火不足应补充回火。

4）柄部和导向部分淬火回火。刃部处理合格后，方可进行柄部及导向部分的处理。

①柄部的淬火、回火。在800～850℃盐浴炉中进行柄部淬火加热，加热时同样也使焊缝高出盐浴面一个刀具直径的距离，保温时间按25～30s/mm计算，出炉后油冷。回火在硝盐浴或电炉中进行温度为500℃左右，回火后硬度为30～45HRC。

②导向部分淬火回火。中间带有导向部分的切削刀具（见图7-30b），在用上述方法使柄部处理合格后，再对导向部分进行高频加热淬火，然后低温回火，硬度为45HRC。

模块7.4　量具热处理

7.4.1　量具工作条件与性能要求

量具主要包括块规、卡规、塞规、游标卡尺、千分尺等，工作时受外加应力小，工作环境较好。选择量具用钢主要考虑：

（1）工作面的耐磨性。量具工作面必须有高度耐磨性才能在长期使用中保持精度，为此要求量具材料淬火硬度高、耐磨性好。

（2）尺寸的稳定性。量具中应尽量减少残留奥氏体量和残留应力值。一般认为含Cr、

W、Mn 等合金元素的钢对减小时效变形有良好作用。

（3）可加工性。应选用切削加工性好、材质均匀、组织良好及退火硬度适当的钢材。

（4）抗腐蚀性。为提高量具对大气、手汗等的抗腐蚀能力，许多量具采用镀铬等表面处理方法或采用马氏体不锈钢。

量规和量具零件多采用过共析钢，淬火后得到高硬度。常用的量具钢种及特点如表 7-30所示。

表 7-30 常用的量具钢种及特点

钢号	用途举例	特点
GCr9	中、小型高精度量规及量具零件	（1）碳化物颗粒均匀细小，退火及淬火硬度均匀； （2）含硫量低，夹杂物少； （3）经适当热处理后尺寸稳定性好； （4）GCr9 淬透性尚好，GCr15 较好，GCr15SiMn 淬透性更好
GCr15 （Cr2）	各种量规、量块及其他高精度量具零件，如千分尺螺纹量杆，正弦规工作台及滚柱	
GCr15SiMn	尺寸较大或厚实的高硬度、高精度的量具零件和量规如石油量规、正弦规工作台等	
CrWMn	要求高硬度、高耐磨性的量规和量具零件	（1）淬火硬度高，耐磨性好，淬透性好； （2）碳化物细小，淬火后晶粒细； （3）退火易生成碳化物网、磨削性较差，磨削时较易出现裂纹； （4）退火硬度较高
9Mn2V	要求淬火畸变小的量规、卡板及其他一般量具	（1）淬火畸变小，淬透性好； （2）淬火硬度稍低于其他合金工具钢
9Cr18MoV	耐磨及耐锈蚀的量具零件（如百分表量杆等）	（1）抗锈蚀性好、耐磨性好； （2）碳化物分布不均匀； （3）可加工性及抛光性尚好
3Cr13 4Cr13	耐磨及抗锈蚀的量规及量具零件（如卡尺尺身、尺框等），亦可用于渗氮量块	（1）抗锈蚀性好、耐磨性好、淬火回火后硬度低于 9Cr18MoV； （2）碳化物分布较均匀； （3）切削加工性及抛光性好

量具工作面都要求高的光洁度，需对钢中的金属夹杂物和碳化物偏析进行严格控制。夹杂物的存在可引起区域性的残余应力，导致力学性能的各向异性；严重的碳化物偏析则造成残余奥氏体的不均匀分布，影响尺寸的稳定性。故量具用钢对于钢材的原始组织有一定的要求。表 7-31 列出了对量具用钢的原材料显微组织的级别要求。

表 7-31 对量具用钢的原材料显微组织的级别要求

钢种	退火组织			残留碳化物网			带状组织	非金属夹杂物（GB/T 18254—2002）			
	GB/T 18254—2002	GB/T 1299—2000	GB/T 1298—2008	GB/T 18254—2002	GB/T 1299—2000	GB/T 1298—2008	GB/T 18254—2002	氧化物	硫化物	碳化物偏析	点状不变形夹杂
铬轴承钢	1～4			≤3			≤2.5	≤2	≤2.5	≤1	≤2.5
合金工具钢		≤5			≤3						
碳素工具钢			T8 1～5 T10 2～4 T12 2～4			≤2					

7.4.2　量具制造工艺路线

量具一般制造工艺路线为：锻造→退火→正火或调质→切削加工→淬火→热矫直→冷水冲洗→冷处理→回火→人工时效→清洗→发黑处理（或喷砂）→磨削加工→人工时效→精磨（或研磨）。

7.4.3　量具的热处理工艺

7.4.3.1　预备热处理

（1）退火。量具退火规范见表7-32。

表7-32　量具退火规范

钢号	加热		冷却			硬度（HBW）
	温度/℃	时间/h	缓慢冷却	等温后冷却		
				温度/℃	等温时间/h	
T8	740～750	2～6	以小于30℃/h的速度炉冷至500～600℃出炉	650～660	等温4～6h后炉冷到500～600℃出炉	≤187
T10	740～750			680～700		≤197
T12	760～770			680～700		≤207
GCr9	780～800		空冷以小于20℃/h的速度炉冷至500～600℃出炉	710～720		170～207
GCr15	780～800			710～720		179～207
GCr15SiMn	790～810			710～720		179～207
CrWMn	770～790			680～700		207～255
9Mn2V	750～770			670～690		≤229

（2）正火。为改善一些中碳钢量具零件的原始组织，减小机械加工表面粗糙度和提高强度，可用正火作为预备热处理或最终热处理。例如用45钢制造的千分尺微分筒体，为减小拉削内孔的粗糙度和提高强度，采用正火做最终热处理。

（3）消除网状碳化物。过共析钢中若停锻温度和冷却速度不当，会产生较严重的网状碳化物或组织粗大，淬火时易产生裂纹，磨削时也容易产生裂纹。

这类缺陷可以用适当的预备热处理来减轻或消除。将钢加热到稍高于或接近于A_{cm}温度，保持一定时间使碳化物网全部或大部分溶入奥氏体中并适当均匀化，然后快冷，使碳化物不致沿晶界析出，再在A_{c1}以下合适的温度回火或正常退火，以调整到所需的硬度和组织。

消除网状碳化物的处理只是一种补救措施，关键仍在于正确掌握钢的停锻温度和冷却速度，使退火后不存在碳化物网。

（4）调质。为改善机械加工表面粗糙度，细化淬火前的组织，消除机械加工应力，减小热处理变形并得到均匀而稍高的硬度，可用调质处理作为预备热处理。

将工件加热到稍高于正常淬火温度使碳化物较充分地溶解于奥氏体中，然后淬冷，再加热到A_{c1}以下适当温度保持一段时间后慢冷，以调整到适宜加工的组织和硬度。

例如，用GCr15钢制造的螺纹环规，热处理后内孔只能用铸铁棒蘸金刚砂研光，因此淬火前必须先得到尽可能小的内螺纹铰孔表面粗糙度并且还应尽量减少淬火后内孔的畸变，为此可采用调质处理作为预备热处理。

在批量生产和最终热处理后不便于用磨床加工的量规和量具零件，淬火前的表面加工粗糙度往往是生产过程中的关键问题之一，必须予以重视。

7.4.3.2 最终热处理

（1）淬火。量具钢淬火目的是为了获得较高的硬度、强度、耐磨性，以满足量具的使用性能。

量具、量规淬火加热温度参考表 7-33。原始组织为极细的片状或点状珠光体的零件和返修品取下限或较低的淬火温度，反之取表中上限或较高的淬火温度。

表 7-33 常用量具钢的淬火及回火温度

钢 号	淬火温度/℃	常用冷却介质	淬火后硬度（HRC）	回火温度/℃	回火后硬度（HRC）
GCr19	820 ~ 850	油、硝盐、碱浴	62 ~ 66	130 ~ 170	62 ~ 65
GCr15	830 ~ 860	油、硝盐、碱浴	62 ~ 66	130 ~ 170	62 ~ 65
GCr15SiMn	820 ~ 850	油、硝盐、碱浴	62 ~ 66	130 ~ 170	62 ~ 65
CrWMn	820 ~ 850	油、硝盐、碱浴	62 ~ 66	130 ~ 170	62 ~ 65
9Mn2V	780 ~ 810	油、硝盐、碱浴	≥62	130 ~ 170	≥60
T8A	750 ~ 780	水、硝盐、碱浴	62 ~ 65	130 ~ 150	≥62
T10A	760 ~ 790	水、硝盐、碱浴	62 ~ 65	130 ~ 160	≥62
T12A	760 ~ 790	水、硝盐、碱浴	62 ~ 65	130 ~ 160	≥62
9Cr18MoV	1050 ~ 1070	油	>55	200 ~ 300 550 ~ 580	53 ~ 58 43 ~ 46
65Mn	790 ~ 820	水、油	>56	300 400 500	52 45 37

根据产品技术要求或加工制作的需要，量规和量具零件可以选用盐浴炉、真空炉、可控气氛炉、流态化炉或感应加热设备进行加热。加热时间根据炉型、装炉量、工件尺寸及形状等因素来确定。在盐浴炉中一般为 0.4 ~ 0.8min/mm；辐射电阻炉选用 1 ~ 2min/mm；流态化炉可在 0.5 ~ 1min/mm 范围中选用。

淬火冷却介质有淬火油、低温硝盐、聚合物淬火介质或食盐水，根据不同产品及钢的牌号选择。

（2）回火。以在热浴（硝盐或热油）中回火为宜。

量规的回火温度可参考表 7-33。一些结构钢制的量具零件可根据钢的牌号及产品硬度要求按一般结构钢工件选择回火温度。回火温度选择适当，回火时间稍长并无不利之处，但回火保温时间不足则对量具可能产生不良影响。

回火时间根据设备装炉方式和装炉量以及工件大小来确定。热浴回火保温时间应不少于 1h，截面尺寸在 50mm 以上者需 2 ~ 4h。有时将回火与稳定化处理合并进行则需更长时间。

不进行冷处理的量具淬火后应立即进行回火，以免发生裂纹。批量生产时，特别是对正弦规工作台之类的方形或矩形的实心工件，装炉时应避免密实地重叠堆放，以防止加热时不易透烧而造成回火不足。在低温硝盐中回火时装炉量不宜太多或过密，否则入炉时工件会使硝盐槽中的温度下降过多，凝固在工件上的硝盐较长时间才能完全熔化，不但降低了生产效率，还可能导致回火不足。

（3）冷处理。对尺寸稳定性要求高的工件，淬火冷至室温后应立即（最好在半小时以内）进行冷处理，使残留奥氏体尽可能多地转变为马氏体，提高工件硬度。冷处理的方法如下：

1）-70～-80℃的冷处理。在专用冷冻机或在加有干冰的酒精（或丙酮）中进行，酒精置于绝热的容器中，如一次装入量稍多可用金属管插入容器底部，缓缓吹入空气，这能使温度均匀。

2）-196℃的深冷处理。在液氮中进行。冷处理过程中冷至规定温度后应保持0.5～1h，以保证工件都达到此温度。

工件淬冷后应冷至室温再进行冷处理，以防止急冷产生裂纹。形状复杂或厚薄悬殊的工件，冷处理前宜将细薄部分用石棉包扎，冷处理完毕后待工件温度升至室温时立即进行回火或人工时效。操作时应戴手套等防护用品以防止冻伤。冷处理前应擦干工件上的水分及杂物。

（4）时效处理。人工时效宜在热浴中进行。一般量规（硬度大于62HRC）可在淬火后以140～160℃进行8～10h人工时效（与回火合并进行）。要求硬度大于63HRC的量块等产品则在回火后再进行120℃、48h的人工时效处理，或冷处理与时效处理反复数次的冷热循环处理。

工件在精磨后宜在120℃时效10h，以消除磨削应力。工件精磨后留出少量研磨余量，然后在室温存放半年或一年（时间越长越好）进行自然时效，最后再研磨成成品，这是保持尺寸稳定性的最佳方案。

（5）矫直。矫直有两类方法：

1）热矫直。工件未冷透时趁热矫直；或对淬火后需用较高温度回火的工件用专用夹具进行回火矫直，矫直方法为工件夹紧后送进回火炉中，待工件及夹具加热后取出再次夹紧，然后缓慢冷却（如卡尺测尺等工件）。

2）冷矫直。工件淬火及回火后冷压或冷敲（常用反压法）矫直。冷矫直后的工件需进行去应力回火，回火温度不应超过原来的回火温度。这种措施不能保证消除全部矫直应力，因此对容易发生扭曲的量具零件应尽量设法减少淬火时的变形，已发生变形的零件则最好采用热矫直。

量具零件在装配过程中不允许再进行敲打，否则经过一段时间可能使量具（如卡尺、千分尺等）使用不灵活，甚至卡住。

7.4.4　典型量具的热处理技能训练

7.4.4.1　训练1　塞规（量具）的热处理

（1）材料：CrWMn钢。

（2）技术要求：硬度为60～64HRC；热处理变形小，在长期使用中能保持尺寸精度要求。

（3）热处理工艺：CrWMn 钢高精度塞规热处理工艺曲线如图 7-32 所示。

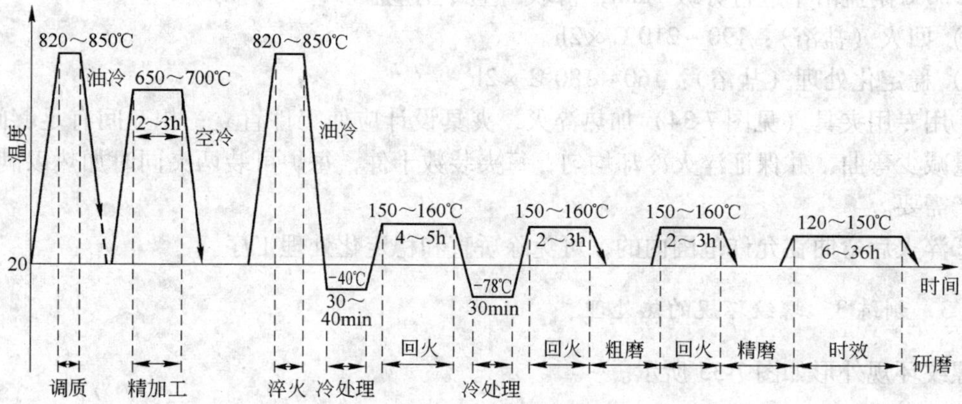

图 7-32　CrWMn 钢高精度塞规的热处理工艺曲线

1）调质处理。CrWMn 钢制成的高精度量具，在经过锻造、退火和精加工后，需进行调质处理。调质处理由 820～850℃加热油冷与高温回火（650～700℃）2～3h 所组成。调质后得到回火索氏体组织，可降低机械加工后的表面粗糙度，并减少淬火时所产生的应力和尺寸变形。

2）淬火和低温回火。为减少加热和冷却过程中的温度差，降低内应力，淬火前应进行预热，预热温度 500～600℃，预热时间大于 30min；淬火时采用较低的淬火温度。为减少淬火后残余奥氏体量，不能采用分级或等温淬火；冷却介质的温度也不宜过高，淬油的温度一般为 40～60℃。零件应在冷却介质中冷透。淬火后需进行第一次冷处理，为防止残余奥氏体稳定化，淬火与冷处理之间的间隔时间最多不超过 1h。为保证量具的高硬度（60～64HRC）和耐磨性，回火温度采用 150～160℃低温回火，保温时间为 4～5h。为使残余奥氏体尽量完全转变，使尺寸稳定，回火后还要进行第二次冷处理，并再进行两次低温回火，时间为 2～3h。量具在粗磨后，需要再进行一次回火，以消除磨加工所造成的应力。

3）时效处理。量具在精磨后与研磨前，还需进行时效处理，时效温度为 120～150℃，保温 6～36h 不等，这可使量具有很高的尺寸稳定性。

7.4.4.2　训练 2　螺纹测杆的热处理

螺纹测杆的外形如图 7-33 所示。

（1）材料：GCr15。

（2）技术要求：硬度为 58～62HRC，弯曲度不大于 0.15mm，淬火马氏体级别不大于 2 级（JB2406 第九级别图）。

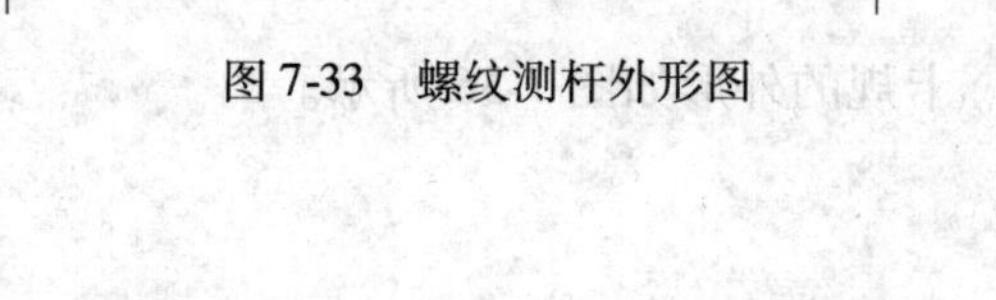

图 7-33　螺纹测杆外形图

（3）热处理工艺流程：淬火→回火→清洗→矫直→稳定化处理→清洗→磨削加工→端部焊硬质合金处喷砂→高频感应加

热焊硬质合金测头。

1）淬火（盐浴）：650 ~ 700℃预热 7min，再加热到 850 ~ 860℃，保温 7min，淬入 200 ~ 220℃硝盐浴中进行分级 1min，再取出空冷至室温。

2）回火（盐浴）：190 ~ 210℃ ×2h。

3）稳定化处理（盐浴）：160 ~ 180℃ ×2h。

①用专用夹具（见图 7-34）加热淬火，夹具设计应使工件直立，相互间有足够间隙，以尽量减少弯曲，并保证淬火冷却均匀，每夹装数十件，每炉可装两夹同时加热以满足批量生产需要。

②淬火后弯曲在允许范围内的，可免除矫直和稳定化处理工序。

7.4.4.3　训练3　螺纹环规的热处理

螺纹环规外形如图 7-35 所示。

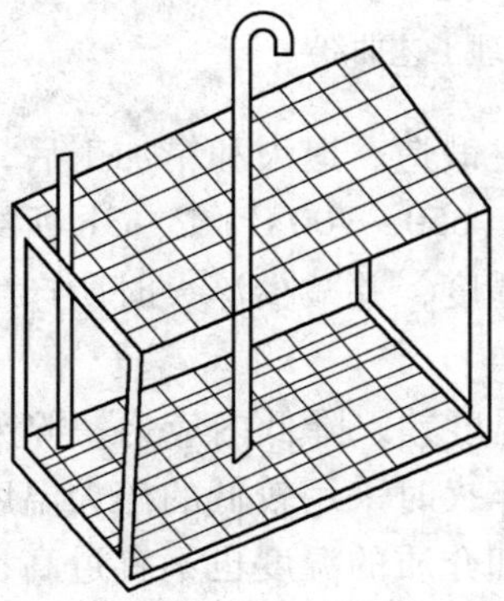

图 7-34　螺纹测杆加热淬火专用夹具

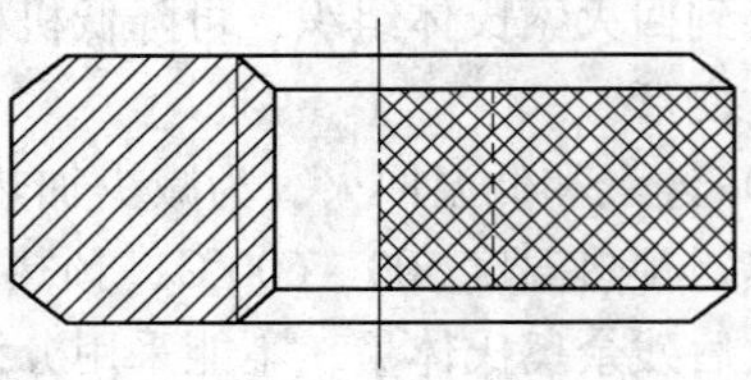

图 7-35　螺纹环规外形图

（1）材料：GCr15。

（2）技术要求：调质后硬度为 170 ~ 229HBW，成品硬度大于 58HRC。显微组织要求调质后为 1 ~ 3 级（GB/T 18254—2002 第六级别图），成品要求马氏体级别不大于 2 级（JB 2406 第九级别图）。

（3）热处理工艺流程：调质→机械加工→淬火→清洗→回火→清洗→喷砂→防锈处理。

1）调质：淬火时将工件用铁丝绑扎成串在盐浴中预热到 650 ~ 700℃，保持 7min，再加热到 855 ~ 860℃，保温 7min，或在电炉中加热 40 ~ 60min 后油淬，然后在电炉中进行 700 ~ 720℃ ×10h 的高温回火淬火（盐浴）：650 ~ 700℃预热 8min，再加热到 850 ~ 860℃，保温 8min 后油淬。

2）回火（盐浴）：160 ~ 180℃ ×8h。

3）调质。调质处理的目的在于降低机械加工内螺纹的表面粗糙度。

7.4.4.4　训练4　卡规的热处理工艺

卡规的外形如图 7-36 所示。

（1）材料：15 钢、20Cr。

（2）技术要求：硬度为 80 ~ 83HRA。对于渗碳层深度，一般卡规为 1.0 ~ 1.3mm，样板卡规为 0.7 ~ 1.0mm。

（3）工艺流程：调质→机械加工→渗碳→喷砂→一次淬火、回火→二次淬火、回火→清洗→精磨→时效。

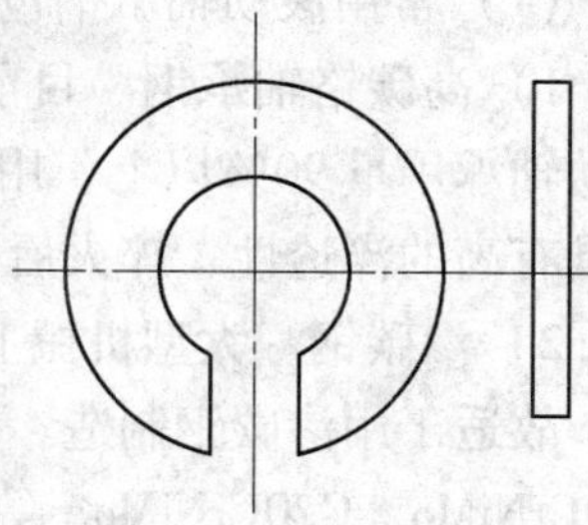

图 7-36　卡规外形图

1）调质：900 ~ 950℃淬火，600 ~ 650℃回火（组织为索氏体）。

2）渗碳：920℃气体渗碳。

3）一次淬火：840 ~ 860℃加热，水、油或聚合物淬火。

4）回火：650 ~ 660℃保温 1.5 ~ 2h。

5）二次淬火：770 ~ 790℃加热，水、油或聚合物淬火。

6）回火：170 ~ 190℃保温 1 ~ 1.5h。

7）时效：140 ~ 150℃保温 3 ~ 4h。

（4）注意事项：

1）样板卡规品种繁多，用量不大，为避免渗碳、淬火冗长工序，除尺寸较大者外，可用工具钢制造。

2）形状复杂的，常用手工研磨，要求热处理变形小。

3）保证高尺寸稳定性的要进行冷处理。

4）大尺寸卡规可进行局部淬火。

模块 7.5　滚动轴承的热处理

7.5.1　轴承的种类、工作条件与性能要求

滚动轴承由外套、内套、滚动体［钢球、滚子（圆柱、圆锥、球面）、滚针］、保持架和润滑油等组成。轴承的种类很多，如航空发动机主轴轴承、高精密（P2、P4 级）机床主轴轴承、铁路轴承、轧机轴承、车用轴承等。最小的轴承内径仅为 0.6mm，最大轴承的外径达 5.492m，重量达 6.38t。

轴承的工作条件为：滚动轴承多数在高载荷下运行（球轴承的接触应力达 4900MPa，滚柱轴承接触应力达 2940MPa），在套圈和滚动体接触面上承受交变压力，在高转速、长寿命下工作。

轴承主要的失效形式有疲劳剥落、磨损、断裂等。滚动轴承用钢的性能要求有：

（1）高硬度、高耐磨性及较高的抗疲劳强度，足够的韧性及耐腐蚀性。

（2）良好的尺寸稳定性和冷热加工性等。

（3）使用寿命长和高的可靠性。

7.5.2　滚动轴承钢的相关知识

用于制造滚动轴承中的滚动体（滚珠、滚柱、滚针）和套圈的合金钢称为滚动轴承钢。

（1）常用滚动轴承钢包括：

1）高碳铬轴承钢。目前我国应用最广的轴承钢是 GCr15 和 GCr15SiMn，GCr15 钢占滚动轴承用量 90% 以上，用于制造中小型轴承，GCr15SiMn 用于较大型轴承。高碳铬轴承钢具有高的淬透性，淬火后具有高的强度、硬度和耐磨性。

2）渗碳钢。大型机械上使用的轴承，要求表面耐磨，而心部应具有足够的强度和韧性，故适于用渗碳钢制造。常用的渗碳轴承钢有 20Cr、20CrMnTi、20Cr2MoA、20CrNi4A、G20CrNiMo、G20CrNiMoA 等。

（2）合金元素的作用。滚动轴承钢的含碳量高达 0.95% ~1.15%，这是为了淬火后得到高碳马氏体，保证轴承钢具有高硬度和高强度。铬是滚动轴承钢的基本元素，含量在 0.40% ~1.65% 之间，其作用是提高淬透性，并形成弥散分布的碳化物（Fe，Cr）$_3$C，以提高钢的耐磨性和接触疲劳强度。但含铬太多（>1.65%），会增加残余奥氏体含量，并使碳化物分布不均匀，降低硬度及尺寸稳定性。对于大型轴承，钢中还加入硅、锰等元素，以进一步提高淬透性。

（3）一般加工工艺流程。滚动轴承钢的一般加工工艺流程为：轧制、锻造→预先热处理（正火、球化退火等）→粗加工→最终热处理（淬火、低温回火）→磨加工→成品。

7.5.3 滚动轴承的热处理工艺

热处理在轴承制造过程中是关键工序，它对提高滚动轴承的质量、延长使用寿命和可靠性起着重要作用。

在轴承制造业中常用的热处理有马氏体淬 + 回火工艺（包括 M_s 点以下分级淬火、等温淬火）、贝氏体等温淬火工艺和表面硬化处理方法。

马氏体 + 回火工艺热处理后表面为拉应力，贝氏体等温淬火工艺热处理后表面为压应力，有利于提高轴承寿命。这两种工艺是高碳铬轴承钢制滚动轴承零件广泛采用的工艺。表面硬化处理方法（如渗碳，碳氮共渗和表面感应加热淬火等）可获得零件表面的高硬度，最佳硬化层深度和心部更高韧性，它可以达到强韧性最佳配合，而且获得表面压应力。特别是感应加热表面淬火工艺近年来发展更快，它是节能、环保热处理最佳选择。

7.5.3.1 预先热处理

滚动轴承零件锻后预备热处理采用球化退火（210HBS），降低硬度，改善切削加工性能，并为淬火做好组织准备。钢内如有网状组织，还应在球化退火前先进行正火，以消除网状碳化物。

（1）正火。滚动轴承钢在球化退火前的组织应是片状珠光体。如出现粗大的网状或带状碳化物将会影响球化退火效果，因此，在球化退火前必须先进行正火予以消除。铬轴承钢常用正火工艺见表 7-34。

为防止正火时脱碳，加热时炉气应为还原性气氛。采用空冷并及时进行退火或回火，防止正火时产生裂纹。

（2）球化退火。

表 7-34　铬轴承钢常用正火工艺

钢　号	正火目的	正火工艺参数	
		温度/℃	保温时间/min
GCr15	消除和减少粗大碳化物	930~950	40~60
GCr15SiMn		890~920	
GCr15	消除较细网状碳化物，改善锻后晶粒度，消除大片状珠光体	900~920	
GCr15SiMn		870~890	
GCr15	改善组织中的粗大碳化物颗粒	950~980	
GCr15SiMn		940~960	

1）一般球化退火。一般球化退火可在箱式炉、井式炉和台车式炉中进行，也可在推杆式炉或大型连续式炉中进行。轴承钢的一般球化退火工艺为：A_{c1} +(20~40)℃加热 2~6h，然后以 20~30℃/h 冷却到 600~650℃出炉空冷。

2）等温球化退火。等温球化退火的工艺为：A_{c1} +(20~40)℃加热 2~6h，炉冷到 710~720℃等温 4~6h，再炉冷到 600~650℃出炉空冷，等温球化退火可缩短退火时间，提高生产率。

3）快速球化退火。对于经正火处理具有索氏体组织的轴承钢如铬轴承钢，可采用正火-快速球化退火工艺，如图 7-37 所示。

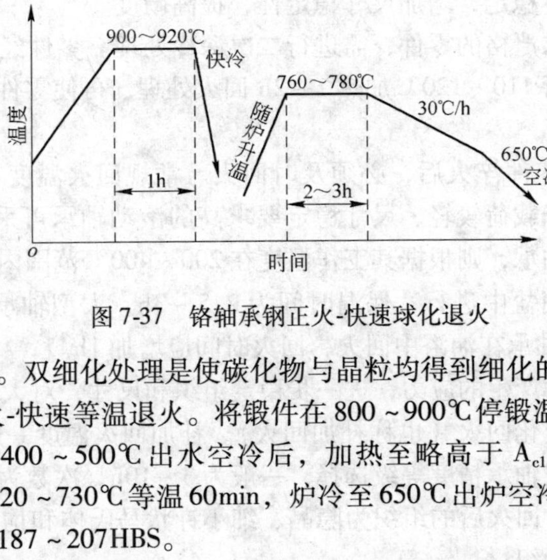

图 7-37　铬轴承钢正火-快速球化退火

(3) 双细化处理。双细化处理是使碳化物与晶粒均得到细化的预先热处理工艺。

1）锻造余热淬火-快速等温退火。将锻件在 800~900℃停锻温度淬入沸水中，以25~30℃/s 冷却速度冷至 400~500℃出水空冷后，加热至略高于 A_{c1} 点温度（765~775℃），保温 60min，随后在 720~730℃等温 60min，炉冷至 650℃出炉空冷，获得均匀的细小粒状珠光体组织，硬度为 187~207HBS。

2）锻造余热淬火-高温回火。锻件在 800~900℃停锻温度沸水淬火，以 25~30℃/s 冷却速度冷至 400~450℃出水空冷。再在 700~720℃保温 3~4h 回火后出炉空冷，获得均匀分布的点状加细粒状珠光体，硬度为 207~220HBS。

3）亚温锻造后细化处理。零件在 800~840℃进行热模锻或热滚压后，再在 680~720℃等温 2~3h，随炉冷至 600℃出炉空冷。此工艺可用于大批量生产。

7.5.3.2　最终热处理

滚动轴承零件的最终热处理一般是淬火、深冷处理、低温回火，得到回火马氏体及弥散分布的细粒状碳化物，回火后硬度为62～64HRC。注意淬火加热温度应严格控制，过高过低均影响质量。

对于精密零件，可在淬火后进行冷处理（－60～－80℃），以减少残余奥氏体量，稳定工件尺寸。

（1）淬火。

1）加热温度。淬火加热温度为 A_{c1} +（50～90）℃。淬火加热温度偏低会使奥氏体中碳和铬的含量不足而达不到淬硬要求。淬火温度过高会促使奥氏体晶粒长大，淬火后得到粗针状马氏体，并使残余奥氏体量增加而导致强度、韧性和使用寿命降低。

由于轴承钢为高碳钢，淬火加热时应注意防止氧化脱碳，一般都在盐浴炉或控制气氛中进行加热。

2）保温时间。正常淬火加热温度下，根据零件的有效厚度确定。在盐浴炉中加热保温时间按0.8～1.5min/mm计算，在空气炉中加热保温时间按1.5～2min/mm计算。淬火加热温度高时，保温时间可短些；反之则宜长些。

3）淬火冷却。滚动轴承钢的淬火一般采用油冷，油温以30～60℃为宜。对于厚度较小、变形要求较严格的零件，可采用分级淬火，分级温度为130～170℃，停留时间3～5min，分级后在30～80℃油中冷却或直接空冷。

（2）深冷处理。铬轴承钢经正常淬火后，会保留10%～20%的残余奥氏体，对于使用过程中精度要求高的精密轴承，需进行深冷处理，减少淬火组织中的残余奥氏体量，并使剩余的少量残余奥氏体稳定，增加尺寸稳定性，提高硬度。

对于尺寸稳定性要求严格的零件，需进行二次深冷处理。零件经第一次深冷处理，温度恢复至室温后，先进行110～120℃加热1～2h回火处理，再使零件冷至室温后进行第二次深冷处理。

（3）回火。轴承钢零件淬火后，必须及时回火。常规回火温度150～180℃，可获得高硬度和高耐磨性。对于载荷较轻、尺寸稳定要求高的滚动轴承可采用200～250℃回火。对于高温下工作的滚动轴承，则根据其工作温度在200～400℃范围内进行选择。回火处理一般在电阻炉、油浴或硝盐中进行，保温时间为2.5～3h。大型轴承根据其尺寸与壁厚，应延长至6～12h。精密轴承在油浴中回火，回火时间应增加1h。

为消除在磨制加工时产生的应力，进一步稳定组织和尺寸，对大型重要轴承及精密轴承均需在磨削后进行稳定化回火（也称补加回火）。补加回火温度一般为120～160℃；补加回火的时间和次数应按轴承精度等级选择，一般为3～10h，次数为1～3次。

滚动轴承零件淬火＋回火后的组织为隐晶、细小针状马氏体和均匀分布的细小粒状碳化物及少量残余奥氏体组织。

7.5.4 滚动轴承钢热处理技能训练

7.5.4.1 训练1 轴承外套的热处理

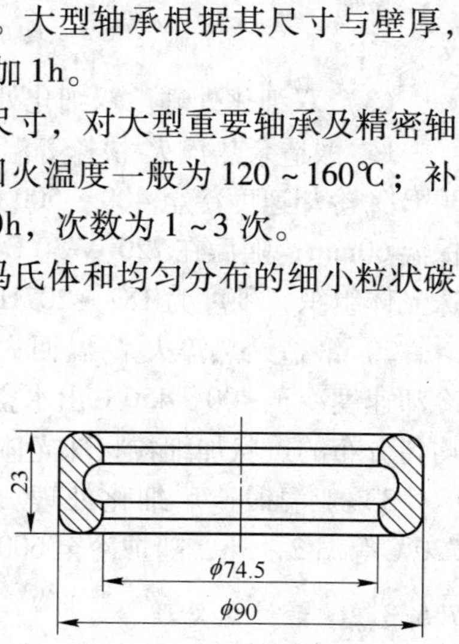

图7-38 轴承外套

轴承外套如图7-38所示。

（1）材料：GCr15。

（2）技术要求：硬度60～65HRC；显微组织为隐晶、

细小针状马氏体，均匀分布的细小碳化物及少量残余奥氏体；脱碳层深度小于 0.08mm；淬火、回火后进行磁粉探伤检查不允许有裂纹。

（3）加工工艺流程：下料（热轧未退火圆钢）→锻造成形→正火→球化退火→车削加工→淬火和回火→粗磨→补加回火→细磨→精研→成品。

（4）轴承外套热处理工艺要点：

1）正火。轴承外套锻造成形后，抽验金相组织，若发现组织中存在粗大碳化物，退火前需先采用保护气氛箱式炉进行正火，正火温度为 950～980℃保温时间 45min，随后出炉吹风冷却（冷速不得小于 40～50℃/min）。

2）球化退火。GCr15 轴承外套球化退火工艺曲线如图 7-39 所示。采用箱式炉，中性炉气，温度 780～800℃，保温 3～4h，再在(720±10)℃等温 3～4h，炉冷（冷速 10～30℃/h）至 650℃出炉空冷。硬度为 205～215HBS。组织为细小而均匀分布的粒状珠光体。

3）淬火和回火。经切削加工的轴承外套，淬火和回火工艺曲线如图 7-40 所示。加热温度(840±10)℃，加热时间（箱式炉）为 40～60min（总加热时间），在油中淬火。淬火时零件应在冷却液中上下窜动以防产生软点。淬火冷却后，用 3%～5%（质量分数）的碳酸钠水溶液洗清，并立即进行回火，回火温度 150～170℃，保温 3h。

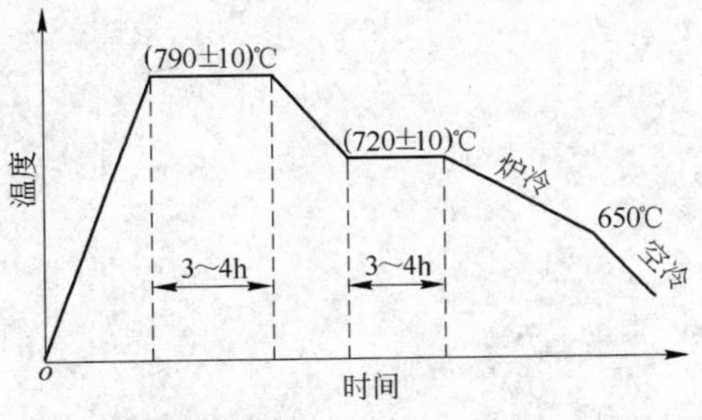

图 7-39　GCr15 钢轴承外套球化退火工艺曲线

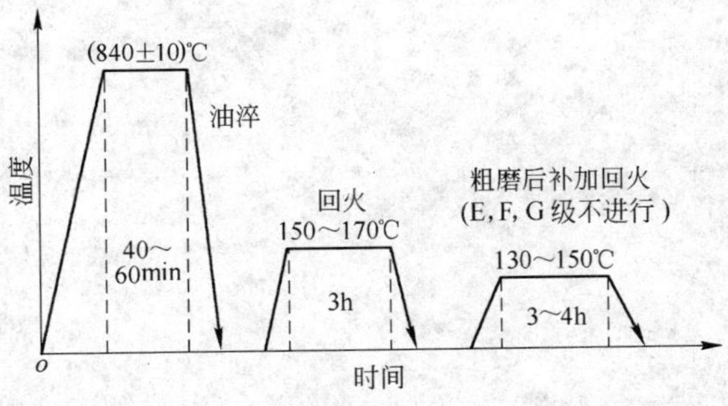

图 7-40　GCr15 钢轴承外套淬火和回火工艺曲线

4）补加回火。磨削后在 130～150℃进行 3～4h 补加回火。

7.5.4.2　训练 2　轴承滚柱热处理

轴承滚柱如图 7-41 所示。

（1）材料：GCr15。

（2）技术要求：精度 1 级；硬度 62～66HRC；显微组织为隐晶状马氏体，均匀分布的细小残余碳化物及少量残余奥氏体；脱碳层深度不大于 0.08mm（单边）；不允许有裂纹。

（3）加工工艺流程：冷拉圆钢→车削→淬火→深冷处理→回火→粗磨→定化处理→精磨→成品。

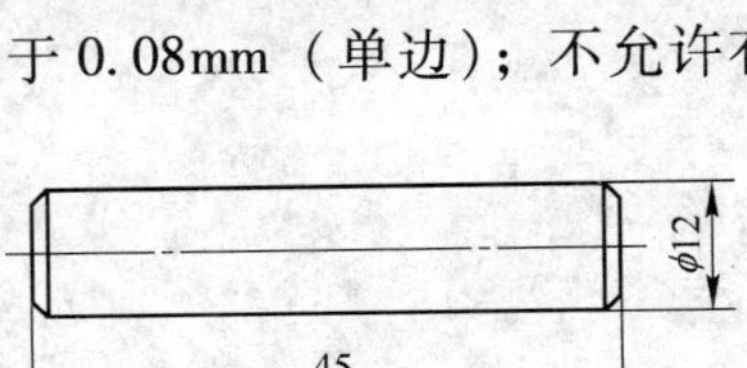

图 7-41　轴承滚柱

（4）滚柱热处理工艺要点。

1）淬火。在盐浴炉中加热，加热温度（830±

10)℃，保温时间 10 ~ 12min，在 30 ~ 60℃ 的油槽中冷却，冷却时注意让滚柱散开、滚动。

2）深冷处理。淬火冷却到室温后，用 3% ~5%（质量分数）的碳酸钠水溶液清洗，并立即转入深冷处理，深冷处理温度为 −70℃，保持 1h。

3）回火。回火温度为 150 ~170℃，保温 2.5h 后空冷。

4）稳定化处理。稳定化处理温度为 120 ~140℃，保温 8h 后空冷，进行两次。

单元8　复杂零件热处理工艺及技能训练

在现代工业生产中模具是实现少、无加工的先进制造技术中的重要工艺装备，模具产品的质量不仅关系到生产制品的质量和性能，而且直接影响生产效率和成本。

模具使用情况统计分析表明，模具的质量在很大程度上取决于模具材料和热加工工艺。根据模具的使用条件，正确地选择模具材料和制订合理的工艺非常重要。

模具按用途可分为冷作模具、热作模具、塑料模具及其他模具（硬质合金、钢结硬质合金、铸铁等）。

模块8.1　冷作模具的热处理

8.1.1　冷作模具工作条件和性能要求

冷作模具包括冷冲模、冷镦模、冷挤压模以及拉丝模、滚丝模、搓丝板等，属于接近室温冷状态下对金属进行变形加工的一种模具，也称为冷变形模具。冷作模具工作时承受很大的压力、弯曲力、冲击载荷和摩擦。冷作模具主要失效形式有磨损失效、过载失效、咬合失效和疲劳失效四种形式。因此冷作模具钢应具有以下基本性能：

（1）高硬度，一般为58～62HRC；

（2）高耐磨性；

（3）足够的韧性与疲劳抗力；

（4）热处理变形小。

由于模具是在高硬度、高强度、高耐磨性及足够韧性的状态下使用，所以要求模具钢的冶金质量高，应尽量减少钢中气体含量、非金属夹杂物和有害元素（硫、磷等）含量；同时，为了保证钢材具有良好的性能，还要经过正确的热加工（锻、轧），以改变断面形状，改变铸态组织和性质，然后经切削加工而制成一定形状的模具再进行最终热处理（正火、淬火及回火），这样才能得到模具所要求的使用性能。因此，模具钢的工艺性能对模具制造同样十分重要。

（1）加工性。加工性是指锻、轧等热加工性能以及切削、研磨等形式的冷加工性能，它们与钢的化学成分、冶金质量、组织状态及硫、磷含量等有关。模具钢大部分含有多种合金元素，尤其是高碳、高合金钢，在进行热加工时要严格控制加热温度及冷却方式，以避免或减少热加工废品；而在冷加工之前，应改善组织状态，以减少在冷加工过程中刀具的磨损，并提高模具的表面质量。

（2）热处理变形和淬火温度。制成的模具，进行最终热处理时要求模具的尺寸与形状变化越小越好。因此，在热处理时对模具所产生的变形程度要求很严；同时，要求淬火温度范围足够宽，以减少出现过热现象。

(3) 淬硬性和淬透性。模具钢对这两种性能的要求，根据不同模具的使用条件各有侧重。例如，对于要求表面具有高硬度的冲裁模具和拉深模具用钢，淬硬性显得较为重要；对于要求整个截面具有均匀一致性能的热作模具和塑料模具钢，则淬透性显得更为重要。

(4) 脱碳敏感性。模具表面发生脱碳，会使模具表面层的性能降低。因此，要求模具钢的脱碳敏感性越低越好。在相同的加热条件下，钢的脱碳敏感性主要决定于钢的化学成分，特别是碳含量。

(5) 表面抛光性能。塑料模具型腔表面质量要求高，可采用机械、电和化学等抛光方式提高表面加工性能。

8.1.2　冷作模具钢

8.1.2.1　冷作模具钢种类和特点

冷作模具钢是用于制造金属在冷态下变形的模具，如冷冲模、冷挤压模、拉丝模等。碳素工具钢、低合金钢、Cr12 型钢、高碳中铬型、中碳高韧性型、高速钢均可用作模具钢。最常用的专用冷作模具钢是 Cr12 型钢，其含碳量为 1.45% ~2.30%，含铬量为 11% ~13%。含碳量高是为了淬火后获得高碳马氏体和足够的合金碳化物，保证高硬度和高耐磨性。含铬量高，可大大提高钢的淬透性，一般空冷也能淬硬。此外，含铬量高使钢淬火后存在较多的残余奥氏体，可显著减少淬火变形，同时能增加韧性。因而 Cr12 型钢属于微变形钢。如再加入钼、钒，可进一步提高回火稳定性，细化晶粒。

Cr12 型钢的常用牌号为 Cr12 和 Cr12MoV、Cr6WV，最终热处理是淬火和低温回火，主要用于制造要求高耐磨性、高淬透性和变形量小的高精度、重负荷模具。由于冷作模具钢的性能要求与合金刃具钢基本相近，故尺寸较小或形状不太复杂的模具也可用低合金工具钢制造，如 9SiCr、CrWMn、9Mn2V 等。此外，高速工具钢也可用于制造冷冲模、冷挤压模等。

8.1.2.2　合金元素的作用

现以 Cr12MoV 钢为例，说明合金元素的作用。Cr12MoV 钢的化学成分为：1.45% ~1.70% C，11.00% ~12.50% Cr，0.40% ~0.60% Mo，0.15% ~0.30% V。各元素的作用如下：

(1) 碳。它既要保证能与铬、钼、钒形成足够数量的碳化物，又要有一定的碳量溶于高温奥氏体中，使其获得含碳量过饱和的马氏体，以保证高硬度、高耐磨性和一定的热硬性。

(2) 铬。它是 Cr12MoV 钢的主要元素，铬与碳所形成的 Cr_7C_3 或 $(Cr, Fe)_7C_3$ 合金碳化物具有极高的硬度（约 1820HV），极大地增加钢的耐磨性，以致使 Cr12MoV 成为一种具有独特的高耐磨性的钢。铬在 Cr12MoV 钢中能大大改善钢的淬透性，可使截面厚度不大于 400mm 的模具在油中淬火也能全部淬透，以致使 Cr12MoV 获得高的强度。此外，由于铬使 Cr12MoV 钢在淬火后存在较多的残余奥氏体，因而用 Cr12MoV 钢制成的模具在淬火时可达到微变形。铬还能提高回火稳定性以及产生“二次硬化”现象。

(3) 钼、钒。它们除能改善 Cr12MoV 钢的淬透性和回火稳定性外，还可细化晶粒、改善碳化物不均匀性，从而提高钢的强度和韧性。

8.1.3 冷作模具的热处理工艺

冷作模具热处理主要包括模具预备热处理和模具最终热处理两类。

8.1.3.1 模具的预备热处理

模具预备热处理主要包括正火、退火和调质处理，主要目的是消除毛坯残留组织缺陷，有利后续冷热加工处理，提高使用性能和寿命。

（1）正火。正火的目的是消除碳素工具钢、合金工具钢的残留碳化物网，细化不均匀的片状珠光体。几种冷作模具钢的正火规范见表 8-1。

表 8-1 几种冷作模具钢的正火规范

钢 号	A_{ccm}/℃	正火温度/℃	硬度（HBW）
T7A	770	800 ~ 820	229 ~ 285
T8A	740	800 ~ 820	241 ~ 302
T10A	800	830 ~ 850	255 ~ 321
T12A	820	850 ~ 870	269 ~ 341
Cr2	900	900 ~ 920	302 ~ 388
9CrWMn	900	880 ~ 900	302 ~ 388
CrWMn	940	970 ~ 990	388 ~ 514
9SiCr	870	900 ~ 920	320 ~ 415
9Mn2V	860	860 ~ 880	—
5CrMnMo	760	870 ~ 890	≤227

（2）球化退火。球化退火的目的是获得满意的机械加工性能，并做好淬火前组织准备。球化退火组织对最终热处理后的强韧性、畸变、开裂倾向、耐磨性、断裂韧度有显著的影响。

球化温度以选在 A_{c1} 以上 20 ~ 50℃ 为宜，以保证能加速球化过程和形成均匀的球化体。要避免在退火中温度过低出现残留的厚片状碳化物，温度过高出现新的片状及棱角状碳化物。球化退火的等温温度和保持时间的选择要保证不出现片状或片、球状混合组织，并有合适的球化速度。

（3）去应力退火。去应力退火的目的是消除模具淬火或精加工前的残留应力，或避免高速钢返修淬火时出现的萘状断口。

（4）调质处理。调质处理的目的是获得细珠光体和超细碳化物，消除碳化物网、带，消除加工后的残留应力，改善组织，便于机械加工，防止淬火开裂和减小淬火畸变。

冷作模具钢的调质工艺，可采用在常规加热温度淬火后进行 640 ~ 680℃ 高温回火的工艺。

8.1.3.2 模具的最终热处理

A 淬火工艺

冷作模具钢常用的淬火工艺规范见表 8-2，冷作模具钢常用加热系数见表 8-3。

表 8-2　冷作模具钢常用的淬火工艺规范

钢　号	预　热		加　热		预冷温度/℃	淬火介质	硬度（HRC）
	温度/℃	时间/min	温度/℃	时间系数/min · mm^{-1}			
T7A ~ T12A	400 ~ 500	30 ~ 60	780 ~ 800	0.4 ~ 0.5	740 ~ 760	160 ~ 180℃碱浴	>58
	400 ~ 500	30 ~ 60	810 ~ 830	0.4 ~ 0.5	740 ~ 760	160 ~ 180℃硝盐	
9Mn2V	400 ~ 500	30 ~ 60	790 ~ 810	0.5 ~ 0.6	740 ~ 760	160 ~ 180℃碱浴	>58
						160 ~ 180℃硝盐	
			780 ~ 800	0.5 ~ 0.6	740 ~ 760	260 ~ 280℃硝盐	>48
						冷油或热油	>58
9SiCr	400 ~ 500	30 ~ 60	850 ~ 870	0.5 ~ 0.7	740 ~ 760	油或热油	>58
			860 ~ 880	0.5 ~ 0.6	740 ~ 760	160 ~ 180℃碱浴	
CrWMn 9CrWMn	400 ~ 500	30 ~ 60	820 ~ 830	0.5 ~ 0.6	740 ~ 760	冷油或热油	>58
			820 ~ 840	0.5 ~ 0.6	740 ~ 760	160 ~ 180℃碱浴	
						160 ~ 180℃硝盐	
						280 ~ 320℃硝盐	>48
Cr12	500 ~ 550	30 ~ 60	960 ~ 980	0.25 ~ 0.35	840 ~ 860	冷油、铜板、空气等，260 ~ 320℃硝盐	>60
Cr12Mo1V	500 ~ 550	30 ~ 60	1020 ~ 1050	0.25 ~ 0.35	840 ~ 860	冷油铜板、空气等	>60
			1100 ~ 1120			260 ~ 320℃硝盐	
4CrW2Si	400 ~ 500	30 ~ 60	860 ~ 900	0.5 ~ 0.6	800 ~ 820	油 20 ~ 40℃	>53
5CrW2Si	400 ~ 500	30 ~ 60	860 ~ 900	0.5 ~ 0.6	800 ~ 820	油 20 ~ 40℃	>55
6CrW2Si	400 ~ 500	30 ~ 60	860 ~ 900	0.5 ~ 0.6	780 ~ 790	油 20 ~ 40℃	>57
W18Cr4V	800 ~ 850	0.3 ~ 0.4	1240 ~ 1250	0.15 ~ 0.20	1050 ~ 1100	冷油、聚合物水溶液	>60
			1000 ~ 1100	0.25 ~ 0.35	—	2-3-5 盐冷油或热油	
W6Mo5Cr4V2	800 ~ 850	0.3 ~ 0.4	1180 ~ 1200	0.15 ~ 0.20	1000 ~ 1050	冷油、聚合物水溶液 2-3-5 盐	>60
			1000 ~ 1050	0.25 ~ 0.35	—	冷油或热油	

注：1. 表中加热时间均以盐浴炉计算。
2. 在空气炉中的加热系数加倍，温度适当提高。
3. 2-3-5 盐为 $w(\mathrm{NaCl})20\% + w(\mathrm{KCl})30\% + w(\mathrm{BaCl_2})50\%$。
4. 预热时间系数是 0.3 ~ 0.5min/mm。

表 8-3　冷作模具钢常用加热系数

钢　种	加热温度/℃	加热系数 *K*/min · mm^{-1}	
		盐浴炉	电阻炉
碳素工具钢	550 ~ 620	1	
	760 ~ 840	0.4 ~ 0.5	1 ~ 1.5
低合金模具钢	550 ~ 620	1	
	820 ~ 950	0.5 ~ 0.6	1 ~ 1.5
中、高合金模具钢	550 ~ 620	1	
	800 ~ 850	0.5	1 ~ 1.5
	950 ~ 1100	0.3 ~ 0.4	0.6 ~ 0.8
	950 ~ 1100（不预热）	—	1 ~ 1.3

模具淬火处理时的脱碳、氧化、内应力及组织不均匀性对磨损、开裂、疲劳强度及抗咬合性能均有显著的影响。对要求耐磨或随后进行电加工的模具，应采用上限的加热温度和保温时间系数；对要求强韧性的模具可采用下限的加热温度和保温时间系数。

B　回火工艺

冷作模具淬火后立即回火，常用冷作模具钢的回火温度和硬度见表 8-4。回火时间根据模具钢种类和尺寸而定，一般碳素工具钢与低合金工具钢为 90 ~ 180min，高合金模具钢为 120 ~ 180min。对于精密的、高合金模具应冷处理，冷处理温度为 -40 ~ -80℃，或 -180℃，冷处理时间为 30 ~ 120min。为减小冷处理的内应力可分级冷却，冷处理后立即回火。

表 8-4　常用冷作模具钢的回火温度与硬度

钢　号	回火温度/℃和硬度 HRC 的关系				
	45 ~ 50	50 ~ 54	54 ~ 58	58 ~ 62	60 ~ 63
T7A	330	250	220	170	150
T8A	350	270	230	190	160
T10A ~ T12A	370	290	250	210	170
9Mn2V	380	300	250	220	150 ~ 180
Cr12	450	290	300	200	150
9SiCr	450	350	320	250	190
5CrW2Si	420	280	250	—	

8.1.4　典型冷作模具的热处理技能训练

8.1.4.1　训练 1　落料凹模的淬火和回火

（1）技术要求。落料凹模形状如图 8-1 所示，材料为 CrWMn，淬火、回火后硬度要求 58 ~ 62HRC。

（2）热处理设备。落料凹模淬火热处理设备选用通保护气箱式电阻炉，回火选用回火炉。

（3）工艺规范。落料凹模淬火、回火工艺规范见图 8-2。

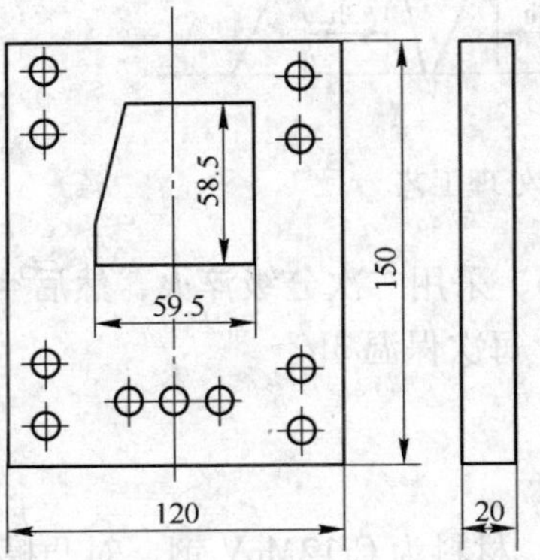

图 8-1　模具简图

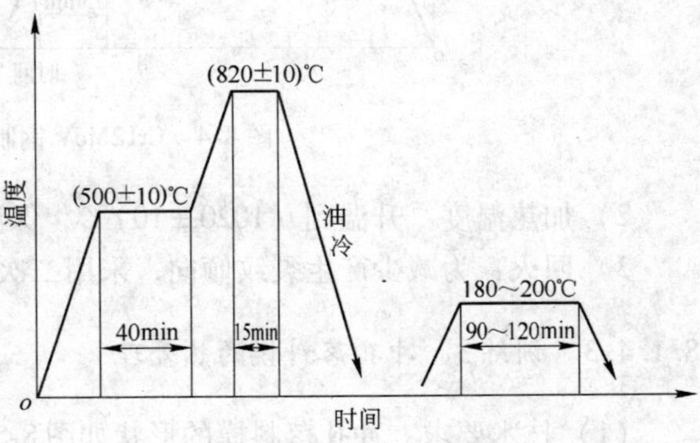

图 8-2　落料凹模淬火、回火工艺

（4）工艺准备及操作。

1）检查热处理设备运行是否正常，测温工作是否准确、灵活，炉膛是否干净。

2）检查零件表面有无裂纹、磕伤、碰伤、划伤。零件与图纸、工艺文件是否相符。模具上的小孔用石棉绳堵死。

3）将零件立装在箱式炉有效加热区内，检查零件与电阻丝无接触后，送电加热。

4）炉温到（500±10）℃时预热保温 40min，升温到（820±10）℃保温 15min 后，出炉在热油中上下运动（窄面入油）、冷却。

5）零件冷却到 100～150℃时立即装入回火炉进行回火。回火温度为 180～200℃，保温 90～120min，出炉空冷。

（5）质量检验。

1）表面质量。检查模具表面无裂纹、无崩瓷。

2）表面硬度。用洛氏硬度计检测模具表面硬度值，要符合技术要求。

8.1.4.2　训练 2　Cr12MoV 钢制冷作模具淬火与回火

（1）技术要求。钢制凹模形状尺寸如图 8-3 所示。材料为 Cr12MoV，硬度为 58～62HRC。

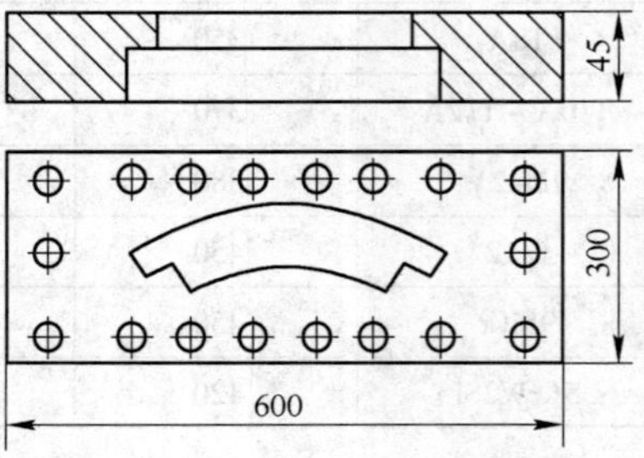

图 8-3　Cr12MoV 钢制凹模形状尺寸

（2）热处理设备。箱式炉或气体渗碳炉中加热。在箱式炉中加热应装箱保护，在气体渗碳炉中加热应滴入煤油或通少量氨气保护。

（3）热处理工艺规范。热处理工艺如图 8-4 所示。

1）预热：（550±20）℃保温 1.5h 的预热，以消除机加工应力，减少加热过程中的热应力。预热可在箱式炉中进行。

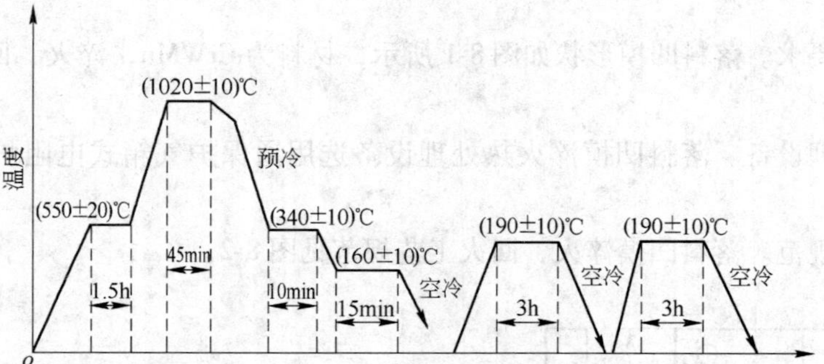

图 8-4　Cr12MoV 钢制凹模热处理工艺

2）加热温度：升温到（1020±10）℃，保温 1.5h，采用二次分级淬火，然后空冷。

3）回火：为减少产生裂纹倾向，采用二次回火，每次保温 3h。

8.1.4.3　训练 3　冲孔落料模的热处理

（1）技术要求：冲孔落料模的形状如图 8-5 所示。材料为 Cr12MoV 钢。对凸模、凹模均要求有高的硬度（58～60HRC）和高的耐磨性以及足够的强度和韧性，并要求淬火时变形微小。

（2）加工工艺路线：下料→锻造→退火→机械加工→淬火、回火→精磨或电火花加工→成品。

（3）热处理工艺：Cr12MoV 钢类似于高速钢，在锻造空冷后会出现淬火马氏体组织，因此锻后应缓冷，以免产生裂纹。

1）退火：850～870℃加热 3～4h，720～750℃等温退火 6～8h，退火后硬度不大于 255HB。

2）淬火：在 800℃ 左右分级 30min，加热到 1000℃保温 30min，油冷到 300℃左右空冷，立即进行回火，加热 250℃、2h，出炉空冷、回火处理。其工艺如图 8-6 所示。

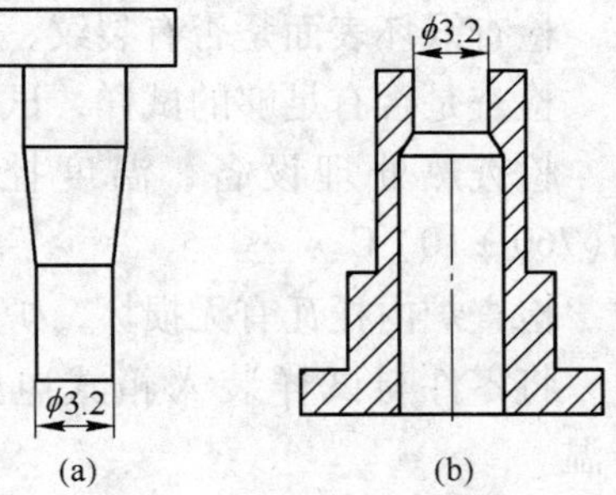

图 8-5　冷作模具冲孔落料模
（a）凸模；（b）凹模

当要求 Cr12MoV 钢有良好的热硬性时，一般可将淬火温度适当提高至 1115～1130℃，但这样会因组织粗化而使钢的强度和韧性有所降低。淬火后，由于组织中存在大量残余奥氏体（>80%）而使硬度仅为 42～50HRC，但在 510～520℃回火时会出现二次硬化现象，使钢的硬度回升至 60～61HRC。

8.1.4.4　训练 4　冷作凹模的热处理

（1）技术要求：冷作凹模如图 8-7 所示。材料为 T8A 淬火和回火处理，刃口硬度应大于 58HRC，其余部分硬度为 50～55HRC。

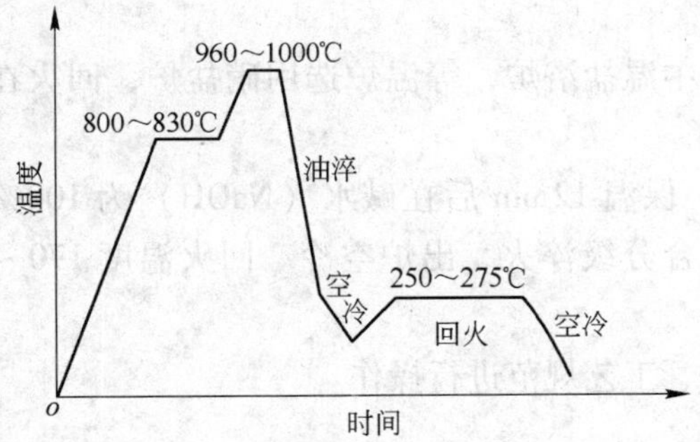

图 8-6　Cr12MoV 钢淬火、回火工艺曲线

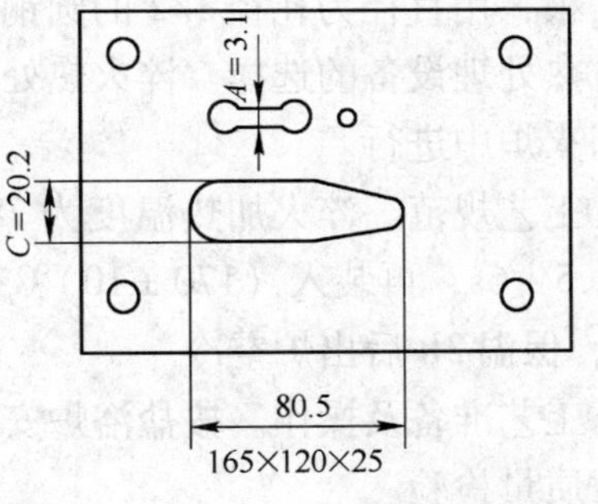

图 8-7　冷作凹模

（2）加工路线：锻坯→等温球化退火→机械加工→淬火、回火→精磨或电火花加工→成品。

（3）热处理工艺：

1）等温球化退火。

①技术要求。退火后的硬度为 179～207HBS，珠光体 2～4 级，碳化物网不大于 2 级。

②热处理设备选用箱式电阻炉。工夹具选用钳子、炉钩子。

③工艺规范制定。加热温度为（760±10）℃，保温1～2h，炉冷至（680±10）℃等温 2～3h 后，随炉冷至 400℃后出炉空冷。

④工艺准备及操作。

检查图样与零件是否相符，技术要求和热处理工艺是否合理。

检查锻坯表面是否有裂纹、烧伤、折叠等缺陷。

检查是否有足够的试样，试样与零件同材料、同炉热处理。

检查热处理设备、温度控制系统是否正常，仪表装上新的记录纸。将温度定为(760±10)℃。

检查炉内托瓦有无损坏，炉膛是否清洁。

将零件与试样装入箱式电阻炉有效加热区内，查看零件与电阻丝无接触后送电升温。

炉温升到（760±10)℃后保温2h，后随炉冷到（680±10)℃，等温3h后，停炉随炉冷至400℃，后出炉空冷。

⑤质量检验。

表面质量——目测零件表面是否有裂纹、烧伤等缺陷。

表面硬度——每炉抽检3件，用砂轮打磨后用手提式布氏硬度计检测退火后的硬度。实测结果为197HBS、205HBS、180HBS，均为合格。

金相组织——试样用金相显微镜按GB 1298和GB 1299评定标准检测珠光体组织、网状碳化物等级。

2）淬火、回火。

①准备工作。

检查零件与图样是否相符，技术要求和工艺是否合理，预先处理是否正确。

检查零件表面有无磕、碰、划伤等缺陷后将模具上的孔用石棉堵死，石棉绳在一个孔中用一根，用直径为孔径1/2的圆钢棒砸紧。

②热处理设备的选择。淬火热处理设备选用中温盐浴炉，等温炉选用硝盐炉，回火在井式回火炉中进行。

③工艺规范。淬火加热温度为780~800℃，保温12min后在碱水（NaOH）为100%中冷却5~6s，再装入（170±10)℃硝盐炉中复合分级淬火，出炉空冷。回火温度170~180℃，保温3h后出炉空冷。

④工艺准备及操作。按盐浴炉安全操作技能、工艺规范进行操作。

⑤质量检验。

检查外观——检查有无裂纹、崩刃、划伤、烧伤等缺陷。

硬度——用洛氏硬度计检测硬度值。

模块8.2 热作模具的热处理

8.2.1 热作模具的工作条件和性能要求

热作模具主要用于加热固态金属或液态金属制品的成形。前者称为热锻模（包括热挤压模)，后者称为压铸模。

热作模具是在高温（400~600℃）下工作，除承受很大的冲击力、拉应力、弯曲力外，还受到炽热金属在模腔中流动而产生的强烈摩擦和炽热金属的加热和冷却的反复作用。热作模具主要失效形式有模具表面产生热疲劳裂纹、变形、断裂、热磨损失效四种形式。因此热作模具钢应具有以下基本性能：

（1）在工作高温下能保持足够的强度、韧性和耐磨性。

（2）较高的热疲劳抗力和导热性。

8.2.2　热作模具钢的种类和特点

热作模具钢主要有 5CrNiMo、5CrMnMo、3Cr2W8V、4Cr5MoSiV、4Cr5W2SiV 等。5CrNiMo、5CrMnMo 为热锻模具钢，3Cr2W8V、4Cr5MoSiV、4Cr5W2SiV 为压铸模具钢。

热作模具钢的含碳量为 0.3% ~0.6%，属于中碳钢，以保证经中温或高温回火后具有足够的强度和韧性。加入的合金元素有铬、锰、镍、硅、钼等，其作用是提高钢的淬透性，强化铁素体基体。镍能提高钢的韧性。铬、硅、钨可提高钢的相变点，避免模具在交替加热和冷却时因组织转变而产生应力，从而提高其热疲劳抗力。钼主要是提高回火稳定性与防止第二类回火脆性。

8.2.3　5CrNiMo、5CrMnMo 热锻模具钢的热处理工艺

8.2.3.1　预备热处理

热锻模经锻造后的预备热处理是退火，目的在于消除铸造内应力，改善切削加工性。退火分为普通退火和等温退火，其工艺曲线如图 8-8 所示。退火后的组织为细片状珠光体与铁素体，硬度为 197 ~241HBS。

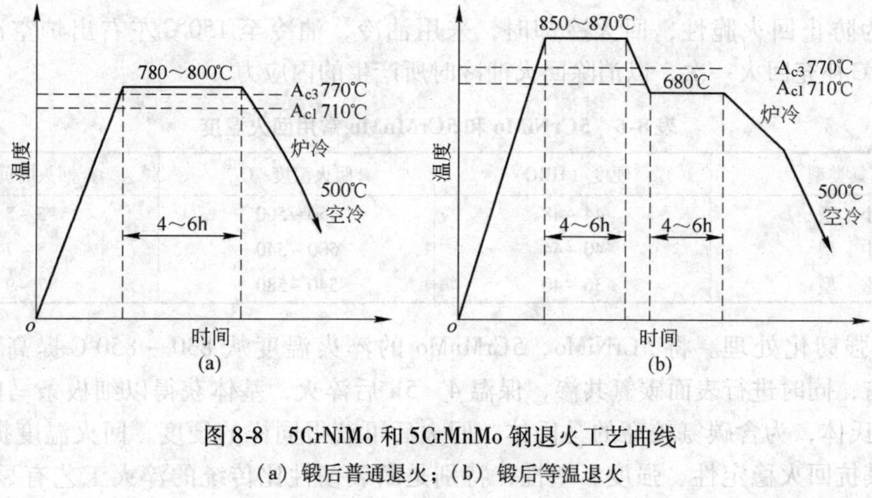

图 8-8　5CrNiMo 和 5CrMnMo 钢退火工艺曲线

（a）锻后普通退火；（b）锻后等温退火

8.2.3.2　最终热处理

热锻模的最终热处理是淬火后中温回火或高温回火。

（1）预热大型模具需在 500℃ 预热一次，或再加一次 720 ~740℃ 预热。预热时间按 0.6min/mm 计算。

（2）淬火加热温度。淬火加热温度和冷却介质见表 8-5。淬火加热温度为 840 ~870℃，

大型模具取上限温度，小尺寸模具取下限温度。890～900℃为高温强韧化淬火加热温度。

表 8-5　淬火加热温度和冷却介质

钢　号	淬火温度/℃	冷却介质
5CrNiMo	830～860 或 890～900	油 20～60
5CrMnMo	820～850 或 890～900	油 20～60

（3）淬火加热时间。加热时间从零件加热到淬火温度后开始计算。箱式炉加热系数为 1.2～1.8min/mm（未经预热）或按 0.9～1.1min/mm（经预热）估算。盐浴炉加热系数按 0.4～0.6min/mm 计算。

（4）淬火冷却方式。冷却方式有油冷、分级和等温淬火。为避免淬火冷却速度大而产生变形和开裂，模具出炉后淬火前应在空气中进行延时冷却至 760～800℃，然后淬入40～70℃的循环油中，冷却至 150～200℃时出油，立即转入回火，不允许冷到室温后再进行回火，否则易开裂。对于小型模具也可进行分级淬火，即预冷后淬火，160～180℃硝盐中，保持一段时间（0.3～0.5min/mm）后取出立即回火。淬火后硬度为 52～58HRC，组织为马氏体＋少量残余奥氏体。

（5）回火。5CrNiMo、5CrMnMo 热锻模经淬火后应立即回火以消除应力、增加韧性，其回火温度根据模具大小确定，回火后组织为回火托氏体或回火索氏体。表 8-6 为 5CrNiMo 和 5CrMnMo 常用回火温度。硝盐浴回火操作要点如下：

1）由于淬火状态下内应力很大，回火时应在 350～400℃装炉并保温（加热按 0.5～0.6min/mm 计算），待均温后再缓慢升温（40～50℃/h）至规定回火温度。

2）回火时间可视锻模有效高度按 1.5～2.0min/mm 计算，但不能少于 3h。

3）为防止回火脆性，回火冷却时，采用油冷，油冷至 150℃左右出炉空冷。再在 180～200℃补充回火一次，以消除回火油冷时所产生的内应力。

表 8-6　5CrNiMo 和 5CrMnMo 常用回火温度

模具类型	硬度（HRC）	回火温度/℃	回火时间/h
小　型	44～48	450～500	3～5
中　型	40～44	500～540	5～7
重　型	36～40	540～580	7～9

（6）强韧化处理。将 5CrNiMo、5CrMnMo 的淬火温度从 830～850℃提高至 890～900℃左右，同时进行表面碳氮共渗，保温 4～5h 后淬火，基体获得以细板条马氏体为主的混合马氏体，为含碳氮较高的马氏体，回火后可获得同样的硬度。回火温度提高 80～100℃，其抗回火稳定性、强度、塑性，特别是断裂韧性比传统的淬火工艺有显著提高，从而延长了锻模寿命。

8.2.4　3Cr2W8V 压铸模具钢热处理工艺

8.2.4.1　预备热处理

虽然 3Cr2W8V 钢含碳不高（0.3%～0.4%，质量分数），但含铬和钨较多，因此其共析点向左移，属于过共析钢。对于要求进行表面氮化的压铸模具，锻后必须进行退火处理、稳定化处理和调质处理。

（1）退火。退火采用不完全退火，以改善组织，降低硬度，便于加工。其退火工艺如图 8-9 所示。退火后的组织为珠光体，退火后硬度为 207～255HBS。

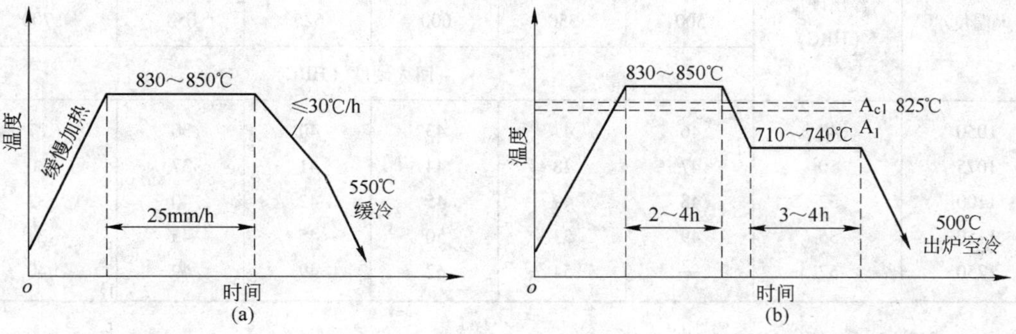

图 8-9 3Cr2W8V 钢退火工艺

（a）普通退火工艺；（b）等温退火工艺

（2）稳定化处理。稳定化处理主要用来消除机加工应力，减少淬火时的变形。稳定化处理工艺如图 8-10 所示。

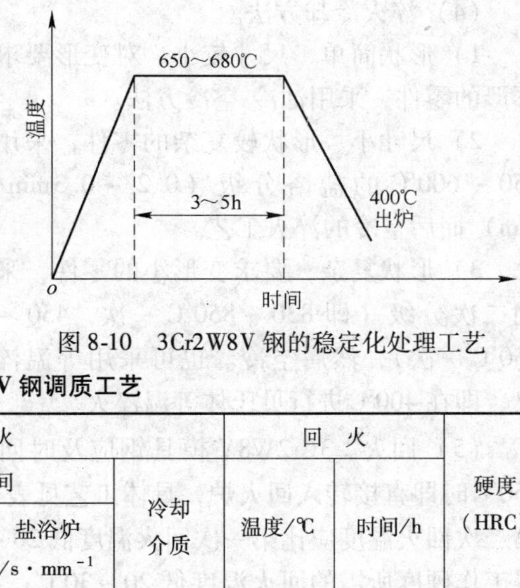

图 8-10 3Cr2W8V 钢的稳定化处理工艺

（3）调质处理。调质处理目的是细化晶粒，改善加工性能，为最终热处理创造条件。需进行调质处理作为预备处理。3Cr2W8V 钢的调质工艺见表 8-7。调质后的组织为均匀粒状珠光体和粒状碳化物。

表 8-7 3Cr2W8V 钢调质工艺

钢 号	预热（箱式炉）		淬 火				回 火		硬度（HRC）
	温度/℃	时间/min	温度/℃	时间 箱式炉/min·mm^{-1}	时间 盐浴炉/s·mm^{-1}	冷却介质	温度/℃	时间/h	
3Cr2W8V	700～800	1.5～2.0	1050～1070	2	12	油	720～740	2～3	26～32

8.2.4.2 最终热处理

3Cr2W8V 钢的最终热处理是淬火 2～3 次高温回火，然后在精加工之后再进行氮化处理。

（1）预热。为减少变形防止开裂，淬火加热前需进行 1～2 次预热。第一次预热温度为 650～680℃，保温时间箱式炉按 1.5～2min/mm 计算。第二次预热温度为 830～850℃，保温时间箱式炉按 1～1.2min/mm 计算，盐浴炉按 18～24s/mm 计算。

（2）淬火加热温度。3Cr2W8V 钢的硬度变化与淬火回火温度的关系如表 8-8 和图 8-11 所示。随着淬火温度提高，淬火后的硬度和相同温度回火后的硬度均相应提高，可以得到高的硬度和耐热性，但不能高过一定范围。生产中一般均采用 1050～1100℃为淬火加热温度，要求热硬性高的则采用 1100 ~ 1150℃淬火加热温度。

表 8-8 3Cr2W8V 钢的硬度变化与淬火回火关系

淬火温度/℃	淬出硬度（HRC）	回火温度/℃					
		500	550	600	625	650	700
		回火硬度（HRC）					
1050	49	46	47	43	40	36	27
1075	50	47	48	44	41	37	30
1100	52	48	49	45	42	40	32
1150	55	49	53	50	45	45	34
1250	57	—	54	52	49	49	40

（3）淬火加热时间。箱式炉按 1 ~ 1.5min/mm 计算，盐浴炉按 0.3 ~ 0.5min/mm 计算。

（4）淬火冷却方法。

1）形状简单、尺寸较小、对变形要求不严的零件，采用油冷-空冷方法。

2）尺寸小、形状较复杂的零件，采用 550 ~ 600℃ 的盐浴分级（0.2 ~ 0.3min/mm）而后空冷的淬火工艺。

3）形状复杂、要求变形小的零件，采用二次分级（即 830 ~ 850℃一次，450 ~ 550℃一次），然后空冷。也可采用等温淬火，即在 400℃进行贝氏体等温淬火。

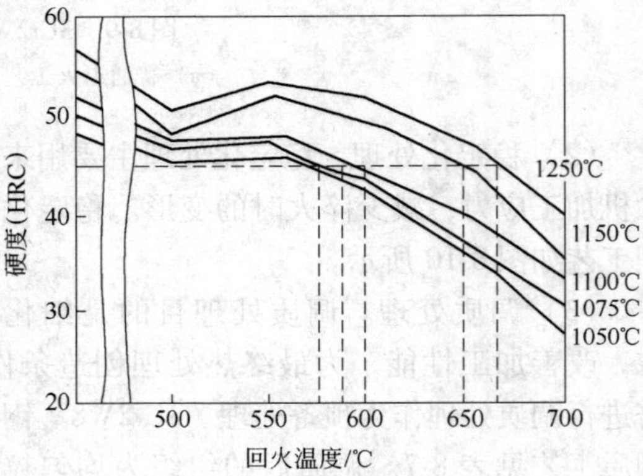

图 8-11 3Cr2W8V 钢硬度变化与淬火回火温度的关系

（5）回火。3Cr2W8V 模具钢应及时回火，淬火冷却时不必冷至室温，在冷至 100 ~ 150℃时即直接转入回火炉，具体工艺见表 8-9。回火宜进行 2 ~ 3 次。如果进行二次回火，第二次回火温度应比第一次回火温度低 20 ~ 30℃。如果进行三次回火，第一次回火应比获得工作硬度所需的回火温度低 20 ~ 30℃；第二次回火应在获得所需硬度的回火温度下进行；第三次回火是为了提高韧性，回火温度应比第二次回火温度低 30 ~ 50℃。

表 8-9 3Cr2W8V 钢的具体回火工艺

钢 号	淬火冷却方式	回火温度/℃	回火时间/h	回火次数	回火硬度（HRC）
3Cr2W8V	油 冷	560 ~ 580	1 ~ 3	2 ~ 3	44 ~ 48
	油 冷	600 ~ 620	1 ~ 3	2 ~ 3	40 ~ 44

（6）氮化。3Cr2W8V 模具钢的氮化处理是在精加工之后进行的。氮化温度在 500 ~ 600℃之间，氮化工艺如图 8-12 所示。氮化后的硬度不小于 650HV，氮化层深度为 0.3 ~ 0.4mm，脆性不大于 2 级。

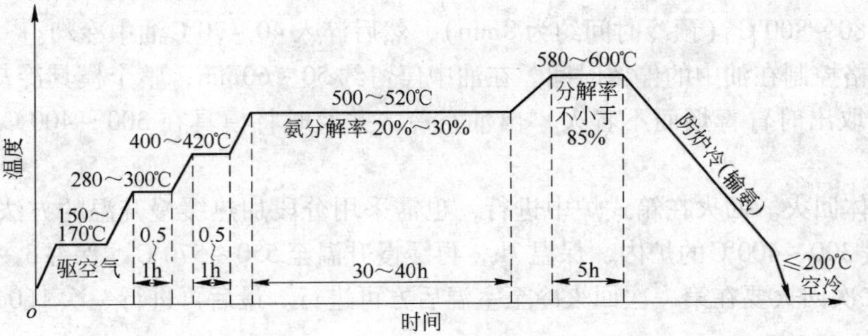

图 8-12　3Cr2W8V 钢压铸模氮化工艺

8.2.5　热作模具钢热处理技能训练

8.2.5.1　训练 1　5CrNiMo 钢制热作模具热处理

(1) 技术要求。转向节热锻模如图 8-13 所示。模具尺寸为 700mm × 675mm × 400mm。锻模模面硬度为 36 ~ 39HRC，燕尾硬度为 28 ~ 33HRC。

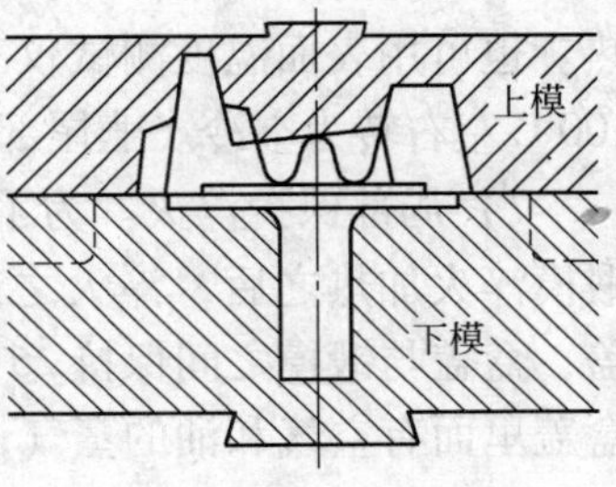

图 8-13　转向节热锻模

(2) 热处理工艺要点。转向节热锻模热处理工艺如图 8-14所示。

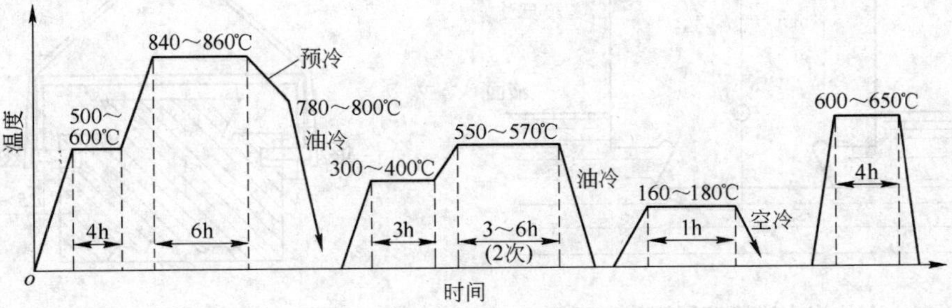

图 8-14　5CrNiMo 钢转向节热锻模热处理工艺

(3) 工艺操作要点。

1) 采用箱式电炉加热。为防止模面和燕尾的氧化脱碳，必须加保护，如图 8-15 所示，即在装炉前将锻模工作面朝下放入铁盘中，盘底上及燕尾槽面周围铺垫一层 30 ~ 45mm 厚的保护剂 (旧渗碳剂或木炭末，加一些焙烧过的铸铁屑)，上面用耐火泥或黄泥密封，圆角处缠上石棉绳。

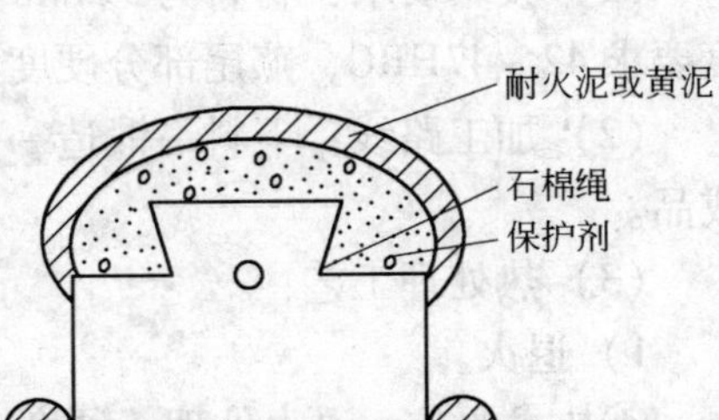

图 8-15　转向节热锻模加热时的保护

2) 分段加热。由于模具尺寸大，5CrNiMo 导热性差，为减少热时产生的热应力，采用分段加热，即加热至 500 ~ 600℃保温后，缓慢升至 840 ~ 860℃，保温 6h。

3）预冷-淬火。锻模加热保温后出炉，先去除铁盘和保护剂，清理模面，在空气中延时冷却至 780 ~ 800℃（预冷时间约为 8min），然后淬入 40 ~ 70℃油中冷却。

4）严格控制在油中的停留时间。在油中停留约 50 ~ 60min，整个模具冷却至 200℃左右，（油中取出时冒青烟而不着火）出油空冷，并及时将模具在 300 ~ 400℃时装炉进行回火。

5）整体回火。回火在箱式炉中进行，也需采用分段加热缓慢升温的方法。将淬火后的锻模装进 300 ~ 400℃的炉内，保温 3h，再缓慢升温至 550 ~ 570℃，保温 3 ~ 6h，回火后油冷。第二次回火要在第一次回火冷至室温后方可进行。最后再进行一次 160 ~ 180℃低温回火。

6）燕尾回火。如图 8-16 所示，将燕尾浸入 600 ~ 650℃盐浴中加热，保温时间用观察模面回火色的方法来控制。回火前先将模面用砂纸打光，当模面颜色呈深蓝色时即停止加热。也可用表面温度测试仪表来控制保温时间，指示温度在 230 ~ 270℃时，出炉油冷至 100℃左右转为空冷。燕尾部分可得到均匀的回火索氏体组织，硬度为 25 ~ 30HRC。

7）局部保护淬火。为了缩短热处理周期，还可采用盒盖保护燕尾淬火的方法，即在锻模淬火加热之后，淬火之前，在燕尾部分盖上一个用 1.5 ~ 2.5mm 厚的钢板焊成的盒盖，盒盖与锻模之间保持 25 ~ 40mm 的间隙，如图 8-17 所示，然后将锻模淬入油中。由于盒盖里面有空气和油的蒸气，使淬火油难以进入，从而减缓了燕尾的冷却速度，燕尾硬度基本可达到技术要求，不必再进行补充回火。

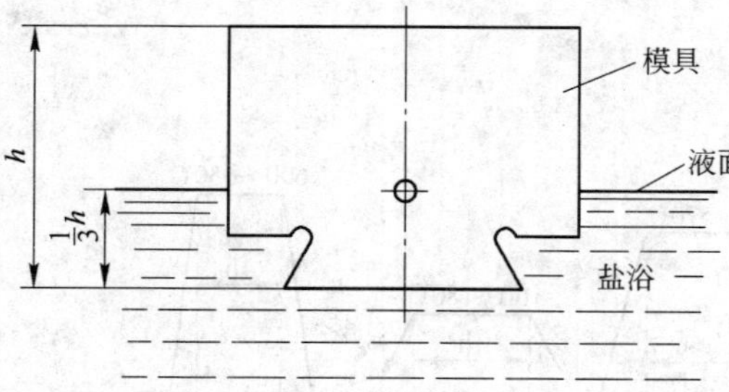

图 8-16　在盐浴中进行燕尾回火示意图

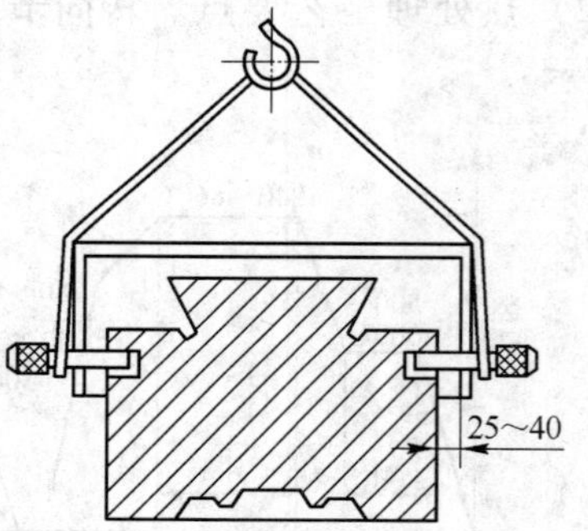

图 8-17　锻模的局部保护淬火

8.2.5.2　训练 2　锻锤模的热处理

（1）技术要求：材料为 5CrMnMo。模块尺寸为 200mm × 200mm × 250mm，工作部分硬度要求 42 ~ 47HRC，燕尾部分硬度为 32 ~ 36HRC。

（2）加工路线：下料→锻造→退火→机械加工→淬火、回火→精磨或电火花加工→成品。

（3）热处理工艺：

1）退火。

①技术要求。退火处理，硬度 197 ~ 241HBS。

②准备工作。检查图样与零件是否相符，技术要求和热处理工艺是否合理。检查零件有无缺陷，加工余量是否足够。

③热处理设备及工夹具选用。热处理设备选 RT2-65-9 台车式电阻炉。工夹具选择专用吊钩和炉钩子。

④热处理工艺规范制定。预热温度为 600 ~ 650℃，预热 6h，随炉升温到 840 ~ 860℃，保温 8 ~ 9h，随炉冷却（以 50℃/h）至 500℃以下出炉空冷。

⑤工艺准备及操作。

检查加热设备、温度控制装置、温度记录系统是否正常运行。

检查炉膛内是否整洁、托瓦有无损坏、砂封槽砂子是否充足、台车运行是否正常。

换上新仪表记录纸，将温度控制指示针定位为 620℃。

将炉门打开，台车开出炉外，在有效加热区内放置好垫零件的耐火砖。

用吊车和专用吊钩将零件吊到耐火砖之上，垫平、垫稳，将台车开进炉内，观察零件与电阻丝无接触后，将炉关好，送电升温，进行预热。

预热 6h 后，炉温定到 850℃，随炉升温，炉温到 850℃后均温一段时间，从炉门观察孔观察零件的表面温度与炉墙温度一样时开始计时，保温 8h 或者从炉温到 850℃时加均温时间 2h，总保温 10h 后停炉，随炉冷至 500℃后出炉空冷。

⑥质量检验。

检查零件外观质量，应无裂纹、烧伤等缺陷，如发现异常现象，应进一步检查低倍金相组织。

用砂轮机打磨零件三点不同位置，按《金属布氏硬度试验方法》(GB 231—1984)，用手提式硬度计检测布氏硬度值，满足 197 ~ 241HBS 为合格。

2）淬火、回火。

①热处理设备的选择。淬火加热设备和回火加热设备均选用箱式电炉。

②淬火、回火工艺规范。淬火加热温度为（850 ± 10)℃，保温 7h，油冷，油温为 50 ~ 80℃，200℃左右出油。回火温度为（480 ± 10)℃ ×6h 后油冷。

③工艺准备及操作。

检查热处理设备运行是否正常，零件与图样是否相符，热处理技术要求和工艺是否合理。

将锤锻模装入加热炉中，撒一些铁屑，防止氧化脱碳。

按工艺规范加热到（850 ± 10)℃，保温 7h 后出炉全部浸入 50 ~ 80℃的热油中冷却 4min，燕尾部分出油进行自回火 4min，再全部入油冷至 180 ~ 200℃，出油立即装回火炉中（480 ± 10)℃回火 6h 后，出炉空冷。

④质量检验。

外观检查——检查有无裂纹、烧伤、脱碳等缺陷。

硬度——检测工作部位和燕尾的硬度值。

8.2.5.3　训练 3　3Cr2W8V 钢制压铸模热处理

(1) 技术要求。铝合金压铸模形状如图 8-18 所示。材料为 3Cr2W8V，模具加工前经过六面锻造及退火处理。硬度为 42 ~ 47HRC，ϕ22 两孔中心距变形量小于 0.02mm。

(2) 热处理工艺要点。铝合金压铸模热处理工艺如图 8-19 所示。

1）两次预热。即先在箱式炉 500 ~ 550℃中预热 1.5h，随后在 850℃盐浴炉中预热 28min。

2）加热后空气中预冷。在 1060 ~ 1080℃盐浴炉中加热 15min 后，出炉预冷至 850℃（预冷时间约 30s）。

3）分级和等温淬火。先在 550 ~ 570℃盐浴中分级 15min，再转入 200 ~ 220℃硝盐炉中等温 2h，然后取出空冷至室温。

4）三次回火。回火在 560 ~ 580℃的盐浴中进行，回火三次，第一次回火保温时间为 2h，第二次回火保温时间为 1.5h，第三次回火保温时间为 1h。每次回火后油冷或空冷。为消除回火冷却时所产生的内应力，最后应在 200 ~ 220℃补充回火 2h。热处理后硬度为 46 ~ 47HRC，变形量小于 0.02mm，符合要求。

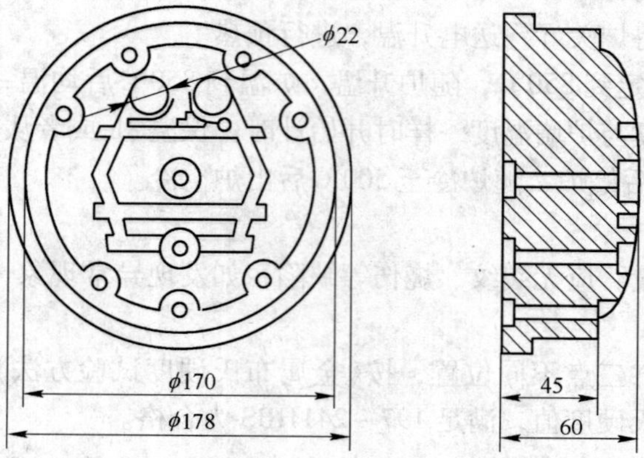

图 8-18　铝合金压铸模形状

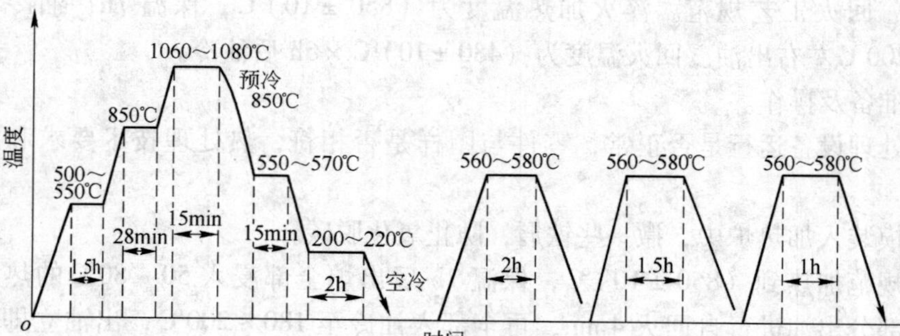

图 8-19　铝合金压铸模热处理工艺

单元9　复杂工件的畸变规律与矫正方法

模块9.1　工件畸变的预防方法

9.1.1　工件畸变的影响因素

9.1.1.1　钢的成分

钢的成分主要是通过对淬透性和 M_s 点的影响而影响工件畸变的。

若钢的淬透性差，需急冷淬火，热应力对变形的影响大。若钢的淬透性好，可选择较缓和的冷却介质，热应力相对较小，且工件更易淬透，因而相变应力和体积效应的作用大，变形以相变应力造成的变形为主。

M_s 点高低对淬火冷却时相变应力的影响为：M_s 点高，相变应力对变形的影响大，因为工件马氏体转变的开始温度较高，仍能处于较好的塑性状态，在相变应力的作用下易变形。反之，M_s 点低，相变应力对变形的影响较小，工件易保留因热应力造成的变形趋势。对于低碳钢，因其淬透性差，以热应力引起的变形为主。中碳钢的 M_s 点较高，且淬透性较好，小尺寸工件变形时，以相变应力为主；随工件尺寸增大，硬化层减小，逐渐过渡为热应力变形。高碳钢的 M_s 点较低，工件以热应力变形为主，而采用油冷淬火的高碳钢则以相变应力变形为主。

合金钢中加入的合金元素基本都具有提高淬透性的作用，M_s 点较低，相变应力较小，同时因淬透性的提高可采用缓冷淬火，工件内应力减小，变形的倾向较小。

9.1.1.2　钢的原始组织

工件淬火前的原始组织、成分、碳化物的形状及分布对变形有很大影响。

工件原始组织的比容越大，淬火前后的比容差越小，相变应力越小。例如，原始组织为球状珠光体，淬火后的比容差比片状珠光体小，变形也较小。

钢中的带状组织及严重偏析会使奥氏体成分的不均匀性增加，进而使淬火组织不均匀，工件变形不均匀。

高合金钢的淬火变形主要受钢中碳化物分布（特别是其方向性）的影响，沿碳化物纤维方向的变形一般要大于沿垂直方向的。

9.1.1.3　工件的截面尺寸及形状

工件的截面尺寸影响淬火后的淬透层深度。截面尺寸越大，淬透层则越小，热应力变形作用大；截面尺寸小，相变应力变形作用大。

若工件形状规则、截面对称、厚薄相差不大，变形也较均匀和规则。若工件截面不对称，淬火时表里冷却不一，各部位冷却不均匀，变形较大。

9.1.1.4 加热温度

淬火温度越高，热应力越大，相变应力也越大，变形倾向大。

加热速度过快，工件温度不均匀，增加内应力，加大变形。

9.1.1.5 冷却介质及冷却方式

缓和的冷却介质引起的淬火变形较小，因而应尽量选用较缓和的淬火介质。

冷却方式对淬火变形的影响在于，M_s点以上的冷却速度降低，可减小热应力引起的变形；M_s点以下的冷却速度降低，可减小相变应力引起的变形。所以，分级淬火、等温淬火及预冷淬火等都能有效地减小淬火变形。

另外，工件淬火前的残余应力，工件在炉内的放置方式，淬火时的入水方式等对工件的淬火变形都有较大影响，须引起重视。

9.1.2 预防工件畸变的方法

工件在热处理过程中会出现多种畸变，影响工件的进一步加工，甚至造成工件报废。除了对畸变进行矫直矫正外，还应注意工件畸变的预防。

9.1.2.1 正确选材

在材料选择时，为防止工件的畸变，对要求淬透的工件，应选用淬透性较好的钢，便于在较缓和的冷却介质中冷却，减少畸变。对于要求表面硬而耐磨的工件，可选用渗碳钢进行淬火、回火处理，或选用表面淬火钢调质后进行表面淬火、回火处理。这样工件表面硬而耐磨，心部仍保持较好的强度和韧性，且工件畸变倾向比全淬透钢小。

原材料的原始组织，如脱碳层、晶粒度、带状、网状、偏析、碳化物颗粒大小和形状及分布、夹杂物等应符合材料的微观要求。材料的宏观缺陷也应小于工件的加工余量。

9.1.2.2 合理的结构设计及技术要求

在设计工件的外形尺寸及内部结构时，应考虑热加工的工艺性能，在满足产品要求的前提下，提出合理的、便于加工的热处理技术要求。

需要锻造时，应考虑材料的锻造性能及随后的预备热处理，消除锻造给热处理带来的影响。需要焊接时，焊缝应远离加热部位，因为热处理后焊缝的畸变倾向较大。

工件设计时应尽量对称、均匀。不要有尺寸突变，厚薄尽量均匀。工件上的孔、槽、凸起或凹陷部分应尽量均匀分布。在直径变化及垂直角处应该采用圆弧过渡以防应力集中。

在能满足产品性能要求的前提下，应尽量采用低限硬度要求，选择表面淬火，减小畸变倾向。根据工件的长度与直径比及外形结构的均匀性，提出合理的畸变要求，如正火或调质件，畸变量小于加工余量的2/3；平板淬火件，翘曲变形不大于加工量的2/3；轴类工件弯曲量不大于直径加工余量的1/2。对于高硬度穿透淬火件，应尽量改为表面淬火，因为全淬硬矫直困难。

9.1.2.3 冷热加工工序的配合

工件产生畸变的主要原因是应力超过材料的屈服强度。各工序间的配合可能使应力增大或减小，因而须做好冷热工序的配合，尽量减小畸变。

在编制冷加工工序流程时，应该考虑到热加工的工艺性。冷加工切削量要均匀分布，加工时进给量要小，以减少加工应力。

对要求畸变小的工件，在粗加工后应增加消除应力工序；对材质差，有带状、网状等微观缺陷的工件，应增加正火或调质工序，以改善材料原始组织；对要求表面淬火或强化的工件，表面淬火或强化前先进行调质处理，以减少组织比容差过大引起的畸变。

工件上的孔、槽应尽量均匀分布，对厚薄相差较大的工件，增加工艺孔，使加热与冷却均匀。冷加工表面，不允许有刀伤、深痕、缺口及尖角，避免应力集中引起畸变。

9.1.2.4 热处理工艺要求

工件在炉内放置的位置要既能使工件均匀受热，又能避免因自重产生畸变。如尺寸相差较大的工件，应窄边平放炉底板上保持竖立加热；轴类工件最好在井式炉内垂直加热；半环状工件可采用内圆弧向下冷却或夹具固定工件冷却的方式使圆弧不增大。

对畸变要求高、冷加工应力较大的细长件或薄壁件，在淬火前应增加应力消除工序，减小因应力叠加而引起的工件畸变。

工件尺寸大或装炉量多时，采用缓慢加热或分段式升温，使工件内外均温。对在盐浴炉中加热的薄片件，适当采用间断加热法，以减小加热时工件晃动产生的畸变。工件加热温度过高，保温时间过长都会使工件畸变的倾向性增加，尽量选择下限加热温度和合理的保温时间。

根据工件的材质选择适当的冷却介质，避免过快的冷却使工件畸变增大；采用适当的冷却方法，如分级、等温淬火及预冷淬火都可减小工件的畸变。对尺寸要求较高的工件，可采用调节残余奥氏体量来调节尺寸畸变，做到少或无畸变淬火。

当工件热处理畸变不可避免时，采用淬火压床、工装夹具进行淬火、回火，减小、矫正工件的畸变。

9.1.3 热应力和相变应力的分布规律及减少畸变的方法

9.1.3.1 热处理内应力的分布

工件热处理时伴随着相变过程，热应力和相变应力总是同时产生。此外，因工件表层和心部的组织转变条件不同，沿截面的组织不均匀等也能形成内应力。因而工件热处理后的残余应力是热应力、相变应力综合作用的体现。残余应力的大小和分布特征受多种因素影响。下面结合钢的连续冷却转变曲线简要介绍淬火时热处理应力的形成和残余应力的分布。

（1）心部未淬透情况下的残余应力分布。图 9-1 是碳含量为 1.3% 的碳钢圆柱试样淬火时热应力变化和残余应力分布图。图 9-1（a）为该钢连续冷却转变图和试样的表面和心部的冷却曲线。由图可知，试样心部并未淬透。淬火初期，因表层和心部的温差产生表层拉伸、心部收缩的热应力，随温差加大热应力增加。当达到 *W* 状态时，心部首先进入珠光体转变区域，心部珠光体相变体积增加，表层的拉应力上升。图 9-1（b）中的 *A* 线表示试样处于完全弹性状态下的表层应力变化，*B*、*C* 线分别为表层和心部实际应力变化曲线。继续冷却时，随着温差减小，热应力减小。表层温度在低于 M_s 点以下发生马氏体相变，体积显著膨胀，表层的压应力急剧增加。因此，试样冷却后得到表层为压应力、心部为拉应力的残余应力分布。

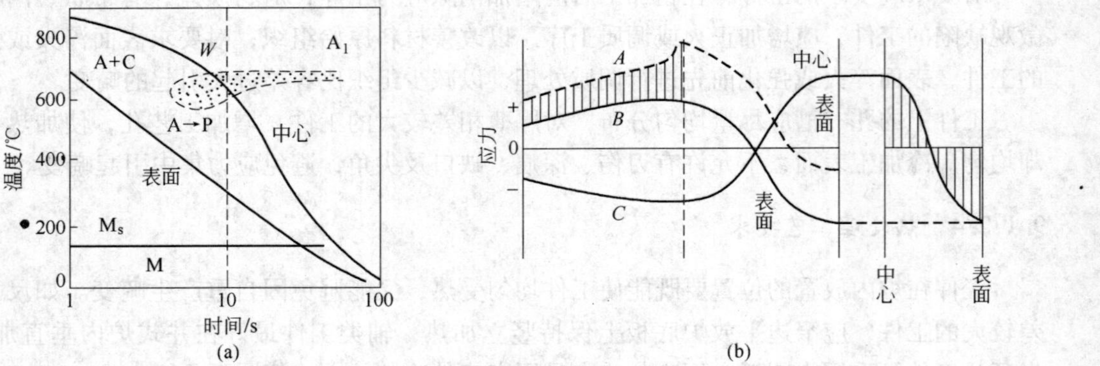

图 9-1　含碳量 1.3% 的碳钢圆柱试样淬火时热应力变化和残余应力分布
（a）试样连续冷却转变和试样表面与心部的冷却曲线；（b）淬火时的热处理应力变化

图 9-2 为碳含量 1.0%、钒含量 0.2% 的钢圆柱试样在 800℃ 水冷淬火后，心部未淬透时的实测残留应力分布。由图可见，心部未淬透的尺寸不同，残留应力大小也不同，但是

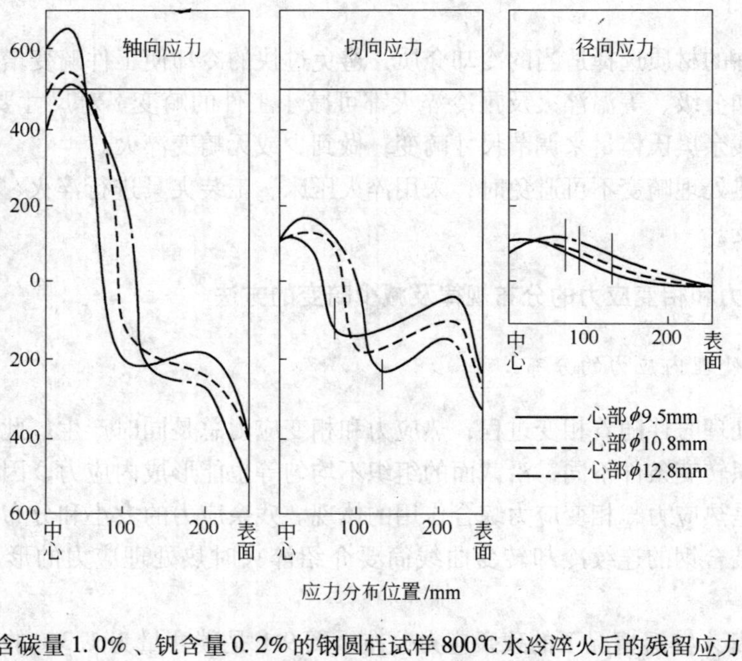

图 9-2　含碳量 1.0%、钒含量 0.2% 的钢圆柱试样 800℃ 水冷淬火后的残留应力分布

在轴向和切向应力的分布均是在表层具有压应力、心部呈现拉应力的残留应力分布。

（2）心部淬透情况下的残留应力分布。图 9-3 为低碳合金钢圆柱试样（ϕ10mm）淬火时热应力变化和残余应力分布。由图可见，试样表层和心部都进行马氏体转变。转变初期，由于表层和心部存在温差而产生热应力。温度降低到 W 后，表层发生马氏体相变，体积膨胀，表层的应力状态也由拉应力迅速向压应力转化。当马氏体相变扩展至心部时，由于心部体积的膨胀，表层的压应力显著减小，内应力发生反向。冷却后得到表层为拉应力、心部为压应力的残留应力分布。

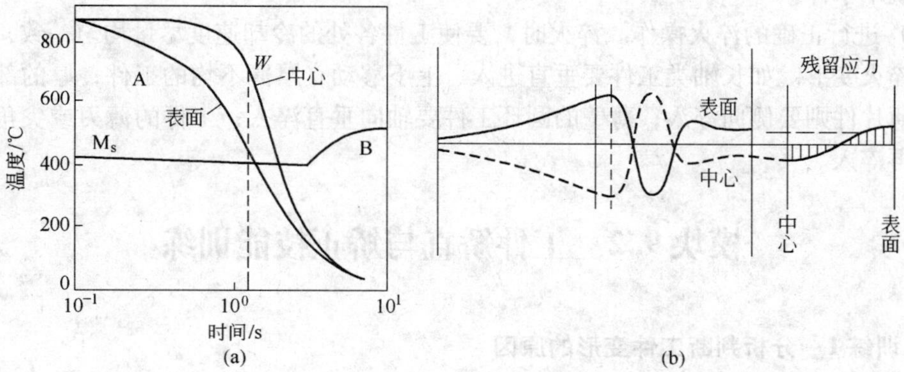

图 9-3 低碳合金钢圆柱试样（ϕ10mm）淬火时热处理应力变化和残留应力分布
（a）淬火时热处理应力变化；（b）残留应力分布情况

上述是两种典型情况下的残余应力分布。在实际中因钢的成分或工件尺寸的不同，一般情况下，淬火钢的心部组织常是马氏体和珠光体或贝氏体混合组织，残余应力分布也在上述两种典型残留应力分布之间。

工件油冷淬火时，表层和心部的温差比水冷淬火时小，产生的热应力及由此引起的高温塑性变形小，因而油冷淬火时相变应力的影响比热应力的影响大。所以，工件油冷淬火时易呈现相变应力的残余应力分布。

工件在分级、等温淬火时的残余应力分布与工件在热浴中停留时心部是否发生组织转变有关。若工件在热浴中停留时心部不发生相变，在随后冷却时进行马氏体相变，获得的是相变应力的残余应力分布；若在恒温时心部发生相变，则获得的是热应力的残留应力分布。

9.1.3.2 减小工件畸变的方法

根据热处理过程中工件热应力和相变应力的分布规律，工件在淬火的加热、保温和冷却阶段，都可能由于内应力而引起变形。可从以下几方面来减小工件的畸变：

（1）选择合理的装炉方式。细长的工件应该垂直放置或吊挂，不可平放，尤其不能悬空平放或斜放，否则随着温度升高、强度降低，工件在自重的作用下发生弯曲变形。形状复杂的工件，可以设计淬火夹具随工件入炉，以减小工件自重的影响。

（2）合理选择加热温度和保温时间。在保证淬硬的前提下，一般尽量选择较低的淬火温度和保温时间，以减小工件的热应力和相变应力。对于一些高碳合金钢，常通过调整淬

火温度来改变其 M_s 点，控制残留奥氏体含量而控制工件变形。

（3）合理地进行加热。对于形状复杂、变形要求高的工件，尤其是高合金钢，如果加热速度过快，温度不均匀，引起的热应力会使工件产生变形。因此，要尽可能做到均匀加热，减少加热时的热应力。对此类工件，一般都应经过预热，或控制加热速度。

（4）选择合理的冷却方式和冷却介质。对于细长件、薄片件，可采用预冷的方式以减小变形；对形状复杂的工件可采用分级淬火或等温淬火，这样既可减小工件的变形，也可减小工件开裂的倾向。另外在保证工件要求的前提下，尽可能采用较缓和的淬火介质。能油淬的就不水淬。

（5）进行正确的淬火操作。淬火时，要使工件各处的冷却速度尽量均匀一致，以减小工件的淬火变形。如长轴类工件要垂直进入、上下移动；厚薄不均的工件，厚的部位要先淬入；薄片件则要侧向淬入；薄壁的圆环工件要轴向垂直淬入；工件的薄刃或尖角处可以先预冷再淬入。

模块 9.2　工件矫直与矫正技能训练

9.2.1　训练1　分析判断工件变形的原因

（1）某厂生产的矩形截面（35mm × 35mm）导轨材料为 GCr15 钢，长度分别为 500mm 和 700mm，预先热处理为调质（25 ~ 32HRC）。经调质后，长度均缩短 0.7 ~ 1mm，即使矫直也无改善，加工余量不能满足要求。试分析工件变形的原因。

加工过程及情况分析如下：该产品的加工工序为“下料→锻造 40mm × 40mm→退火→切削加工→调质”。原材料经锻造、退火后，按《高碳铬轴承钢》(GB/T 18254—2002)判定，球状珠光体 2 级，带状组织、夹杂物、硬度皆合格，可以排除下料后处理的质量问题。调质热处理工艺为井式空气炉淬火、回火，淬火工艺为 850 ~ 860℃ × 40min，淬火介质为 0 号轻柴油，硬度为 63 ~ 65HRC；回火工艺为 620 ~ 640℃ × 2h，硬度为 28HRC。经过校核，炉温是准确的。

对工件加工过程及热处理畸变影响因素的分析可知，切削加工会产生一定内应力，淬火工艺的控制会影响内应力的大小。因而选择同样规格的产品分两组进行试验：一组增加淬火前去应力回火，再按原工艺进行调质，另一组适当降低淬火、回火温度，并将淬火介质改为冷却能力稍弱的 L-AN32 号全损耗系统用油。对两组产品热处理后的测量发现，后一组工件变形量变化不大，长度变化量为 -0.2 ~ 0.2mm，前一组工件变形量出现明显变化，长度缩短 0.5 ~ 0.8mm。

调质前，工件原始组织为球状珠光体，调质后为回火索氏体，回火索氏体的比容大于球状珠光体，工件尺寸应膨胀，但实际工件调质后尺寸缩小，因此工件的畸变主要是内应力引起的。通过增加去应力回火，适当降低淬火、回火温度，减小淬火介质的冷却能力，从不同方面降低工件产生的内应力，工件相应的畸变量也较小。

（2）某厂生产的矩形截面为 25mm × 95mm 的圆弧钢条，内径 250mm，展开角 155°，材质为轴承钢。进行淬火、回火处理，硬度要求为 58 ~ 62HRC，加工余量为 0.5mm，热处理后出现圆弧槽口向外扩大，最大可达 4mm。试分析工件变形的原因，并提出减小变形的方法。

由加工过程情况分析可知，该工件采用整体淬火，为防止工件弯曲、翘曲变形，选择盐浴炉，淬火工艺为 840 ~ 850℃ ×20min，油冷。工件采用垂直吊挂，为防止槽口外张在两端加铅丝固定，如图 9-4（a）所示。淬火后工件硬度为 63 ~ 65HRC，工件弯曲变形（槽口外张）仍有 2 ~ 4mm，工件翘曲变形量为 0.5 ~ 1mm。

工件淬火前经过车削、刨削加工，机加工过程使工件产生一定的内应力。另外，此类不封闭圆弧工件由于自身重量及热处理应力，在工件表面产生了拉应力，当机加工应力与热处理应力的合力超过工件屈服强度时工件产生畸变。因此，消除或减小工件的内应力才能减小工件的畸变。

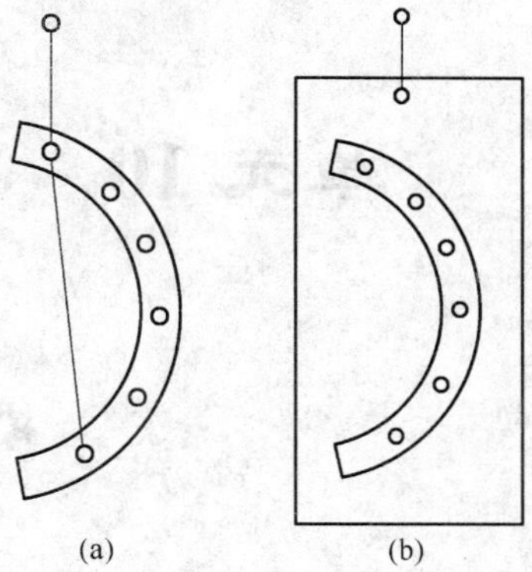

图 9-4　圆弧钢条与淬火夹具示意图
（a）用铅丝固定淬火；
（b）用专用工装固定淬火

根据上述分析，对此工件设计专用工装，增加淬火前的去应力退火处理，并适当降低淬火、回火温度，从而减小了工件产生的内应力，减小工件的变形。

9.2.2　训练 2　采用预热和淬火夹具预防工件变形

根据训练 1 的两个实例分析可知，工件变形主要是工件在机加工及热处理过程中产生的内应力较大，超过工件的屈服强度造成的。因此，采用淬火前预热，专用淬火夹具等方法来减小工件内应力的产生，从而减小工件的变形。以训练 1 中的第 2 个实例为例，预防工件变形可以采用如下措施：

（1）设计专用夹具：使用专用夹具可使工件在热处理过程中减小因自身重量而产生的内应力，如图 9-4（b）所示。根据工件尺寸及原有定位孔位置，将工件用螺栓固定在厚度为 25 ~ 35mm 的耐热钢板上垂直吊挂进行热处理。工件在整个热处理过程中始终固定在耐热钢板上。

（2）调整热处理工艺：通过去应力退火，降低淬火、回火温度，采用热油淬火，降低了工件在热处理过程中产生的内应力。淬火前增加 500 ~ 560℃ ×2h 的去应力退火，消除工件在机加工时产生的内应力；在淬火、回火过程中，将淬火工艺调整为 830 ~ 840℃ ×20min，淬火介质油温在 30 ~ 60℃，淬火后硬度为 60 ~ 62HRC；回火温度从 200℃ 降低为 180℃。

根据上述方法，在经过几批工艺试验后，工件热处理后的畸变量达到规定的要求，圆弧弯曲变形量为 0.3 ~ 0.5mm，翘曲变形量不大于 0.5mm。

单元 10 质量检验与缺陷分析

模块 10.1 质量检验

10.1.1 外观检验

零件热处理后，需对零件的外观质量进行检验，外观检验以目测为主，用肉眼在日光灯或自然光线下进行，检验要求全面、细微。外观检验的内容有：

（1）表面缺陷（有无锈斑、碰伤、剥落、腐蚀、烧伤、裂纹、折叠或管材压扁等）；

（2）目检工件经喷砂、喷丸、抛光、清洗、氧化后的质量；

（3）根据断口进行宏观分析，判断工件是否过热、过烧；

（4）用放大镜观察测量渗碳试棒的渗层深度。

10.1.1.1 目测工件表面缺陷

A 一般性检验

（1）正火、退火件：一般目测检验外观不允许有裂纹、烧伤和严重变形（变形量不得超出工艺文件的规定）。

（2）淬火、回火件：工件淬火前不允许有裂纹、折叠等缺陷；淬火后不允许有裂纹、碰伤、烧伤及腐蚀等表面缺陷。必要时按《钢的低倍组织及缺陷酸蚀检验法》（GB/T 226—1991）进行酸蚀试验。

（3）渗碳、碳氮共渗件：零件不得有裂纹、碰伤，表面不得有锈蚀；必要时按《钢的低倍组织及缺陷酸蚀检验法》（GB/T 226—1991）进行酸蚀试验。

（4）渗氮、氮碳共渗件：外观不得有碰伤、油污、剥落、斑点、烧伤、裂纹和锈蚀。工件的色泽应均匀，钢铁零件渗氮表面应为银灰色或暗灰色，钛及钛合金零件应为金黄色，不可出现严重的氧化色或其他非正常颜色。表面不允许有肉眼可见的疏松。疏松按 GB/T 11354—2005，共分 5 级，一般零件 1 ~ 3 级为合格，重要零件 1 ~ 2 级为合格。

（5）感应加热淬火、回火件：工件处理前表面不应有氧化皮、油污及毛刺等杂物。经热处理后的零件表面应清理干净，不得有裂纹、碰伤、锈迹及烧伤疤痕等缺陷。同炉回火的零件表面色泽应基本均匀。重要或易碎裂的零件需用浸煤油喷砂或磁粉探伤等方法进行裂纹检验。

B 裂纹检验

淬火后的工件有时会产生肉眼难以观察到的裂纹，此时可采用下面的经验方法加以检验：

（1）叩击法：用锤子或铁块轻轻地叩击工件，如工件发出清晰的金属声音，其声音衰减缓慢且尾音悠长，则说明工件未产生裂纹；如工件发出重浊的声音，则说明工件上存在裂纹。较薄或细长的小型工件，应将其吊挂，然后再行敲击，以便能进行准确的判断。此法需要操作者在实践中多加演练，积累相当经验后才能做出准确的判断。

（2）渗透法：将经淬火后的工件浸入煤油中进行仔细清洗，然后将工件取出并用干净的棉纱擦拭工件的表面，待工件表面晾干后用白粉笔末涂在工件表面上，经一段时间后如在白色部位上有油渗出，即在裂纹处有浸润的条纹显现出来，说明工件上有裂纹存在。

10.1.1.2 目检工件经喷砂、喷丸、抛光、氧化、清洗后的质量

喷砂、喷丸、抛光、清洗、氧化都属于热处理后的辅助工序，质量检验往往不被重视，但这往往会造成产品外观质量的不合格。

（1）喷丸、喷砂：对于成品工件必须喷吹干净，不允许有黑斑存在，喷后工件应立即采取防锈措施或上油，以免因长时间放置而生锈。

（2）抛光：抛光时应将要求抛光的表面都抛到，不能有遗漏或局部表面抛光过度而影响工件的尺寸精度。

（3）清洗：清洗后的工件表面不应有油污和杂物，各面均能被水浸润，且呈中性（可用 pH 试纸检验）。

（4）氧化：氧化即发蓝的外观质量检验主要包括氧化膜的色泽、均匀性、致密性、抗蚀性、耐磨性及表面清洗质量等几项。

1）氧化膜的色泽和均匀性：用肉眼观察氧化膜，一般材料应均匀、无斑点及露白、表面呈蓝色或黑色，铸铁、铸钢、含硅合金钢及高合金钢允许略带棕色。

2）氧化膜的致密性：发蓝层脱脂后，放入质量分数为 3% 的中性硫酸铜水溶液浸泡 40 ~ 60s，表面除棱角边缘外，不准有铜的痕迹。

3）氧化膜的抗蚀性：发蓝层除油后，放入体积分数为 0.17% 的硫酸水溶液中浸泡 20 ~ 40s，表面颜色保持不变且无锈迹。

4）氧化膜的耐磨性：通常采用流砂冲击法。具体方法是在发蓝层除油后，以内径为 10mm、长度为 500mm 的玻璃管，垂直悬挂于被测工件上方，工件的被检验面与玻璃管呈 45°角，距离为 30mm。在玻璃管上方装一漏斗，称 100g 粒度为 0.5 ~ 1mm 棱角尖锐的石英砂。砂子由漏斗经玻璃管自由落下，冲击工件的表面，等砂子流完后，轻轻将工件表面擦净，浸泡在质量分数为 0.5% 的中性硫酸铜水溶液中 30s，然后取出用流水冲净，肉眼观察工件受流砂冲击部位应无铜迹出现。

5）清洗质量：工件在发蓝清洗后、皂化浸油之前，在其表面滴体积分数为 10% 的酚酞酒精溶液 1 ~ 2 滴，此时应无粉红色。如溶液呈粉红色则说明清洗不干净。

10.1.1.3 断口宏观分析

用肉眼和放大镜来观察工件的断口是检验产品质量的极为重要的手段之一，通过断口检验可以发现钢材冶炼缺陷和热加工、热处理等工艺存在的问题。因为断口的形貌常能将金属材料组织中很小的差别充分反映出来，从而可将不易发现的缺陷检验出来。通常用肉眼或 100 倍以下放大镜对断口进行宏观分析。

（1）断口试样的制取：试样断口应尽量保持原始形貌，最好拍摄实物相片。断口要用

防锈油保护，要绝对避免断口发生碰撞、摩擦、污染、氧化、受潮、锈蚀等情况。在条件允许情况下，应用冷切或冷锯的方法将断口部分和工件本体分割开来，以便保存或制样，并将断口在工件中的位置记录下来，以备准确分析。

（2）断口检查：钢中各种缺陷在断口上的形态各不相同，现将几种常见的缺陷断口的鉴别方法简述如下：

1）渗碳层深度：最常用的方法是将淬火态的钢材用锤击法一次打断，并将断口磨平，放在体积分数为3%的硝酸酒精溶液中腐蚀30s左右，测定其被腐蚀的黑色层深即为渗碳层深度。

2）结晶状断口：结晶状断口平坦，呈亮灰色，具有强烈的金属光泽和明显的结晶颗粒，说明材料在断裂前未发生显著的塑性变形，属脆性断口，是典型的过热组织。

3）石状断口：石状断口无金属光泽，呈浅灰色，有明显的棱角，类似于碎石状，轻微时只有少数几个，严重时可布满整个断口。它是一种粗晶沿晶间断口。石状断口的出现表明钢材已严重过热，甚至已经产生过烧。此时钢的塑性及韧性已降低，特别是韧性降低尤其明显，钢材一旦出现石状断口就无法挽救。

4）白点断口：白点断口是由于钢中氢与相变应力的作用，在细晶料断口的基底上，有呈银白色圆形或椭圆形斑点，其内壁光亮。白点断口一般产生在合金钢大型锻件上。白点缺陷属于破坏金属连续性的缺陷，具有白点缺陷的钢材断后伸长率很低，断面收缩率和冲击韧性降低更显著，在热处理时往往容易形成淬火裂纹，甚至引起开裂。白点缺陷在钢中是不允许存在的，一经发现应立即报废。

5）萘状断口：萘状断口是断口上有类似萘晶体的颗粒、有亮点的粗晶断口。萘状断口在结构钢和高速钢的断口上均可见到，但它们的形成原因是不同的。结构钢萘状断口是由于钢加热时温度过高或高温保温时间太长，导致晶粒长大而造成的，可通过热处理的方法加以改善和消除；而高速钢萘状断口常常是因为工件多次重复淬火，其间未经退火而造成的，高速钢出现萘状断口，将使其力学性能变坏，工件不能使用，而且不能用一般热处理的方法消除。

6）疲劳断口：疲劳断口的特征是在裂纹周围有很多停歇线分布，构成贝壳状条纹，这是交变载荷造成的。

10.1.2 硬度检验

硬度是金属和合金力学性能的一项重要指标，因此，常作为零件设计中选材及确定工艺过程的主要依据，同时也是鉴定热处理工艺质量的重要指标。根据零件的硬度要求以及测量对象的不同分别使用不同的硬度检测方法。硬度检验时注意以下事项：

（1）所有热处理零件均应根据图样要求和工艺规定进行硬度检验，成批生产的零件应按工艺规定的百分率进行抽检。当图样只注明单一硬度值时，布氏硬度（HBW）为标准硬度范围的平均值，其偏差为±15HBW；洛氏硬度（HRC）与维氏硬度（HV）为标准硬度范围的低限值，例如（48+5）HRC。洛氏硬度分挡HRC：（35+5）、（42+5）、（45+5）、（48+5）、（50+5）、（52+5）、（56+5）、（59+5）、（61+5）、（63+5）。

（2）退火、正火、调质件和非铁金属用布氏硬度检验；淬火件用洛氏硬度检验；渗氮或硬化层薄的零件用维氏硬度计负荷50N或显微硬度计负荷1N检验。例如，尺寸较大的退火、正火和调质件可用手锤式布氏硬度计检验。

(3) 淬火件如用洛氏硬度计无法检验时，也允许用肖氏硬度计或其他便携式硬度计检验，但零件表面粗糙度应尽量接近标准硬度块的粗糙度；用锉刀检验零件表面硬度时，必须注意锉检位置应不影响零件的最后精度。

(4) 硬度检验位置应根据工艺文件或由检验人员确定，零件的淬火部位检验硬度应不少于 1~3 处，各处不少于 3 点并取其平均值。

(5) 检验硬度前，应将零件表面清理干净，去除氧化皮、脱碳层及毛刺等。

(6) 工件表面粗糙度按硬度计试验法有关规定。

10.1.2.1 布氏硬度检测

布氏硬度测定法主要用于测定布氏硬度小于 450HBS 的金属半成品，如退火、正火、调质的钢材、灰铸铁、有色金属等。测试高硬度材料时（布氏硬度 650HBS 以下），虽然压头改为硬质合金球，但由于压痕较小，误差较大，故很少应用。此外，由于布氏硬度试验力较大，也不宜测较薄的金属材料。

A 固定式布氏硬度计的使用

根据《金属布氏硬度试验方法》（GB 231—2002）的规定，固定式布氏硬度计的操作规程如下：

(1) 试验应在 10~35℃温度下进行，对温度有较高要求的试验，应控制在 (23±5)℃之内。

(2) 试样支撑面、压头表面及试台面应清洁。试样应稳固地放置在试台上，保证在试验过程中不发生移动和挠曲。

(3) 应均匀平稳地施加压力，不得有冲击和振动。试验力作用方向应与试验面垂直。

(4) 施加试验力的时间为 2~8s。黑色金属的试验力保持时间为 10~15s；有色金属为(30±2)s，布氏硬度小于 35HBS 时为(60±2)s。

(5) 压痕直径 d 必须在 $0.24 \sim 0.6D$（压头钢球直径）的范围内，否则试验无效。为此，必须针对不同的材料来选择钢球及试验力。

(6) 压痕中心距试样边缘的距离应不小于压痕直径的 2.5 倍，相邻两压痕的中心距离应不小于压痕直径的 4 倍；试样厚度不得小于压入深度的 10 倍。

(7) 为使压痕边缘清晰，测量精确，试样表面粗糙度值 R_a 应不高于 1.6μm。

B 锤击布氏硬度计的使用

锤击布氏硬度计是为测大型工件硬度而设计制造的，使用方便。它是一种作为比较用的测试仪器（不能作为标准的测试仪器）。

使用时左手拿住握持器垂直抵在被测表面，右手用锤子锤击撞销（见图 10-1），则钢球以同样的压力同时压入试件与标准硬度

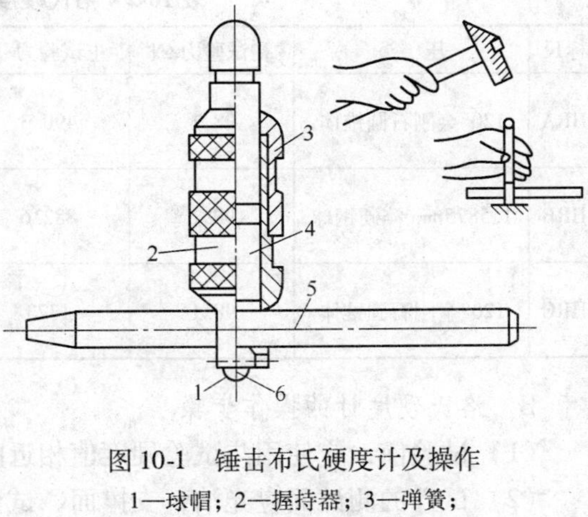

图 10-1 锤击布氏硬度计及操作
1—球帽；2—握持器；3—弹簧；4—撞销；5—标准试块；6—钢球

杆（简称标准杆），在试件与标准硬度杆上各形成一个压痕，根据这一对压痕的数值查仪器中附带的压痕硬度换算表，即可查出布氏硬度值。这种硬度测试方法测试精度较低，误差为 7% ~10%，标准硬度杆的硬度为 202HBS。如果所用标准杆的硬度稍高或略低于 202HBS 时，可从表 10-1 中查出标准杆的 *K* 值，然后乘以实测结果，即为被测工件的真实硬度。

表 10-1 锤击布氏硬度试验用标准硬度杆的 *K* 值

标准杆硬度（HBS）	*K* 值	标准杆硬度（HBS）	*K* 值	标准杆硬度（HBS）	*K* 值
150	0.742	172	0.851	192	0.950
152	0.752	174	0.861	194	0.960
154	0.762	176	0.871	196	0.970
156	0.772	178	0.881	198	0.980
158	0.782	180	0.891	200	0.990
160	0.792	182	0.901	202	1.00
162	0.802	184	0.911	204	1.01
164	0.812	186	0.921	206	1.02
166	0.822	188	0.931	208	1.03
168	0.832	190	0.941	210	1.04
170	0.842				

10.1.2.2 洛氏硬度检验

洛氏硬度检验操作简便、迅速，可直接读数值，能测定各种金属材料的硬度，压痕较小，不会对工件表面造成损伤，应用最为广泛，但不适用于组织粗糙的铸铁等工件的测试。

A 洛氏硬度的测试规范及应用

在洛氏硬度试验中，为了测定不同硬度的材料，需采用不同形式的压头和规定的试验力相配合。生产上常用的是 A、B、C 三级标度的洛氏硬度，分别用符号 HRA、HRB、HRC 表示。洛氏硬度的试验规范和应用见表 10-2。

表 10-2 洛氏硬度的试验规范和应用

标尺	压 头	初试验力/N	主试验力/N	表盘颜色	测量范围	使用范围
HRA	120°金刚石圆锥体	98.1	490.3	黑色	60 ~85	碳化物、硬质合金、浅层表面硬化层
HRB	1.5875mm 淬硬钢球	98.1	882.6	红色	25 ~100	软钢、铜合金、铝合金、灰铸铁
HRC	120°金刚石圆锥体	98.1	1373	黑色	26 ~67	淬火钢、调质钢、渗层表面硬化钢

B 洛氏硬度计的操作步骤

（1）试验前，应使用与试验硬度值相近的二等标准洛氏硬度块对硬度计进行校对。

（2）试件的测试面应光洁，支撑面、试台表面和压头表面应清洁。试件要稳固地放置在试台上，以保证在试验过程中不产生位移和变形。负荷作用力与试件的试验面垂直。

(3) 加初试验力时，即转动手轮使被测表面与压头接触后，缓缓转动手轮使被测工件慢慢上升，顶住压头，使指针指“0”。

(4) 推动主试验力扳手，加上主试验力，2 ~ 8s 内加完主负荷，待指针稳定不动时，扳回主试验力扳手。

(5) 卸除主试验力，指针回到某一指示位置，它所指示的数值即为所测得的洛氏硬度值。

C 洛氏硬度计的操作要点

(1) 每一试件上试验点数应不少于 4 点（第一点不记）。对大批量试样的检验，点数可适当减少。

(2) 由于洛氏硬度压痕很小，它对被测的表面粗糙度值要求较低，一般 R_a 不高于 1.6μm。被测表面与支撑面要平整、光洁，不得带有油脂、氧化皮、毛刺、铁屑等污物。

(3) 洛氏硬度除可在平面上测定外，对曲面或球面也可以进行检测，但必须测试其最高点，使压头受力均匀地压入试件表面。在测定曲率较大的零件曲面时，必须按零件试样的直径，对测量的硬度予以修正。修正值均为正值（可在 GB 230.1—2009 中查找）。

10.1.2.3 维氏硬度检验

维氏硬度检验是一种较为精确的硬度检验方法。在热处理工艺质量的检验中，常用维氏硬度来评定薄淬硬层和化学热处理的薄形零件或小零件的表面硬度以及化学热处理淬火后的有效硬化层深度等。

维氏硬度计的试验力范围为 49.03 ~ 980.7N。测定时用何种试验力比较合适由被测试件的硬度和厚度或热处理层的深度来决定。维氏硬度测试时零件厚度与试验力的选择见表 10-3。

表 10-3 维氏硬度测试时零件厚度与试验力的选择

零件厚度/mm	维氏硬度值（HV）			
	20 ~ 50	50 ~ 100	100 ~ 300	300 ~ 900
	合理的试验力/N			
0.3 ~ 0.5	—	—	—	49.03 ~ 980.6
0.5 ~ 1.0	—	—	49.03 ~ 980.6	196.1 ~ 980.6
1.0 ~ 2.0	49.03 ~ 980.6	245.2 ~ 980.6	196.1 ~ 980.6	—
2.0 ~ 4.0	196.1 ~ 980.6	245.2 ~ 294.2	196.1 ~ 490.3	196.1 ~ 588.4
>4.0	≥196.1	≥294.2	≥490.3	—

维氏硬度用符号 HV 表示，HV 前面为硬度值，HV 后面按数值顺序表示试验力和试验力保持时间（10 ~ 15s，不标注）。维氏硬度测试一般在 10 ~ 35℃ 环境中进行，试样制备过程中应尽量避免受冷、热加工等对试样表面硬度的影响。零件测试表面粗糙度值 R_a 不高于 0.4μm。试验仪器、试样、试验条件均应符合《金属维氏硬度试验方法》（GB 4340.1—2009）的规定。

10.1.2.4 锉刀检验硬度

在没有硬度计的场合或零件的工作面形状（如刀具刃部）无法用硬度计测试时；或整

机装配状态的零件需测试硬度时就必须用锉刀来检验硬度。其检验方法如下：

（1）制成不同硬度的专用标准锉刀，从高硬度到低硬度分成组，标定其硬度，将硬度值打印在锉刀上，以备用来检验不同硬度的零件。

（2）从高硬度开始试锉，当被测工件与某一把锉刀相锉而手感打滑时，此锉刀的硬度则相当于工件的硬度。

（3）试锉工件时，应在不重要的外圆部位，同时应用标准硬度样块进行校正。

10.1.3　变形与开裂检验

10.1.3.1　变形检验

零件经热处理后，由于内应力的作用，不可避免地将产生不同程度的变形。因此，各种零件在不同热处理工序上都应给出允许变形量，经检验后判定是否合格。避免不合格品流入下道工序，不合格的零件应设法校正过来。

A　轴类件的变形检验

轴类零件的变形主要是弯曲变形。测量变形量的通常方法是用平台、塞尺、百分表或振摆检查仪等。

（1）小型轴、销的检查。如图 10-2 所示，测量时把零件清理干净后，放在平台上并进行旋转，用塞尺或百分表测量几个部位以求得最大值。百分表可直接读出数值。

（2）中型轴杆类零件的检查。一般使用振摆检查仪将零件两端的中心孔顶起，用百分表检查径向圆跳动量；测量时，先要把两顶尖孔清理干净，顶尖孔的内锥面不能磕伤；两顶尖的联机应与轴线相重合，这样才能测量准确。为了检查两顶尖孔的联机是否与轴线重合，可用百分表移至紧靠顶尖孔的外圆，测其径向圆跳动应近似为零。

（3）大型轴类零件的弯曲变形检查。一般采用外圆定位法，如图 10-3 所示。在轴的两端，各用两个保持一定距离又能绕自身旋转的滚轮支撑。两滚轮的距离 A 可根据轴径大小来调整。两滚轮与零件的中心联机之间的夹角在 60°～90°之间。

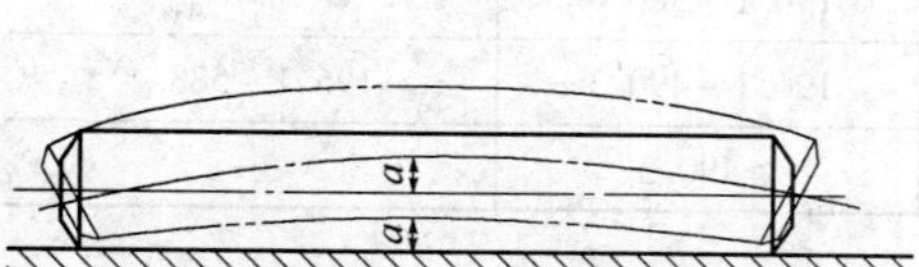

图 10-2　小型轴的弯曲测量示意图

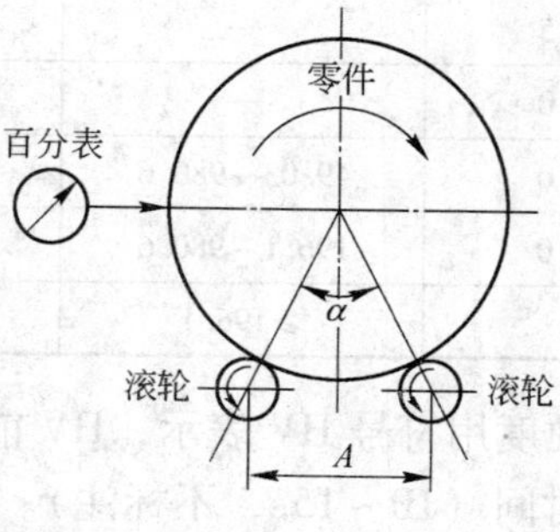

图 10-3　大型轴类零件检查径向圆跳动示意图

检查大轴的偏心，是用滚轮支撑轴外径，用百分表放在顶尖孔的内锥表面上进行测量。

B　孔类件的变形检验

（1）小直径的孔类件（$\phi<10$mm）热处理后常出现胀缩现象，一般用塞规进行检查。

如果要求测量出孔的绝对尺寸，则用小型内径表进行检测。

（2）直径为 10 ~ 200mm 而深度不大的孔类件，热处理后经常出现椭圆度。若要求精度不高，可用精度 0.05mm 或 0.02mm 的卡尺，用内径测量爪进行测量。测量前，先将零件表面清理干净并打光，测量时卡爪的松紧程度要一致，并使测爪与孔的轴线平行，在孔的不同直径方向上测量。尺寸较小的孔在 *x*—*x* 和 *y*—*y* 两垂直方向上测量，尺寸较大的孔在 *x*—*x* 轴每隔 45°测量一次，以测出不同方向的直径尺寸。

直径为 10 ~ 200mm 且深度较大的孔类件，应使用内径百分表测量。测量时不但要在同一个横截面上测量不同的直径方向；同时还要在不同的高度上进行测量，因为深孔件热处理后会发生鼓形或锥形变形（喇叭口）。

（3）直径大于 200mm 的内孔，通常使用千分尺进行测量，精度可达 0.01mm。

C 圆盘类零件的变形检验

圆盘类零件的变形检验方法是用平台、塞尺。将零件清洗干净后放在平台上，以与平台最大的接触面为基准，分别在外圆、内圆不同的径向上测量翘曲值。如果要求测量精度高，则用标准量块和百分表进行测量。其方法是，先用百分表和标准量块测出零件的标准厚度，然后对零件进行各部位的测量。

D 板类零件的变形检验

板类零件热处理后多数产生弯曲、翘曲变形，若截面不对称，还可能发生扭曲。变形检验方法是：先将零件棱边的毛刺打光，放在平台上用塞尺或百分表在不同部位进行测量，应以平台为基准面测量两个平面的翘曲。

10.1.3.2 开裂检验

A 零件开裂检验种类

零件开裂检验的种类有：

（1）冶金、原材料和锻造产生的裂纹缺陷，如气泡、白点、轴心或皮下裂纹等。

（2）淬火裂纹。

（3）磨削裂纹。

B 检验方法

（1）目测法：即用肉眼或低倍(10 ~ 15 倍)放大镜观察侵蚀后的截面。

（2）无损检测：在不破坏零件的前提下，利用物理方法对零件进行检验。

1）超声波探伤法。向试件定向发射频率为 0.5 ~ 25MHz 的超声波，当超声波遇到材料内部缺陷时就会发生声波的反射，透过声强度的减弱现象，根据仪器接收的信号和声波返回时间即可判断和检测缺陷的存在。

2）磁力探伤法。将被测零件置于磁场中磁化，当表面或近表面有缺陷时，缺陷的两端会产生 N-S 磁极而吸附许多喷洒的磁粉，从而显示出缺陷的形貌。这一方法适用于铁磁性材料的表面或表面以下 2mm 以内的缺陷检查。

3）渗透探伤法。将被测零件表面的油脂、锈蚀、氧化皮等清理干净，再用渗透剂涂刷表面（也可浸入或喷涂），在 15 ~ 35℃下保持 5 ~ 30min，然后用水冲洗或用布擦去表面多余的渗透剂，之后再涂敷一层显现剂保持 10 ~ 15min，即可显示出表面的缺陷。

4）浸油喷砂法。在不具备以上检测条件时，对中、小件可采用浸油喷砂法进行检验。

即将被测件浸入柴油或煤油中取出，停留 10 ~ 20min 使油渗入缺陷中，将零件多余的油擦掉，之后再将零件表面用喷砂机喷干净呈银灰色，经过 10 ~ 20min 后，油从缺陷中浸透出来，在银灰色表面便会呈现出缺陷的形貌。

10.1.4　金相检验

金相组织检验是通过光学显微镜检查钢材的奥氏体本质晶粒度、非金属夹杂物、石墨的形态与大小、原材料金相组织、碳化物偏析、球化组织和脱碳层的要求等，以及工件经热处理后的内部组织是否符合金相标准的要求。此外通过金相分析还可判断材料的热处理质量，查明成品或半成品出现废品的原因，以便采取必要的措施予以防止。

金相分析也是故障分析过程中一个不可缺少的手段，是一种常规的分析手段。那些引起故障的主要影响因素，如材料本身缺陷和加工工艺（热处理、表面处理、铸造、焊接等）、加工方法和加工步骤不当造成的材料缺陷，以及使用中操作条件和环境的变化导致的损坏，都能通过金相检验来识别。

金相检验是热处理质量检查、质量分析不可缺少的重要手段。作为一名热处理操作者，应掌握金相组织检验的基本技术，包括金属基本组织的识别分析、金相检验标准的正确运用，并能根据国家和专业标准中金相组织级别图对各钢种在正火、退火、淬火及回火后金相组织是否达到合格级别予以鉴别评定，并进行金相失效分析。

10.1.4.1　金相检验标准

A　正火、退火组织的标准及其识别

（1）碳素结构钢和合金结构钢。这类材料正火或退火后为均匀分布的铁素体和片状渗碳体。其带状组织和魏氏组织（过热组织）的合格级别，应按《钢的显微组织评定法》（GB/T 13229—1991）中金相级别图评定。

由于该评定法中没有规定相应的合格标准，目前工厂的通行做法是带状组织 1 ~ 3 级、魏氏组织 1 ~ 3 级视为合格。

（2）碳素工具钢。碳素工具钢球化退火后的珠光体组织按 GB/T 1298—1986 第一级别图评定，截面不大于 60mm，T7 ~ T9 钢，应为 1 ~ 5 级合格；T10 ~ T13 钢为 2 ~ 4 级合格。

（3）合金工具钢。合金工具钢球化退火后的珠光体组织按 GB/T 1299—2000 的级别图评定，一般工具不大于 5 级合格，螺纹工具则为 2 ~ 4 级合格。

（4）轴承钢。轴承钢球化退火后的珠光体组织按 GB/T 18254—2002 第六级别图评定，2 ~ 4 级为合格。

（5）高速钢。高速钢球化退火后一般为索氏体组织。

（6）铸铁。铸铁退火后其石墨的形状、大小、长度和分布应符合 JB/T 6290—1992 和 GB/T 9441—1988 的规定。

（7）网状组织。钢件截面不大于 60mm 时，网状组织不大于 2 级为合格；截面为 60 ~ 100mm 时，网状组织不大于 3 级为合格。

（8）魏氏组织 1 ~ 3 级可以使用，4 ~ 6 级不能使用。

识别退火后组织出现球化的级别通常是在显微镜下进行。当出现细片状珠光体时，说明退火温度低或加热时间不够，而当球化级别超过6级，出现粗球、粗片珠光体时，则说明退火温度过高。

B　淬火组织的标准及其识别

（1）高速工具钢。高速工具钢淬火后奥氏体晶粒度号按 ZBJ 36003—1987 的第二、六级别图评定，在500倍光学显微镜下观察晶粒度号，按产品品种分别为11.5~9.5号。

识别高速钢奥氏体晶粒度的目的是检查淬火质量。晶粒度等级号数越小则晶粒度越大，淬火温度越高。一般晶粒度在8~7号时，工件就会出现过热，若为6~5号时，则晶粒粗大，甚至过烧。

（2）合金工具钢。合金工具钢淬火后马氏体按 ZBJ 36003—1987 级别图评定，普通淬火后不大于3.5级为合格；高频感应加热淬火后不大于4.0级为合格。

（3）碳素工具钢。碳素工具钢淬火后马氏体按 ZBJ 36003—1987 级别图评定，普通淬火后3~3.5级为合格；高频感应加热淬火后不大于4.5级为合格。

（4）中碳或中碳合金钢。中碳或中碳合金钢淬火后马氏体按 ZBJ 36003—1987 级别图评定，合格级别为1~5级。

识别淬火后马氏体级别，可在500倍光学显微镜下对照马氏体级别图进行评定，其级别越大则马氏体越粗大，说明淬火温度过高，就会出现过热或过烧现象。

C　回火组织检查

一般情况下回火质量是以回火后能否达到工艺文件上要求的技术条件，如回火硬度、回火马氏体组织为标准。对高速钢工件，回火后要做金相检测。识别回火组织可在500倍光学显微镜下对照 ZBJ 36003—1987 级别图来判定回火的充分程度以及过热级别。例如，刀具过热级别按品种及规格不同，分别定为过热不得超过1级或2级。

D　表面层组织检查

（1）渗碳层检查。

1）渗碳层深度：渗碳层碳的质量分数一般为0.8%~1.1%，碳浓度应从表向里平衡过渡。渗碳层深度为成品主要工作面的渗碳层，应达到图样技术要求。具体测定方法应按《钢件渗碳淬火有效硬化层深度的测定和校核》（GB/T 9450—1988）进行。

2）渗碳层显微组织：按 JB 673—1977 检验显微组织，渗碳层的显微组织应主要是细针状马氏体，少量残留奥氏体和数量不多分散的碳化物。按标准图片评级，马氏体和残留奥氏体1~5级合格；对不承受冲击载荷的零件碳化物为1~6级合格，对承受冲击载荷的零件1~5级合格。心部的显微组织应为细致的低碳马氏体，按标准图片评定心部铁素体级别，对模数不大于5mm的齿轮，1~4级合格；模数大于5mm的齿轮，1~5级合格。

（2）渗氮层检查。

1）渗氮层深度：渗氮层深度的计算，在金相显微镜下放大100或200倍，从试样的表面，沿垂直方向测至与基体组织有明显的分界处为止。具体测定方法应按《钢铁零件渗氮层深度和金相组织检验》（GB/T 11354—1989）进行。

2）渗氮层显微组织：渗氮层组织不应有网状氮化物和鱼骨状氮化物，允许有少量脉状组织；渗氮扩散层中，氮化物形状以符合氮化物形态级别图五级标准中的1~3级为合格（按《钢铁零件渗氮层深度和金相组织检验》（GB/T 11354—1989）评定）；渗氮后不再进行磨削加工的零件应检验化合物厚度，一般不大于0.03mm。

3）表面脱碳层检查：经退火、正火及调质处理后的毛坯或工件表面脱碳层深度一般不应超过加工余量的1/3；淬火表面脱碳层按《钢的脱碳层深度测定法》（GB/T 224—1987）进行评定，表面脱碳层深度应小于单面留磨量的1/3。

4）感应加热淬火淬硬层检查：硬化层金相组织的评级，是在放大400倍的显微镜下由零件表面至0.5mm处进行评定。根据JB/T 9204—1999共分10级，其中1～2级过热；3～7级合格；8～10级加热不足。若技术要求下限小于55HRC，在硬度符合要求的条件下，允许有少量铁素体存在。其显微组织分级说明见表10-4。

表10-4 显微组织分级说明

级别	组织特征	晶粒平均面积/mm^2	对应的晶粒度/级
1	粗马氏体	0.06	1
2	较粗马氏体	0.015	3
3	马氏体	0.001	6～7
4	较细马氏体	0.00026	8～9
5	细马氏体	0.00013	9～10
6	微细马氏体	0.0001	10
7	微细马氏体，其含碳量不均匀	0.0001	10
8	微细马氏体，其含碳量不均匀，并有少量极细珠光体（托氏体）+少量铁素体（体积分数：<5%）	0.0001	10
9	微细马氏体+网络状极细珠光体（托氏体）+未溶铁素体（体积分数：<10%）	0.0001	10
10	微细马氏体+网络状极细珠光体（托氏体）+大块状未溶铁素体（体积分数：>10%）	0.0001	10

以上金相检查的判定依据，通常是按工艺规范的要求深度来检测的。识别正常与缺陷组织均在光学显微镜下与有关标准图片对比，或用显微镜附件装置测定。

10.1.4.2 金相检验设备

金相组织检验最常用的设备为光学金相显微镜。其基本组成部分有物镜、目镜、照明系统、滤色片、光栏和显微镜镜架。

（1）物镜。物镜是决定显微镜的分辨率和成像清晰的主要部件。

（2）目镜。目镜的主要作用是将物镜放大的实像再次放大，在明视距离处形成一个清晰的虚像。

（3）照明系统。照明系统能保证金相试样上被观察的整个视场范围内得到强而均匀的照明。

（4）滤色片。滤色片是吸收光源发出的白色光中不需要的波长的光线，而让所需波长的光线透过，以得到一定色彩的光线。

（5）光栏。光栏的作用是改善系统成像质量，决定通过系统的光通量，拦截系统中有害的杂散光等。

（6）显微镜镜架。显微镜镜架上装有物镜转动器、载物台、调焦机构和镜筒。

光学金相显微镜放大倍数最高可达 2000 倍，由灯光照明靠棱镜反射，使光投射到试件的磨面上，经反射进入物镜，经放大成像，通过目镜进行观察或摄像。

在做金相检验之前，对检测的零件金相组织要求有准确了解。检验时，按适用标准规定的测定方法进行操作，作出评定。

10.1.4.3　金相试样的制备

金相检验可以抽验零件，也可以检验同炉同料并具代表性的试样。金相试样的制备步骤如下：

（1）取样。

1）取样前先把零件的外形用画图或用照相的方法记录下来。再选取能代表零件的热处理状态、缺陷的部位，做好标志。

2）切割试样一般用金相砂轮切割机，操作时要向砂轮片上喷水，以防零件切口附近区域受热而使组织发生变化。对于淬火后的零件，应用线切割机床进行切割取样。

（2）磨光。切割取下的试样先用砂轮磨，再用由粗到细的砂纸在互相垂直的两个方向单向进行磨光，当磨光到 04 号砂纸时，即可转入抛光。小型或不规则的零件，可用夹持器或镶嵌机把试样镶起来进行磨光。磨光时应注意不能使试样磨倒角，否则会造成观察错误。

（3）抛光。试样抛光多采用机械抛光，即用呢料或绸料将试样固定在抛光盘上，以 700～1500r/min 的转速旋转，洒以 150～600 目 Cr_2O_3 或 Al_2O_3 + 水的混合液进行抛光。当试样抛光得如镜面一样光亮时即可冲洗干净进行侵蚀。

（4）侵蚀。对不同材料、不同的观察目的，应选用不同的侵蚀剂和侵蚀工艺。常用来显示基体组织的多是体积分数为 4% 的硝酸酒精溶液，侵蚀 3～10s，然后立即冲洗干净，并吹干，即可在显微镜下显示清晰的组织。

10.1.5　化学成分检验

材料热处理时，首先应知道材料的化学成分。测定材料化学成分的方法很多，其中钢的火花检验及光谱分析是钢材成分检验中常用的方法。

10.1.5.1　火花检验

A　火花检验用设备

（1）砂轮：可选用手提式电动砂轮，也可用台式砂轮。功率手提式砂轮为 0.1～0.3kW，台式为 1.0kW；转速 3000r/min；砂轮片为普通氧化铝质，不宜使用碳化硅或白色氧化铝。直径手提式砂轮为 100～150mm，台式砂轮直径为 200～250mm；厚度为 15～20mm；粒度 46～60μm；中等硬度。

（2）标样。备有系列碳钢及典型合金钢标样，作为校核之用。

B　操作规程及检验方法

（1）火花检验的工作场地应明暗适中，不能太亮，也不能太暗。白天应在室内光线不太明亮处，夜晚应在稍暗的灯光下操作。

（2）操作时注意手感，压力要适中，注意手感力要与观察火花结合起来。

（3）观察火花特征，并与标样进行校核，鉴别钢中的含碳量及常见合金元素。

10. 1. 5. 2　光谱分析

光谱分析方法速度快，灵敏度高。生产现场使用手提式小型光谱分析仪（便携式看谱镜）。具体操作步骤如下：

（1）被分析样品（试样）的被分析面先用砂轮或砂纸磨光，不允许有氧化皮或其他污物。

（2）将所用电极准备好，电极材料为纯铁或纯铜，也可用碳钢或纯铜棒制造。

（3）检查看谱镜与电源是否相符（一般使用 110V 或 220V 交流电源）。

（4）将转换开关放在“电弧”位置上，接通电源，按下启动按钮，振动电路上的火花电盘开始放电。如果电盘没有放电，必须转动放电盘旋钮调整放电盘的间隙，直至产生电火花为止。

（5）将看谱镜移至试件上，使固定电极与试件间的距离为 2 ~ 3mm，将转换开关转至“火花”位置，电极与试件间就会产生带有爆裂声的“火花”。

（6）当电弧正常后，转动波长手轮，在目镜中观察光谱，将所需要的谱线引入视场，调整目镜使谱线聚焦清晰。

（7）调整仪器，寻找各元素的特性谱线，并评定谱线强度。在看谱镜上，根据谱线的亮度进行定性和半定量分析。

10. 1. 6　力学性能检验

按图样技术要求或有关规定截取试样，试样应与零件是同批材料、同工艺并同炉处理，在力学性能试验机上检验强度、韧性、塑性和弹性等力学性能指标。

模块 10. 2　热处理缺陷分析

10. 2. 1　淬火、回火缺陷分析及防止、补救措施

10. 2. 1. 1　氧化和脱碳

氧化和脱碳是指钢件加热时，介质中的氧、水和二氧化碳等与钢件表层的铁和碳发生反应后出现的现象。在 570℃以上加热时，钢件所形成的氧化皮由外到内依次为 Fe_2O_3、Fe_3O_4 和 FeO。氧化皮会造成钢件淬火软点、有效尺寸减小，严重时有可能造成零件报废。脱碳严重时，易造成淬火裂纹（脱碳越严重，淬火时零件表层和心部的体积膨胀差别越大）。此外，还可造成淬火件硬度不足，耐磨性和抗疲劳性能下降。

为防止零件氧化脱碳，可采用盐浴炉、控制气氛炉加热，或采用防氧化脱碳措施加以预防。

10. 2. 1. 2　过热和过烧

过热是指钢件进行奥氏体化加热时，若加热温度过高或加热时间过长，便会引起奥氏

体晶粒长大变粗，生成的马氏体也粗大的现象。过热的零件很容易产生淬火裂纹，因为在生成的马氏体中存在大量的微裂纹，这种马氏体裂纹会发展成淬火裂纹。

如果加热温度更高，使钢的奥氏体晶粒进一步粗化并产生晶界氧化或晶界熔化，这种现象称为过烧。产生过烧的零件，其性能急剧降低。

产生过热缺陷的零件，可先进行一次细化组织的正火或退火，然后再按正常工艺规范重新淬火。而产生过烧缺陷的零件因无法挽救而只能报废。

10.2.1.3 软点

零件淬火后，表面硬度偏低的小区域称之为软点。

软点产生原因是：当采用水淬火时，由于零件表面被传热能力很差的蒸汽膜包住而造成冷却缓慢，从而使淬火零件表面产生软点；存在有氧化皮和脱碳的部位也会产生软点。

防止软点的方法有：

（1）零件进行无氧化、无脱碳加热。

（2）当在能产生蒸汽膜的介质中淬火时，应很好地搅动冷却介质。

（3）采用不产生蒸汽膜的有机物水溶性淬火介质。

10.2.1.4 淬火变形

淬火变形是指零件在加热和冷却过程中出现的尺寸变化（如伸长、缩短、变粗或变细等与原来零件呈相似形的变化）和形状变化（如翘曲、弯曲、扭曲等与原来零件呈非相似形的变化）。

（1）尺寸变化的原因分析。在钢的各种组织中马氏体的比容最大，奥氏体的比容最小。淬火时，随着过冷奥氏体转变为马氏体，钢件的体积发生膨胀，这就引起零件尺寸胀大。奥氏体中含碳的质量分数越高，马氏体的膨胀量越大。回火时由于碳化物从马氏体中析出，会产生收缩。当淬火后接着进行深冷处理时，由于残余奥氏体向马氏体转变，会再次出现尺寸胀大。淬火后总有一些过冷奥氏体保留下来，而减少了尺寸的膨胀，但当残余奥氏体量过多时，在室温长时间放置也会产生尺寸胀大。因此，组织转变是导致尺寸变化的根本原因，要完全防止它出现是不可能的。由淬火所引起的尺寸胀大和由回火所引起的尺寸缩小，能在一定程度上彼此抵消，尺寸变化造成的不良后果较小。当对零件尺寸变化要求较高时，可采用等温淬火方法加以防止。

（2）形状变化的原因分析。零件在加热和冷却过程中所产生的热应力和组织应力是导致形状变化的主要原因。在升温阶段，零件上各部分的温度是很不一致的，内外温差导致内外热膨胀差异而产生热应力。加热速度越快或零件尺寸越大、形状越复杂，则各部分温差也越大，零件变形也会相应增加。加热过程中，由于发生组织转变（珠光体转变为奥氏体），会出现体积收缩。如果零件各部分不是同时发生组织转变，而是有先有后，则导致体积收缩不一致而产生组织应力。冷却过程中造成的变形与加热时的情况相似。正是由于热应力和组织应力叠加在一起因而使形状变化复杂。

除此之外，零件的自重、材料内部组织不均匀性和机加工造成的残余应力，也会导致变形。

形状变化是由热应力和组织应力共同造成的，为防止变形应采取如下措施：

1）对于容易变形的零件，如细长轴、薄状零件等，应在淬火前预先进行去应力退火。

2）为减小质量效应和形状效应，加热时应缓慢而均匀，或在奥氏体化加热前先进行预热（可以进行一次或两次）。

3）为防止零件自重变形，装炉时应注意支撑、悬挂或装吊方式。支撑跨度以不超过零件直径3倍为宜。装吊具时应先校正吊具，零件装吊后要有适当的活动余地，切忌用外力做强制性装卡。

4）冷却时正确选择淬火冷却方式，根据钢号、零件形状尺寸、批量和技术要求，可采用等温、分级、热介质、预冷、双介质淬火等冷却方式。

5）截面变化较大的零件，可将某些孔堵死或在某个部位开工艺孔；薄壁部位用石棉包裹，使截面均匀化；在易变形的一侧捆绑零件加强筋或机加工时预留加强筋，淬火后再去除。

10.2.1.5　淬火裂纹

淬火裂纹是零件在淬火冷却过程中产生的裂纹。这种裂纹是零件在进入冷却介质之后，温度降至 M_s 点以下时产生的。这是因为零件从奥氏体化温度急冷时发生收缩，在 M_s 点以下却相反地发生膨胀，这种强制性膨胀就导致了裂纹的产生。常见淬火裂纹如图10-4所示。对于淬火后未出现而在磨削时才出现的裂纹，要区别它究竟是淬火裂纹还是磨削裂纹。磨削裂纹方向总是垂直于磨削方向并呈平行线样式，而淬火裂纹则与磨削方向无关，并呈刀割状开裂。

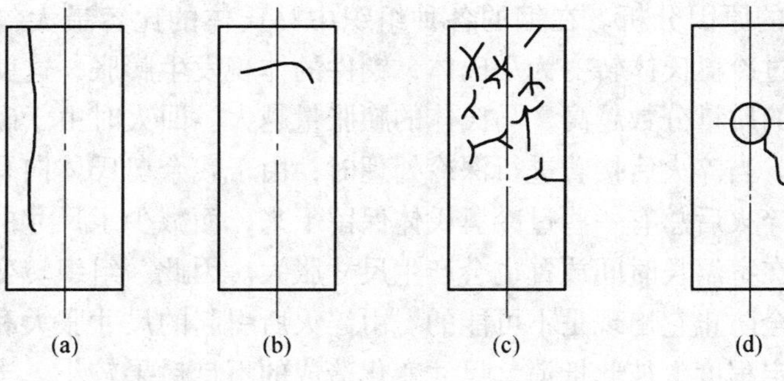

图10-4　常见淬火裂纹

（a）纵向裂纹；（b）横向裂纹；（c）网状裂纹；（d）应力集中裂纹

A　淬火裂纹检查方法

在生产现场需检查零件淬火后有无裂纹存在，可用下面的方法进行检查：

（1）叩击法：用锤子轻轻叩击零件，如发出清晰的金属声，即可认为没有裂纹；如发出浑浊的声音，则说明存在裂纹。小零件可用金属丝吊起来叩击。

（2）渗透法：把零件浸入煤油或汽油中，取出后用棉纱擦净表面油迹，再涂上石灰粉，有裂纹存在时，在涂白的表面上有油渗出，很容易发现裂纹。

（3）比色法：将零件表面清洗干净，用砂纸擦去氧化皮，然后喷上一层黏度较大的红色液体，擦去后再喷白色黏液，当有裂纹存在时，白底上就会出现红色线条。

B　淬火裂纹的形成原因

形成淬火裂纹的原因很多，主要有以下三点：

（1）零件形状。热处理零件形状与淬火裂纹有密切关系。零件上的缺口（如键槽）、尖角、盲孔和粗糙表面，往往是淬火应力容易集中的地方，裂纹也最容易在这些部位出现。因此，应合理设计，尖锐的转角改为圆角；壁厚相差较大的部分不要连成一个整体，可改为组合结构；将盲孔改为通孔；清除表面粗糙刀痕等。

（2）淬火冷却速度。淬火裂纹是否发生，取决于淬火冷却时热应力和组织应力相加之后，在零件表面形成的是拉应力还是压应力。如果是拉应力，就有可能产生裂纹；如果是压应力，则不会产生裂纹。当冷却速度很缓慢或很迅速时，应力相加的结果是在表面形成压应力而不易产生裂纹。当采用不快不慢的冷却速度时，反而会在表面形成拉应力而易产生裂纹。因此，零件淬水而产生裂纹时，应改用冷却较缓的淬火介质或进一步提高冷却速度。

（3）材质钢中的杂质超标，碳化物聚集，有网状、带状碳化物，组织成分偏析不均等都会引起淬火裂纹。凡是需要进行淬火处理的钢，其杂质含量（特别是磷）不可超过规定标准，组织不均匀的钢必须使其均匀化或球状化。

10.2.2　感应加热淬火缺陷及预防措施

（1）淬火裂纹。感应加热淬火时，马氏体转变所产生的体积膨胀作用明显。由于表层的体积膨胀受到心部冷硬材料的制约，心部拉着表面不让它胀大，结果在表面形成残余压应力，而在表层与心部的交界处形成残余拉应力，故感应加热一般不易产生淬火裂纹。但如果零件局部过热，零件上有尖角、键槽和孔等，高频感应加热时这些部位的温度上升极快而过热，会导致淬火开裂。产生淬火裂纹的另一个原因是冷却不当。如果冷却过于缓慢，以致表层冷却速度达不到临界淬火速度，则热应力作用显著，结果是在表面形成残余拉应力而容易产生龟裂。预防措施是：对有键槽和孔的零件可用铜塞或钢塞将槽、孔填平后再加热；零件感应加热后必须快冷，尤其是高频感应加热更应注意这一点。

（2）淬火变形。感应加热淬火是表面淬火，变形一般不明显。但是，当轴类或长条形零件加热层厚度不均（零件有凸出部位）时，则会产生翘曲或快冷一侧外凸等变形。预防措施是：轴类零件加热时应不停地转动，以弥补零件表面与感应器间隙不均，使加热层均匀一致；长条形零件应考虑加热层的对称性，在设计感应器时应注意这一点；圆柱齿轮的淬火变形主要是内孔胀缩和齿形变化，在满足淬硬层要求的情况下尽量采用较大的比功率以缩短加热时间；对齿轮进行合理设计，使其壁厚均匀和形状对称，合理安排工艺路线等，都有利于减小齿轮变形。

（3）硬度不足。硬度不足、软点和软带是高频淬火后常出现的缺陷。连续加热淬火形成的软带，呈暗紫色的螺旋形，这是由于喷水孔堵塞或孔的加热温度不够造成的。改变喷水孔的角度和喷水量，调整零件的转动和移动速度，可避免螺旋形软带的形成。亚共析钢加热温度不够时，组织中会有较多量的铁素体残留下来，造成淬火后硬度不足。因此，可以降低零件在连续加热淬火过程中的移动速度，避免因加热温度不够造成硬度不足的缺陷。

10.2.3　渗碳缺陷分析及预防措施

渗碳缺陷主要有渗碳层浓度过高形成块状、网状碳化物；淬火后表面硬度不足；渗碳层深度过厚或过薄；渗碳层浓度和厚度不均匀；零件心部硬度过高或过低；零件表面氧化、脱碳或腐蚀；变形量过大；开裂；等等。

10.2.3.1　*表面层网状、块状碳化物*

（1）产生原因：主要是由于碳浓度过高，气氛与钢件之间存在很大的碳浓度差，造成渗碳过程过分强烈；渗碳后冷却速度太慢，也会使碳化物沿晶界析出而形成网状碳化物。

（2）预防措施：

1）采用碳势控制仪控制碳势，用手动控制调整渗碳剂的滴入量时，应保证渗碳层表面的碳浓度控制在 0.8% ~1.0%（质量分数）范围。

2）适当提高扩散期温度，使表面的高浓度碳向零件深层扩散。

3）在渗碳冷却时，若条件允许，尽可能采取快速冷却，使碳化物来不及析出。

（3）补救方法：

1）对已形成的网状碳化物可在淬火之前先进行高温正火或预先淬火来予以消除。

2）若网状碳化物不甚严重，则可采用适当提高淬火温度或延长淬火加热时间，使碳化物溶入奥氏体中的操作方法。

10.2.3.2　*渗碳层深度、浓度和硬度不足*

（1）产生原因：

1）渗碳气氛的碳势较低，渗碳层组织无共析组织。

2）气体渗碳炉内气氛循环流动不均匀。

3）钢中存在较多量的残余奥氏体时，也会造成淬火后硬度不足。

（2）预防措施：

1）保证碳势控制仪正常工作，手动控制状态下应保证炉内气氛的碳浓度不致过低，保证零件表面有足够的共析层。

2）渗碳炉应密封性好，保证炉压稳定，炉内气氛循环通畅无死角。

3）防止装炉量过大、零件间距太小，气氛流通不畅。

4）零件入炉前应清洁无污物。

5）渗碳空冷过程应在有保护气氛的缓冷坑中冷却。

（3）补救方法：

1）发现渗层表面碳浓度过低、渗层浅时，可采用原渗碳温度进行补渗。补渗的时间根据渗碳层深度来决定。

2）加强炉子密封性，调整相关工艺参数，保证炉内气氛的碳浓度、温度及渗碳时间准确无误。

3）零件表面层脱碳超过单面加工余量1/2时，可进行返工处理。

4）合金钢零件可采用增加冷处理来减少残余奥氏体量，以提高硬度。

10.2.3.3　心部硬度过低或过高

（1）产生原因：心部硬度过低是由于淬火温度过低或保温时间过短，心部保留有过多的块状铁素体所致。这种缺陷常出现在低碳合金钢零件中。心部硬度过高是由于合金元素及碳含量过高或淬火温度过高所致。这种缺陷常出现在合金元素含量较高的合金渗碳钢中，如12Cr2Ni4A、18Cr2Ni4WA等零件。

（2）补救方法：心部过低的零件，可提高淬火温度，延长淬火保温时间重新淬火或采用碱浴分级淬火。心部硬度过高的零件，可采用降低淬火加热温度或采用碱浴分级淬火补救。例如，12Cr2Ni4A 钢零件，淬火温度采用（830±10）℃，碱浴分级淬火温度为（320±20）℃，在碱浴中停留5～8min，然后转入油中冷却。

10.2.3.4　零件变形过大或开裂

（1）产生原因：

1）零件形状复杂，各部位厚薄悬殊。

2）渗碳或淬火时，零件放置位置不当。

3）某些钢（如20CrMnMo）渗碳后空冷表面易形成托氏体，内层有一部分马氏体造成表面拉应力而发生开裂。

（2）预防措施：

1）严格控制渗碳工艺参数，不采用过高温度渗碳，渗碳气氛浓度也不要过高。

2）合理装夹入炉，尽量采用渗碳后直接淬火。

3）盘类及薄壁孔零件，尽量采用淬火压床进行淬火。

4）对渗碳后空冷易形成托氏体的零件，应在渗碳后炉冷至650℃以下完成共析转变后再空冷。

10.2.4　渗氮缺陷分析及预防措施

10.2.4.1　硬度过低或渗层过浅

（1）产生原因：

1）氮化保温时间过短。

2）氮化温度过高或过低。

3）氨分解率过高。

（2）预防及补救措施：

1）检查控温仪表，保证温度不过高或过低。

2）严格控制氨气流量及分解率。

3）零件入炉前严格清洗，保证表面无油污。

4）渗氮罐及工夹具定期进行退氮处理。

5）渗层过浅或硬度过低可返工处理，但补充氮化应在较低的温度下进行。

10.2.4.2　氮化层厚度不均和氮化表面有软点

（1）产生原因：

1）氮化工艺不当，如氮化温度和氨分解率过高。

2）加热设备的温差太大。

3）零件表面没清理干净，有油污。

4）氮化炉内气氛循环流动不通畅。

（2）补救措施：可采用补充氮化进行补救。

10.2.4.3　氮化层脆性大且出现网状、针状氮化物或裂纹

（1）产生原因：

1）零件氮化表面粗糙。

2）预备热处理时脱碳层未加工掉。

3）氨气分解率过低。

4）氨液的含水量太大。

5）预备热处理不当。

（2）预防措施：

1）供氨系统设立有效的干燥装置。

2）按工艺要求控制好氨分解率。

3）零件入炉前表面无脱碳层。

4）对易产生渗氮脆性的零件，在渗氮后可在原氮化温度下进行退氮处理，即 560℃，70% 氨分解率（体积分数）保温 2 ~4h。

5）正确进行预备热处理，并选用恰当的氮化温度。

10.2.4.4　零件变形

（1）产生原因：

1）氮化前零件存在较大的加工应力。

2）零件形状复杂，厚薄悬殊。

3）氮化工艺不当，如加热与冷却速度过大，温度过高。

（2）预防措施：

1）氮化前进行补充高温回火，消除机械加工应力。

2）氮化时缓慢加热和冷却。

3）采用较低温度的一段氮化法。

4）改进零件设计，避免厚薄差距过大。

5）对于薄的片状零件，氮化后已产生翘曲变形的，可装在压板下加热进行夹紧矫正，加热温度稍高于氮化温度，保持 2 ~5h。为防止零件在夹具夹紧时产生裂纹，应分次加热，逐次压紧。

10.2.4.5　零件表面出现氧化色、金属本色

（1）产生原因：

1）炉气压力出现负压，有空气进入炉膛。

2）氨气中含水或氨气管内有积水带入炉膛。

3）零件入炉前未清理干净。

4）炉内气氛流动不畅。

（2）预防措施：

1）用 U 形压力计检查炉气压力，防止出现负压。

2）冷却时继续通氨保持正压，至 150℃以下出炉。

3）定期更新干燥剂，防止供氨气管内积水，并吸收氨气中的水分。

4）零件入炉前清理干净，必要时进行预氧化处理。

5）按工艺规定装炉，防止装炉量过多，致使气氛循环不畅。

10.2.5　碳氮共渗缺陷分析及预防措施

碳氮共渗常见的缺陷与渗碳零件基本相同。但在气体碳氮共渗时，由于碳氮浓度偏高或操作不当往往会产生如下两种缺陷。

10.2.5.1　渗层中出现黑色组织

（1）产生原因：黑色组织的产生主要是在碳氮共渗时，钢中合金元素及铁原子被氧化的结果，它一般仅分布于表面深度不大的范围内。不同零件中分布的黑色组织允许深度不同，如汽车齿轮一般允许 0.015～0.03mm。

（2）预防措施：

1）装炉、出炉速度要快，减少加热炉降温，装炉后立即排气，避免前期氧化。

2）适当提高共渗温度，减少前期供氨量。

3）零件入炉前可先进行预氧化处理。

4）尽可能把这层黑色组织磨削加工掉。

10.2.5.2　块状碳氮化合物

（1）产生原因：碳氮共渗时，由于碳氮浓度过高，出现大块碳氮化合物。大块聚集的碳氮化合物使零件在使用中极易发生崩落；大片连续分布的白色碳氮化合物（又称壳状碳氮化合物）是严重的组织缺陷。

（2）预防措施：

1）富化气与氨气供给量的比例配合要恰当，碳氮浓度不能过高。

2）严格控制碳氮共渗温度，碳氮共渗温度选择在 780～850℃之间较为适宜，温度越低，出现白色碳氮化合物的倾向越显著。

模块 10.3　热处理质量检测技能训练

10.3.1　训练 1　用火花鉴别法分辨钢制工件的常用材料牌号

生产中常用的钢制工件其钢材的品种较多，按成分来区分，有亚共析钢、过共析钢；

按所含元素来区分，有碳素钢、合金钢；按用途来区分，有结构钢、工具钢。火花鉴别法作为一种简便、实用的方法广泛应用于钢制工件的材料牌号鉴别中。本训练主要通过常用牌号钢制工件的火花对比，使学生学会使用火花鉴别法分辨这些材料。

10.3.1.1　火花鉴别必备的设备和操作

（1）火花鉴别的设备。火花鉴别的主要设备是砂轮机（有手提式和台式）。常用砂轮机一般要求转速为 2800 ~ 4000r/min，选用的砂轮片为普通氧化铝砂轮，直径 150 ~ 200mm，粒度为 40 ~ 60 号，硬度中软。手提式砂轮机适用于大批量钢材或大型工件的火花鉴别，台式砂轮机适用于小型工件或试块的火花鉴别。

（2）火花鉴别的操作方法。火花鉴别的工作场地不宜太亮，最好在暗处，避免阳光直射影响火花的光色和清晰度。使用手提式砂轮机时，将工件或钢材排列在地面上，手拿砂轮机，打开开关使砂轮平稳旋转，用砂轮圆周接触钢材进行磨削，用力要适宜，并使火花束大致向略高于水平方向发射，以便于对火花全面观察。使用台式砂轮机时，打开开关，待砂轮机启动旋转后，手拿工件或试块与砂轮圆周接触进行磨削，操作时使火花光束与视线有一适当角度（约 60° ~ 80°），以便仔细观察火花束长度和特征。

操作时应注意以下几点：

1）操作者应戴无色平光防护眼镜，以免砂粒飞射入眼内。

2）操作时，站立砂轮一侧，不得面对砂轮站立。

3）用手拿紧工件并轻压砂轮，用力适度。成批挑选材料时，用力一致，不要因用力大小不一而影响判断。

4）判断结论不要草率，初判时为防止可能发生的错觉，可与已知化学成分的标准钢样对照鉴别。火花鉴定钢种的精确度和操作者的熟练程度有关，所以平时要多做对比练习。

5）工件的火花鉴别处应是非工作部位。

（3）火花鉴别的要点。

1）鉴别流线：通常碳钢的流线多是亮白色，合金钢和铸铁是橙色和红色，高速钢的流线接近暗红色；碳钢的流线为直线状，高速钢的流线呈断续状或波纹状；在相同的压力下，含碳量越多，流线越短，高速钢的流线比碳钢的流线短。

2）鉴别节花：随着含碳量增加，节花增多，高速钢一般没有节花。

3）鉴别尾花：不同含碳量、不同的合金元素火花的节花及尾花不同。

10.3.1.2　常用不同牌号钢制工件的火花特性

（1）T8A 钢与 T10 钢。这两种钢材为常用的碳素工具钢，由于二者含碳量相差不大，火花特征的差别也不大，因此在鉴别时应注意细小的区别处。二者的火花及特征见表 10-5。

（2）45 钢、40Cr 钢、42CrMo 钢与 38CrMoAl 钢。这几种钢材虽然分属碳素钢与合金钢，且所含合金元素不尽相同，但由于其含碳量较为接近，因此初学者极易将几种钢材的火花混淆。这几种钢的火花及特征见表 10-6。

表 10-5　T8A 钢与 T10 钢的火花图例及说明

火花图例	图例说明
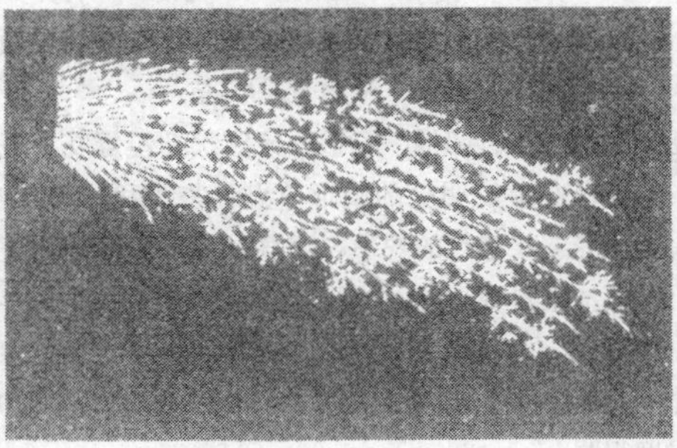	T8A 钢的火花束呈火红色，根部暗红，中部稍明亮，尾部减弱，光度稍明亮，流线多且细密，自根部起逐渐膨胀粗大，流线稍短，尾部平直； 爆花形式为多根分叉三次星形爆花和稍多的多根分叉三次花的微、小型碎花，附生单芒线及花粉繁多，小、中型碎花布于星形爆花近旁，繁茂清晰； 整体呈淡橙红色，花数占总体 4/5 左右，爆花花势较旺盛，层复花三层叠开，爆裂强度极高，核心爆花与较高含锰量的碳钢相比有所收缩，火花灿烂，火花图光度低弱
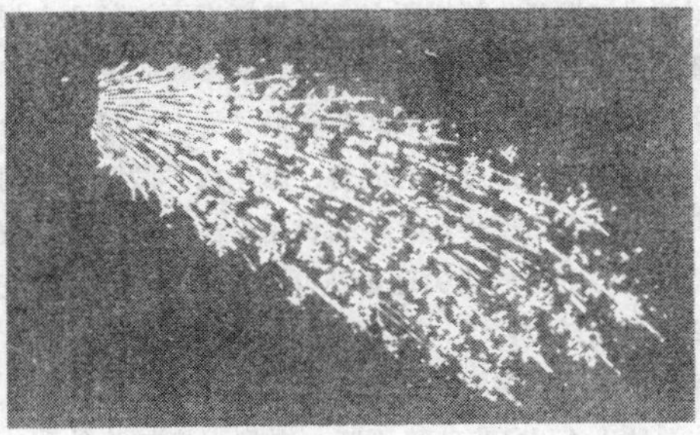	T10 火花束根部色泽暗淡，中部明亮，尾部渐而减弱，光度较 T8A 钢稍暗淡，流线极多而很细密，自根部起逐渐微带膨胀粗大，流线稍短，尾部平直； 爆花形式为多根分叉三次星形爆花和较多的多根分叉三次花的中型碎花，单芒线，花粉繁多密集。整体火花图主要由芒线、花粉、碎花等组成，形态和色泽很美丽，非常繁茂又十分清晰； 整体呈暗橙红色泽，花数约占总体 5/6 以上，爆花花势旺盛，层复花三层叠开，核心爆花压缩，爆裂强度稍弱，火花灿烂，火花图光度不强

表 10-6　四种钢的火花图例及说明

火花图例	图例说明
	45 钢火花束呈较明亮的橙黄色，光度较明亮，流线多而细长，自根部起逐渐膨胀粗大，尾部略带下垂，微隐再生明亮的长形节点已不明显； 爆花形式为四根分叉三次星形爆花，掺杂着三根分叉和五根分叉三次星形爆花，花角较大，附有单芒线，芒线较多稍细长，附生的花粉较多且清晰，有少量的小型碎花，布于星形爆花附近，较 40 钢明显； 整体呈橙红色，花数约占总体 3/5，爆花花势增大，趋于盛开姿态，星形爆花开始扩展呈大星形，爆裂强度较高
	40Cr 钢火花束呈橙黄色，根部稍暗，中部明亮，尾部次之，流线多而细长，形状稍挺直，微下垂成弧状； 爆花形式分为多根分叉二次菊星爆花，掺杂着三次菊星爆花，爆花爆裂非常活泼而正规，花角很大，爆花核心呈稍明亮的圆形节点，爆花爆裂后能附生较多的中小型碎花、花粉及芒线，芒线常呈分叉状态； 整体呈白亮的橙黄色，花数约占总体 1/2，爆花花势增大，呈盛开的姿态，爆裂强度甚高

续表 10-6

火花图例	图例说明
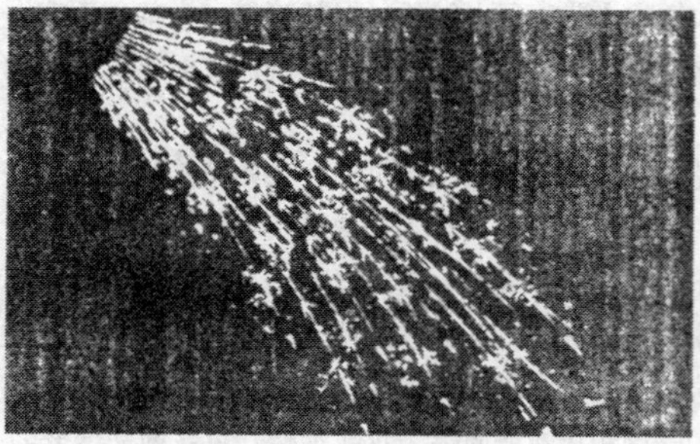	40CrMo 钢火花束呈淡橙黄色，根部带微红，中部非常明亮，尾部呈亮橙色，流线很多而细长，自根部起逐渐膨胀壮大，至尾部收缩明显，微微下垂状态； 爆花形式为三根、四根、五根分叉三次菊星爆花，花角盛大，爆花核心呈较明亮的圆形节点，芒线和花粉很多，时有小型碎花双层爆裂的现象，流线尾部呈现再次明亮的枪尖，多而清晰易见，构成枪尖尾爆花（铬钼碳共存特征）； 整体呈亮橙黄色，花数约占总体 3/5，爆花花势盛开，爆裂强度很强
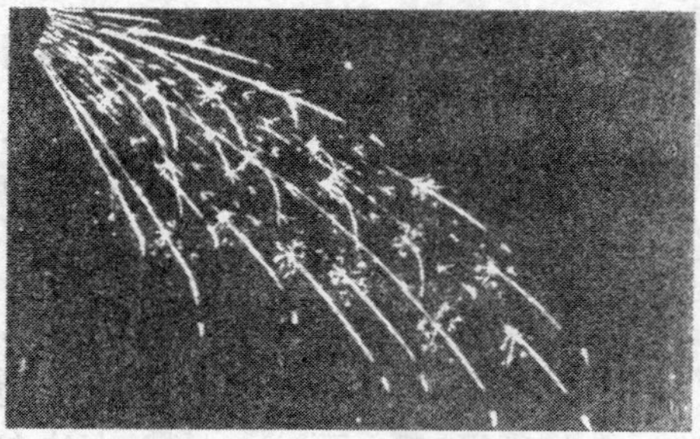	38CrMoAl 钢火花束呈淡红色，根部稍暗，中部比较明亮，尾部呈暗橙色，流线不多，微带挺直而细长，自根部起逐渐膨胀粗大，至尾部收缩明显，微微下垂状态； 受铬铝元素影响，爆花形式为多根分叉二次与三根分叉三次菊星爆花和星形爆花的混合，爆花核心微明，花角不大，附生微量微小型碎花、芒线和花粉。流线尾部呈现再次明亮的枪尖，构成枪尖尾爆花（钼元素特征），爆花趋于压缩，但尚活泼； 整体呈橙黄色，爆花花量受铝元素影响而压缩抑制，花数约占总体 1/4，爆花花势不旺，爆裂强度较为软弱，火花图光度比较强烈

（3）W18Cr4V 钢与 W6Mo5Cr4V2 钢。高速钢与其他钢材的火花虽有明显区别，但不同牌号的高速钢由于受钨元素的影响，其火花的差别不太明显。W18Cr4V 钢和 W6Mo5Cr4V2 钢的火花及特征见表 10-7。

表 10-7　W18Cr4V 钢与 W6Mo5Cr4V2 钢的火花图例及说明

火花图例	图例说明
	W18Cr4V 钢火花束呈赤橙色泽，根部暗红，光度极暗弱，流线较少，稍细长，自根部起逐渐膨胀，呈平直状态，其根部和中部为断续流线，有时呈波浪流线； 受高钨影响，所含铬、钒及较高碳量等元素的特征均被压抑或中和变态，所以几乎无火花爆裂，仅在尾部略有二、三枝狐尾芒线分叉的点状狐尾爆裂，花量无几。它的流线长而量小，色亦较暗，膨胀性小，芒线及尾部呈点状膨胀下垂，形成点状狐尾爆花。由于火花被抑制，显示出很高的含钨量； 整体呈暗褐红色，以细长线条为主体，没有爆花花势，爆裂强度极弱小，手感试件甚硬，火花图光谱亦很低弱

续表 10-7

火花图例	图例说明
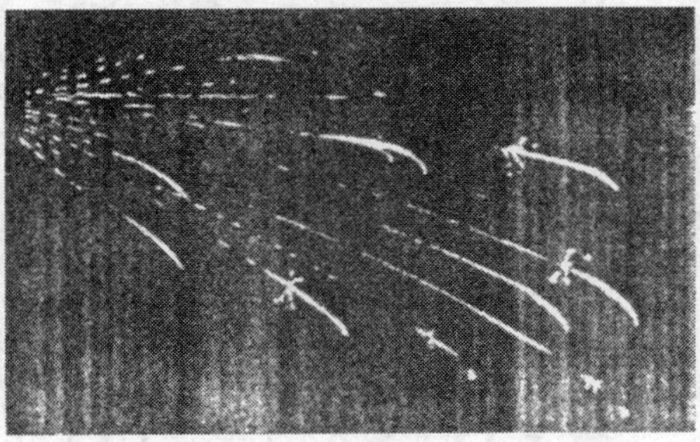	W6Mo5Cr4V2 钢火花束呈朱红色，根部呈褐橙色，光度很暗弱，流线适中，稍多，比较细长，自根部起逐渐粗壮，至尾部突然膨胀，呈狐尾而下垂成半弧形状态，根部、中部以断续流线为主，偶呈波浪流线和穗流线，尾部为狐尾、点状狐尾和麦穗特征； 因受比较高的含钨量、含钼量的影响，钢中所含铬、钒及高碳等元素特征均被压抑或中和变态，几乎无火花爆裂，仅在尾部略有二、三、四枝狐尾芒线分叉的狐尾爆花、穗狐尾爆花和点状狐尾爆花，芒线比较粗长明亮； 整体呈暗橙红色，基础由比较细长的线条所组成，没有爆花花势，爆裂强度很弱小，手感试件甚硬，火花图光度不甚强烈

10.3.2　训练 2　用维氏硬度计检测渗碳层、渗氮层和薄板工件的硬度

（1）取样。首先在需要进行硬度检查的部件进行取样。取样可使用砂轮切割机，操作时要向砂轮片上喷水，以防止工件切口附近区域受热而发生回火或退火，影响硬度检查的结果。对于高硬度的工件，应使用线切割等方法进行取样。

（2）磨光、抛光。取样后，应先用砂轮磨光，再用由粗到细的砂纸在互相垂直的方向单向进行磨光。当磨至 4 号砂纸时，即可转入抛光。对于小型或不规则的工件，可用夹持器或镶嵌机把试样镶起来进行磨光和抛光。磨光和抛光时，应尽可能使试样磨成倒角。

抛光时，大多采用机械式抛光，即用呢料将试样固定在抛光盘上，以 700 ~ 1500r/min 的转速旋转，洒上 Cr_2O_3 或 Al_2O_3 加水的混合液进行抛光。当试样抛光至如镜面时，即可进行维氏硬度检测。

（3）选用负荷。用维氏硬度计检查试件硬度，负荷通常有 100g、200g、1kg、5kg，试验时，可以根据试件渗层的厚度或薄板的厚度来选取。在保证不击穿的条件下，尽可能选用较大的负荷，这样打出的硬度才更加准确。

（4）进行维氏硬度试验。首先将工件放在硬度计托架上，用显微镜选取一个较为清晰的视野（划痕少而均匀）。然后将压头移至试件上方，加预载荷、加载。卸载后，将显微镜移至试件上方，调准焦距，用目镜上的刻线测量压痕的对角线长度，再通过查表的方法算出相应的维氏硬度。

需要说明的是，为了减少误差，通常会在工件的某一表面打几点，取其平均值作为最终的硬度值。

10.3.3　训练 3　运用金相检验报告判别 W18Cr4V 钢丝锥淬火开裂原因并提出热处理操作的改进措施

（1）丝锥外形尺寸。丝锥外形尺寸如图 10-5 所示。

（2）热处理技术条件。

1）材料：W18Cr4V 高速钢。

2）硬度：刃口部分硬度为 62 ~ 64HRC。

（3）热处理工艺过程。

1）预热。将工件装入专用工装卡具，先在 550℃ 的箱式电阻炉中预热 60min，再进入 820℃ 的中温盐浴炉中保温 10min。

2）淬火。预热后将工件转入 1270 ~ 1280℃ 的高温盐浴炉中加热，保温时间为 3min，在 560℃ 硝盐浴中淬火冷却停留 3min，分级冷却。

（4）外观检验。淬火后经目检发现丝锥上产生了如图 10-6 所示的裂纹，严重者在刃口部分产生了剥落现象。

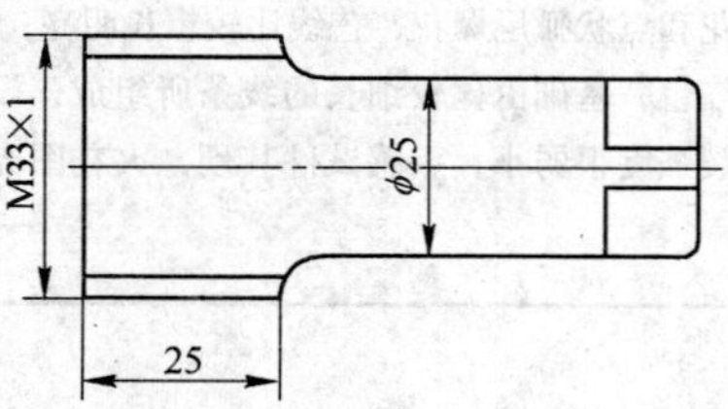

图 10-5　丝锥外形尺寸

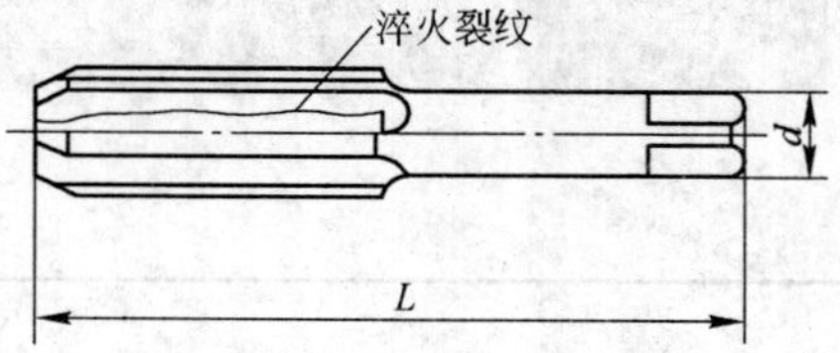

图 10-6　W18Cr4V 钢丝锥淬火裂纹

（5）缺陷分析。从热处理淬火过程来看，均按工艺规范操作，应不至于产生如此严重裂纹。但由于高速钢的成分特点及工件对性能的要求，必须在较高的温度下淬火，这极易产生过热、过烧等缺陷，而这些缺陷又容易导致钢的断裂强度下降，产生淬火裂纹。

（6）金相检验，确认缺陷产生的原因。根据以上分析，只能通过金相检验分析显微组织来寻找淬火开裂原因。将有裂纹的丝锥经 560℃ 回火后取样进行金相分析，结果发现经淬火后的组织中已存在有晶粒粗大、碳化物沿晶界呈半网状分布的过热组织，由此证实了产生淬火裂纹的原因是淬火温度过高。进一步检查发现，热功仪表失灵，其指示温度比实际温度低 40 ~ 60℃。

（7）热处理改进措施。

1）加强目测炉温工作。

2）工件入炉前及加热过程中，加强对热工仪表及测温系统的检查及监控。

3）增加其他的测温手段，如红外测温仪等炉外测温等。

4）工件装入高温盐浴炉时，应保持与电极之间的安全距离。

10.3.4　训练 4　分析工件淬火产生各种常见缺陷的原因并提出预防和补救办法

10.3.4.1　淬火裂纹

（1）工件基本情况：图 10-7 所示盘状工件，材料为 35 钢，淬火、回火处理后硬度为 28 ~ 32HRC。

（2）加工工艺路线：下料→锻造→机械加工→调质→成品。

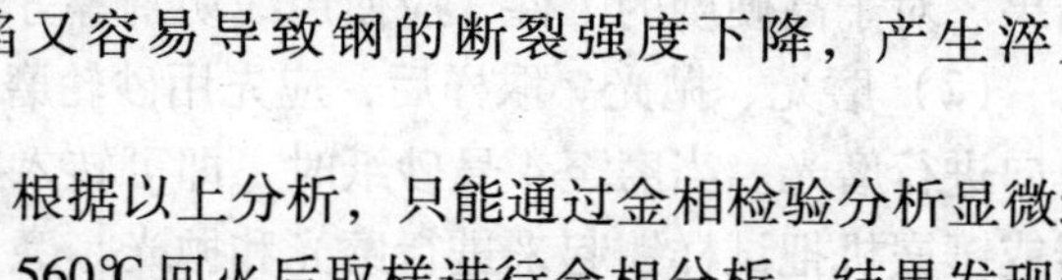

图 10-7　盘状工件简图

（3）热处理工艺过程：840～860℃×10～12min 盐浴炉中加热，在淬火介质三硝水溶液中冷却后转入空气中冷却。回火工艺为 500～550℃×25min。

该工件曾一度出现批量淬火裂纹。

（1）裂纹分析。裂纹起源于工件内孔（ϕ25mm）的棱角处，呈放射状向四周伸展，裂纹起始端一般呈直线，向外伸展稍带弧形。经金相检验分析，裂纹两壁无脱碳现象。裂纹尾端呈尖状，裂纹伸展有力。基体组织正常，纵向中心部位取样分析夹杂物未发现异常和超标现象。

（2）原材料检查。在淬裂的盘状工件上取样进行化学分析，碳的质量分数为 0.38%，符合 GB/T 699—1999 中 35 钢的化学成分规定，表明裂纹的产生与材质无关。

（3）工艺过程检查。现场取三硝水溶液进行密度分析，为 1.105～1.107g/mL，工艺文件规定三硝水溶液密度为 1.45～1.50g/mL，表明三硝水溶液已不符合工艺要求。同时，现场操作调查还发现工件在三硝水溶液中冷透后才转入空气中冷却，违背了三硝水溶液淬火空气冷却的工艺操作要求。

（4）验证及结论。

1）调整三硝水溶液密度：为了证实三硝水溶液密度的作用，将三硝水溶液密度调整到规定的范围（1.45～1.50g/mL）再淬火，产生裂纹的现象大大减少，但因在三硝水溶液中停留时间掌握不当，产生裂纹现象仍不能杜绝。

2）调整该件在三硝水溶液中停留时间：该件在三硝水溶液中停留时间按每 3～5mm 厚度停留 1s 计算，仅需在三硝水溶液中冷却 2～3s，经生产验证，调整时间后杜绝了裂纹的产生。

3）结论：该工件淬火裂纹的产生是淬火冷却介质三硝水溶液密度过低及在三硝水溶液中停留时间过长两个原因综合所致。

（5）预防和补救办法。

1）缩短三硝水溶液的检测周期，严格控制其密度在 1.45～1.50g/mL 内，并严肃工艺纪律，加强专职工艺员监督。

2）将 35 钢改为 40Cr 钢，并在油中淬火，从而从根本上杜绝了裂纹的产生。

10.3.4.2 淬火变形

（1）工件基本情况：图 10-8 为汽车后桥从动锥齿轮，材料为 20CrMnTi 钢，渗碳、淬火、回火处理，表面硬度为 58～63HRC，心部硬度为 33～45HRC，渗碳层深度为 1.5～1.9mm，热处理后齿轮内缘平面度不大于 0.20mm，外缘平面度不大于 0.12mm，内径变化范围不大于 ±0.16mm。

（2）加工工艺路线：下料→锻造→正火→机械加工→渗碳、淬火、回火处理→抛丸→入库。

（3）热处理工艺过程：井式气体渗碳炉加热，渗剂为甲醇＋煤油，渗碳工艺为 930℃×7h；随炉降温至 860℃×0.5h 后直接淬火；回火工艺为 180～200℃×3h。

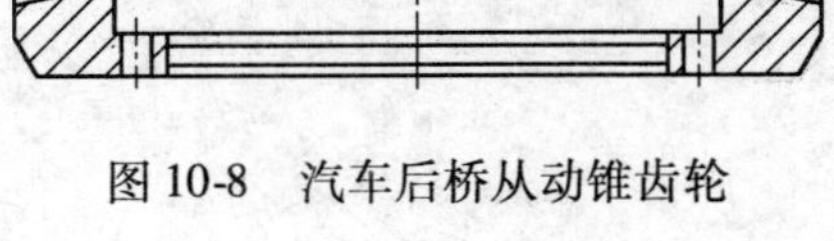

图 10-8 汽车后桥从动锥齿轮

生产中曾出现齿轮内、外缘翘曲和内孔胀大现象，合格率很低。

（1）原材料化学分析。自锻坯取样化学分析结果是：w（C）=0.19%，w（Si）=0.30%，w（Mn）=0.99%，w（Cr）=1.22%，w（Ti）=0.053%，符合GB/T 3077—1999中的20CrMnTi钢的化学成分规定。

（2）锻坯正火试验。锻坯经模锻后，正火工艺为950~970℃×2h，单件分散空冷和风冷。正火件经机械加工后，进行最终热处理。试验表明：正火质量对齿轮内孔变形影响较大，硬度偏低或偏高，金相组织有非平衡组织或带状组织严重，都会影响齿轮内孔胀大变形量及规律性。因此，必须控制正火质量。

（3）热处理工艺。试验将930℃渗碳改为880℃碳氮共渗，适当降低淬火温度（830~840℃），淬火油温控制在140~160℃，有利于减少从动锥齿轮的变形。

（4）挂具设计。齿轮的挂装方式应根据其形状、大小和变形要求来选择。从动锥齿轮属于扁薄件，平面度要求严格，采用垂直挂装对减小平面度翘曲变形是有利的。

挂具设计应考虑齿轮内、外缘的蓄热量之比与齿轮内、外缘的单位表面积散热量之比，以此调整控制齿轮内、外缘的淬火介质的流量。图10-9为从动锥齿轮挂具。垫板是一个与产品同型号的废齿轮，经磨平齿顶面后使用，其作用相当于给齿轮增加一块“盾牌”，以躲避齿轮在淬火时受淬火介质的冲击。由于在挂具中的齿轮重叠关系，因此在底板外层增加12个d_3小孔，以调整淬火油量的热平衡流量。

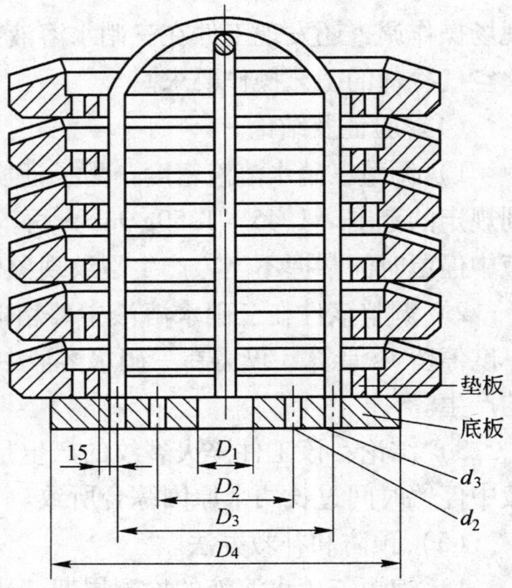

图10-9　从动锥齿轮挂具简图

（5）验证与结论。按上述试验方案进行生产验证，渗层深度、硬度均合格，内孔尺寸精度、内孔圆度合格率为100%，内、外缘平面度合格率不小于90%。因此，严格控制正火质量，降低渗碳温度和淬火温度，采用分级淬火油和相应的挂具，可使从动锥齿轮的变形合格率大幅提高。

参 考 文 献

[1] 机械工程学会热处理分会．热处理分册［M］．第四册．北京：机械工业出版社，1992.
[2] 彭其凤，丁洪太．热处理工艺及设计［M］．上海：上海交通大学出版社，1994.
[3] 陈特夫．测温仪表与感应加热装置［M］．北京：机械工业出版社，1985.
[4] 吉泽升．热处理炉［M］．哈尔滨：哈尔滨工业大学出版社，1999.
[5] 雷廷权．热处理工艺方法500种［M］．北京：机械工业出版社，1998.
[6] 崔忠圻．金属学与热处理［M］．北京：机械工业出版社，2003.
[7] 张凤桐．热处理工职业技能鉴定指南［M］．北京：机械工业出版社，1996.
[8] 王运炎．机械工程材料［M］．北京：机械工业出版社，1992.
[9] 于晗，孙刚．金属材料及热处理［M］．北京：冶金工业出版社，2008.
[10] 蔡美良．新编工模具钢金相热处理［M］．北京：机械工业出版社，1998.
[11] 刘连青．常用工业电器［M］．北京：机械工业出版社，1998.
[12] 王殉．实用金工基础［M］．上海：上海交通大学出版社，1993.
[13] 严绍华，张学政．金属工艺学［M］．北京：清华大学出版社，1992.
[14] 鞠鲁粤．机械制造基础［M］．上海：上海交通大学出版社，1998.
[15] 张启芳．热加工工艺基础［M］．南京：东南大学出版社，1996.
[16] 张鲁阳．金属热加工［M］．武汉：华中理工大学出版社，1990.
[17] 戴枝荣．工程材料及机械制造基础（Ⅰ）［M］．北京：高等教育出版社，1992.
[18] 何少平．热加工工艺基础［M］．北京：中国铁道出版社，1998.
[19] 李光瑾．金属热处理工（基础知识）［M］．北京：中国劳动社会保障出版社，2004.
[20] 宋涛，顾君．金属热处理工［M］．北京：化学工业出版社，2006.
[21] 宋涛，顾君．热处理工［M］．北京：机械工业出版社，2004.
[22] 刘会霞．金属工艺学［M］．北京：机械工业出版社，2001.
[23] 汪浩，宁海霞．金属热处理［M］．北京：化学工业出版社，2006.
[24] 张玉庭．热处理技师手册［M］．北京：机械工业出版社，2007.
[25] 李光瑾．金属热处理工（初级、中级、高级）［M］．北京：中国劳动社会保障出版社，2004.
[26] 夏立方．金属热处理工艺学［M］．哈尔滨：哈尔滨工业大学出版社，2008.